シナジーセラミックス
機能共生の指針と材料創成

新エネルギー・産業技術総合開発機構 監修
シナジーセラミックス研究体 編

技報堂出版

発刊にあたって

　セラミック材料の研究開発に携わる研究者・技術者にとって，セラミックスの諸機能が高いレベルにおいて"or"でなく"and"で共生・共働した材料を開発することは強い願望である．ファインセラミックスは，ここ数十年の研究開発により特性や機能が格段に向上してきている．高温で高強度を有し過酷な環境条件にも耐える構造用セラミックスは，通商産業省工業技術院の次世代産業基盤技術研究開発制度等を通じてその諸特性は飛躍的に向上し，自動車工業や機械工業などの産業分野に徐々に応用が進みつつある．また，機能性セラミックスは，エレクトロニクス産業分野におけるキーマテリアルとして認識されており，誘電性，半導性，磁性等の優れた諸特性は，デバイスの高性能化，超小型化を実現しつつある．

　近年，環境調和型・省エネルギー型の新産業創出のための科学技術基盤の確立が強く要請されている．材料科学分野においても，作動温度の高温化によるエネルギー関連機器の高効率化や環境関連機器の高効率浄化等，従来にもまして過酷な環境下での機械的・熱的特性のみならず種々の機能の安定性と信頼性に優れた新しいセラミックスの開発が求められている．

　セラミック材料研究開発の現状においては，例えば強度と靱性の間に相反する傾向があり，強度では 1 000 MPa 級，あるいは靱性値では 15 MPa・$m^{1/2}$ 級のセラミックスが実現しているが，両特性を同じ材料で達成したものはない．

　このような状況下で，新しいセラミック材料を実現するため，通商産業省工業技術院の「産業科学技術研究開発制度」のもと，平成 6 年度より「シナジーセラミックスの研究開発」が発足した．シナジー (Synergy) とは，共生関係や共働効果を意味する言葉である．材料の世界では，ある機能を実現させようとすると，他の機能が犠牲になることが往々に起こる．シナジーセラミックスプロジェクトでは，材料の構造を複数の階層にまたがって同時制御する「高次構造制御」という概念のもとに，従来は困難であった相反する特性・機能の高度な共生や機能間の相乗効果を実現させた，革新的なセラミック材料の創製を目指している．

　本プロジェクト研究では，平成 10 年度で第 1 期 5 年間の基盤的要素技術の研究開発が成功裏に終了し，平成 11 年度より材料化技術の開発を中心とした新しい段階に入っている．

　このような時期に，シナジーセラミックス創製に向けたセラミックスの高次構造制御にかかわる研究成果をもとにした総合的な新しい知識を一冊の本として発刊し，研究成果の普及を図るとともに，セラミック材料の研究開発に携わっておられる多くの研究者・技術者の方々からの評価をいただくことも，研究開発プロジェクトのさらなる発展に必要なことと考えている．

本書は，7章より構成され，シナジーセラミックスの高次構造制御と解析・評価について限られた頁数の中で可能な限り特徴ある内容をまとめたつもりである．
　本書をまとめるに際し御協力頂いた，通商産業省工業技術院，新エネルギー・産業技術総合開発機構をはじめとする関係機関の皆様に厚くお礼申し上げる．

2000年3月

編集委員長　島田昌彦
編集委員　　米屋勝利　神崎修三
　　　　　　柘植章彦　平野眞一
　　　　　　新原晧一　鳥山素弘
　　　　　　松原秀彰　山内幸彦
　　　　　　前田邦裕

■ **編集委員会** ([ ]内所属は 2000 年 3 月現在)

委員長 島田 昌彦 [東北大学素材工学研究所]
委　員 米屋 勝利 [横浜国立大学大学院工学研究科]
　　　　　 神崎 修三 [工業技術院名古屋工業技術研究所]
　　　　　 柘植 章彦 [ファインセラミックス技術研究組合(FCRA)]
　　　　　 平野 眞一 [名古屋大学大学院工学研究科]
　　　　　 新原 晧一 [大阪大学産業科学研究所]
　　　　　 鳥山 素弘 [工業技術院名古屋工業技術研究所]
　　　　　 松原 秀彰 (FCRA シナジーセラミックス研究所)[(財)ファインセラミックスセンター試験研究所]
　　　　　 山内 幸彦 [工業技術院名古屋工業技術研究所]
　　　　　 前田 邦裕 [ファインセラミックス技術研究組合(FCRA)]

■ **執筆者** (執筆順. [ ]内所属は 2000 年 3 月現在)

米屋 勝利 [前掲] 1./2.10
島田 昌彦 [前掲] 1./2.12
神崎 修三 [前掲] 1.
柘植 章彦 [前掲] 1.

岩本 雄二 (FCRA シナジーセラミックス研究所)[(財)ファインセラミックスセンター試験研究所]
　　　　　 2.1.1
沢井 裕一 (FCRA シナジーセラミックス研究所)[(株)日立製作所日立研究所] 2.1.2
長岡 孝明 (FCRA シナジーセラミックス研究所)[工業技術院名古屋工業技術研究所] 2.1.2
近藤 新二 (FCRA シナジーセラミックス研究所)[旭硝子(株)中央研究所] 2.2.1
早川 一精 (FCRA シナジーセラミックス研究所)[日本碍子(株)研究開発本部] 2.2.2
菊田 浩一 (FCRA シナジーセラミックス研究所)[名古屋大学大学院工学研究科] 2.3
佐藤 功二 (FCRA シナジーセラミックス研究所)[(財)ファインセラミックスセンター試験研究所] 2.3
幾原 裕美 (FCRA シナジーセラミックス研究所)[(財)ファインセラミックスセンター試験研究所] 2.4
岡田 拓也 (FCRA シナジーセラミックス研究所)[電気化学工業(株)中央研究所] 2.5
片山 真吾 [新日本製鐵(株)技術開発本部先端技術研究所] 2.6
奥村 清志 [日本碍子(株)研究開発本部基礎研究所] 2.7
平野 眞一 [前掲] 2.8
近藤 建一 [東京工業大学応用セラミックス研究所] 2.9
北條 純一 [九州大学大学院工学研究科] 2.11

山根 久典　［東北大学素材工学研究所］　2.12

安岡 正喜　［工業技術院名古屋工業技術研究所］　3.1.1

永井　徹　（FCRA シナジーセラミックス研究所）［新日本製鐵(株)技術開発本部先端技術研究所］　3.1.2

淡野 正信　［工業技術院名古屋工業技術研究所］　3.1.2

高坂 祥二　（FCRA シナジーセラミックス研究所）［京セラ(株)総合研究所］　3.1.3

田島 健一　（FCRA シナジーセラミックス研究所）［京セラ(株)総合研究所］　3.2.1

黄　海鎮　［工業技術院名古屋工業技術研究所］　3.2.2

飯島 賢二　（FCRA シナジーセラミックス研究所）［松下電器産業(株)先端技術研究所］　3.2.3

王　雨叢　［京セラ(株)総合研究所］　3.3

高橋　研　［(株)日立製作所日立研究所］　3.4

佐藤　武　［FCRA シナジーセラミックス研究所］　3.5

砥綿 篤也　［工業技術院名古屋工業技術研究所］　3.6

浅山 雅弘　［(株)東芝 電力・産業システム技術開発センター］　3.7

吉村 雅司　［住友電気工業(株)伊丹研究所］　3.8/3.9

北山 幹人　［FCRA シナジーセラミックス研究所］　4.1.1

平尾 喜代司　［工業技術院名古屋工業技術研究所］　4.1.2

宗像 文男　［日産自動車(株)総合研究所材料研究所］　4.1.3

秋山 守人　［工業技術院九州工業技術研究所］　4.1.4

Wiliam J. Clegg　［Department of Materials, University of Cambridge］　4.1.5

Elis Carlström　［Swedish Ceramic Institute］　4.1.5

Annika Kristoffersson　［Swedish Ceramic Institute］　4.1.5

Anthony R. Bunsell　［Ecole des Mines］　4.1.5

井上 貴博　［工業技術院大阪工業技術研究所］　4.2.1

茂垣 康弘　［石川島播磨重工業(株)技術開発本部］　4.2.2

平井 岳根　（FCRA シナジーセラミックス研究所）［(株)いすゞセラミックス研究所］　4.3

北　英紀　［(株)いすゞセラミックス研究所］　4.4

村尾 俊裕　［(株)いすゞセラミックス研究所］　4.4

大橋 優喜　［工業技術院名古屋工業技術研究所］　4.5

横川 善之　［工業技術院名古屋工業技術研究所］　4.6

五戸 康広　［(株)東芝 研究開発センター］　5.1

市川　洋　（松下電器産業(株)先端技術研究所）［名古屋工業大学工学部］　5.2

Stuart Hampshire　［Materials Research Centre, University of Limerick］　5.3

Raghavendra Ramesh　［Materials Research Centre, University of Limerick］　5.3

Elizabeth Nestor　Materials Research Centre, University of Limerick］　5.3

Joan Lonergan　［Materials Research Centre, University of Limerick］　5.3

Wynette Redington　［Materials Research Centre, University of Limerick］　5.3
Cathal Mooney　［Materials Research Centre, University of Limerick］　5.3
宮川 直通　［旭硝子(株)中央研究所］　5.4

松原 秀彰　［前掲］　6.1.1/6.1.4
野村　浩　(FCRA シナジーセラミックス研究所)［(財)ファインセラミックスセンター試験研究所］
　　　　　　6.1.1/6.1.4
田近 正彦　(FCRA シナジーセラミックス研究所)［白石工業(株)白艶華工場］　6.1.2
岡本 裕介　(FCRA シナジーセラミックス研究所)［日産自動車(株)総合研究所材料研究所］　6.1.3
広崎 尚登　(FCRA シナジーセラミックス研究所)［科学技術庁無機材質研究所］　6.1.3
北岡　諭　(FCRA シナジーセラミックス研究所)［(財)ファインセラミックスセンター試験研究所］
　　　　　　6.1.5/6.1.6
鈴木　寛　(FCRA シナジーセラミックス研究所)［トヨタ自動車(株)東富士研究所］　6.2.1
Craig A. Fisher　(FCRA シナジーセラミックス研究所)［(財)ファインセラミックスセンター試験研究所］
　　　　　　6.2.2
松永 克志　(FCRA シナジーセラミックス研究所)［(財)ファインセラミックスセンター試験研究所］
　　　　　　6.2.3

大司 達樹　［工業技術院名古屋工業技術研究所］　7.1
山内 幸彦　［前掲］　7.2
宮島 達也　［工業技術院名古屋工業技術研究所］　7.2
Serguei Kovalev　(FCRA シナジーセラミックス研究所)［Datamax Technologeis, Inc］　7.2
馬場 秀成　［石川播磨重工業(株)技術開発本部基盤技術研究所］　7.3
坂井田 喜久　［(財)ファインセラミックスセンター試験研究所］　7.4
瀧川 順庸　［(財)ファインセラミックスセンター試験研究所］　7.5
野田 克敏　(トヨタ自動車(株)東富士研究所)［(財)ファインセラミックスセンター試験研究所］　7.6

目　次

1. 序論 —— 高次構造制御シナジーセラミックス ……1

    (1) シナジーセラミックス ……1
    (2) 材料構造の分類と「高次構造制御」の概念 ……1
    (3) シナジーセラミックスの研究開発 ……3

2. 新しい材料合成プロセス ……7

    2.1 金属有機化合物前駆体を用いた構造用セラミックス ……9
        2.1.1 金属有機ポリマーを用いた微構造制御 ……9
            (1) Si_3N_4-SiC-Y_2O_3 セラミックス構成元素含有前駆体の設計と合成 …9
            (2) 前駆体から合成したアモルファス相の化学組成 ……10
            (3) Si_3N_4-SiC-Y_2O_3 セラミックスの微構造 ……11
        2.1.2 新規自己バインダによる微構造制御 ……13
            (1) SiC 系バインダ ……13
            (2) $BaAl_2O_4$ 系水硬性無機バインダ ……15
    2.2 前駆体を用いた機能性セラミック薄膜 ……19
        2.2.1 1次元貫通気孔を持つメソポーラス膜 ……19
            (1) 金属テンプレート法と共晶分解法 ……20
            (2) 共晶分解法による膜作製 ……21
        2.2.2 ガス感応性金属分散酸化物薄膜 ……23
            (1) 前駆体の設計と合成 ……23
            (2) 前駆体の分解挙動と薄膜の微細組織 ……24
            (3) センサ特性 ……25
    2.3 光反応性前駆体の合成とセラミックプロセスへの応用 ……29
            (1) 光アシストパターニングプロセス ……30
    2.4 金属有機前駆体を用いた層間構造制御 ……34
            (1) [Li-Mn-O] 前駆体溶液の調製 ……34

  (2) $LiMn_2O_4$ 粉末の結晶化，電気化学特性と微構造 …… 35
  (3) 前駆体由来 $LiMn_2O_4$ 多結晶および配向膜の作製 …… 37
 2.5 低温加圧窒化プロセス …… 39
  (1) 低温加圧窒化プロセスの概略 …… 40
  (2) 低温加圧窒化プロセス条件と反応機構 …… 40
  (3) 低温加圧窒化プロセスを用いた焼結体の作製 …… 41
 2.6 無機・有機ハイブリッド化 …… 43
  (1) ゾル・ゲル法を応用した無機・有機ハイブリッドの合成 …… 43
  (2) 無機・有機ハイブリッドの特性および応用 …… 45
 2.7 気相析出含浸法による複合化 …… 47
  (1) 気相析出含浸法の概略 …… 47
  (2) 気相析出のプロセス条件と含浸構造 …… 48
  (3) 気相析出含浸法の適用例 …… 50
 2.8 前駆体設計に基づく化学溶液法によるセラミックス …… 52
  (1) $PbTiO_3$ 前駆体の合成 …… 53
  (2) $PbTiO_3$/有機ハイブリッドの合成 …… 54
  (3) $PbTiO_3$/有機ハイブリッドの性質 …… 55
 2.9 衝撃圧縮法によるセラミックスのダイナミックプロセス …… 57
  (1) 衝撃焼結 …… 57
  (2) 衝撃圧縮凍結法 …… 59
 2.10 還元窒化法による AlN 粒子の合成 …… 62
  (1) Al_2O_3 炭素還元窒化反応におよぼす各種添加物の影響 …… 62
  (2) CaF_2 添加 Al_2O_3 炭素還元窒化反応による AlN 粉末の合成 …… 63
 2.11 流動層化学気相析出法による複合粒子 …… 67
  (1) 流動層 CVD 法による複合粒子の合成 …… 67
  (2) 複合粒子の焼結特性 …… 68
  (3) SiC-BN 複合体の機械的特性 …… 69
 2.12 固相反応による新規酸化物セラミックス …… 72
  (1) 新規セラミックス材料開発への研究手法 …… 72
  (2) $Y_4Al_2O_9$ の結晶構造と相転移 …… 73

3. ナノ構造制御プロセス …… 77

 3.1 構造用セラミックス基ナノ複合体 …… 78
  3.1.1 In-situ 合成反応によるナノ粒子分散強化 …… 78
   (1) In-situ 合成反応によるナノ粒子分散焼結体の作製 …… 78
   (2) In-situ 合成反応により作製されたナノ粒子分散焼結体の特性 …… 79
  3.1.2 機能性ナノ粒子分散センシング機能を付与したナノ複合体 …… 80

         (1) 強誘電体分散セラミックスナノ複合体の開発と破壊の抑制機能 … 81
         (2) セラミックスナノ複合体の磁性を利用した応力のリモートセンシング
                                                                …… 82
    3.1.3 原子レベルで界面組成を傾斜させた高強度ナノ複合体 …… 84
         (1) Si_3N_4/Al_2O_3 の界面組成傾斜 …… 84
         (2) 界面組成傾斜化 Si_3N_4/Al_2O_3 ナノ複合体の特性 … 85
  3.2 機能性セラミックス基ナノ複合体 …… 90
    3.2.1 機械的・電気的機能が調和した電子セラミックス系ナノ複合体 …… 90
         (1) PZT ナノ複合体の機械的・電気的特性 …… 90
    3.2.2 金属ナノ粒子分散による高機能圧電セラミックス …… 92
         (1) 圧電セラミックスのナノ複合化 …… 93
         (2) 圧電ナノ複合体の機械的特性 …… 93
    3.2.3 界面のナノ構造制御による薄膜の材料・デバイス化 …… 95
         (1) ナノ構造制御強誘電体薄膜作製プロセス …… 96
         (2) 界面ナノ構造制御材料の結晶学的・電気的性質 …… 96
         (3) 分極配向のメカニズム …… 98
  3.3 固溶析出反応を利用したナノ粒子分散組織制御 …… 100
         (1) 固溶析出反応制御とナノ粒子強化効果 …… 100
         (2) 母相の組織制御と高強度, 高靱性の同時発現 …… 101
  3.4 固相気相反応によるナノ粒子・ウィスカ析出分散 …… 103
         (1) Si_3N_4 マトリックス中への TiN の分散 …… 103
         (2) Si_3N_4 マトリックス中への SiC 粒子の分散 …… 104
         (3) Si_3N_4 マトリックス中への SiC ウィスカの分散 …… 104
  3.5 ナノ・ミクロ機能調和層状複合体 …… 107
         (1) $MgO/BaTiO_3$ 層状複合体 …… 107
         (2) 層状複合体の応力および破壊検知機能特性 …… 107
  3.6 ナノ構造化酸化物セラミックス長繊維 …… 110
         (1) 前駆体を利用したアルミナ系長繊維作製プロセス …… 110
         (2) 作製した YAG 粒子分散アルミナ繊維 …… 111
  3.7 ナノ・ミクロ機能調和長繊維系複合体 …… 114
         (1) ナノ・ミクロ機能調和のための長繊維複合体構造の概念 …… 114
         (2) 長繊維複合体構造の実現プロセス …… 115
         (3) 長繊維複合体の特性 …… 115
  3.8 ナノ構造酸化物焼結体 …… 117
         (1) ナノ構造酸化物系セラミックスの作製 …… 117
         (2) ナノ構造酸化物系セラミックスの特性 …… 119
  3.9 ナノ構造非酸化物焼結体 …… 121
         (1) MCG プロセスによるナノ構造窒化ケイ素セラミックスの作製 … 121

(2) ナノ構造窒化ケイ素焼結体の特徴 …… 123

4. 特異構造制御プロセス …… 125

4.1 ミクロ配向制御 …… 126
4.1.1 粒成長制御 …… 126
　　　(1) 異方性オストワルド成長モデル …… 126
　　　(2) 異方性オストワルド成長モデルによる粒成長シミュレーション … 127
　　　(3) 実験結果との比較 …… 128
4.1.2 粒子配向制御 …… 130
　　　(1) 種結晶添加による柱状粒子の大きさと分布の制御 …… 130
　　　(2) 種結晶添加による柱状粒子の配向制御 …… 132
4.1.3 選択粒成長制御 …… 134
　　　(1) アプローチ手法 …… 134
　　　(2) 高熱伝導性窒化ケイ素セラミックス …… 135
4.1.4 結晶配向制御 …… 138
　　　(1) 高配向性薄膜の作製 …… 139
　　　(2) 応力検知 …… 139
　　　(3) 温度変化検知と冷却作用 …… 140
4.1.5 層状構造制御 (Layered Ceramic Structures) …… 140
　　　(1) Increasing the reliability …… 143
　　　(2) Resistance to deformation at high temperature …… 146
　　　(3) Conclusions …… 149

4.2 マクロ配向制御 …… 152
4.2.1 プリズマチック構造制御 …… 152
　　　(1) プリズマチック構造制御セラミックス …… 153
　　　(2) プリズマチック構造制御材料の製造プロセスと特性 …… 154
4.2.2 積層構造制御 …… 157
　　　(1) セラミックス積層体構造の設計指針 …… 157
　　　(2) 窒化ケイ素系積層材料 …… 158

4.3 固溶反応制御 …… 162
　　　(1) サイアロンセラミックスの作製 …… 162
　　　(2) 低熱伝導性サイアロンセラミックス …… 163

4.4 分散相配置制御 …… 166
　　　(1) 吸着相を分散した窒化ケイ素 …… 166
　　　(2) 吸着相および固体潤滑相を分散した窒化ケイ素 …… 168

4.5 塑性加工における構造制御 …… 170
　　　(1) 酸窒化ケイ素のプロセス設計 …… 170

　　　　(2) 酸窒化ケイ素の核生成速度制御 …… 171
　　　　(3) 酸窒化ケイ素の超塑性変形 …… 172
　4.6　有機・無機複合構造制御 …… 175
　　　　(1) 板状HAp結晶の水熱合成 …… 175
　　　　(2) 配向したコラーゲン繊維へのHApの析出 …… 177

5.　界面制御および細孔制御プロセス …… 181

　5.1　異相界面制御 …… 182
　　　　(1) 異相界面設計指針 …… 182
　　　　(2) 耐酸化層被覆技術 …… 183
　　　　(3) 強度と耐酸化性の両立 …… 184
　5.2　層間境界制御 …… 186
　　　　(1) 2組成領域共存構造セラミックスの作製 …… 186
　　　　(2) 金属/セラミックス間界面の熱安定化 …… 187
　5.3　界面相制御 …… 190
　　　　(1) Formation and characteristics of oxynitride glasses …… 190
　　　　(2) Optimisation of the nucleation and crystallisation of oxynitride glasses …… 192
　　　　(3) Interaction of oxynitride liquids with silicon carbide nano-size particles …… 193
　　　　(4) Sintering mechanisms and optimisation of the nano-scale structure and grain boundary phases in silicon nitride matrix nano-composite ceramics …… 194
　　　　(5) Conclusions …… 194
　5.4　一方向貫通孔多孔体 …… 196
　　　　(1) 作製プロセス …… 196
　　　　(2) 多孔体組織 …… 197

6.　構造形成の計算機シミュレーション …… 201

　6.1　ミクロ・ナノレベルのシミュレーション …… 203
　　6.1.1　シミュレーションの概要 …… 203
　　　　(1) セラミックス組織形成の物質移動経路の設計 …… 203
　　　　(2) 演算法の選択-モンテカルロ法 (Potts Model) …… 204
　　6.1.2　粒成長過程 …… 206
　　　　(1) 固相系における粒成長シミュレーション …… 206
　　6.1.3　固液系における等方粒成長 …… 210

            (1) 固液系における AlN の等方粒成長シミュレーション …… 210
            (2) 熱処理による微構造変化 …… 212
        6.1.4 固液系における異方粒成長 …… 214
            (1) 固液系における Si_3N_4 の異方粒成長 …… 214
        6.1.5 焼結過程 …… 217
            (1) 固相焼結 …… 217
            (2) 液相焼結 …… 220
        6.1.6 化合物形成過程 …… 222
            (1) 計算方法 …… 223
            (2) 化合物形成過程シミュレーション …… 223
        6.1.7 き裂進展過程 …… 225
            (1) 計算方法 …… 225
            (2) き裂進展過程シミュレーション …… 225
    6.2 原子レベルのシミュレーション …… 229
        6.2.1 酸化物系の粒界構造 …… 229
            (1) 計算方法 …… 229
            (2) 分子動力学法によるアルミナの粒界構造シミュレーション …… 230
        6.2.2 イオン伝導性材料の粒界現象 …… 233
            (1) 計算方法 …… 233
            (2) 分子動力学法による安定化ジルコニアの粒界構造シミュレーション …… 234
        6.2.3 非晶質構造の原子配列と結合状態 …… 236
            (1) 計算方法 …… 237
            (2) 分子動力学法による非晶質 Si-C-N の原子構造シミュレーション …… 237

7. 強化機構および破壊挙動の解析と評価 …… 241

    7.1 ナノ粒子による強化 …… 243
        (1) ナノ粒子による強靭化機構 …… 243
        (2) ナノ粒子によるクリープ抵抗強化機構 …… 246
    7.2 異方性ミクロ粒子による強化機構 …… 250
        (1) き裂開口変位分布の解析 …… 250
        (2) 架橋応力の数値解析 …… 253
        (3) 実験的解析結果と数値解析結果の比較 …… 258
    7.3 非線形破壊挙動を考慮した信頼性評価手法 …… 260
        (1) R 曲線挙動の解析 …… 260
        (2) セラミックスの損傷許容性評価 …… 262

7.4 ミクロ破壊挙動 …… 266
    (1) き裂進展挙動シミュレーション評価手法 …… 266
    (2) 後方散乱電子線回折 (EBSD) 法による結晶粒子の方位解析手法
        …… 267
7.5 微視破壊過程評価手法 …… 271
    (1) き裂進展その場観察法による破壊過程評価 …… 271
    (2) 微小試験片における破壊過程評価 …… 273
7.6 微構造とき裂進展経路の3次元解析 …… 275
    (1) 粒子形態3次元解析手法 …… 275
    (2) 粒子および粒子に相対するき裂進展経路の3次元立体構築 …… 278

索　引 …… 279

1. 序論
高次構造制御シナジーセラミックス

　地球環境問題の深刻化にともない，将来のエネルギー・資源を大量に消費する技術から省資源・省エネルギー効果に優れた技術や環境に対する負荷が少ないクリーンエネルギー技術への転換がさしせまった課題となっている．一方，情報・通信機器の発展を背景とした将来の高度情報化社会に向けて，機器のより一層の小型化，高性能化が必要とされている．

　セラミックスは熱機関の効率向上等に不可欠な高温強度・耐食性等の機械的・化学的特性に優れ，また，情報・通信関連機器材料に不可欠な誘電性や圧電性等の電磁気的機能をはじめとする多様な機能を有する材料である．このため，省資源・省エネルギー技術，クリーンエネルギー技術の確立や高度情報化社会の実現を可能とする材料として，従来にも増して，苛酷な環境下における熱的・機械的特性をはじめとした種々の機能の安定性と信頼性の向上や，さらなる高性能化および機能の多重化が期待されている．

　本章では，セラミックスの諸特性の共生や機能の多重化に不可欠な構造制御に関する概念と，これに基づいた研究開発プロジェクトの概要を述べる．

(1)　シナジーセラミックス[1)~4)]

　材料の世界では，往々にしてある機能を発現させようとすると，他の機能が犠牲になることがある．ところが，生物や動物の世界では，異種同士が互いに補完しあって共生している例をみることができる．これらの共生関係や共働効果を意味する言葉として"シナジー (Synergy)"がある．そこで，相反する特性・機能を高度に共生させたり，機能間の相乗効果を実現させたセラミック材料を"シナジーセラミックス"と呼ぶことにする．

(2)　材料構造の分類と「高次構造制御」の概念
a.　材料構造の分類

　材料を観察するスケールを肉眼から顕微鏡へと変化させると，粒子，気孔，界面，格子欠陥など，材料を構成する様々な要素（構造要素）が，観察スケールに応じて現れる．図1-1に示すように，これらの構造要素は便宜上，原子・分子，ナノ，ミクロ，マクロの4つの階層に大別できる．また，個々の構造要素は大きさとともにそれぞれ独自の形態（形，3次元的な位置，並び方など）と分布を有している．例えば，モノリシック材料は基本的に結晶粒子，界面，粒界相，気孔などの構造要素で構成されている．結晶粒子について眺めると，ナノレベルからミクロレベルという大きさととも

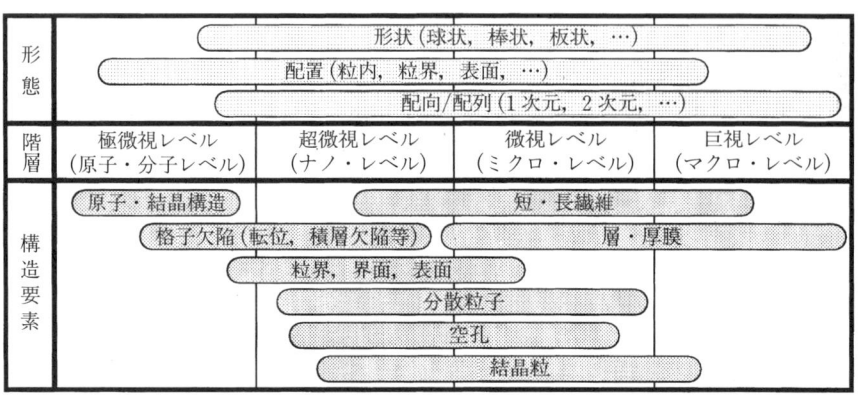

図 1-1 セラミックスの構造の分類

に，球状，板状，柱状といった形状や，ランダムあるいは一方向性といった配向性等の形態を有している．このように，材料構造は構造要素の大きさ，形態，分布により体系的に分類することができる．

材料の機能は，構成する物質の種類（組成）やその構造（組織）と密接に関係していることが知られている．このため，必要とする機能を発現させるには，材料の組成を選択するとともに，構造要素の大きさ，形態や分布を精密に制御（構造制御）することが不可欠である．

b. 高次構造制御

これまでの材料開発を構造制御の観点からみると，機能性材料では主に原子・分子レベルの制御により，また構造材料では主にミクロレベルの制御により，それぞれ特性や機能の発現を目指してきた．これらは制御する階層が異なるものの，概ね単一階層の制御と捉えることができる．このような単一階層の構造制御は，特定の機能の高度化が期待できる反面，例えば強度と靱性のように，一見相反する特性を高度に共生させたり，複数の機能を同時に付与することには限界があると考えられる．なぜなら，図 1-1 に示したように，それぞれの構造要素は一つの階層だけでなく，複数の階層レベルにまたがって存在している．また，目的とする特性や機能を発現する階層レベルは必ずしも同一ではない．これらのことに注目すると，相反する特性の共生や機能間の相乗効果の発現を可能とするには，構造要素の形態，分布を複数の大きさの階層にまたがって同時に制御することが不可欠である．このような複数の階層にまたがって構造要素の形態，分布を合目的に同時制御する新しい材料構造制御の概念を，「高次構造制御」と呼ぶことにする．

図 1-2 に高次構造制御のイメージの一例を示す．強度と靱性という力学特性に着目した場合，強度の向上には組織の均質化が，また靱性の向上には組織の不均質化が，いずれもミクロレベルで求められる．このため，従来のような同一階層の構造制御ではこれらの特性の両立は困難であった．しかし，例えば図に示したような，ミクロ粒子内へのナノ粒子の分散制御と結晶粒子の配向制御といった，異なる階層レベルの構造制御を同時に行えば，これらの特性の共生が可能になると期待される．一方，原子・分子レベルの構造制御により磁性が発現できることに着目し，強度を支配する欠陥寸法以下の磁性粒子をマトリックス中に分散させることができれば，強度と磁性を併せ持った材料の創製も期待できる．

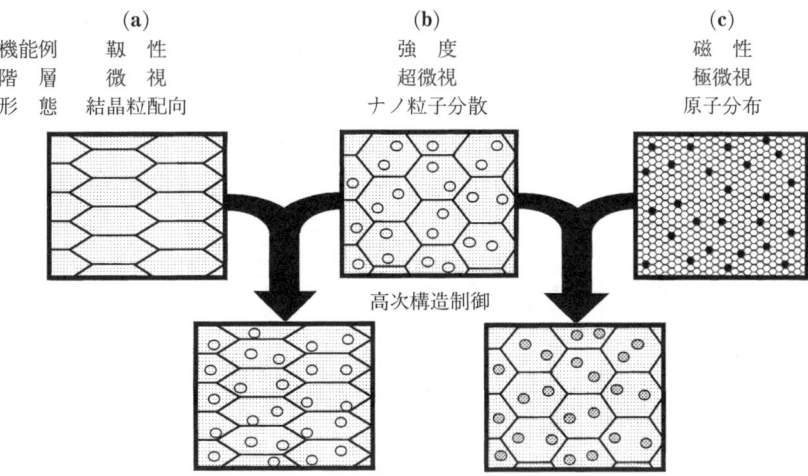

図 1-2 高次構造制御と特性・機能調和の模式図

　セラミックスは様々な物質の組合せが可能であると同時に，物質の結合様式や結晶構造などが多種多様であるため，基本的には様々なタイプの高次構造制御が可能である．しかし，必ずしも高次構造制御によって創製される材料すべてに，目的とする特性・機能の発現を期待することができるとは限らない．すなわち，「シナジーセラミックス」とは，高次構造制御を行った結果，従来の材料では困難であった様々な特性・機能の高度な共生や機能間の相乗効果（「シナジー効果」）の発現が期待できるセラミックスである．

(3) シナジーセラミックスの研究開発

　通商産業省工業技術院は，従来の研究開発制度を統合した新たな制度，「産業科学技術研究開発制度」を平成5年度から開始した．この制度の特徴は，将来の産業・社会発展に資する基礎的独創的研究開発をより一層重視するとともに，プロジェクト前段階に十分な予備的・基礎的な検討を行う「先導研究」を導入したことにある[5)~8)]．

　そのなかで，環境問題の解決や省資源・省エネルギー効果に優れた技術開発の一環として，環境調和型・省エネルギー型の新産業創出のための科学技術基盤の確立が強く望まれ，材料技術分野においても，新研究開発制度の下，平成6年度より新プロジェクト"シナジーセラミックスの研究開発"が発足した[7),8)]．

　効果的・効率的な研究開発を目指すため，新しい研究方式として産官学の研究者が「シナジーセラミックス研究体」に結集し，基礎的・共通基盤的研究の推進と（材料が進むべき）シーズの発掘をも見据えた研究開発を行う集中型共同研究と，各機関の既存の研究ポテンシャルおよび研究設備の活用により，より明確なニーズを背景にした各要素技術の研究開発を進める分散型共同研究が併用された．

　プロジェクトの体系は，図1-3に示すように，高次構造制御技術と解析・評価技術に大別される．

a. 高次構造制御技術

　高次構造制御技術は，構造創製基礎技術（集中型共同研究）と，構造要素制御技術（分散型共同研究）で構成されている．前者は，材料構造を原子・分子，ナノ，ミク

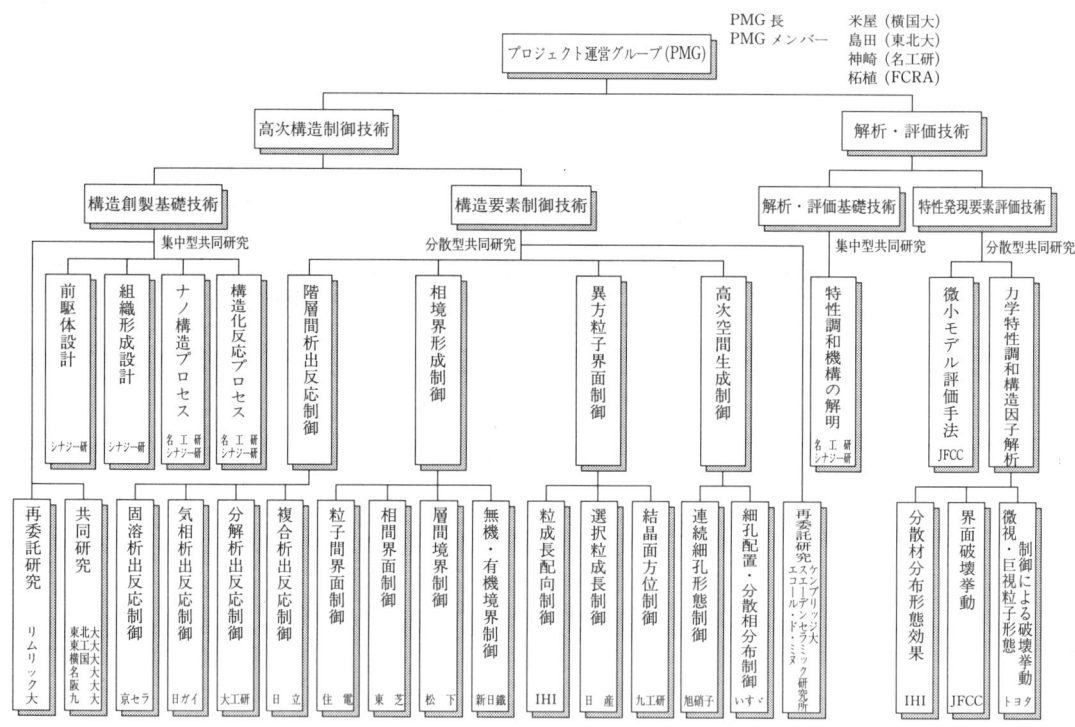

図1-3 プロジェクト体制と詳細研究項目

ロ，マクロの4つの大きさの階層に分類し，粒子，界面，細孔等の構造要素を大きさの階層ごとに制御する基礎技術の開発と，計算機による材料構造形成のシミュレーション技術の開発である．また，後者は，複数の大きさの階層にまたがって，構造要素の形態や分布を制御し得るプロセス技術を開発し，特定の材料を対象に相反する特性・機能の共生の実証を目指すものである．

b．解析・評価技術

解析・評価技術は，解析・評価基礎技術（集中型共同研究）と，特性発現要素評価技術（分散型共同研究）で構成されている．前者は力学特性の発現機構の解明とモデル化を，また後者は特性・機能の迅速な評価技術の開発および，特性発現因子に関するデータの蓄積を目指すものである．

セラミックスが持つ特性・機能は力学，熱，電気，磁気，光など多種多様である．このため，高次構造制御技術の確立により，構造材料，機能材料といった従来の分類をこえた，種々の特性・機能が共生した新材料の創製が期待される．また，本プロジェクトの進展は，エネルギー・環境問題等の解決のための技術基盤として，大きな波及効果が期待される（図1-4）[9]～[13]．

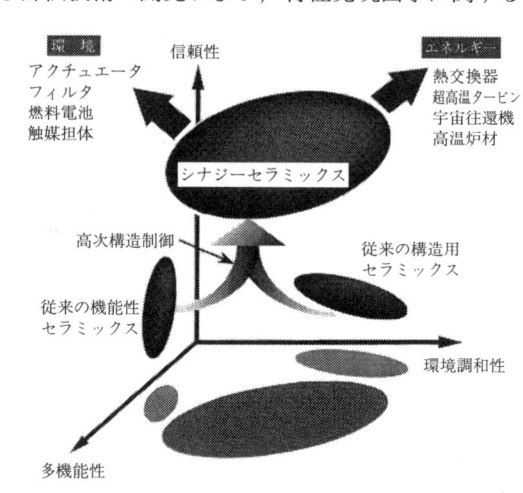

図1-4 シナジーセラミックスの研究開発コンセプト図

4　1．序論

以下，本書ではそれぞれの研究テーマから得られた研究成果に基づき，シナジーセラミックスの創製と構造制御技術について述べられる．

● 参考文献

1) 神崎修三，松原秀彰，セラミックス，**29** (2)，124-30 (1994)．
2) 松原秀彰，神崎修三，機械振興，**25** (1)，26 (1993)．
3) 神崎修三，機会振興，**26** (5)，35 (1993)．
4) 島田昌彦，まてりあ (Materia Japan)，**36** (9)，950-953 (1997)．
5) 平成3年度無機新素材産業対策調査報告書，日本ファインセラミックス協会 (1992)．
6) 平成4年度無機新素材産業対策調査報告書，日本ファインセラミックス協会 (1993)．
7) 高次構造制御無機融合材料の先導研究，新エネルギー・産業技術総合開発機構 (1994)．
8) S. Kanzaki, The Forth Nisshin Engineering Particle Technology International Seminar, Dec. 6-8, 1995, Osaka, Japan.
9) S. Kanzaki, M. Shimada, K. Komeya & A. Tsuge, The Science of Engineering Ceramics II, Trans. Tech. Publications Switzerland, CSJ Series-Publications of the Ceramic Society of Japan Vol. 2, Proceeding of the 2nd International Symposium of the Science of Engineering Ceramics (EnCera'98), Sept. 6-9, 437-42 (1998).
10) 神崎修三，島田昌彦，米屋勝利，柘植章彦，*FC Report*，**14** (6)，152-157 (1996)．
11) 神崎修三，島田昌彦，米屋勝利，柘植章彦，月刊地球環境，日本工業新聞社，1 (1998)．
12) 山田晴利，神崎修三，米屋勝利，柘植章彦，工業技術，通商産業省工業技術院，**39** (3)，1-9 (1998)．
13) 米屋勝利，島田昌彦，神崎修三，柘植章彦，セラミックデータブック'98，工業製品技術協会，**26** (80)，27-33 (1998)．

新しい材料合成プロセス

　セラミックスは，高強度高性能材料および高機能材料として高いポテンシャルを有している．しかし，例えば通常のセラミックスの脆性が問題となっているように，モノリシックセラミックスの高性能化には限界があり，複合系あるいは多相系への展開が必要となってきている．セラミックスの機能に影響する因子のうち組成（化学組成，化学量論性，不純物など）と構造（結晶学的構造，化学結合，対称性，電子構造，欠陥など）は，物質そのものを規定するものである．しかしながら，多結晶材料の性質を制御するには，粒径とその分布，粒子の配向，気孔径とその分布，気孔の配向，粒界，表面などの制御とともに，さらに，応用に際しては，材料の形態あるいは界面の制御や機能のハイブリッド化法の開発が必要である．このようなセラミックスの望まれる性質を具現化するためには，材料のプロセッシングの重要さを認識することが必要である．

　本章においては，セラミックスの高次構造制御を目指した新しい合成プロセスの開発と材料化について述べる．合成プロセスは，通常その過程で関与する化学種が気相状態にあるか，液相または固相状態にあるかによって，それぞれ気相法，液相法と固相法に類別されている．

　気相が関与するプロセスとして，複合材料作製法として注目される気相析出含浸法に電気化学蒸着法を組み合わせた新規な複合化法を，また，コストパーフォーマンスに優れた新しい粒子合成法として，還元窒化法と流動層気相析出法をここでは提唱している．これらの方法を適用する際に，原料として用いる化学種とプロセス条件の適切な選択によって，所望の複合組織と特性を有するセラミックスの合成が可能になってきている．

　液相が関与するプロセスとして，ここでは化学溶液前駆体の構造設計とセラミック化による微構造制御法を提案している．非酸化物系セラミックスの微構造制御および微量な焼結助剤の均一添加法として，新たに金属有機ポリマーを経由するプロセスを開発している．また，従来法によるセラミックプロセスから，地球環境に優しくかつ制御性の高い自己バインダ法を開発し，今後の構造用セラミックスプロセスとしてあるべき方法を提案している．

　材料の微構造や化学結合状態が特性に密接に関係する機能性セラミックスにおいては，マトリックスのナノレベルでの微構造制御と表面構造制御が必須である．本章においては，天然鉱物の共晶分解組織にヒントを得た基質に垂直1次元貫通気孔を持つ新規なメソポーラス膜の合成，前駆体分子の設計によるガス認識膜や表面構造の光制御プロセスの開発成果を述べている．さらに，次世代の材料として注目されている無

機・有機ハイブリッド材料の創製には，まさに金属・有機前駆体の設計が材料開発の成否に直接影響する．ここでは，異なる無機成分クラスターを有機マトリックスに結合させたハイブリッドとセラミック微粒子をポリマーと化学結合させたハイブリッドを次世代材料の一つとして提唱している．

　固相法としては，極限的な衝撃圧縮力のもとで瞬時に進むエネルギーの移動や，物質移動を応用した衝撃圧縮凍結法によるアモルファスダイヤモンド，ナノ組織ダイヤモンドセラミックスの合成法と，マルテンサイト型相転移をする新規酸化物の合成を目指した固相反応の応用を取り上げている．これらの方法は新物質の探索と合成に有効な手段である．

　セラミックスのより広範囲での汎用化のためには，性能の向上とともにコストパフォーマンスの追求が必要である．それと同時に，セラミックスは環境保全に必須の材料であるが，その製造に高温を要するプロセスが多いことや，プロセス中に多量の有機物を使用するセラミックスも多い．これらの環境に負荷を与えるプロセスの改革を考慮した材料化を進めなければならない．本章では，シナジーセラミックスの実現に，今後のセラミックスプロセスに求められる合成法の一部を提唱している．ここで述べられている合成法のさらなる展開によって，シナジーセラミックスの材料化の進展が期待される．

2.1 金属有機化合物前駆体を用いた構造用セラミックス

　高温構造材料などとして応用されている窒化ケイ素系や炭化ケイ素系セラミックスは，通常，化学的に合成された窒化ケイ素，炭化ケイ素粉末に焼結助剤，有機バインダなどを機械混合したのち成形，焼結することによって製造されている．焼結体のより精密な高次構造制御が要求されるシナジーセラミックスの製造には，分子レベルで結合を制御した前駆体からの材料化が必要である．また，製造プロセスの単純化と材料特性の再現性向上のために，化学結合を制御した金属有機化合物前駆体が，バインダとして作用するとともに，焼成中に焼結助剤またはマトリックスに転換するようなシステムの開発が求められている．

　本節では，従来行われているセラミック原料粉末の成形プロセスを経由しないで，前駆体としての化学結合を制御した金属有機ポリマーから調製したアモルファス体の結晶化によるセラミックスの組織の発達とその制御について述べる．また，セラミックス粉末が成形用のバインダとして作用するとともに，焼成中に焼結助剤として，またマトリックスの一部に転換する成分として作用するものとして，新たに自己バインダの概念を提唱している．ここで述べられている考えは，シナジーセラミックスの製造のみでなく，今後のセラミックス製造のあるべき姿を示唆するものである．

　セラミックスのより広範囲での汎用化のためには，性能の向上とともにコストパフォーマンスの追求が必要である．

2.1.1　金属有機ポリマーを用いた微構造制御

　金属有機ポリマーを用いたセラミック材料の合成手法は，1960 年代に Popper ら[1]によってその有効性が示された後，種々の金属有機ポリマーを用いた窒化ケイ素(Si_3N_4)，炭化ケイ素(SiC) などの非酸化物セラミックスの合成研究が活発に行われている[2,3]．これらのセラミック前駆体は，600 ℃ 以上の高温で加熱すると熱分解して有機と無機の中間状態を経て非晶質（アモルファス）相となり，さらに 1 000 ℃ 以上の高温で加熱すると結晶質セラミックスに変換できることから，前駆体として用いる金属有機ポリマーの化学組成や構造を分子レベルで制御する，あるいはアモルファス相からの結晶化過程を制御することにより，従来の粉末冶金法とは異なったセラミックスの組織形成制御が期待できる．

　本項では，高温構造材料などとしての応用が期待されている Si_3N_4-SiC-Y_2O_3 セラミックス[4]を対象に，前駆体として用いる金属有機ポリマーの設計と合成および前駆体からのセラミックスの微構造制御について述べる．

(1)　Si_3N_4-SiC-Y_2O_3 セラミックス構成元素含有前駆体の設計と合成

　図 2.1-1 に示すように，Si_3N_4 の前駆体である [Si-N] 系金属有機ポリマーに SiC および Y_2O_3 の前駆体が化学的に結合して，目的とするセラミックスの構成元素をすべて含有する [Si-Y-O-C-N] 多元素系金属有機ポリマー，Si_3N_4-SiC-Y_2O_3 セラミックス構成元素含有前駆体を設計した．前駆体の探索合成検討結果により，ここでは Si_3N_4 の前駆体にはパーヒドロポリシラザン (PHPS，東燃，NN-410)，SiC の前駆

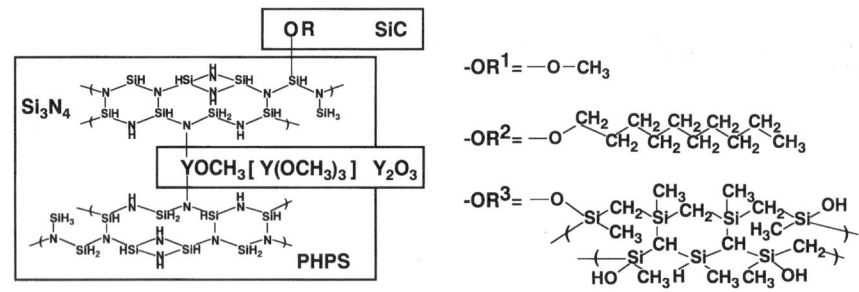

図 2.1-1 Si$_3$N$_4$-SiC-Y$_2$O$_3$ セラミックス構成元素含有前駆体

体にはアルコール誘導体 [(CH$_3$OH, C$_{10}$H$_{21}$OH)[5] およびポリカルボシランハイドロオキサイド (PCS-OH, 日本カーボン, Type S より合成)[6]], そして Y$_2$O$_3$ の前駆体にはトリメトキシイットリウム [Y(OCH$_3$)$_3$] を用いた結果について述べる.

PHPS と SiC および Y$_2$O$_3$ の前駆体との反応は, 有機溶媒中, 室温から 150 ℃ で容易に進行する. 合成した前駆体の化学構造を FT-IR および NMR で解析すると, PHPS とアルコール誘導体は Si-OR^x 結合, また PHPS と Y(OCH$_3$)$_3$ は N-Y 結合をそれぞれ形成していることが確認できる. そして図 2.1-1 に示したように, アルコール誘導体を変化させることにより, 異なった化学組成, 構造を有する Si$_3$N$_4$-SiC-Y$_2$O$_3$ セラミックス構成元素含有前駆体を合成できる[5),6].

(2) 前駆体から合成したアモルファス相の化学組成

合成前駆体を窒素気流中 1 000 ℃, 3 時間で熱分解すると [Si-Y-O-C-N] アモルファス相が得られる. 表 2.1-1 には, PHPS に対してアルコール誘導体は C/Si 元素比 0.33, Y(OCH$_3$)$_3$ は Y/Si 元素比 0.04 でそれぞれ反応させて合成した前駆体より得られるアモルファス相の化学組成を示す. また比較のため, PHPS および PHPS と Y(OCH$_3$)$_3$ より合成した前駆体から得られるアモルファス相の化学組成も合わせて示す.

合成前駆体より得られるアモルファス相中のイットリウム量は計算値 (0.04) である. そして, 酸素, 炭素および窒素量は, 用いたアルコール誘導体に依存して系統的に変化していることがわかる. このように, 前駆体として用いる金属有機ポリマーの化学組成, 構造を分子レベルで制御することにより, アモルファス相の化学組成を原子レベルで制御することが可能である.

表 2.1-1 合成前駆体の熱分解後の化学組成

前駆体	元素組成比				
	Si	Y	O	C	N
PHPS	1.0	0.00	0.01	0.10	0.56
PHPS-Y(OCH$_3$)$_3$	1.0	0.04	0.21	0.18	0.95
PHPS-CH$_3$OH-Y(OCH$_3$)$_3$	1.0	0.04	0.36	0.22	0.96
PHPS-C$_{10}$H$_{21}$OH-Y(OCH$_3$)$_3$	1.0	0.04	0.24	0.27	0.98
PHPS-PCSOH-Y(OCH$_3$)$_3$	1.0	0.04	0.23	0.34	0.69

(3) Si_3N_4-SiC-Y_2O_3 セラミックスの微構造

アモルファス相をさらに高温で加熱すると，アモルファス相からの結晶化と結晶粒子の成長が同時に進行して，多結晶質セラミックスの組織が形成される．ここでは，まずアモルファス相の化学組成が，Si_3N_4系セラミックスの微構造におよぼす影響を述べる．

合成したアモルファス相は窒素ガス中(392 kPa)，1 800 ℃で1時間加熱（ガス圧加熱）すると，Si_3N_4系セラミックスへ変換できる．そして図2.1-2に示すように，アモルファス相の化学組成のわずかな違いにより，得られるセラミックスの微構造は大きく異なり，特にアルコール誘導体として$C_{10}H_{21}OH$を用いた前駆体より合成した[Si-Y-O-C-N]アモルファス相からは，Si_3N_4が微細なウィスカ状に成長した特異な繊維状組織を有する多孔体が得られる[5),7)]．次に，アルコール誘導体として$C_{10}H_{21}OH$およびPCS-OHを用いて合成したアモルファス相を1 800 ℃でホットプレス焼結して緻密化したSi_3N_4-SiC-Y_2O_3セラミックスを作製して，前駆体の化学構造がセラミックスの微構造，特にSiCの分散状態におよぼす影響について述べる．

作製したセラミックスはいずれの前駆体を用いた場合も図2.1-3に示すように，目的とするSi_3N_4，SiCおよび粒界結晶相の$Y_5(SiO_4)_3N$で構成されている．また，Si_3N_4相に対するSiC相の相対生成量は，PCS-OHを用いた場合の方が多く，表2.1-1に示したアモルファス相中の炭素量とよい相関関係を示す（図2.1-3）．微構造を調べると，いずれの場合もSi_3N_4マトリックス粒子内には，10～40 nmのSiC粒子が分散しており，またSi_3N_4粒界には約600 nmまで成長したSiCサブミクロン粒子が分散している（図2.1-4）．しかし，収束イオンビーム(FIB)加工機でガリウムイオンを照射して得られる二次電子像でSiCサブミクロン粒子の分散状態を評価した結果，PCS-OHを用いた場合は，約3～35 nm^2の領域でSiCサブミクロン粒子のみで構成される部分が存在する[図2.1-5(a)]．一方，$C_{10}H_{21}OH$を用いた場合はSiCサブミクロン粒子は比較的均一に分散している[図2.1-5(b)][6)]．これらの観察結果より，前駆体の化学構造はセラミックスの組織形成に大きな影響をおよぼし，図2.1-1

図2.1-2 ガス圧加熱体の微構造．(a) PHPS, (b) PHPS-Y(OCH$_3$)$_3$, (c) PHPS-CH$_3$OH-Y(OCH$_3$)$_3$, (d) PHPS-$C_{10}H_{21}$OH-Y(OCH$_3$)$_3$

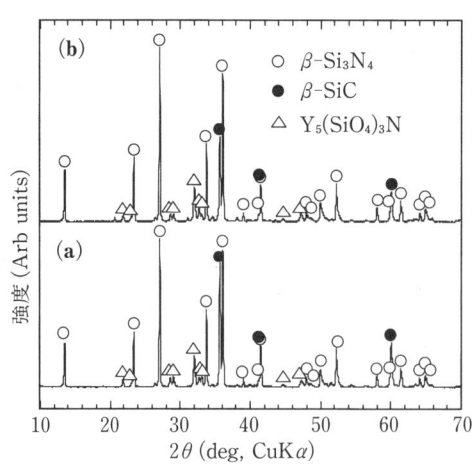
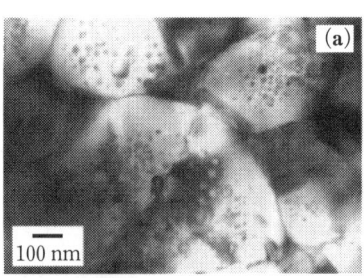
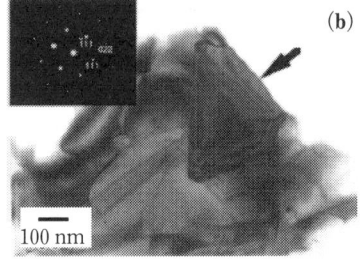

図2.1-3 ホットプレス焼結体のXRDパターン．(a) PHPS-PCSOH-Y(OCH$_3$)$_3$, (b) PHPS-C$_{10}$H$_{21}$OH-Y(OCH$_3$)$_3$

図2.1-4 ホットプレス焼結体のTEM像．(a) SiCナノ粒子，(b) SiCサブミクロン粒子（図内の電子線回折パターンはβ-SiCに対応）

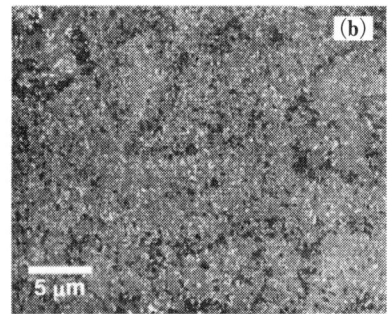

図2.1-5 ホットプレス焼結体の2次電子像（黒色粒子はSiC，灰色粒子はSi$_3$N$_4$，白色部分は粒界相をそれぞれ示す）[6]．(a) PHPS-PCSOH-Y(OCH$_3$)$_3$, (b) PHPS-C$_{10}$H$_{21}$OH-Y(OCH$_3$)$_3$

に示したように，PHPSとPCS-OHのブロックタイプの共重合構造を有する前駆体を用いると，SiC-Y$_2$O$_3$とSiCナノ粒子分散Si$_3$N$_4$-Y$_2$O$_3$で構成されたユニークな2相系コンポジットが合成できる．一方，分子レベルでSiC前駆体を均一に分散させた前駆体を用いると，均一なSiCナノ粒子分散Si$_3$N$_4$-Y$_2$O$_3$が合成できる．

Si$_3$N$_4$-SiC-Y$_2$O$_3$セラミックスを対象に，セラミックス構成元素含有前駆体の設計と合成，および前駆体からのセラミックスの組織形成について述べたが，前駆体の化学組成，構造を分子レベルで制御することにより，ナノ/ミクロサイズのレベルでセラミックスの微構造を制御できることが明らかである．なお，SiC前駆体の代わりにTiN前駆体を用いたSi$_3$N$_4$-TiN-Y$_2$O$_3$セラミックス構成元素含有前駆体の合成にも成功し，この前駆体もTiNナノ粒子分散Si$_3$N$_4$-Y$_2$O$_3$セラミックスの合成に有用であることを見出している[8],[9]．また，SiCの前駆体に用いたPCS誘導体はSiC系セ

ラミックスの合成にも有用である[10]．

今後，金属有機ポリマーを用いたセラミックスの合成手法は，新しいセラミックスの微構造制御技術の一つとして，より広範囲な材料系への適応が期待される．

2.1.2 新規自己バインダによる微構造制御

セラミックス粉末を成形する際，成形体の保形性を良好にしハンドリングを容易にするため，有機バインダが用いられる．有機バインダの加熱により生じる気孔や炭素成分は焼結体の欠陥となり得る．ここでは，従来の有機バインダの欠点を克服し，さらにセラミックスを高機能化，自己複合化するために設計された新規自己バインダについて概説する．高品質な粉末成形体が得られるSiC系自己バインダ，およびセラミックス組織の自己複合化が可能な$BaAl_2O_4$系水硬性無機バインダを例に述べる．

(1) SiC系バインダ

本項では，自己バインダとしての作用を持つ化学修飾ポリカルボシランでSiC粉末の表面を修飾することによって，粉末の品質を常に一定に保ち，さらに流動性，充填性，成形性，焼結性を向上させることにより得られる，欠陥の少ない，信頼性に優れたSiC焼結体について紹介する．SiCは熱的，化学的に優れたセラミックスとして知られており，近年SiC前駆体の研究開発が活発に行われている．有機前駆体は，SiCセラミックス繊維の合成[11]やコーティングが容易に行える利点がある．SiCの前駆体であるポリカルボシラン(PC)は，熱処理によってβ-SiC結晶に変化する．このようなPCを撥水剤であるシランカップリング剤で化学修飾して前駆体PCOCFを合成し，SiC粉末にコートする．これにより，シランカップリング剤による耐酸化性および流動性の発現に加え，PC中の余剰カーボンが原子レベルで分散することによってSiC粉末成形体の焼結性が向上することが期待される[12]．

まず，PCをランカップリング剤$[(CH_3O)_2Si(CH_3)CH_2CH_2(CF_2)_7CF_3]$で化学修飾することにより，次のような分子構造を持つ自己バインダPCOCFが合成される．

$$\text{PCO-Si-R}\begin{array}{c}CH_3\\|\\|\\OCH_3\end{array},\ \text{PCO-Si-R}\begin{array}{c}CH_3\\|\\|\\OPC\end{array}\ ;\ R=CH_2CH_2(CF_2)_7CF_3$$

PCOCFのセラミック収率は75％であり，熱処理によりβ-SiCに変化する．PCOCFのトルエン溶液をSiC粉末と混合，乾燥，造粒することにより作製した表面修飾SiC粉末(PCOCF/SiC)の耐酸化特性，粉末流動特性および成形体の充填特性について述べる．PCOCF/SiC粉末を，容器中に水とともに密閉し，放置した時間と粉末の酸素含有量の関係を測定することにより耐酸化特性を評価する．粉末の流動特性はスパチュラ角により，また粉末のタップ密度および成形体の気孔径分布により充填性を評価する．評価方法の詳細は文献を参照されたい[13]．

また，PCOCF/SiCのホットプレス焼結体(2 050 ℃×15 min，30 MPa，Ar中)作製後，JIS規格に準じた試験片を切り出し，アルキメデス法による密度測定，4点曲げ試験およびSEPB法(single-edge precracked beam法)による破壊靱性値測定を行い，同試料研磨面の微構造および破面中に存在する気孔は走査型電子顕微鏡を用いて観察する．

室温の飽和水蒸気中に放置した市販のSiC粉末およびPCOCF/SiC粉末の酸素含有量を図2.1-6に示す．PCOCF/SiC粉末の酸素含有量は50日以上の保持後も不変であり，PCOCFコートによる良好な耐酸化特性が示される．

図2.1-7に示す各粉末試料のスパチュラ角およびタップ密度から，PCOCF/SiC粉末のスパチュラ角は，市販のSiC粉末およびフェノールをコートしたSiC粉末のそれに比べて小さく，またPCOCF/SiC粉末のタップ密度は最も大きい．すなわちPCOCFにより粉末の流動性が向上し，その結果，粉末はより密に堆積したと言える．

図2.1-8にPCOCFまたはフェノールを5％コートしたSiC粉末成形体の気孔径分布を示す．PCOCF/SiC粉末成形体の気孔径分布のピーク位置は約0.07 μmであり，これはフェノールをコートした試料のものよりも小さい．またPCOCF/SiC成形体の気孔径分布はフェノールをコートした試料と比較してシャープである．すなわち，PCOCF/SiC成形体の平均気孔径はフェノールをコートした試料の約半分であり，また気孔率も小さいことがわかる．

図2.1-9にはPCOCF/SiCおよびフェノールを添加したSiC焼結体の密度および4点曲げ強度を示す．比較的少量の(1〜5％)PCOCFをコートしたSiC焼結体は良好に緻密化する．PCOCF/SiCの曲げ強度は，通常のフェノールを用いた試料と比較して，3％のPCOCFの添加により50 MPa程度改善される．また3〜5％のPCOCFの添加により，曲げ強度のばらつきが大幅に低減され，焼結体の破壊靱性値はPCOCFのコート量に依存せずほぼ3.0 MPa・m$^{1/2}$であり，フェノール樹脂を用いた試料と同等の値である．

図2.1-10には各試料の破面のSEM像を示す．フェノールを用いた試料の破面には多くの気孔がみられる．SiC粉末の平均粒径は0.47 μmであり，計算によれば，成形体中に存在する約0.7 μmをこえる気孔は焼結体内に残留する．図2.1-8によれば，フェノールを用いた成形体内に0.7 μmをこえるサイズの気孔が存在することが示されており，図2.1-10の結果を裏付けている．

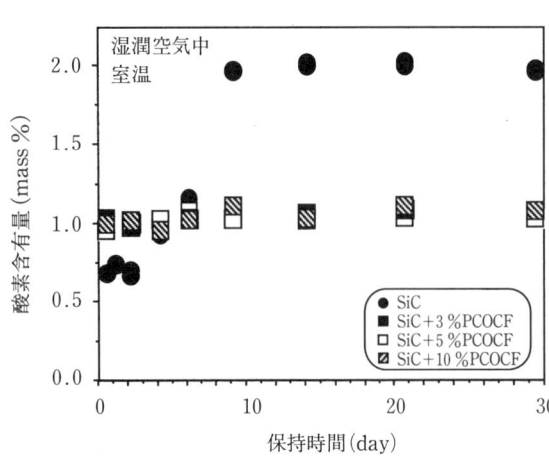

図2.1-6 PCOCFをコートしたSiC粉末の湿潤空気中での酸素含有量の変化

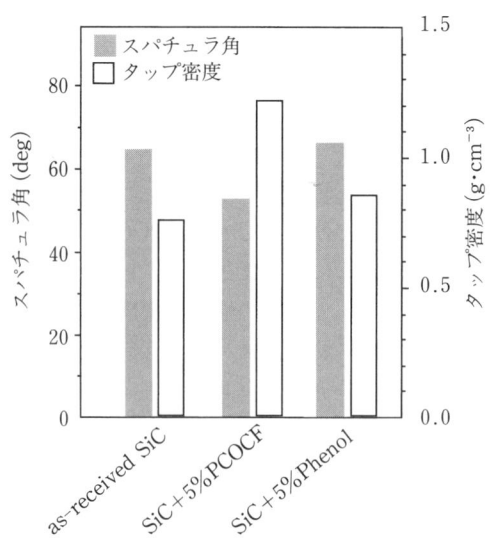

図2.1-7 各種粉末のスパチュラ角およびタップ密度

自己バインダ PCOCF を SiC 粉末にコートすることにより，粉末流動性および充填特性が向上し，成形体内部に大きな気孔が生成されにくくなるため，ほとんど欠陥を含まない焼結体が得られる．その結果，SiC 焼結体の破壊靭性値を損なうことなく強度を増加させ，強度のばらつきを低減できる．今後の課題の一つは，自己バインダによるセラミックスの微構造制御である．板状 SiC 粒子の成長を促進させる Al を自己バインダに化学修飾することができれば，焼結過程において SiC の組織を自己複合化し，かつ欠陥の少ない，高強度，高靭性の SiC セラミックスが得られると考えられる．

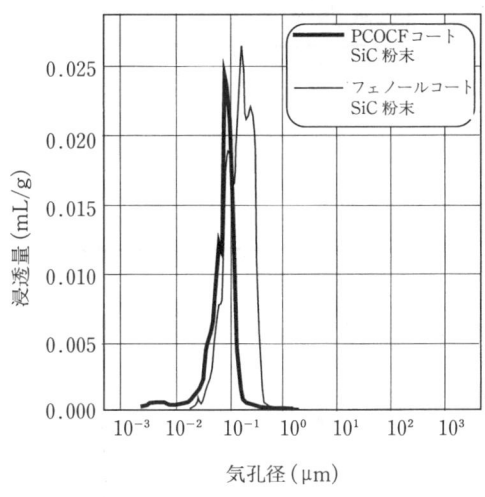

図 2.1-8　PCOCF/SiC 成形体およびフェノール/SiC 成形体の気孔径分布

図 2.1-9　各 SiC 焼結体の密度および曲げ強度

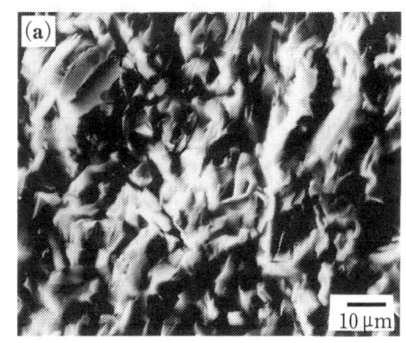
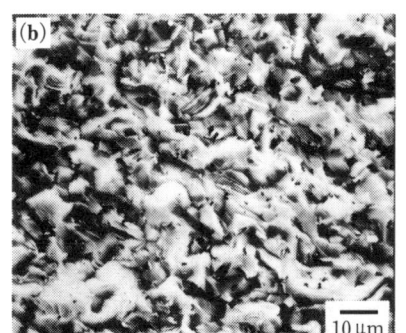

図 2.1-10　成形バインダとして (a) PCOCF, (b) フェノールを用いた SiC 焼結体破面の SEM 像

（2）　$BaAl_2O_4$ 系水硬性無機バインダ

　水硬性無機バインダは，水を保形性発現の駆動力とし，さらに加熱過程で自らもセラミックス化する特徴を持っている．そのため，従来のプロセスにはないバインダによるセラミックスの組織制御が期待できる．耐火セメントとして使用されるバリウムアルミネート ($BaAl_2O_4$) は強度と高温安定性に優れていることから，水硬性無機バインダとして期待される．しかし，バリウムアルミネートの合成には従来 1 000 ℃ 以

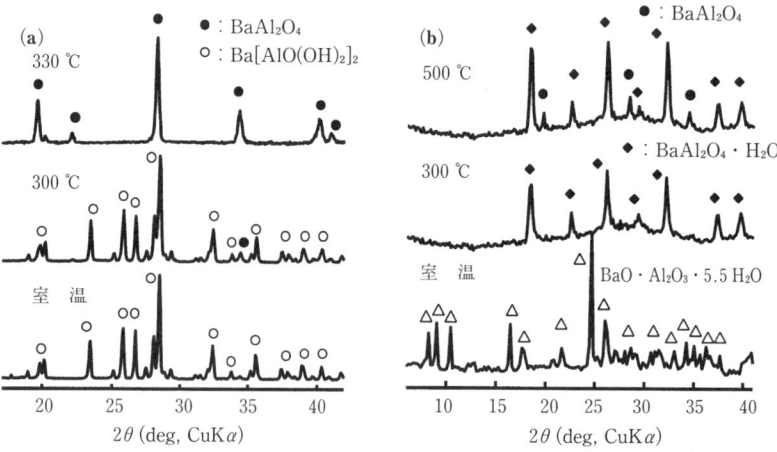

図 2.1-11 (a) Ba(AlO(OH)$_2$)$_2$ の加熱処理結果と, (b) BaO・Al$_2$O$_3$・5.5 H$_2$O の加熱処理結果

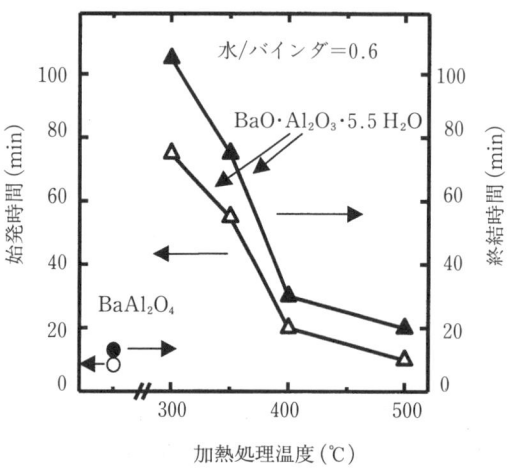

図 2.1-12 合成したバインダの凝結特性

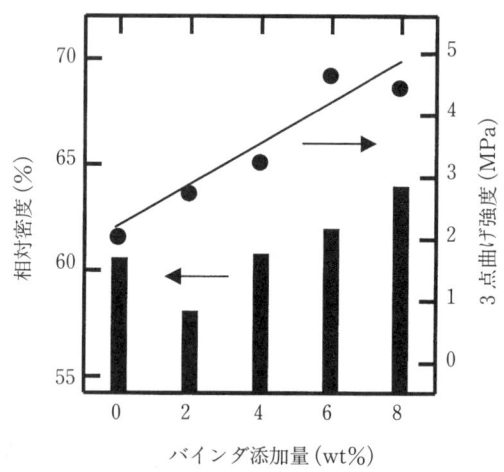

図 2.1-13 バインダ添加アルミナ成形体の密度と強度

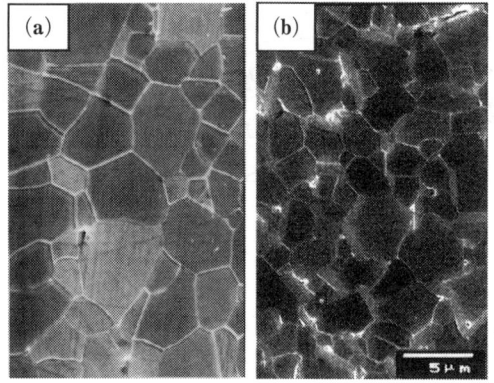

図 2.1-14 アルミナ焼結体の研磨エッチング SEM 写真. (a) バインダ無添加焼結体, (b) 6% バインダ添加焼結体

上の高温を必要とする[14),15)]. さらにバリウムアルミネートはその急激な水和反応から, 作業性を保持するために凝結抑制剤を添加する必要がある. ここでは, アルミナ-バリウムアルミネート系を対象に, 作業性と成形性に優れ, さらにアルミナの組織制御に寄与するバリウムアルミネートバインダを, 新たに溶液反応を利用して低温合成することについて述べる.

水酸化バリウム [Ba(OH)$_2$・8H$_2$O] とアルミニウム粉末を, 加熱した蒸留水中で反応させ, そのときに得られる懸濁液を固液分離し, 分離した溶液に過剰のエチルアルコールを加えて得た析出物をさらに固液分離することで, 2種類のバインダ前

駆体 [$Ba(AlO(OH)_2)_2$ および $BaO \cdot Al_2O_3 \cdot 5.5H_2O$] が得られる．このうち，$Ba(AlO(OH)_2)_2$ を加熱すると，図 2.1-11 (a) に示すように 330 ℃ で完全に $BaAl_2O_4$ に相変化し，従来合成法よりもはるかに低温で $BaAl_2O_4$ を合成できる．一方 $BaO \cdot Al_2O_3 \cdot 5.5H_2O$ を加熱すると，図 2.1-11 (b) に示すように非晶質相を主に $BaAl_2O_4 \cdot H_2O$，さらに $BaAl_2O_4$ からなる混合相が得られる[16]．

図 2.1-12 に，合成した 2 種類のバインダについて，ビカー針装置で測定した凝結始発時間(ペースト状からこわばりが生じる)と終結時間を示す．$Ba(AlO(OH)_2)_2$ を加熱処理して合成した $BaAl_2O_4$ は，従来方法で合成した $BaAl_2O_4$ と同様に急激に水と反応(始発時間 7 分，終結時間 12 分)する．一方，$BaO \cdot Al_2O_3 \cdot 5.5H_2O$ を加熱処理すると，図 2.1-11 (b) の構成相の違いを反映して加熱温度によって始発・終結時間に差が認められ，加熱温度によって凝結抑制剤を添加することなくバリウムアルミネートバインダの凝結特性を制御できることがわかる[16]．

合成した 2 種類のバインダについて水和反応を利用してアルミナを成形したところ，図 2.1-13 に示すように，成形体の密度と強度が向上し，バインダとして十分機能を発揮することが示された．アルミナ成形体(6 wt % $BaAl_2O_4$ 添加) を 1600 ℃ で 2 時間焼成した焼結体の微構造を図 2.1-14 に示す．バインダは焼成過程で脱水し，さらにマトリックスのアルミナと反応して板状の $Ba_{0.79}Al_{10.9}O_{17.14}$ 粒子[17]としてアルミナマトリックス中に分散した複合組織となる．さらに，マトリックスであるアルミナの粒子成長が無添加の 4.2 μm に対して 2.9 μm と抑制され，バインダによる組織制御の可能性が明らかである[16]．

作業性，成形性に優れ，焼結体の組織制御が可能なバリウムアルミネートバインダを，溶液反応を介した合成方法により低温合成することができた．今後の課題の一つは，組織制御にともなうマトリックスの高性能化である．バインダ添加による組織制御により，機械特性に優れたセラミックスの製造が可能になり，今後の発展が期待される．

● 参考文献

1) P. Chantrell and P. Popper, "Inorganic Polymers and Ceramics." Special Ceramics 1964, edited by P. Popper, Academic Press, New York, p. 87 (1965).
2) K. J. Wynne and R. W. Rice, *Annu. Rev. Mater. Sci*., **14**, 297-334 (1984).
3) R. Riedel and W. Dressler, *Ceram. Int*., **22**, 233-239 (1996).
4) K. Niihara, K. Izaki and T. Kawakami, *J. Mater. Sci. Lett*., **10**, 112-114 (1990).
5) Y. Iwamoto, K. Kikuta and S. Hirano, *J. Mater. Res*., **13** (2), 353-361 (1998).
6) Y. Iwamoto, K. Kikuta and S. Hirano, *J. Mater. Res*., **14** (5), 1886-1895 (1999).
7) 岩本雄二，菊田浩一，平野眞一，特許第 2874045 号．
8) Y. Iwamoto, K. Kikuta and S. Hirano, *Ceram. Trans*., **83**, 63-70 (1998).
9) Y. Iwamoto, K. Kikuta and S. Hirano, *J. Mater. Res*., **14** (11), 4294-4301 (1999).
10) Y. Iwamoto, S. Okuzaki, K. Kikuta and S. Hirano, *Ceram. Trans*., **83**, 77-82 (1998).
11) S. Yajima, J. Hayashi and M. Omori, *J. Am. Ceram. Soc*., **59** (7-8), 324-327 (1976).
12) Y. Iwamoto, S. Okuzaki, K. Kikuta and S. Hirano, *Ceramic Transaction* (submitted).
13) Y. Sawai, Y. Iwamoto, S. Okuzaki, Y. Yasutomi, K. Kikuta and S. Hirano, *J. Ceram. Soc. Japan*, 107, 1001-06 (1999).
14) L. P. Camby and G. Thomas, *Solid State Ionics*, **63-65**, 128-35 (1993).
15) S. Chandra, *Am. Ceram. Soc. Bull*., **64** (8), 1120-23 (1985)

16) T. Nagaoka, Y. Iwamoto, K. Kikuta and S. Hirano, *J. Am. Ceram. Soc.*, in press.
17) N. Iyi, Z. Inoue, S. Takekawa and S. Kimura, *J. Solid State. Chem.*, **47**, 66-72 (1983).

2.2 前駆体を用いた機能性セラミック薄膜

　電磁気，光学，化学特性を利用し，センサあるいはアクチュエータとしてセラミックスを材料化するには，機能させる部位の組織制御が必要である．組織制御のうちで，電磁気特性は粒界に，光学特性はマトリックスに，また化学特性は表面構造に主に依存することはよく知られている．原子あるいは分子レベルで結合を制御した前駆体は，これらの機能の発現因子としての組織制御は非常に有用である．

　機能性セラミック薄膜の製法としては，大別して次の2種類の方法が知られている．高真空中で原子状の前駆体として輸送して，基質上に薄膜として析出させる物理的方法と，化学的分子を前駆体として気相か溶液状態から析出させる化学的方法である．本節では，次世代の分子分離膜として開発した基質に垂直な1次元貫通孔を有するナノポーラス膜の作製と，分子を高感度で認識するガスセンサ用機能膜における表面組織の制御における前駆体設計について述べる．

2.2.1　1次元貫通気孔を持つメソポーラス膜

　近年，環境・エネルギー問題への関心の高まりから，環境浄化用セラミックフィルタ，燃料電池用電極あるいは光触媒などのセラミック材料が注目を集めている．環境浄化用セラミックフィルタでは，ディーゼルエンジン排気ガス中のパティキュレート除去フィルタなどが商品化に近いところまで開発が進んでいる．また，次世代の材料として高温排気ガスからのCO_2分離あるいは有害物質分離除去などに利用可能な多孔質セラミック材料の開発が盛んに行われている．ここで，ガス分離や触媒などへの応用を考えた場合，ナノサイズの孔を持つ多孔質セラミックスが必要となる．

　1990年代前半に層状ケイ酸塩鉱物の層間に有機分子をインターカレートする方法[1]や，界面活性剤ミセルの集合組織をセラミック前駆体で型どりする方法（ミセルテンプレート法）[2]が開発され，大きさのそろった数nmの1次元細孔を持つ多孔質セラミックスが得られるようになっている．これらの方法で得られる物質は粉体の形で得られ，1,000 m^2/gをこえる非常に大きな比表面積を持つものもあるため，高活性の触媒あるいは触媒担体としての応用が期待されている．

　しかし，ガス分離膜のような応用では上記多孔質セラミックスを膜の形状にして，なおかつ図2.2-1に示すように，1次元ナノ貫通孔の向きを膜面に垂直な方向にそろえる必要がある．実際，ミセルテンプレート法によって，基板に垂直な方向に孔の伸長方向をそろえて膜化する試みが多数行われてきたが，未だ成功していない[3]．本項では，金属とセラミックスを同時スパッタした合金膜の微構造ならびに天然鉱物の共晶分解組織の研究にヒントを得て，膜面に垂直な1次元ナノ貫通孔を持つ膜を

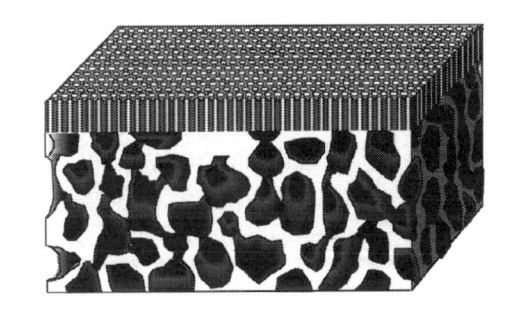

図2.2-1　多孔質セラミック基板上に1次元ナノ貫通気孔をもつ膜を形成した複合多孔体の概念図

作製する技術について述べる[4]．

(1) 金属テンプレート法と共晶分解法

1次元ナノ貫通孔を持つセラミックスの作製に利用可能な前駆体を得るために，ナノサイズで1次元的な微構造を持つセラミック系を考えると，磁気記録用の Co-SiO$_2$ 系合金膜と天然の鉱物の分解生成物に利用可能な組織を見出すことができる．

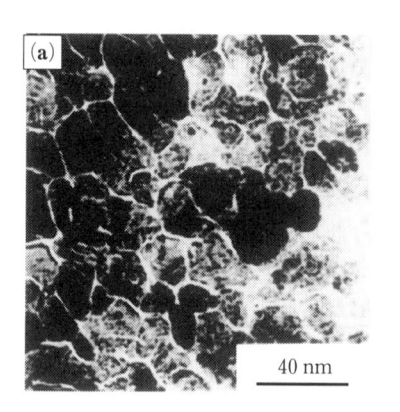

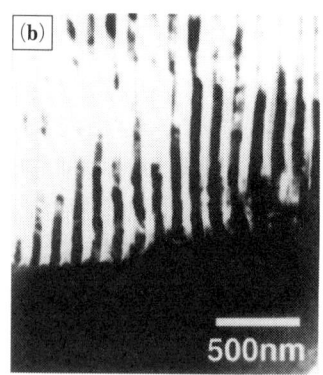

図 2.2-2 (a) 金属コバルトとシリカを同時スパッタして得られた Co-SiO$_2$ 合金膜[5]，(b) 鉄かんらん石の共晶分解によって形成された微構造

図 2.2-2(a) は高密度磁気記録用の媒体として，金属コバルトとシリカを同時スパッタして得られた Co-SiO$_2$ 合金膜の TEM 写真である[5]．図は膜面方向から観察したものであるが，約 10 nm の柱状の金属 Co のまわりをアモルファスの SiO$_2$ が取り囲んでいる．このような膜から金属 Co のみをエッチングで取り除けばマトリックスの SiO$_2$ がメッシュ状に残り，1次元的な貫通孔を持つシリカ膜が得られる．

図 2.2-2(b) に鉄かんらん石 (Fe$_2$SiO$_4$) を空気中 800℃ で加熱した試料中にみられる微構造を示す．2価の鉄を含む鉄かんらん石は酸化雰囲気中で熱処理すると鉄の価数が2価から3価に変わると同時に，マグネタイト (Fe$_3$O$_4$) とシリカ (SiO$_2$) の2相に共晶分解する[6]．図中で，下部の均一な部分は分解前の鉄かんらん石であり，上部の約 10 nm 周期の白黒のコントラストの部分が分解後に生成したマグネタイトとシリカのラメラ構造を持つ共晶組織である．この組織の興味深い点は，ラメラ構造の伸長方向が分解前の鉄かんらん石の結晶方位とは無関係に，酸素の拡散方向（図の上から下）に平行になることである．この場合，マグネタイトをエッチングで取り除くと，スリット状の孔を持つシリカ多孔体が得られる．

組織制御の難易度と得られる組織の均一性を考慮して，ここでは鉄かんらん石の共晶組織を模倣する「共晶分解法」と呼ぶ膜作製プロセスを考える（図 2.2-3）．共晶分解法は3段階のプロセスからなっている．すなわち，第一段階でガラス基板上に Fe-Si-O 系のアモルファス膜をスパッタ法などにより成膜する．このとき鉄の価数が2価と3価の間になるように条件を制御する．膜をアモルファスとした理由は，粒界がない（粒界があると不均一核形成により組織が乱れる）ことと，組成の自由度が大きいことによる．次の段階で，成膜したアモルファス膜を酸化雰囲気中で熱処理す

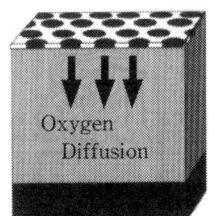

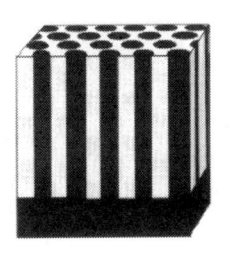

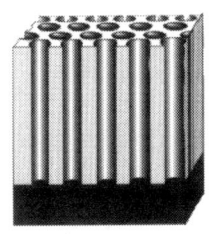

図 2.2-3 共晶分解法プロセスの説明図．左から基板上に形成した Fe-Si-O アモルファス膜，熱処理中共晶分解初期状態，共晶分解終了後およびエッチングで酸化鉄を取り除いた後の状態[4]

る．熱処理中に膜表面から酸化分解反応が起こり，酸化鉄がシリカマトリックス中に規則的に配列した共晶組織が表面に生成する．引続き，膜表面からの酸素拡散により共晶反応界面が膜表面から膜・基板境界まで移動し，最後に酸化鉄が膜表面に垂直に伸びた1次元的な共晶組織ができる．最終段階で，酸エッチングにより酸化鉄のみを選択的に取り除き，膜面に垂直な1次元貫通孔をもつメソ多孔質膜が残る．

(2) 共晶分解法による膜作製

第一段階のアモルファス膜の作製では，FeO 粉末試薬に SiO_2 試薬粉末を混合したものをターゲットに用いて，通常の Rf マグネトロンスパッタ装置により製膜を行う．基板(ガラス)に付着する膜の組成は SiO_2 試薬粉末を体積割合で0%から50%まで変化させて制御する．

走査型電子顕微鏡(SEM)観察と薄膜X線回折(XRD)により，SiO_2 を含まない膜が柱状のマグネタイトからなり，膜中の鉄の価数が2価と3価の中間であることが確かめられた．これに対して，SiO_2 を含むすべての膜は均一なアモルファス膜であり，内部にクラックやポアの存在は認められずほぼ目標とする膜が得られる．

次に，得られた膜を空気中 600 ℃ で2時間加熱すると，スパッタ後に薄緑色であった膜が赤褐色に変化し，すべての膜でヘマタイト(Fe_2O_3)が結晶相として析出する．加熱後の試料を観察したところ，SiO_2 が仕込み組成で10%および20%(低シリカ組成)の膜ではブロック状のヘマタイトがランダムに析出している[図2.2-4(a)]．一方，SiO_2 が仕込み組成で30%および40%(中間組成)の膜では直径約4nmの針状ヘマタイト結晶がシリカマトリックス中に析出していることが確認される[図2.2-4(b)]．針状ヘマタイト結晶の伸長方向は膜面にほぼ垂直である．また，SiO_2 が仕込み組成で50%(高シリカ組成)の膜では，直径数nmの顆粒状ヘマタイト結晶がシリカマトリックス中に孤立した微粒子として析出している[図2.2-4(c)]．

加熱後の膜を基板ごと塩酸水溶液(HCl：H_2O=1：1)に浸漬し，ヘマタイト結晶のみを選択的に取り除く．低シリカ組成の試料ではエッチング後に赤味を帯びた透明な膜が，また中間組成の試料ではエッチング後にほぼ透明な膜が得られ，高シリカ組成の試料は同一エッチング条件で赤褐色のままである．エッチング後の膜組織をTEM観察したところ，高シリカ組成の試料はエッチングの前後で膜組織がほとんど変化していない．これに対して，中間組成の試料は，膜面に垂直な約4nmのメソ細孔を有するアモルファスのシリカ膜であることがわかる[図2.2-5(a)および(b)]．

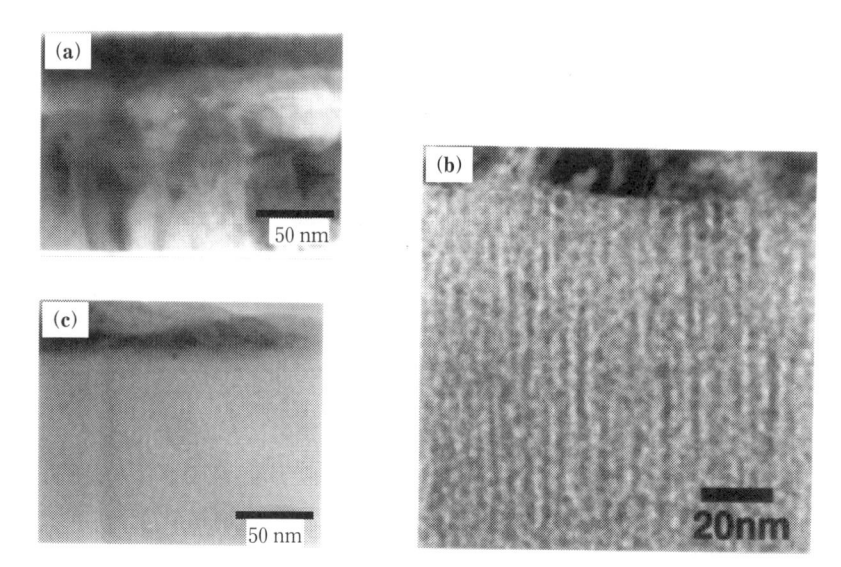

図 2.2-4　(a) 加熱後の試料の膜断面 TEM 写真．SiO_2 が仕込み組成で 20 % の膜，(b) SiO_2 が仕込み組成で 30 % の膜および (c) SiO_2 が仕込み組成で 50 % の膜の一部

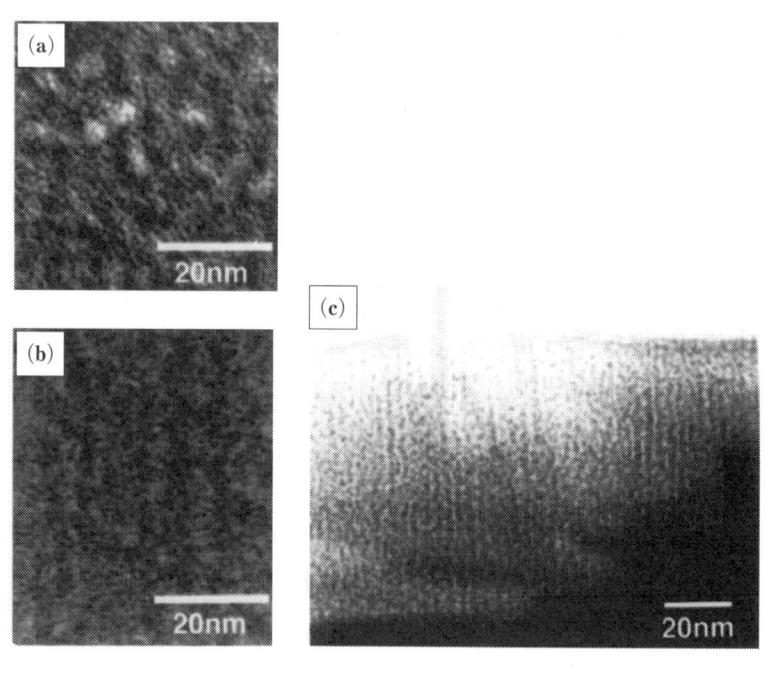

図 2.2-5　(a) エッチング後の膜の表面，(b) 断面および (c) 600 ℃，2 h 再加熱した試料の膜断面

　高シリカ組成の試料で，シリカマトリックス中に閉じこめられたヘマタイトがエッチングで取り除かれなかったのに対して，中間組成の試料ではヘマタイト成分が完全に取り除かれる．このことは，中間組成の試料ではエッチング液が膜の表面から反対側の表面まで浸透したことを示しており，このナノ貫通孔は 1 次元的に連続した孔である．また，エッチング後の膜を空気中 600 ℃ で 2 時間再加熱しても，加熱後に膜組織はほとんど変化しない [図 2.2-5(c)]．このような方法で得られたナノ貫通気孔

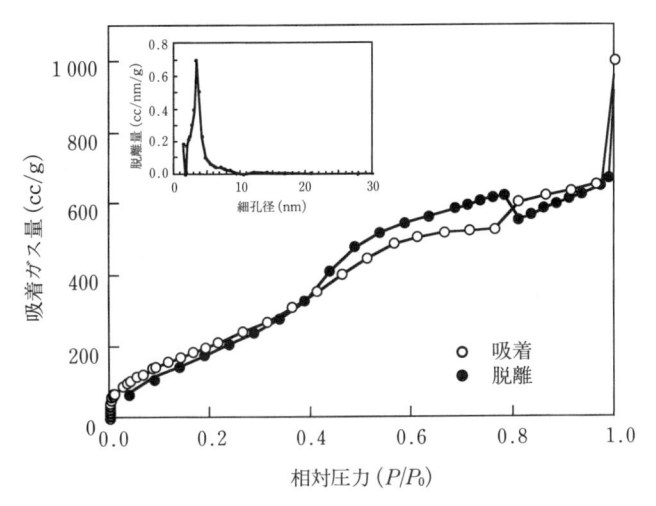

図 2.2-6 エッチング後の1次元メソ多孔質膜の N_2 ガス等温吸脱着曲線と細孔径分布[4]

膜が高温ガス分離膜のような用途に利用可能なことが期待される.

中間組成膜のナノ貫通孔が膜内部まで連続していることを確認する目的で,液体窒素温度での N_2 ガスの等温吸脱着特性を測定した(エッチング後の膜重量が 1 mg 程度になるように,膜試料を多数用意).結果を図 2.2-6 に示す.等温吸脱着曲線は差圧 $(P/P_0)=0.5$ 付近に明瞭な立ち上がりのあるタイプIVのパターンになっており,メソポーラスな膜の特徴を示している.また細孔径分布にも 4 nm 付近に明瞭なピークがみられ,この値は TEM 観察の結果とよく一致する.大量の試料作製が難しく,膜の絶対量が少ないため正確な比表面積を算出するのは困難であるが,膜重量に比べて吸脱着量が多いことから,少なくとも数百〜1 000 m^2/g の大きな比表面積を持つ膜であると考えられる.

天然の鉱物の共晶分解プロセスを模倣した共晶分解法により,膜面に垂直な1次元貫通孔を持つシリカ膜の作製方法を中心に紹介した.シリカ以外の系(例えば TiO_2,ZrO_2 あるいは ITO など)で同様な構造を持つメソ多孔体の実現を目指して研究中であるが,適切な共晶系がみつからないなどの問題があり実現していない.金属テンプレート法は,組織の均一性が共晶分解法よりも劣るが,組成選択性の自由度が高く,この方法でシリカ以外の系の膜を作製中である.また,これらのプロセスを用いて図 2.2-1 に示すような複合多孔体を作製することを試みている.加えて,メソ構造体の細孔内部空間を化学反応場あるいは機能性分子の容器として1次元ナノケージ的に利用することも考えられる.

2.2.2 ガス感応性金属分散酸化物薄膜

微細な金属および金属酸化物粒子からなる組成物は,それらの構成元素の種類,微構造によってガス分子の吸着,反応性およびそれにともなう金属,酸化物間の電子の移動度合いが変化するため,ガスセンサや触媒等への利用が広く行われている[7].ガスセンサにおいては,環境中に存在する微量のガス成分を高精度で検出する要請が高まっており,センサ特性として高いガス感度とガス選択性が求められている.ガス感度を高めるためには,粒子の微細化,気孔構造制御,薄膜化が必要であり,またガス選択性向上には粒子の表面性状を含めた微構造制御が重要である.しかしながら従来の方法では金属酸化物粉末またはそれらのゾルを出発原料とし,酸化物粒子の周囲に金属粒子を生成,付着させる方法が行われているため[8,9]生成する金属の分散度に限界,制約があり,また薄膜化や金属粒子の分散形態を制御することが難しいという問題点がある.

本項ではこれらの問題点に対処するため，金属元素が原子レベルで均質に分散した金属有機前駆体を合成し薄膜形態においてその加熱分解過程を制御することによって，よりミクロなサイズレベルで微構造制御を行い，センサ特性を制御した結果について述べる．

(1) 前駆体の設計と合成

微細な金属粒子を得るための金属元素として高いガス吸着，反応性を有する白金を，また金属酸化物として耐熱，耐食，耐久性に優れる TiO_2 を選定している．これらの組成物を得るため，白金とチタンを同じ分子内に含む前駆体の合成を試みている．

一般的に白金とチタンが直接結合した常温で比較的安定な化合物を合成するのは難しい．そのため白金の化合物とチタンの化合物の両方に対して反応性があり，それぞれと結合を形成する可能性のある化合物としてアミノ酸を用いている．図2.2-7に示すようにまずチタンのアルコキシド誘導体のアルコキシル基と，アミノ酸のカルボキシル基を反応させ，次に白金塩と反応させることによりチタンと白金を含有する化合物を合成する．さらに未反応のアルコキシル基を水と反応させることにより長期間の保存に安定な透明黄褐色の金属有機前駆体溶液を合成する．

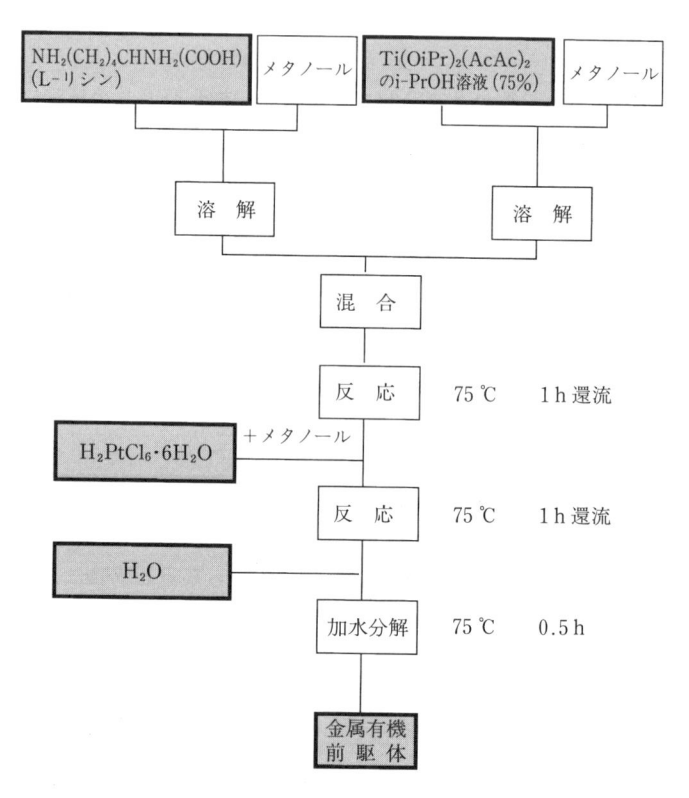

図 2.2-7　金属有機前駆体合成のフローシート

(2) 前駆体の分解挙動と薄膜の微細組織

合成した金属有機前駆体溶液より溶媒を除去して得られる固形物の示差熱分析結果を図2.2-8に示す．加熱にともない緩やかに重量の減少が生じ，約400℃付近まで

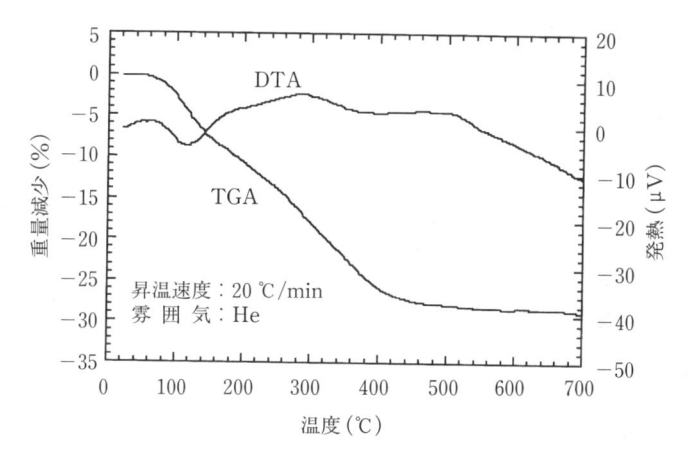

図 2.2-8　金属有機前駆体の加熱減量曲線

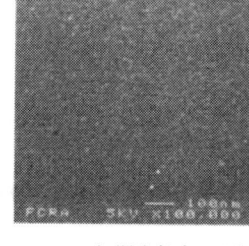

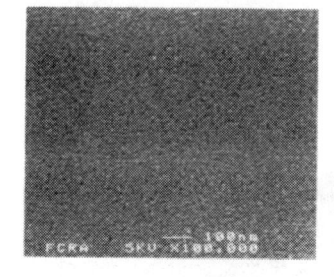

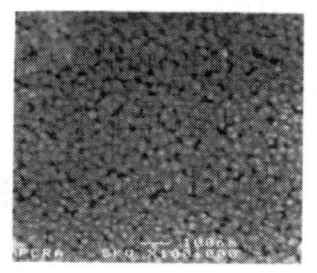

図 2.2-9　薄膜の加熱に伴う微構造変化 (FE-SEM)

加湿空気中 325 ℃
加湿空気中 400 ℃
3 % H₂/Ar 中 600 ℃
3 % H₂/Ar 中 800 ℃

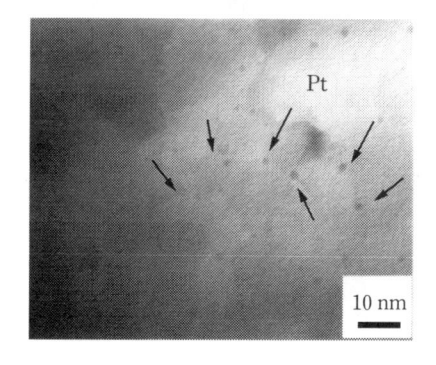

図 2.2-10　800 ℃で加熱した薄膜表面近傍の微構造

重量減少が続く．この結果より，金属有機前駆体の加熱にあたっては，有機成分の除去を十分に行うため 400 ℃ での予備処理 (加湿雰囲気) が必要なことがわかる．また分解ガス成分のマススペクトル測定結果から，加熱温度とともに発生するガスの分子量が増加し最大 100 の分子量のガス成分が 200 ℃ で最も多く観察される．このガス成分は，アミノ酸 (L-リシン) に基づくものである．白金元素は L-リシンに結合していると推定されるため，白金は 200 ℃ 付近で遊離するものと考えられる．

図 2.2-9 は，加熱にともなう薄膜の FE-SEM による表面組織変化を示している．325 ℃ では比較的緻密でなだらかな組織がみられるが，400 ℃ では粒子状組織がみられる．この組織変化は非晶質からアナターゼへの結晶化にともなって生じると考えられる．600 ℃ から 800 ℃ に温度が上昇しても TiO_2 粒子の大きさはほぼ一定であり，また FE-SEM による観察では白金の存在は認められない．800 ℃ で加熱した薄膜試料の透過型電子顕微鏡による観察結果を図 2.2-10 に示す．白金の粒子と思われる 1～2 nm の微細な粒子が TiO_2 粒子のネック部ないしは粒子の三重点に局在化して分布しているのがわかる．EDX による解析の結果よりこの微細粒子が白金であることが確認されている．

(3) センサ特性

センサ特性は，薄膜上に Ag 電極を約 1 mm の間隔で塗布し，5 V の電圧を印加して大気中と被検ガス中での抵抗の比からガス感度を求めることにより評価を行う．

金属有機前駆体溶液のみをガラス基板上に塗布し，400 ℃ での予備処理後還元雰囲気下にて種々の温度で焼成を行ってもほとんどガス感受性は認められない．図 2.

2-11 は，金属有機前駆体溶液に TiO_2 ゾルを添加しその添加割合を適正化することにより 1 000 ppm H_2 含有空気に対し高いガス感度が得られることを示している．図 2.2-12 はゾル添加試料と無添加試料における微構造の違いを示している．ゾル添加試料では 10 nm の大きさの TiO_2 粒子の回りに微細な気孔が分布しており，この気孔がガス感度に大きく寄与していると考えられる．すなわち金属有機前駆体溶液に TiO_2 ゾルのような骨材的な粒子を混合することにより，加熱にともなって生成する TiO_2 微粒子の焼結，癒着が防止されることが推定される．また TiO_2 粒子の周囲に白金の存在は認められず，分解能 1 nm の分析電顕でも白金の存在は確認できないことから白金は 1 nm 以下の極めて微細な状態で分布することが考えられる．

焼成温度を変えて得られた薄膜のガス感度の測定結果を図 2.2-13 に示す．CO と CH_4 ガスに対しては，どの温度においてもほとんど感受性はみられない．それに対し，H_2 ガスでは高いガス感度が得られ，450 ℃ で焼成した薄膜では 200 ℃ という低温で H_2 に対して最も高いガス感度およびガス選択性を示すことがわかる．しかし焼成温度が 500 ℃ 以上になると，急激にガス感度が低下する．この低下は白金と TiO_2 の間に強い相互作用 (SMSI)[10]~[12] が働くためによると推定される．

また図 2.2-14 は 600 ℃ において異なった雰囲気で加熱した薄膜のガス感度の結果を示している．3 % H_2/Ar 中加熱の場合では，450 ℃ での焼成によって H_2 ガスに対して高いガス感度が得られるにもかかわらず，600 ℃ での焼成ではどのガスに対してもほとんどガス感受性を示さないことがわかる．これに対しアンモニア雰囲気で焼

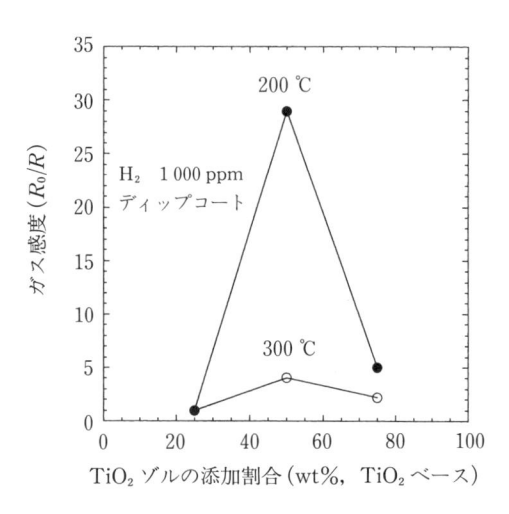

図 2.2-11 金属有機前駆体への TiO_2 ゾル添加割合とガス感度

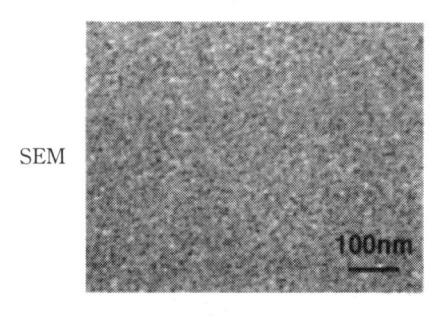

図 2.2-12 TiO_2 ゾル添加が微構造に及ぼす影響

成した場合には，H_2ガスに対して高いガス感度を示す．両者について薄膜の解析を行った結果，アンモニア中で焼成したときには，薄膜中に窒素が拡散しており，その結果生じた Ti-N の結合が SMSI 効果を抑制していることが考えられる．また予備処理時の雰囲気を加湿空気の代わりに 3% H_2/Ar，Ar 雰囲気とし，その後 3% H_2/Ar 中で焼成を行いセンサ特性を測定すると，加湿空気，Ar，3% H_2/Ar の順で H_2 ガス感度が低下する挙動がみられ，センサ特性が予備処理時の雰囲気によっても影響を受けることがわかる．

加湿空気で予備処理後，450 ℃，3% H_2/Ar での焼成により，H_2 ガス感受性を示す薄膜に対し，さらに 300 ℃ 1 時間空気中で熱処理を行った場合の薄膜のセンサ特性を図 2.2-15 に示す．熱処理によって，200 ℃で CO に対して高いガス感度とガス選択性を示し，熱処理によりガス選択性が H_2 から CO に著しく変化することがわかる．この原因を解析した結果，電極に用いている Ag が熱処理により薄膜表面上を拡散している現象が確認され，この拡散した銀成分がガス選択性を変化させたことが考えられる．

新しく開発されたチタンと白金を含有する有機金属前駆体に適量の TiO_2 ゾルを加えて薄膜化することにより，ガスセンシングに適した微構造，気孔構造が制御可能である．また薄膜加熱時の雰囲気，熱処理条件によりガス選択性が制御できることが明らかとなり，今後，金属，金属酸化物の種

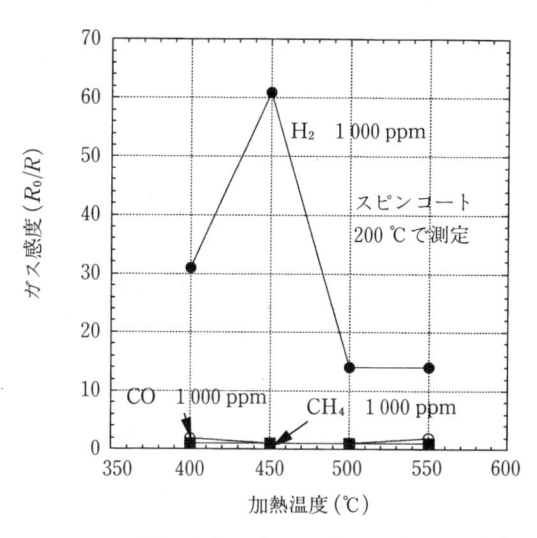

図 2.2-13　薄膜の加熱温度と 200 ℃におけるガス感度

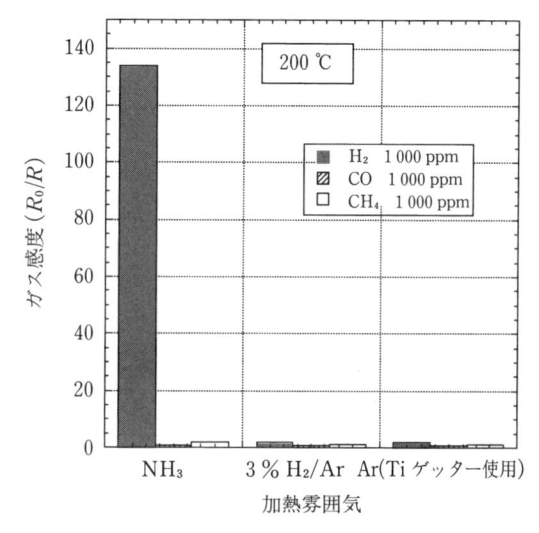

図 2.2-14　600 ℃，各種雰囲気で加熱した薄膜のガス感度

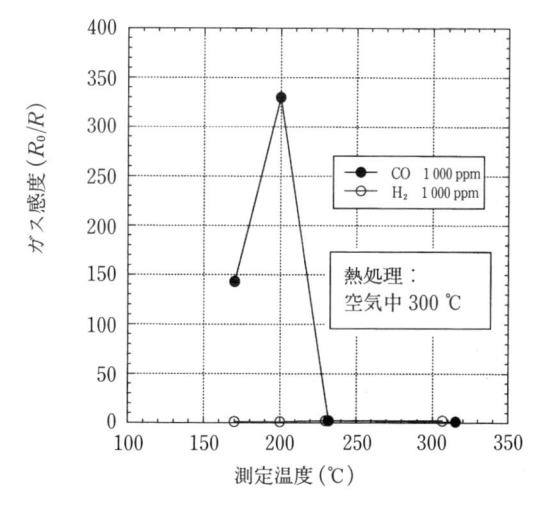

図 2.2-15　300 ℃空気中での熱処理後のセンサー特性

類を変えることによる種々のセンサや触媒への応用も期待できる．

● 参考文献
1) S. Inagaki et. al., *J. Chem. Soc.*, Chem. Commun., 680 (1993).
2) C. T. Kresge et al., *Nature*, **359**, 710-712 (1992).
3) H. Yang et. al., *Nature*, **379**, 703-705 (1996).
4) S. Kondoh et. al., *J. Am. Ceramic Soc.*, **82**, 209-212 (1999).
5) A. Murayama et. al., *Appl. Phys. Letters.*, **65** (9), 1186-1888 (1994).
6) S. Kondoh et. al., *Am. Mineral.*, **70**, 737-746 (1985).
7) C. N. R. Rao, A. R. Raju and K. Vikayamonhanan, Proceeding of New Materials, 1-37 (1992).
8) 春田正毅, 触媒, **36** (5), 310-317 (1994).
9) 荒井弘道, 表面, **17** (11) 675-692 (1979).
10) S. J. Tauster, S. C. Fung and R. L. Garten, *J. Am. Chem. Soc.*, **100**, 170-175 (1978).
11) R. T. K. Baker, E. B. Prestridge and R. L. Garten, *J. Catal.*, **56**, 293-390 (1979).
12) S. R. Morrison, *Sensors and Actuators*, **2**, 329-341 (1982).

2.3 光反応性前駆体の合成とセラミックプロセスへの応用

　セラミックス薄膜の合成は，様々な物理的，化学的手法によって行われ，機能素子として利用されている．また近年，微細な形状を有するセラミックス薄膜を利用したメモリなどへの応用が盛んになっているが，このように微細な形状を有する薄膜は，まず薄膜を合成した後に，ミリングやエッチングといった後処理によって作製されている．多くの場合，真空装置や化学的処理に対して多くのコストと時間が費やされている．これは，作製されたセラミックスが安定な場合が多いことも一つの理由であるが，位置選択的にセラミックス薄膜を合成することができない点に問題があると考えられる．

　近年，化学的手法を利用した位置選択的な構造形成，すなわちパターニングが検討され，その可能性が示唆されている．ここでは，このような手法を発展させ，より多くの金属種に対して利用できる光反応プロセスの開発の経緯について述べる．

　一口に微細パターニングと言っても，その手法と原理には違いがある．近年，アメ

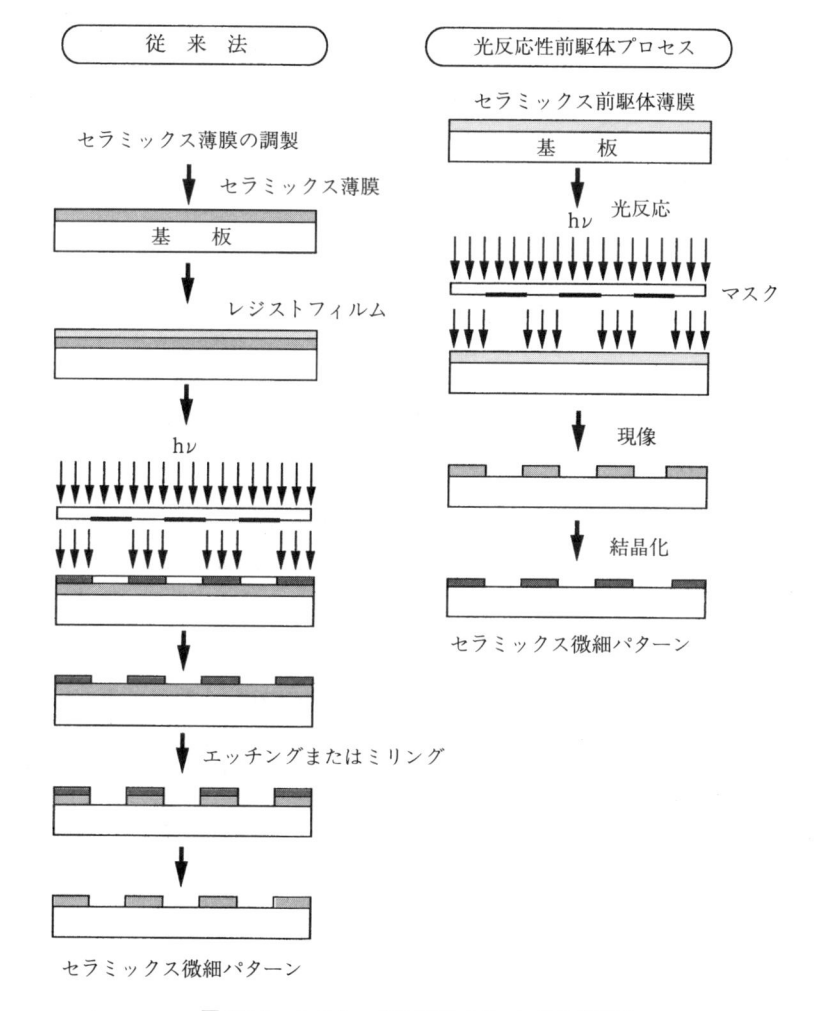

図 2.3-1 セラミックス微細パターンの作製方法

リカで検討されているマイクロコンタクトプリンティング（μ-CP）は，自己組織膜を利用した表面の親水性-疎水性の制御に依存しているが，この手法は，自己組織膜の形成と機械的接触によっているために，量産には適していないと考えられる[1),2)]．一方，日本で開発された光反応性の前駆体は，光反応プロセスということもあり，図2.3-1に示すように従来法と比較して，格段に少ないプロセスであり，現実に利用しやすいものである[3),4)]．しかし，光反応のためにどのような条件を満たす必要があるかは，明らかでない点が多い．本節では，いくつかの金属種についての前駆体合成を通じて，このような観点について詳しく述べる．

(1) 光アシストパターニングプロセス

図2.3-2に示す操作により新しい前駆体を開発した．この手法の特徴は，①安定化剤としてアルカノールアミンの利用，②長波長域に光吸収を有しない化合物に対するエキシマランプなどによる照射波長選択，③従来試みられていない窒化反応等である．

a. 光反応前駆体の化学的安定性と光反応

光反応プロセスに利用できる前駆体には，空気中での化学的安定性，均一なコーティング性，十分な光反応性等が要求される．従来用いられてきたβ-ジケトンには，いくつかの化合物で結晶の析出などの問題がある．ここで述べるアルカノールアミンによる改質は，金属アルコキシドの化学的安定性を高めて，加水分解を抑制する作用とともに，均一なコーティング性を示す．

代表的な金属として，Tiの場合を考える．Ti(IV)イソプロポキシドをエタノールに溶解し，これにジエタノールアミンあるいは，トリエタノールアミンを添加してアルコキシ基を置換し，安定な化合物とする．このような化合物は，可視紫外域での吸収スペクトルを観察すると，図2.3-3のように中心金属の種類によって光吸収域が決定されていることがわかる．Tiのほか，Sn，Nb等の金属についても比較的長波長側での吸収が観察されるが，一方で，SiやZrについては，このような吸収はない．このように，バンドギャップの小さな酸化物では吸収が長波長域で観察され，バンドギャップが大きな酸化物の前駆体薄膜については，短波長域において吸収がみられる．

以上のように，アルカノールアミン添加によって得られた前駆体溶液は，化学的安定性を高めることから光照射実験に供した．紫外線の照射時間とともに徐々に光吸収

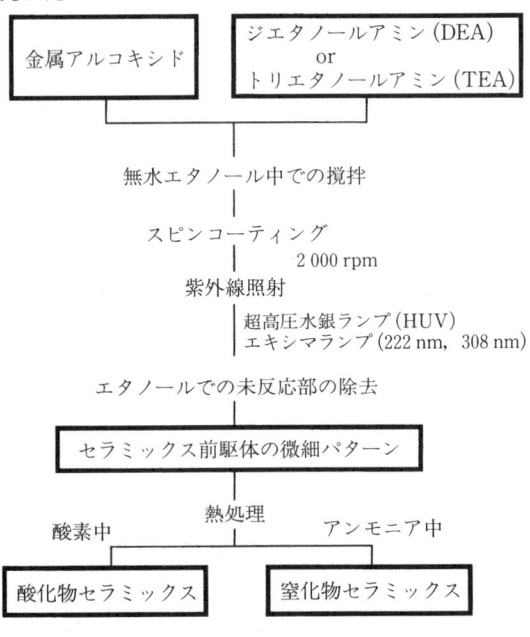

図2.3-2 光反応性前駆体の合成とセラミックスへの結晶化プロセス

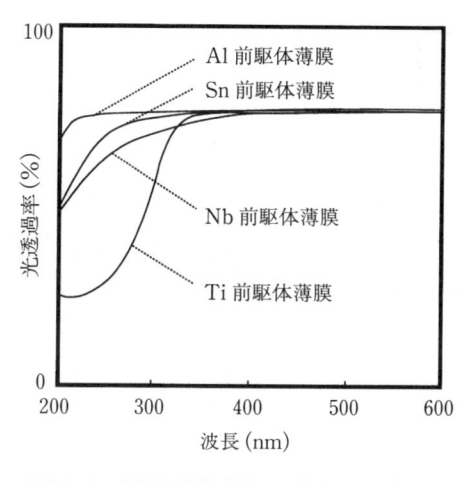

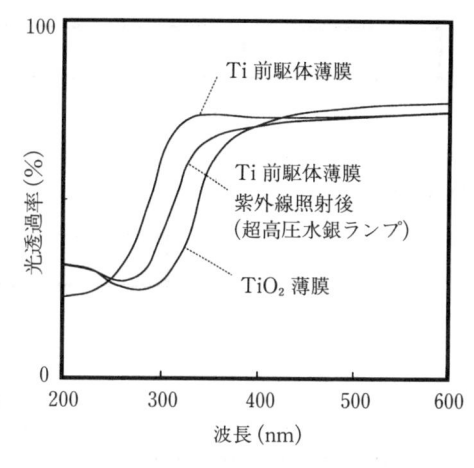

図 2.3-3 金属有機化合物から調製した前駆体薄膜の可視紫外スペクトル

図 2.3-4 Ti 前駆体薄膜に対する紫外線照射と結晶性 TiO_2 薄膜の吸収スペクトル

が増加し（図 2.3-4），長時間の照射後は結晶性の TiO_2 に似た吸収が観察されることがわかる．この過程では，同時に結合している有機成分が分解していることも観察され，光吸収が十分でない化合物，例えば Nb 前駆体化合物については非常に長時間の光照射が必要である．

b. 短波長光源の利用[5]

十分な光吸収を示さない化合物については，その吸収波長域に合わせた波長の光照射が重要であると考えられる．そこで，近年開発されたエキシマランプ（波長 308 nm, 222 nm）を用いて光照射実験を行った．Nb 前駆体などは，光吸収波長が 300 nm 以下の領域で大きくなることから，222 nm の波長を利用した光照射の検討を行った．その結果，明らかな光反応が観察でき，光照射後には，エタノールなどの有機溶媒に対しても不溶化することが確かめられている．また，短波長光源として Nd：YAG レーザーの波長変換によって得られる 250 nm の波長の利用も検討した．通常の水銀ランプでは，不溶化に 5 分程度の時間が必要である Ti 前駆体では，このレーザー光の 10 秒の照射によって，溶媒に対して不溶化することが確かめられ，今後このような光源の利用が有効であると考えられる．

c. 微細パターニング

光照射によって，セラミックス前駆体が不溶化することは，新しい積層プロセスなどへの応用が考えられるが，特に有効な利用法として微細パターンの形成があげられる．光反応性が観察された金属種を表 2.3-1 に示す．この表では，通常のアルカノールアミンのほか，光を効率的に吸収させるためにフェニル基を導入した系についても含めている[6),7)]．光反応を利用したプロセスの一つとして，鉛系ペロブスカイト材料であるチタン酸鉛についての検討結果を解説する．この化合物は，Pb と Ti を含みゾルゲル法で合成

表 2.3-1 光反応性セラミックス前駆体の種類と用いた添加剤

金属種	添加剤
Ti	DEA, TEA
Ti-Pb	TEA
Nb	DEA, TEA
Li-Nb	DEA, TEA
Sn	DEA, TEA, PhDEA-DEA
Zr	PhDEA-DEA

DEA：Diethanolamine
TEA：Triethanolamine
PhDEA：Phenyldiethanolamine

```
無水酢酸鉛    チタンイソプロポキシド
    │            │
    └────┬───────┘
         ▼
EGMME → 無水 EGMME 中での撹拌
         │
         ▼
       溶媒留去
         │
         ▼    トリエタノールアミン(TEA)
         │
         ▼
    スピンコーティング
         2 000 rpm
         │
         ▼
      紫外線照射
        エキシマランプ
         │
         ▼
    未反応部分の除去
         │
         ▼
  セラミックス前駆体微細パターン
```

図 2.3-5　チタン酸鉛前駆体からの微細パターンの作製

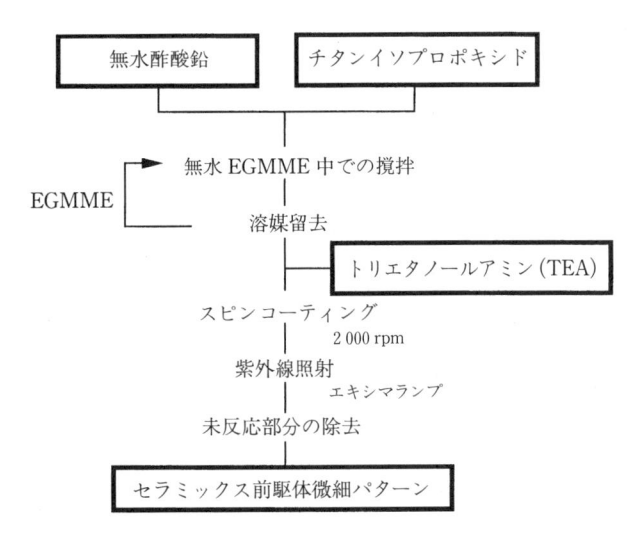

図 2.3-6　チタン酸鉛微細パターンの光学顕微鏡写真

されている PZT など誘電体材料の基本成分である．この前駆体溶液は Ti を金属として半分含んでいるために，他の複合酸化物への応用を考える一つのモデルとなる．実際に図 2.3-5 のように合成を行ったところ，容易に光反応を起こし，微細なパターンとして残すことが可能であり，酸化雰囲気での急速加熱による熱処理によって，図 2.3-6 のようにペロブスカイト相チタン酸鉛に結晶化することが確かめられている．この手法では，用いたマスクの線幅である数 μm までのパターン形成が可能であることが確かめられている．

d. 窒化物への応用[8]

現在までに，セラミックス前駆体の光反応によって得られたコーティングについては，酸化雰囲気での熱処理によって結晶化が試みられている．このため，得られたセラミックスは，いずれも酸化物であるが，ここではその高い反応性を利用した窒化物への結晶化について述べる．光反応によって合成した非晶質薄膜をアンモニア雰囲気中，1 000 ℃，1 h の加熱によって，その変化を Ti, Nb, Zr の各薄膜について観察したところ，Ti については TiN への結晶化が認められたのに対して，Nb では，部分的な窒化が起こり，また Zr は全く窒化していない．自由エネルギー変化を熱力学データから求めると，この窒化反応には，セラミックス前駆体薄膜中に存在している残留炭素が影響しているものと考えられ，試みた金属のなかでは，Ti が最も窒化しやすいことが予想される．このように酸化物だけでなく，窒化物のパターン形成にも利用できることは，応用範囲を広げるものと考えられる．

新しく開発された光反応性前駆体は，化学的安定性と光反応性に優れ，従来より多くの金属種に利用できる可能性を示唆している．また，化学的安定性とともに，光反応では，利用する光を化合物に効率的に吸収させ，弱い結合を解離する必要があることが明らかである．この問題は現在も検討を進め，光吸収官能基の導入と結合制御による積層膜厚の増加なども見出されつつある．今後，さらに多くの金属種への応用が広がることが期待される．

● 参考文献
1) N. J. Jeon, K. Finnie, K. Branshaw and R. G. Nuzzo, *Langmuir*, **13**, 3382-91 (1997).
2) N. J. Jeon, P. G. Clem, R. G. Nuzzo and D. A. Payne, *J. Mater. Res*., **10** (12), 2996-99 (1995).
3) K. Shinmou, N. Tohge and T. Minami, *Jpn. J. Appl. Phys*., **33**, L1181-84 (1994).
4) G. Zhao and N. Tohge, *J. Ceram. Soc. Jpn*., **106** (2), 183-88 (1998).
5) K. Kikuta, K. Takagi and S. Hirano, *J. Am. Ceram. Soc*., **82** (6), 1569-72 (1999).
6) 菊田浩一，深谷淳，高木克彦, *J. Ceram. Soc. Jpn*., **107** (8), 772-74 (1999).
7) K. Kikuta, K. Suzumori, K. Takagi and S. Hirano, *J. Am. Ceram. Soc*., **82** (8), 2263-65 (1999).
8) K. Kikuta and S. Hirano, *Ceramic Transactions*, **83**, 307-13 (1998).

2.4 金属有機前駆体を用いた層間構造制御

異種の金属アルコキシドを反応制御することにより，分子・原子レベルで化学組成制御したセラミックス前駆体を合成できる．本節では，このような前駆体法を利用した層間化合物である $LiMn_2O_4$ の創製について述べる．

$LiMn_2O_4$ は，Mn-O 層間にリチウムイオンが配列した構造を有する層間化合物であり，スピネル結晶構造内をリチウムイオンが脱挿入することにより，(2.4-1)式に示す充放電挙動を発揮することから，リチウム2次電池用正極材料として注目されている[1),2)]．

$$LiMn_2O_4 \underset{放電}{\overset{充電}{\rightleftarrows}} xLi^+ + Li_{1-x}Mn_2O_4 + xe^- \tag{2.4-1}$$

正極材料の導電性向上のためには，充放電に関与する正極材料の比表面積を増加させることが重要である．従来の固相法では，高温での長時間の反応を要するため，$LiMn_2O_4$ 粉末は粒成長し，その微細化のための粉砕過程で電池特性に悪影響を与える要因となるクラック，欠陥等が導入される．したがって，正極材料として微細かつ結晶性の高い粉末材料の開発が必要となる．

一方で，電池のコンパクト化のためには電極材料の薄膜化が不可欠であり，この層間化合物を基板上に固定することで，安定な電極材料の実現が可能であると考えられる．また，リチウムイオンの脱挿入は，(111)面優先性があるといわれているので，基板面に(111)面が垂直な $LiMn_2O_4$ 薄膜を作製する技術を開発することも有用である．

本節では前駆体を用いて，微細で結晶性の高い $LiMn_2O_4$ 粉末を低温で合成するとともに，薄膜化を進めるうえで必要となる溶液調製法と，基板上への成膜化の可能性について述べる．

(1) [Li-Mn-O] 前駆体溶液の調製

一般に安定な Mn^{4+} の前駆体溶液を得ることは困難なため，Mn 源に硝酸塩や酢酸塩などを出発物質として水溶液中で析出させる方法，あるいは炭酸リチウムと二酸化マンガンを混合して固相法により合成する方法等が用いられている[3),4)]．

ここでは安定な前駆体溶液を得るため金属有機アルコキシドを用いる．出発物質としてリチウムイソプロポキシドとマンガンエトキシドを2-エトキシエタノール(EGMEE)に溶解し，窒素気流中でそれぞれ還流し，アルコキシド誘導体を調製する．リチウムアルコキシドの EGMEE 溶媒中での還流による配位子交換反応を ^{1}H-NMR スペクトルにより解析した結果を図2.4-1に示す．図2.4-1(c)はリチウムイソプロポキシドの，(b)は EGMEE の (a)は反応生成物のスペクトルである．反応生成物のケミカルシフトはリチウムイソプロポキシドとは異なり，EGMEE 溶液と類似している．H_A, H_B, H_C, H_D はそれぞれエトキシエトキシ基由来のピークで，EGMEE 溶液に現れる OH のケミカルシフトは，反応生成物に存在しないことからも，イソプロポキシ基がエトキシエトキシ基と配位子交換できたことが確認される．

また，図2.4-2(a)はマンガンエトキシドの，(b)は還流後，溶媒を留去した試料の IR スペクトルである．$1100\,cm^{-1}$ 付近のピークの増大はマンガンエトキシドの配

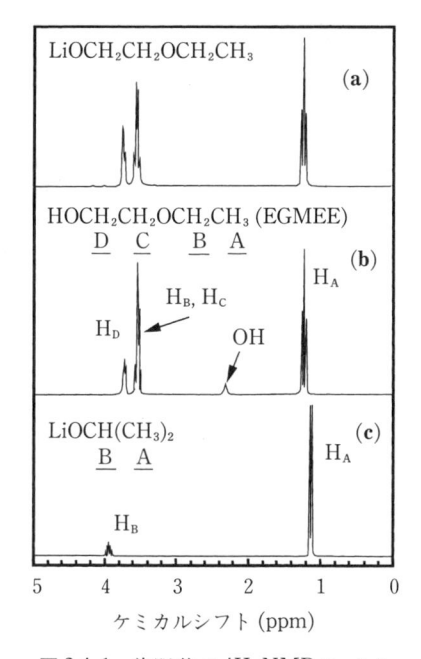

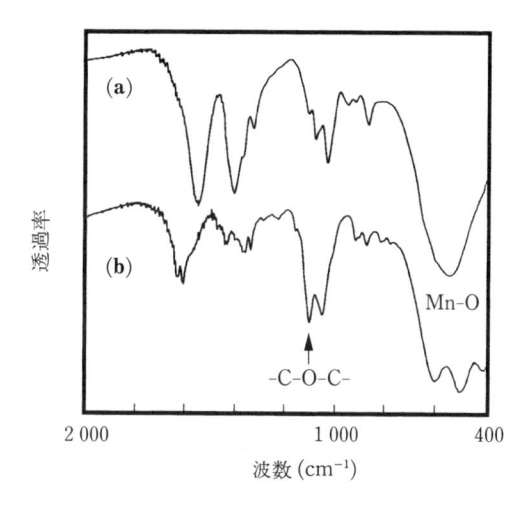

図 2.4-1 前駆体の ^{1}H-NMR スペクトル．(a) 反応生成物，(b) EGMEE，(c) LiO^{i}Pr

図 2.4-2 前駆体の IR スペクトル．(a) Mn(OEt)$_2$，(b) 反応生成物

位子のエトキシ基がエトキシエトキシ基と配位子交換した結果，観測できるエーテル結合によるものである．また，400〜650 cm^{-1} 付近の吸収バンドは Mn-O の結合に由来するもので，そのピークの変化から Mn-O の結合状態が変化したものと推察できる．

以上のような配位子の置換により安定なアルコキシド誘導体溶液が得られたと考えられる．これらの 2 溶液を Li/Mn が 0.5 となるように混合し窒素中で還流して，[Li-Mn-O] 前駆体溶液を調製する．

(2) LiMn$_2$O$_4$ 粉末の結晶化，電気化学特性と微構造

[Li-Mn-O] 前駆体溶液を溶媒留去後，さらに 700 ℃ まで各温度で熱処理して得られた粉体の粉末 X 線回折パターンを図 2.4-3 に示す．溶媒留去後の粉末はアモルファス状態であったが，200 ℃ で熱処理することにより LiMn$_2$O$_4$ 単相が生成する[5]．一般に，酢酸マンガンと水酸化リチウム水溶液より得られる沈殿物は Mn$_2$O$_3$ を経て LiMn$_2$O$_4$ が形成されることが知られているが，本方法では，200 ℃ という低温においても均質な LiMn$_2$O$_4$ 単相が形成される．

各温度で熱処理した LiMn$_2$O$_4$ を正極活物質として電気化学特性の評価（充放電試験）を行った．正極合剤は LiMn$_2$O$_4$ とアセチレンブラックおよび PTFE を 5：4：1 となるように混合して用い，電解液に 1 M LiClO$_4$ を溶解したプロピレンカーボネート（PC）と，1,2-ジメトキシエタン（DME）の 1：1 混合溶液として，対極，参照極に金属リチウムを用いて，3〜4.2 V の範囲で定電流充放電試験を行った．図 2.4-4 に 350 ℃ および 700 ℃ で熱処理した LiMn$_2$O$_4$ 粉末を正極材料として組み立てた 2 次電池の初期放電曲線を示す．LiMn$_2$O$_4$ の容量はそれぞれ 120 mA・h/g，135 mA・h/g で，350 ℃ という低温で合成した LiMn$_2$O$_4$ でも，比較的高い初期放電特性が得られ

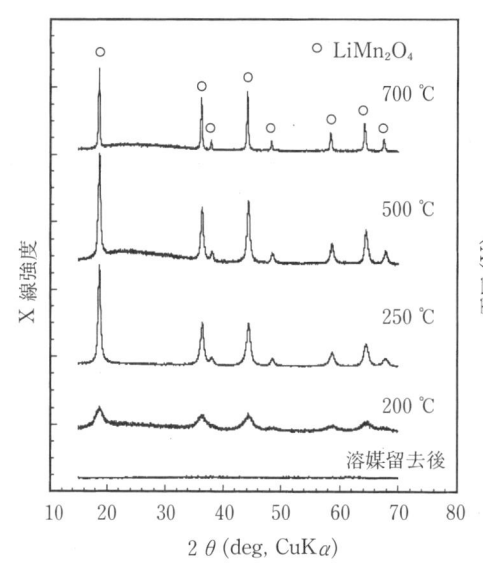

図 2.4-3 各温度で熱処理した前駆体粉末の XRD パターン

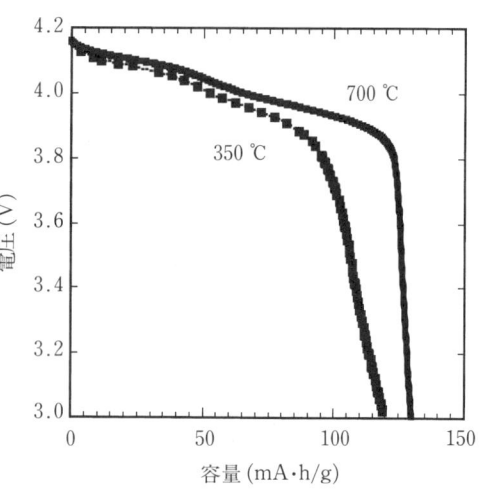

図 2.4-4 350 ℃および 700 ℃で熱処理した LiMn$_2$O$_4$ 粉末を正極として用いた 2 次電池の初期放電曲線

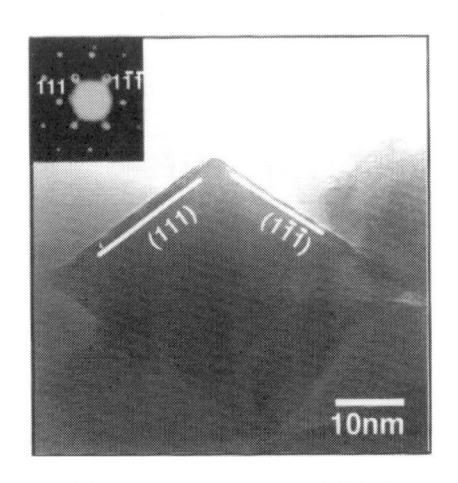

図 2.4-5 350 ℃で熱処理した LiMn$_2$O$_4$ ナノ粒子の高分解能像

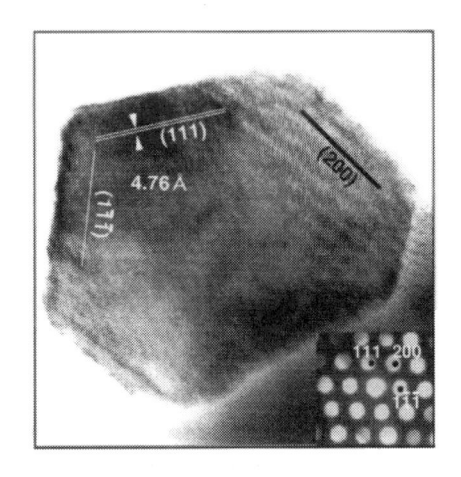

図 2.4-6 700 ℃で熱処理した LiMn$_2$O$_4$ ナノ粒子の高分解能像

ることがわかる．

　各温度で合成した粉末の微構造を透過型電子顕微鏡(TEM)により観察した．350 ℃で熱処理した粉末は約 10 nm の均一な微結晶から形成されており，500 ℃および 700 ℃で焼成した試料についても約 20～50 nm の微細な 1 次粒子から形成されている．組成も均一で電気化学特性を低下させる不純物相も存在しておらず X 線回折結果とよく一致している．また，350 ℃および 500 ℃で熱処理した場合の 1 次粒子の最表面は，リチウムイオンの脱挿入面と考えられる(111)面がファセット面として優先的に成長していることが確認できる[6]（図 2.4-5）．一方，700 ℃で熱処理した場合は，図 2.4-6 に示すように(111)面以外に(200)面や(220)面もファセット面として成長する特徴がある．TEM 観察より，配位子交換を利用して，安定な前駆体を制御できた結果，このような微細で結晶性の高い粉末を得られたと考えられる．

(3) 前駆体由来 LiMn$_2$O$_4$ 多結晶および配向膜の作製

[Li-Mn-O] 前駆体溶液は，溶液で調製できるので，種々の基板に成膜できる利点がある．前駆体溶液を 0.3 M に濃縮した溶液を Au 基板上に 2 000 rpm でスピンコートし，350 ℃，500 ℃，700 ℃ の各温度で熱処理した場合の LiMn$_2$O$_4$ 多結晶膜の薄膜 X 線回析パターンを図 2.4-7 に示す．LiMn$_2$O$_4$ の 222 と 400 の回折線が Au の 111，200 の回折線と重なるが，最強ピークの LiMn$_2$O$_4$ の 111 回折線が観察されることから 350 ℃ より LiMn$_2$O$_4$ 多結晶膜を作製できることがわかる．

層間化合物である LiMn$_2$O$_4$ は (111) 面に平行にリチウムイオンが脱挿入すると考えられている．そのため，薄膜作製の際に，(111) 面が，薄膜の基板面に垂直になるよう設計することにより，充放電にともなうリチウムイオンの脱挿入の効率化を意図する必要がある．そのため，LiMn$_2$O$_4$(111) 面との格子のミスフィットの少ない MgO(110) 基板を選び，MgO(110) 基板上に LiMn$_2$O$_4$(110) 面の成膜を試みた．MgO(110) 基板上に 0.1 M の前駆体溶液を成膜し各温度で熱処理した場合の X 線回折パターンの解析を行った．図 2.4-8 に示すように 350 ℃ で熱処理した多結晶膜では 1 % 程度しか X 線強度のない 220 の回折線が観察されることがわかる．また，MgO(110) 基板上配向膜の断面の TEM 観察より，MgO(110) 基板上に約 100 nm の薄膜が成膜しており，図 2.4-9 の界面の高分解能像に示すように，電子線の入射方向である LiMn$_2$O$_4$ の [112] 方向と MgO の [112] 方向は平行で，基板面の MgO と LiMn$_2$O$_4$ の (110) 面が平行な関係，また，LiMn$_2$O$_4$(111) 面と MgO(111) 面が平行な方位関係にあることから，LiMn$_2$O$_4$ 配向膜が作製できることがわかる．

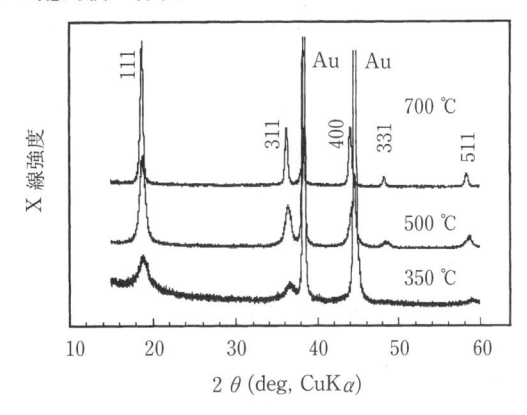

図 2.4-7　Au 基板上に成膜した LiMn$_2$O$_4$ 多結晶膜の XRD パターン

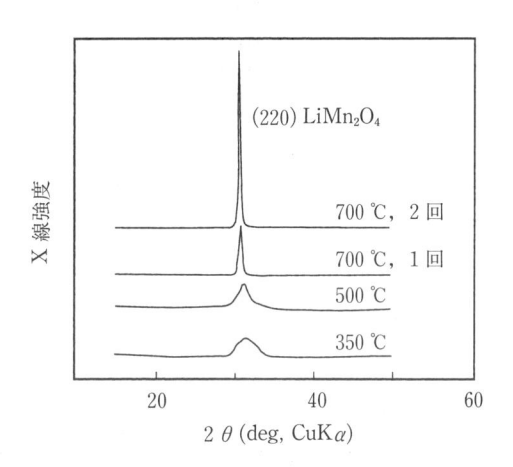

図 2.4-8　MgO(110) 基板上に成膜した LiMn$_2$O$_4$ 配向膜の XRD パターン

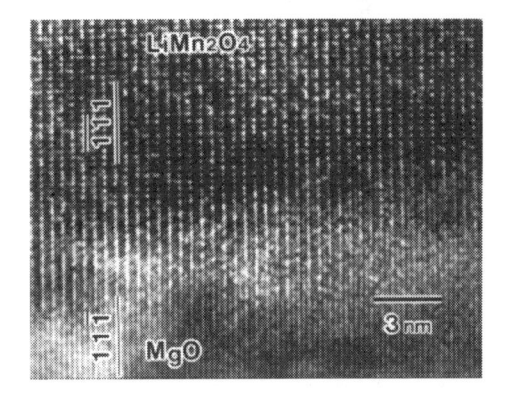

図 2.4-9

金属アルコキシドの配位子交換を利用した前駆体溶液を調製することにより，層間化合物である $LiMn_2O_4$ ナノ粒子の低温合成が可能となり，低温においては(111)面が優先的に粒子表面に成長した．[Li-Mn-O]前駆体溶液を利用することで，粉末と同様に低温でAu基板上に $LiMn_2O_4$ 多結晶薄膜，およびMgO(110)基板上に Li^+ が脱挿入する $LiMn_2O_4$ の(111)面が垂直な配向膜を作製することが可能となり，今後の超小型積層化への展開が期待できる．

● 参考文献

1) M. M. Thackeray, P. J. Johnson, L. A. de Picciotto, P. G. Bruce and J. B. Goodenough, *Mater. Res. Bull.*, **19**, 179 (1984).
2) T. Ohzuku, M. Kitagawa and T. Hirai, *J. Electrochem. Soc.*, **137**, 769-775 (1990).
3) P. Barboux, J. M. Tarascon and F. K. Shokoohi, *J. Soid State Chem.*, **94**, 185-196 (1991).
4) J. M. Tarascon, W. R. McKinnon, F. Coowar, T. N. Bowmer, G. Amatucci and D. Guymard, *J. Electrochem. Soc.*, **141**, 1421-1431 (1994).
5) Y. H. Ikuhara, Y. Iwamoto, K. Kikuta and S. Hirano, *Ceram. Trans.*, **83**, 53-60 (1998).
6) Y. H. Ikuhara, Y. Iwamoto, K. Kikuta and S. Hirano, *J. Mater. Res.*, **14** (7), 3102-3110 (1999).

2.5 低温加圧窒化プロセス

窒化アルミニウム(AlN),窒化ケイ素(Si_3N_4)といった窒化物セラミックスは,高温特性,熱伝導性などの点で優れた特性を有しており,半導体の放熱基板材料やヒートシンク材料など,幅広い分野で利用されている[1),2)]. 特に基板材料分野では,従来主に用いられてきた材料であるアルミナの 30 W/m・K に比べてはるかに高い熱伝導率(製品レベルで AlN:170 W/m・K, Si_3N_4:70 W/m・K)を有し,さらにシリコンに近い熱膨張率,低誘電損失,無毒性などの性質も同時に備えていることから,高集積化,高速化に対応できる基板材料として注目されている[3)].

これら窒化物セラミックスは金属または酸化物を出発原料とした合成によって製造される. 合成手法は多々研究されているが,現在工業的な製造法としては直接窒化法と炭素還元窒化法の2種類が主に用いられている. このうち直接窒化法は原料金属粉を高温窒素雰囲気中で処理するものでプロセスが単純であり,コスト的には有利な手法であるが,現状の常圧窒化プロセスでは高い処理温度が必要とされる. AlN の場合は通常,Al 粉末を窒素雰囲気中 1 200～1 500 ℃ という Al の融点以上の温度で窒化処理して合成される[4)]. 融点以上の温度で処理されること,また Al の窒化反応が激しい発熱反応であることから,Al 粉末は融着した状態となる. そのため生成するAlN は固く凝集した塊状となり,これを粉砕して AlN 粉を製造するが,粉砕によって酸素をはじめとする不純物濃度が増加する. 特に酸素量の増加は熱伝導率の低下に結び付くことが知られている. Al の溶融を防止して窒化させることができれば,直接窒化法の欠点の一つである AlN 凝集粗大粒子の生成を防ぐことができ,粉砕工程の簡易化もしくは省略も可能となり,不純物,特に酸素量低減による高熱伝導化も期待できる. さらに,金属 Al 成形体からのニアネットシェイプ AlN 成形体の直接合成の可能性も生じ,高機能窒化アルミニウム製造の新しいプロセスを開発できるものと考えられる(図 2.5-1).

低温加圧窒化プロセスは,反応温度を原料金属粉の融点以下に下げる一方,反応雰

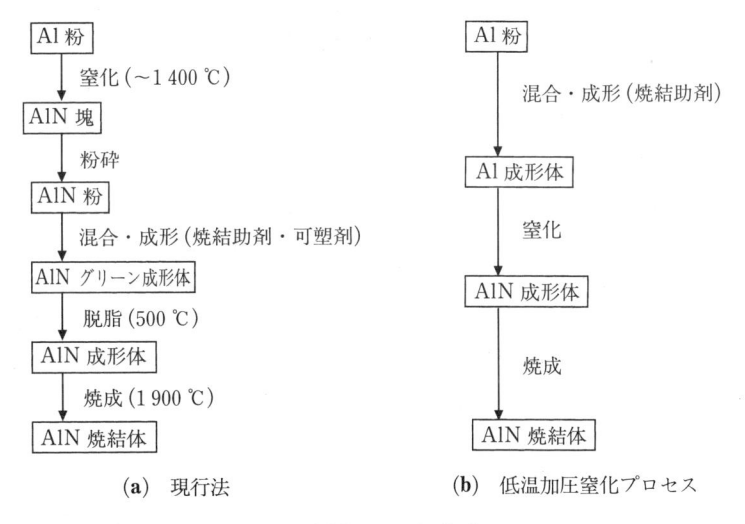

図 2.5-1 AlN 焼結体製造プロセス

(a) 現行法　(b) 低温加圧窒化プロセス

囲気を加圧窒素とすることで反応を促進させ，上記のような反応物の溶融を抑制しつつ反応を進行させる技術である．本節では低温加圧窒化プロセスを AlN 合成に適用し，金属 Al 成形体から直接 AlN 成形体を合成した例について述べる[5)~7)]．

(1) 低温加圧窒化プロセスの概略

Al の直接窒化反応の $\varDelta G$ は 25 ℃ で -287 kJ/mol，600 ℃ で -225 kJ/mol と熱力学的には非常に容易な反応であり，したがって窒素と接触すれば窒化物が生成する．しかし常圧窒素雰囲気下，Al の融点以下の温度では，窒化反応は Al 表面のごく薄い表面で停止し，窒化率は極めて小さい値にとどまる．これは AlN 中の窒素の拡散係数が著しく小さいため[8)]，いったん Al 表面に AlN 層が形成されると，窒素の拡散が阻害され，Al と接触できなくなるためと考えられる．

一方低温加圧窒化プロセスを用いれば，反応が表面近傍で停止することなく継続し，ほぼ完全に窒化させることができる．特に，通常の常圧窒化法では高温で反応しても完全に窒化が困難な高密度の成形体に対しても完全窒化が可能である．作製プロセスフローを図 2.5-2 に示す．原料の Al 成形体を真空中で反応温度 (Al の融点以下) まで昇温し，一定時間保持した後，窒素加圧雰囲気を導入して窒化させる．

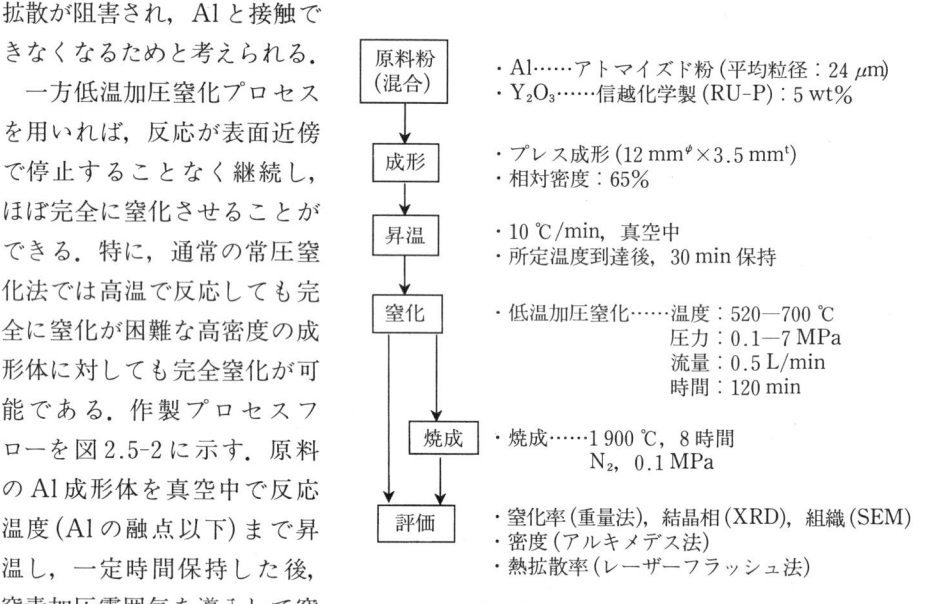

原料粉 (混合)
・Al……アトマイズ粉 (平均粒径：24 μm)
・Y_2O_3……信越化学製 (RU-P)：5 wt%

成形
・プレス成形 (12 mm$^\phi$ ×3.5 mm^t)
・相対密度：65%

昇温
・10 ℃/min，真空中
・所定温度到達後，30 min 保持

窒化
・低温加圧窒化……温度：520—700 ℃
　　　　　　　　　圧力：0.1—7 MPa
　　　　　　　　　流量：0.5 L/min
　　　　　　　　　時間：120 min

焼成
・焼成……1 900 ℃，8 時間
　N_2，0.1 MPa

評価
・窒化率 (重量法)，結晶相 (XRD)，組織 (SEM)
・密度 (アルキメデス法)
・熱拡散率 (レーザーフラッシュ法)

図 2.5-2　作製プロセスのフローシート

(2) 低温加圧窒化プロセス条件と反応機構

プロセス条件としては，反応温度，窒素圧力が大きく影響する．低温加圧窒化プロセスによって金属 Al 成形体の窒化を試みた場合の窒化率および反応機構をまとめた結果を図 2.5-3 に示す．窒化率は反応条件によって大きく変化し，窒素圧力 7 MPa とした場合は，520 ℃ から窒化反応がみられ，540 ℃ 以上ではほぼ 100 % の窒化率が得られる．また窒素圧力 4 MPa の場合は 560 ℃ から窒化反応がみられ，580 ℃ 以上でほぼ 100 % 窒化する．それに対して窒素圧力 0.5 MPa では完全窒化体が得られる温度範囲は小さく，580～600 ℃ の間でのみ 100 % の窒化率が得られる．窒素圧力 0.2 MPa の場合では完全窒化体を得ることはできない．このように，完全窒化体を得るためには 0.5 MPa 以上の窒素加圧条件が必要であり，また窒素圧力が高いほどその温度範囲が広くなる．

またこの場合の反応機構，生成組織は，特に窒素圧力に依存する．比較的高い窒素圧力 (5 MPa 以上) では大きな発熱をともなって短時間に窒化反応が進行するのに対し，比較的低い窒素圧力 (4 MPa 以下) では窒化反応は大きな温度上昇もなく緩やか

に進行する．また窒素圧力が比較的高い条件下では，窒化反応初期において，試料成形体表面が窒化した際，その反応熱によって内部の未反応 Al の溶融がみられるが，その溶融量は窒素圧力が低いほど小さくなり，窒素圧力 1 MPa 以下では反応途中段階で溶融は確認できない程度になる．これは低窒素圧力のために反応速度が遅く，それゆえ発熱量も小さくなるためと考えられる．このことから窒化反応は，まず固−気反応の状態で開始され，その後窒素圧力 1 MPa 以下ではそのまま固−気反応の形で進行するが，窒素圧力が高くなるにつれて液−気反応の割合が多くなると考えられる．窒素圧力が高いほど十分な窒化率が得られる温度範囲が広く，反応時間も短縮されるが，同時に未反応 Al の溶融が大きくなり，その結果試料成形体の変形が激しくなる．したがってニアネットシェイプでの合成という点を考慮すると，窒素圧力条件の適正化が重要になると考えられる．

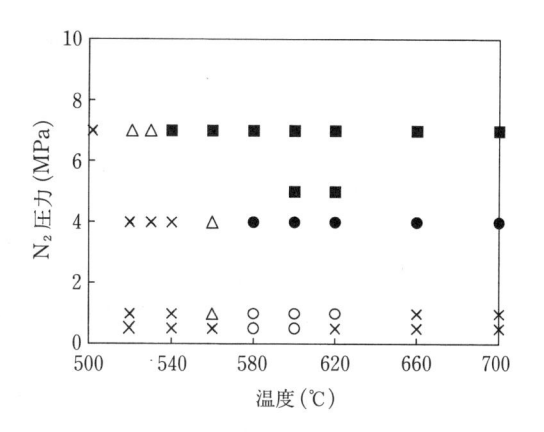

×：窒化せず，△：窒化率<60%，○：完全窒化(固−気反応中心，反応速度小)，●：完全窒化(液−気反応中心，反応速度小)，■：完全窒化(液−気反応中心，反応速度大)

図 2.5-3 反応条件と窒化率および反応機構

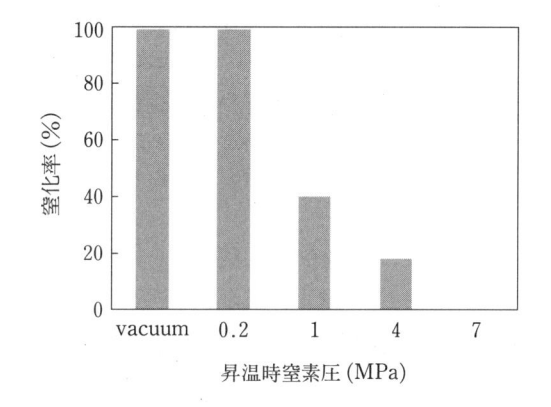

図 2.5-4 昇温時窒素圧と窒化率

プロセス条件としてはほかに，昇温雰囲気も影響する．図 2.5-4 に示すように，高窒素圧力条件で昇温するほど窒化率が低くなる．これは表面に窒化層が成長し，それによって窒化反応の進行が阻害されるためと考えられる．したがって温度，圧力のほかに，昇温雰囲気によっても本プロセスの制御が可能であると考えられる．

(3) 低温加圧窒化プロセスを用いた焼結体の作製

原料に適量の焼結助剤を添加しておくことで，金属 Al 成形体からニアネットシェイプ AlN 焼結体の作製が可能である．低温加圧プロセスによって合成した Y_2O_3 含有 AlN 成形体を常圧窒素雰囲気下 1 900 ℃ で 8 h 焼成して得られた焼結体の相対密度を表 2.5-1 に示す．7 MPa で窒化した試料では相対密度 98 % まで緻密化した焼結体が得られた．一方 0.5 MPa で窒化した試料の相対密度は 94 % と若干低い値にとどまった．これは低温加圧窒化後の段階での相対密度が 0.5 MPa で窒化した場合の方が低かったこと，また試料内部が低密度，外側が高密度となっていたため焼結中に試料内部に閉気孔が生成し，空孔が残存しやすいことが原因と考えられる．このように窒化後の AlN 成形体組織の不均一性が焼結体密度に影響することから，均一な AlN

表 2.5-1　AlN 焼結体の諸物性

窒化条件	相対密度 (%)	熱伝導率 (W/m·K)	酸素含有量* (wt %)
窒素圧力 7 MPa	98	170	0.2
窒素圧力 0.5 MPa	94	155	0.4

* Y_2O_3 帰属分を除く

成形体を形成できるよう，低温加圧窒化プロセス条件を制御することが重要である．

本プロセスで得られた AlN 焼結体の熱伝導率は，7 MPa で窒化した場合で 170 W/m·K，0.5 MPa で窒化した場合で 155 W/m·K と，現行品に匹敵する比較的高い値を示した (表 2.5-1)．このことから，工程が大幅に簡略化された本プロセスによっても，高熱伝導性を有する AlN 焼結体を製造することができることが示された．このような高熱伝導性が得られるのは，表 2.5-1 に示したように試料中の酸素不純物量を低減させることができるためと考えられる．現行の AlN 粉を焼結させるプロセスでは，AlN 粉自体にすでに 1 wt % 前後の酸素が含まれている．それに対して本プロセスでは，酸素含有量 0.4 wt % の金属 Al 粉を出発原料とし，またプロセスの簡略化によって合成途中での酸素の混入が抑制されるため，0.4 wt% という低酸素含有量を達成でき，高熱伝導性が得られると考えられる．両試料の熱伝導率の差については，その密度の差が影響していると考えられる．したがって熱伝導性向上という点についても，高密度焼結体の作製が必要であり，そのためには窒化反応条件のより一層の最適化が重要であると考えられる．

本項では，従来法とは異なる新しいプロセスを用いて AlN 焼結体を作製できることと，また，従来法と同等レベルの熱伝導特性が得られることを示した．また反応条件制御によってさらなる高熱伝導化の可能性もある．本 AlN 焼結体作製法は従来法に比べてプロセスが簡略化されており，不純物低減による高性能化とともに大幅なコストダウンを達成できる可能性がある．AlN 焼結体は電子デバイスの絶縁基板として，現在汎用品であるアルミナ基板より優れた特性を有しており，今後電子デバイスの高密度化，高集積化の進行にともなって，高特性を持つ AlN への要求がさらに高まることが予想される．したがって AlN のさらなる高性能化ならびに低コスト化は，このような産業分野へ極めて大きい波及効果があると考えられる．

● 参考文献

1) K. Watari, H. J. Hwang, M. Toriyama and S. Kanzaki, *J. Am. Ceram. Soc.*, **79**, 1979-81 (1996).
2) T. B. Jackson, A. V. Virkar, K. L. More and R. B. Dinwiddie, Jr. and R. A. Cutler, *J. Am. Ceram. Soc.*, **80**, 1421-35 (1997).
3) K. Komeya, *J. Mater. Sci. Soc. Japan*, **31**, 147-49 (1995).
4) G. Selvaduray and L. Sheet, *Mater. Sci. Tech.*, **9**, 463-73 (1993).
5) T. Okada, M. Obata, M. Toriyama and S. Kanzaki, *J. Ceram. Soc. Japan.*, **107**, 455-59 (1999).
6) 岡田拓也，鳥山素弘，神崎修三："高熱伝導性窒化アルミニウム焼結体の作製", 日本セラミックス協会 1999 年年会講演予稿集, 111 (1999).
7) T. Okada, M. Toriyama and S. Kanzaki, *J. Eur. Ceram. Soc.*, in press (1999).
8) P. Sthapitanonda and J. L. Margrave, *J. Phys. Chem.*, **60**, 1628-33 (1956).

2.6 無機・有機ハイブリッド化

　セラミックスやガラスなどの無機材料の特長とプラスチックやゴムなど有機材料の特長を多重化できる新しい材料系として，無機・有機ハイブリッドがあげられる．無機・有機ハイブリッドは，従来の複合材料とは異なり，無機物と有機物を分子レベルで融合させて構造制御したものである．無機物と有機物を分子レベルで融合するためには，有機成分の特性を損なわないような低温で無機骨格を形成する必要がある．

　セラミックスやガラスの新しい化学合成法として知られているゾル・ゲル法[1,2]は，…O-M-O-M…の無機骨格を低温で形成できるので，熱に弱い有機物を無機物とハイブリッド化するための有望な方法の一つである．ゾル・ゲル法を応用して合成された無機・有機ハイブリッドは，ORMOSILs (Organically Modified Silicates)[3] や Ceramers[4] と呼ばれてすでに1985年頃から研究が始まっているが，最近になってこの種の材料に対する関心が高くなりつつある．これまでの無機・有機ハイブリッドについて無機成分に着目してみると，テトラエトキシシラン(TEOS)等から誘導されたシロキサンがほとんどであり，シロキサン以外の無機成分も導入した例は数少ない．

　シロキサン以外の無機成分も導入した無機・有機ハイブリッドを自由に合成できれば，無機元素特有の配位や電子構造などによってハイブリッドの特性をさらに多様化することができる．具体的には，シリコンアルコキシド以外の金属アルコキシドを無機成分の出発原料として，異なる無機成分を含む種々の無機・有機ハイブリッドの合成を検討し[5~7]，無機材料と有機材料との性質を兼ね備えたり，これらの性質の相乗効果(シナジー効果)を有する新規材料を探索してきた．本節では，その無機・有機ハイブリッドの合成および力学的，光学的特性を述べる．

(1) ゾル・ゲル法を応用した無機・有機ハイブリッドの合成

　ゾル・ゲル法では，金属有機化合物，なかでも主として金属アルコキシド $M(OR)_n$ (M：金属，R：有機基)が出発原料(前駆体)として用いられる．金属アルコキシドは容易に加水分解[(2.6-1)式]し，さらに脱水縮合反応[(2.6-2)式]によってM-O-M結合の無機骨格を低温で形成する．

$$M\text{-}OR + H_2O \rightarrow M\text{-}OH + ROH \qquad (2.6\text{-}1)$$
$$M\text{-}OH + HO\text{-}M \rightarrow M\text{-}O\text{-}M + H_2O \qquad (2.6\text{-}2)$$

実際は，金属の種類によってこれらの反応性が大きく異なってくる．TEOSなどのSi系のアルコキシドは反応が遅くて扱いやすいが，遷移金属などのSi以外のアルコキシドは反応性が高くて扱いにくい[8]．したがって，シロキサン以外の無機成分を導入するために遷移金属アルコキシドのような反応性の高いアルコキシドをそのまま使用すると，ポリジメチルシロキサン(PDMS)などの有機前駆体と反応する前に無機の3次元骨格が大きく成長し，酸化物や水酸化物の粒子となって析出してしまう．そこで，ハイブリッドの合成過程における金属アルコキシドの反応性を制御するために，Al, Ti, Zr, Nb, Ta等のアルコキシドについてアセト酢酸エチル(EAcAc)を中心としたキレート剤による化学改質効果を系統的に検討した．例えば，これらのアルコキシドをアセト酢酸エチルで化学改質すると水を滴下しても沈殿は生じない．IRおよびNMRによる解析の結果[7]，化学改質した金属アルコキシドでは，すべて

のアルコキシ基と一部のキレート結合したEAcAcが加水分解する．加水分解とともに重合・縮合反応も進んで成長していくが，EAcAcを一部キレート結合したまま反応が起こっているために酸化物や水酸化物などの大きな粒子への急激な成長が妨げられている．金属アルコキシドから生成する無機成分がPDMSと反応してハイブリッド化されていく過程を模式的に示すと図2.6-1のようになる．化学改質したアルコキシドは加水分解・縮合反応で無機クラスターを形成するが，粒子の析出を起こすような大きさまで成長しないでPDMSと脱水・縮合するため，Si以外の無機成分を均一に含む種々の無機・有機ハイブリッドが合成できる[9]．図2.6-2にその典型的なサンプルの写真を示す．図2.6-2(a)は，Al，Ti，Taアルコキシド由来の無機成分を含むPDMS系ハイブリッドである．これらのハイブリッドは，柔軟性を備えており，かつ透明で均質なものである．さらに，合成条件を最適化すると，図2.6-2(b)のようなシート状のハイブリッドも再現性よく製造できる．

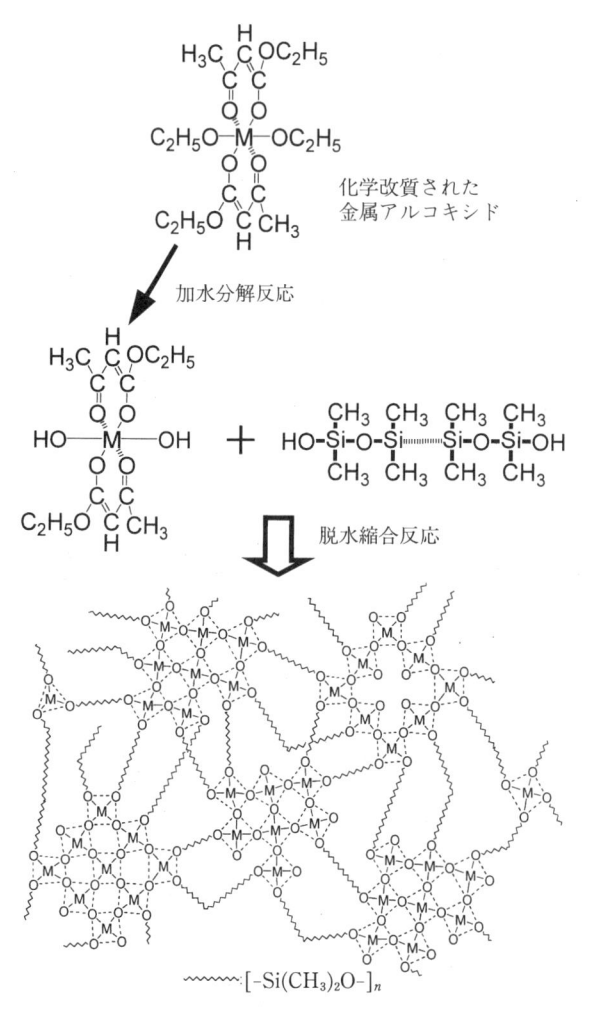

図2.6-1 化学改質した金属アルコキシドとPDMSからの無機・有機ハイブリッドの生成反応および構造模式図

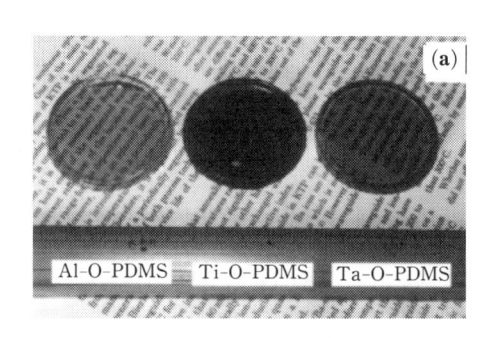

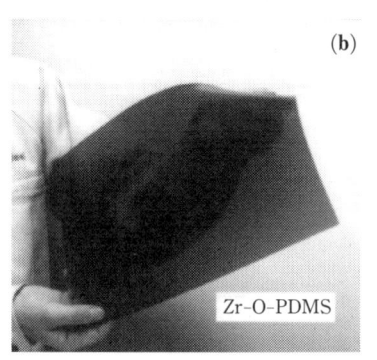

図2.6-2 無機成分の異なる種々のPDMS系無機・有機ハイブリッド

(2) 無機・有機ハイブリッドの特性および応用

a. 力学特性

Zr-O-PDMS系ハイブリッドの動的弾性率の温度依存性を図2.6-3に示す[10]. −120 ℃ 以下の低温では 10^{10} Pa 近くの高い弾性率であるが，−80 ℃ 付近より高温側は 10^7 Pa 程度の低い弾性率になり，ハイブリッドはゴムのように柔らかくなる．この低い弾性率は，300 ℃ 程度の高温まではほぼ一定である．図2.6-1に示した模式図のように金属アルコキシドの反応で形成される無機成分がPDMS鎖を架橋した構造は，300 ℃ 程度までは安定なようであり，高耐熱性エラストマーとしてパッキン，シールなどの応用が期待できる．Al, Ti, TaのアルコキシドとPDMSを使用して合成した，無機成分の異なるハイブリッドの応力-ひずみ曲線の傾きは[10], Al-O-PDMS, Ti-O-PDMS, Ta-O-PDMS系ハイブリッドの順に大きい．すなわち，無機成分の構成元素の価数が高くなるほどヤング率が大きくなる．このように，ハイブリッドの力学的性質は金属アルコキシドから形成される無機成分によって影響を受ける．分子レベルで無機成分と有機成分を融合したハイブリッドに，ナノ・ミクロサイズの無機粒子をさらに導入すると，その力学的特性の向上が可能である[11]. 例えば，チタニア微粒子(粒径 ~0.05 μm) をわずか 2.7 vol % 程度添加するだけで強度が約2倍に向上する．

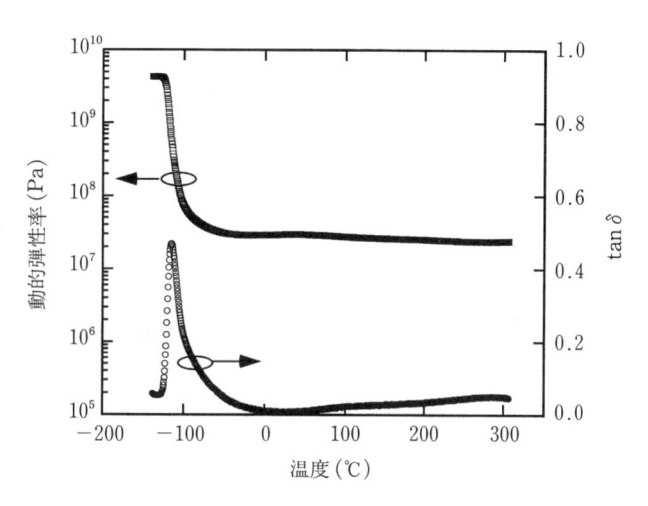

図2.6-3 Zr-O-PDMS系ハイブリッドの動的弾性率の温度依存性 [$M(OR)_n$/PDMS=2]

b. 光学特性

図2.6-2に示したようにハイブリッドは透光性があり，光学的にも興味深い．無機・有機ハイブリッドは低温プロセスで作製されるため，その構造中に光機能性有機分子を導入することができる．したがって，光学センサ，光フィルタ，光スイッチ等への応用が期待される．特に，従来の有機や無機の光学材料に比べ，① 有機ポリマーから無機ガラスまでの広い範囲で屈折率が可変できる，② 無機物に比べて構造が柔軟なため，導入した分子が異性化しやすい，③ 有機ポリマーに比べて安定性が高いなどの特長が考えられる．

光学用途の例として，無機・有機ハイブリッドの光導波路を試作した[12]. Si以外の無機成分の前駆体として化学改質したTiアルコキシド，有機成分の前駆体としてジエトキシジメチルシラン(DEDMS)とPDMSを使用し，その加水分解溶液を基板に塗布・焼成して，ハイブリッド膜を作製した．このハイブリッド膜に波長 633 nm のHe-Neレーザー光をプリズム結合法で導入し，導波光をプリズムによって取り出した．得られた出射光は，m-ラインが弱くスポットに近い形状であることから，比較的低損失である (5~10 dB/cm). 精製した原料を用いてクリーンルームで作製すれ

ば，実用的なレベルまで光損失をさらに低下できるものと思われる．また，前記溶液を基板に塗布し乾燥した膜にマスクを通して紫外線を照射した後，適切な溶媒に浸漬すると未照射部分が溶解して照射部分が残り，図 2.6-4 に示したような良好なパターンを形成することができる．これは，アセト酢酸エチルで化学改質したアルコキシドの作用によるものである．このように，本系のハイブリッドでは紫外線照射で直接パターンを描くことができ，光回折格子などへの応用展開も望める．

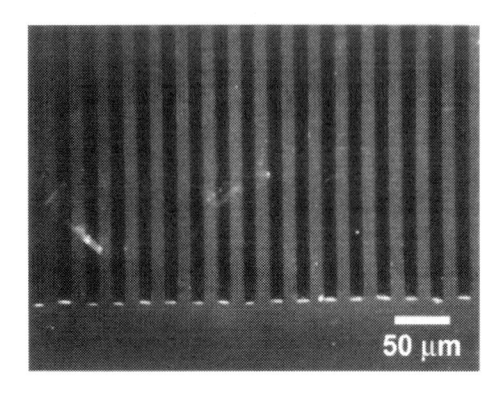

図 2.6-4 紫外線照射によりパターニングされた無機・有機ハイブリッド膜の例

以上述べたハイブリッドの有機成分はメチル基であるが，他の有機成分によってもその性質を変えることが可能である．例えばフェニル基を含むハイブリッドではより耐熱性が高くなるなどの特徴がある[13),14)]．このように無機セラミックスに有機成分を組み入れてハイブリッド化することは，成分，組成，構造等の組合せの自由度が拡大し，力学的・光学的特性をはじめ様々な特性を広い範囲で制御できる．また，無機・有機ハイブリッドでは分子・原子レベルで無機と有機が混成化しており，そこに生まれる相互作用から誘導される新しいシナジー機能の発現も期待できる．

● 参考文献

1) 作花済夫，ゾル-ゲル法の科学，アグネ承風社 (1988).
2) C. J. Brinker and G. W. Scherer, Sol-Gel Science : The Physics and Chemistry of Sol-Gel Processing, Academic Press, San Diego (1990).
3) H. Schmidt, Mat. *Res. Soc. Symp. Proc.*, **32**, 327-35 (1984).
4) G. L. Wilkes, B. Orler and H. Huang, *Polym. Prep.*, **26**, 300-2 (1985).
5) S. Katayama, I. Yoshinaga and N. Yamada, *Mat. Res. Soc. Symp. Proc.*, **435**, 321-5 (1996).
6) N. Yamada, I. Yoshinaga and S. Katayama, *J. Mater. Chem.* **7** (8), 1491-5 (1997).
7) S. Katayama, I. Yoshinaga and N. Yamada, SPIE Sol-Gel Optics IV, 3136, 134-42 (1997).
8) D. C. Bradly, R. C. Mehrotra and D. P. Gaur, Metal Alkoxides (Academic Press, London, 1978).
9) 山田紀子，吉永郁子，杉山義雄，片山真吾，日本セラミックス協会学術論文誌，**107** (6), 582-6 (1999).
10) N. Yamada, I. Yoshinaga and S. Katayama, *J. Mater. Res.*, **14** (5), 1720-6 (1999).
11) N. Yamada, I. Yoshinaga and S. Katayama, Proc. 4th Inter. Conf. Intelligent Materials (ICIM'98), 60 (1998).
12) N. Yamada, I. Yoshinaga and S. Katayama, *J. Appl. Phys.*, **85** (4), 2423-7 (1999).
13) 吉永郁子，山田紀子，片山真吾，日本化学会第 72 回春季年会講演予稿集 I，509 (1997).
14) I. Yoshinaga, N. Yamada and S. Katayama, *Mat. Res. Soc. Symp. Proc.*, **519**, 285-90 (1998).

2.7 気相析出含浸法による複合化

複合材料の作製法として，その骨格材料になる多孔体をあらかじめ作製しておき，その間隙をマトリックス材料で含浸する方法が研究されている．この方法は，通常の多孔体製造プロセスを活用して必要な骨格構造を単独に決められることや，マトリックス材料を広く選定できることに特徴があり，魅力ある複合材料形成技術である．

含浸法には，液相を使う方法と気相を使う方法とがある．液相を使う方法は，例えば Al_2O_3/Al，SiC/Si などセラミックス/金属複合材料の製造法として最近注目され，実用部品へ応用されている[1]．一方，気相を使う方法は，例えば C/C コンポジットの耐酸化性向上策をねらった化学蒸着 (CVI) による SiC 含浸[2],[3] など，セラミックス/セラミックス複合材料の製造法として研究されているが，現状では十分な気密性が得られていない．

電気化学蒸着 (EVD)[4],[5] と呼ばれる，酸素イオン伝導による電気化学的酸化反応を利用した緻密な膜の形成法が知られている．これを応用した気相析出含浸法は複合材料作製の新規プロセスとして検討するに値する新しい技術である．本節では，EVD による気相析出含浸法が気密な含浸を可能にする手法であることを述べたあと，含浸構造におよぼすプロセス条件の影響を示すとともに，燃料電池用インターコネクタ材料への適用例を述べる[6],[7]．

(1) 気相析出含浸法の概略

図 2.7-1 に気相析出含浸法を示す．塩化物ガスと酸化ガスは多孔質基板を挟んで対向的に供給され，基板の内部で酸化反応が進行する．含浸は 2 つの過程からなると考えられる．金属塩化物の直接酸化反応によって酸化物が気孔内部に析出し，封孔される過程 (ステップ 1) と，それに続く，金属塩化物の電気化学的酸化反応によって酸化物が成長する過程 (ステップ 2) である．ステップ 2 では，酸化物中を拡散してきた酸素イオンが，気相拡散してきた塩化物と固相/気相界面で反応するため，緻密な酸化物の成長が起こることが特徴である．このメカニズムによって，従来の化学蒸着では得られなかった気密性が可能となる．

気相析出反応装置を図 2.7-2 に示す[8]．高温反応部は塩化物ガス室と酸化ガス室とからなり，支持管に設置した多孔質基板で分離されている．酸化ガスはアルゴンベー

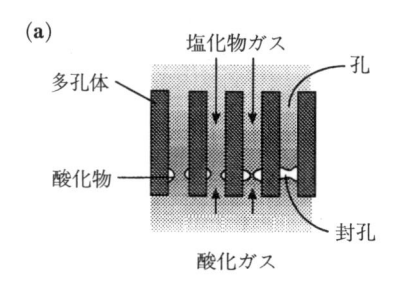

図 2.7-1 気相析出含浸法による含浸メカニズム．**(a)** ステップ 1，**(b)** ステップ 2

(a) 多孔体／塩化物ガス／孔／酸化物／酸化ガス／封孔
$MCl_2 + H_2O \rightarrow MO + 2\,HCl$

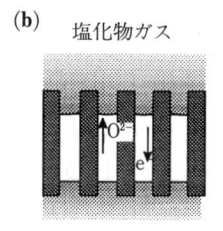

(b) 塩化物ガス／O^{2-}／e^-／酸化ガス
塩化物ガス側：$MCl_2 + O^{2-} \rightarrow MO + Cl_2 + 2\,e^-$
酸化ガス側：$H_2O + 2\,e^- \rightarrow H_2 + 1/2\,O^{2-}$

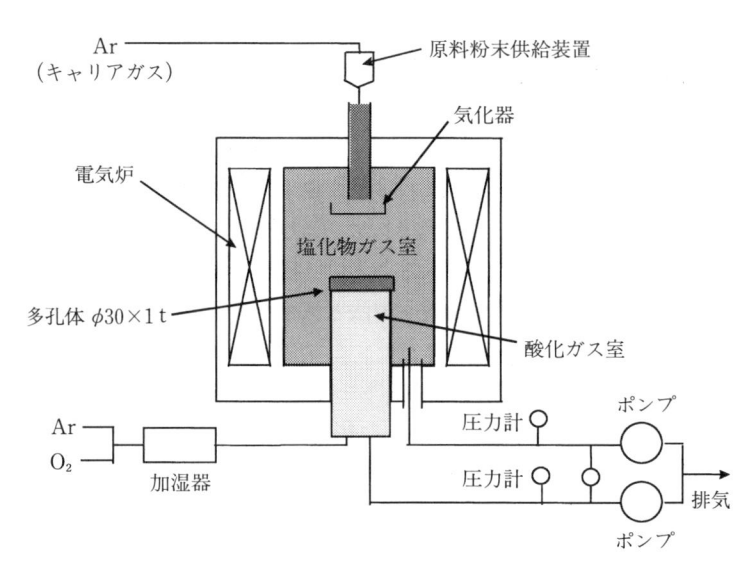

図 2.7-2 気相析出反応装置

スの H_2O または O_2 を用い，組成を制御して基板の下方から供給する．また，金属塩化物は粉末のままアルゴンキャリアガスによって炉内へ投入し，瞬時に昇華させ，そのガスを基板の上方から供給する．塩化物ガスと酸化ガスは多孔質基板の内部で反応し，気孔内に酸化物が析出して含浸される．プロセス条件としては，反応温度のほか，各部屋の圧力や原料ガスの組成が含浸構造の制御因子として重要である．圧力は排気側の圧力センサで，また，ガス組成は粉末供給装置に投入する原料粉末の混合量や供給速度，さらに，アルゴンとの配合比などによって制御可能である．

(2) 気相析出のプロセス条件と含浸構造

気相析出による含浸構造は，多孔質基板内部の析出がまずどこで始まるかに依存し，それは，酸化ガスと塩化物ガスの気孔内の拡散性によって決まる．その拡散性は，基板の気孔率や気孔径に依存するほか，プロセス条件にも依存する．ここでは，プロセス条件によって含浸構造を制御する方法について述べる．

反応ガスの圧力によって析出する位置を制御した結果を図 2.7-3 に示す．酸化ガスの圧力に比べて塩化物ガスの圧力を高くした方が，基板の深い位置に析出が起こる．これは，塩化物ガスの分子が酸化ガスに比べて大きく，拡散性が低いためである．塩化物ガスの圧力を酸化ガスより高く設定することによって，酸化ガスと塩化物ガスの拡散速度が同等になり，それによって基板の内部の深い位置で析出反応が進行したものと考えられる．

析出する領域の広さを酸化ガス種によって制御した結果を図 2.7-4 に示す．酸化ガス種として H_2O を用いた場合は，基板の中心付近にのみ析出が認められ析出領域が狭いのに対し，O_2 を用いた場合は，基板の深さ方向全体に析出が認められ析出領域が広い．この充填挙動の差は，H_2O と O_2 とで塩化物との反応性に差があるためと考えられる．一般に知られているように，O_2 は H_2O に比べて塩化物との反応性が低い．図 2.7-5 に示すように塩化物ガスと酸化ガスが相互拡散する場合，反応しないまま互いが混合する領域は O_2 を使った方が広くなり，したがって析出領域が広くなっ

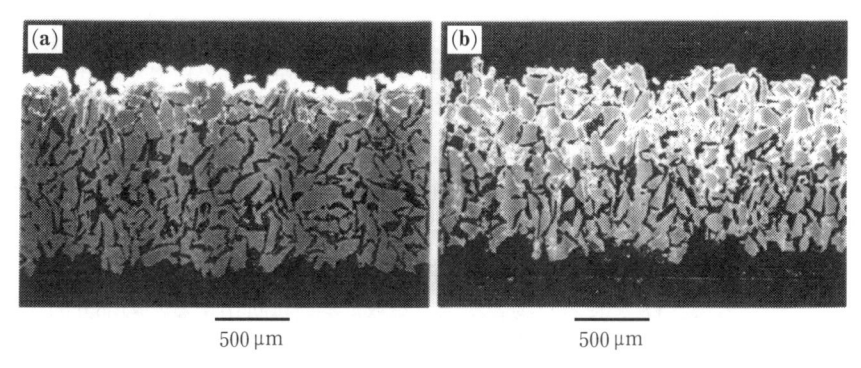

図 2.7-3 反応ガス圧による含浸構造の変化．(a) $P_{chloride}=P_{oxidant}$, (b) $P_{chloride}>P_{oxidant}$（図中の白い部分が反応析出物）

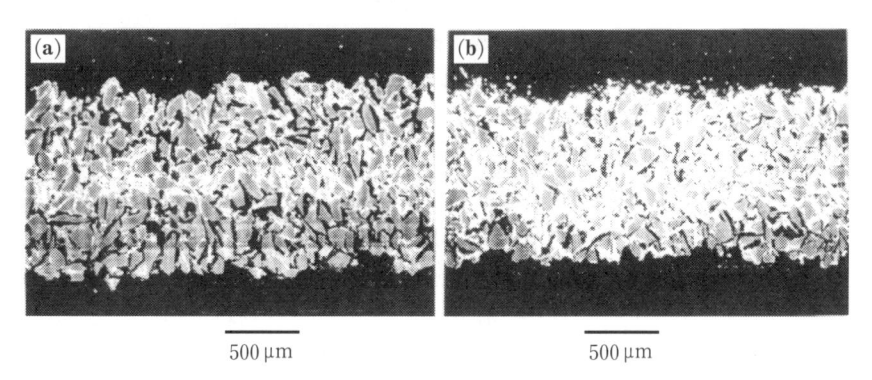

図 2.7-4 酸化ガス種による含浸構造の変化．(a) 酸化ガス：H_2O, (b) 酸化ガス：O_2

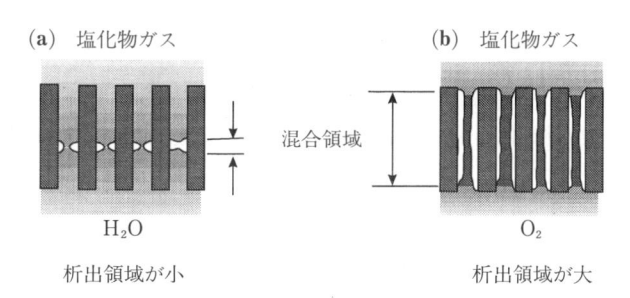

(a) 塩化物ガス (b) 塩化物ガス

混合領域

H_2O O_2

析出領域が小   析出領域が大

図 2.7-5 酸化ガス種による含浸構造の形成モデル．(a) 酸化ガス：H_2O, (b) 酸化ガス：O_2

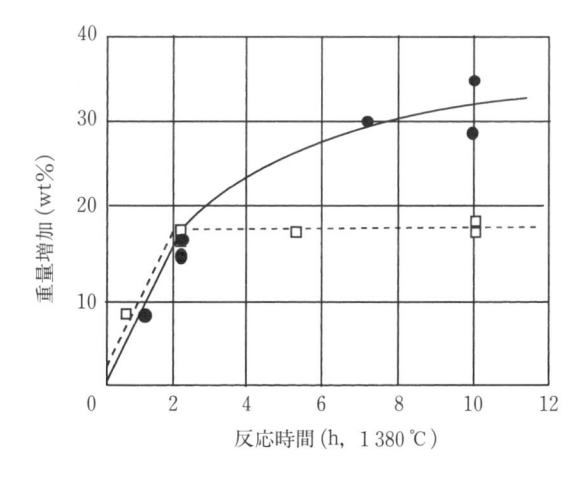

図 2.7-6 析出重量増加と反応時間
酸化ガス：● O_2, □ H_2O

2.7 気相析出含浸法による複合化

たものと考えられる.

このように，析出する位置や析出する領域をプロセス条件により制御可能であるが，含浸に要する時間の面からもプロセス条件の選定が重要である．図2.7-6に析出重量と反応時間の関係を示す．酸化ガスがH_2Oの場合，2時間以降に析出速度が遅くなるが，O_2の場合，10時間まで反応時間を延ばしても速い析出速度を維持できる．ステップ1による封孔が完了しステップ2へ移行すると，酸化物が成長する速度は酸化物中の酸素イオン伝導によって律速されるためステップ1の直接酸化反応より遅くなる．O_2を使った場合，広い領域に均一に析出するため部分的な封孔は起こりにくく，ステップ1の直接酸化反応を長時間継続でき，ステップ2への移行を遅らせることができる．したがって，含浸に要する時間を短くするには，O_2を使う方が好ましい．

(3) 気相析出含浸法の適用例

クリーンで高効率な発電システムとして期待されている燃料電池の構成部材であるインターコネクタ材料へ，気相析出含浸法による複合化技術を適用した例を紹介する．インターコネクタは，1000℃という高温下で空気と燃料にさらされ，かつ，セル同士の電気的接続を担う必要があるため，気密性・耐酸化還元性・電気伝導性・強度など複数の機能が同時に要求される．そこで，電気伝導性の高いランタンマンガナイト($LaMnO_3$)と耐酸化還元性の高いランタンクロマイト($LaCrO_3$)を気相析出含浸法で複合化し，燃料電池用インターコネクタ材料を作製した．実使用環境を模擬した条件でインターコネクタとしての評価を行った結果を，図2.7-7に示す．試料を1000℃に加熱し，雰囲気ガスとして当初試料の両面に空気を供給(air/air)した後，片面を水素に置換し(H_2/air)，その間の電気伝導度の変化を直流二端子法で測定した結果である．図には比較のためインターコネクタに従来使われているランタンクロマイトの緻密な焼結体(従来材料)の結果も示してある．気相析出含浸法で作製した複合材料は，いずれの雰囲気下でも安定した高い電気伝導度を示し，気密性，耐酸化還元性，電気伝導性を兼ね備えている．

EVDを使った気相析出含浸法は，2つの材料が3次元につながりながら互いに複雑に入り組んだ構造を作製でき，さらに，気相析出の原料を経時的に組成変化させることで，傾斜機能化も可能である．ここで紹介した燃料電池用部材など，気密で多機能な材料が要求される分野への展開が期待される．

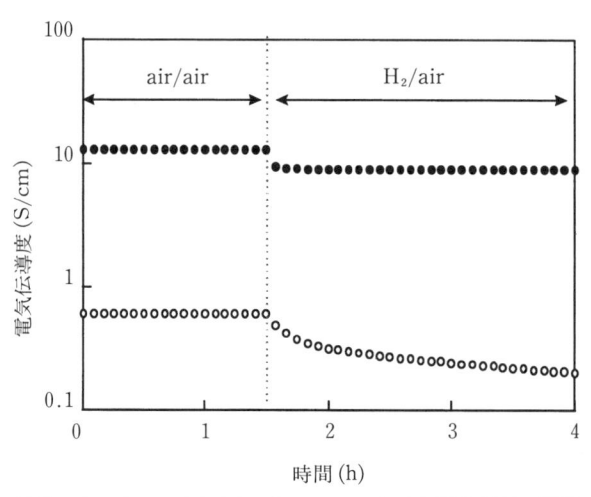

●ランタンクロマイト/ランタンマンガナイト複合材料：開発材料，○ランタンクロマイト：従来材料

図2.7-7 インターコネクタ材料の電気伝導度と雰囲気安定性

● 参考文献

1) 堀三郎,"ランクサイド方式によるCMCおよびMMCのネットシェイプ製造技術",セラミックス, **32**, 93 (1997).
2) D. P. Stinton, T. M. Besmann and R. A. Lowden, "Advanced Ceramics by Chemical Vapor Deposition Techniques", *Ceramic Bulletin*, **67** (2), 350 (1988).
3) K. Sugiyama and Y. Ohzawa, "Pulse Chemical Vapor Infiltration Of SiC In Porous Carbon or SiC Particulate Preform Using an R. F. Heating System", *J. Mater. Sci.* **25**, 4511 (1990).
4) J. Schoonman, J. P. Dekker and J. W. Broers, "Electrochemical Vapor Deposition of Stabilized Zirconia and Interconnection Materials for Solid Oxide Fuel Cells", *Solid State Ionics*, **46**, 299 (1991).
5) U. B. Pal and S. C. Singhal, "Growth of Perovkite Films by Electrochemical Vapor Deposition", *High Temp. Sci. High Temperature Science*, **27**, 251 (1990).
6) 川崎真司,伊藤重則,奥村清志,渡邊敬一郎,"気相析出反応による多孔質骨格材料への充填技術(2)",日本セラミックス協会1998年年会講演予稿集,350 (1998).
7) 川崎真司,伊藤重則,奥村清志,渡邊敬一郎,"気相析出反応による多孔質骨格材料への充填技術(3)",日本セラミックス協会第11回秋季シンポジウム講演予稿集,213 (1998).
8) K. Okumura, S. Ito and S. Kawasaki, "Controlling of Vapor-Phase Precipitation Reaction Effect of Reaction Condition on Infiltration Behavior of Lanthanum Chromite in a Porous Substrate, Extended Abstracts of the Third International Symposium on Synergy Ceramics, 28 (1999).

2.8 前駆体設計に基づく化学溶液法によるセラミックス

　機能性セラミックス合成法の一つである化学溶液法は，組成制御が容易，プロセス温度の低温化が可能，多様な形状賦与性，複雑形状基質へのコーティングが可能などの特徴を有しており，機能性セラミックス粉末，ファイバ，薄膜などの調製に用いられている．本節では，前駆体設計に基づく新規セラミックス材料としての$PbTiO_3$/有機ハイブリッドの合成例について述べる．

　酸化物のナノ結晶粒子は，量子サイズ効果などの新しい物性の観点からも注目され，このハイブリッドは興味ある電気的および光学的性質を示すことが期待される．セラミックス微結晶粒子と有機ポリマーから機械的混合法により複合材料を合成する場合，微結晶粒子はファン・デル・ワールス力により凝集し，均一な分散，混合は困難である．機能性セラミックス粒子/有機ハイブリッド構造体である無機-有機ハイブリッドを合成するためには，有機マトリックスの形成と結晶性酸化物微粒子の生成をin situで行う必要がある．

　ここでは，機能性セラミックス粒子として強誘電体として知られるチタン酸鉛（$PbTiO_3$）を選び，不飽和置換基を有する金属アルコキシドを出発原料に用いて，誘電体微結晶粒子を有機マトリックス中に分散させた新規な無機-有機ハイブリッド材料の合成について述べる．

　すでに筆者らは同様の手法により，$BaTiO_3$微粒子/高分子ハイブリッドが，100 ℃以下で合成できることを明らかにしている[1),2)]．また，鉄-有機化合物の重合-加水分解により，α-Fe_2O_3およびスピネル酸化鉄粒子/有機ハイブリッドがそれぞれ合成できることを報告している[3),4)]．

　これらのハイブリッドの合成において用いられるプロセスを図2.8-1に示す．適切な配位子を有する金属-有機化合物を，重合-加水分解あるいは加水分解-重合することにより，機能性微結晶粒子/有機ハイブリッドを合成する．化合物の有機溶媒への溶解度，互いの反応性，加水分解性などを考慮して出発原料を選ぶ．加水分解過程において，金属-酸素結合が縮合反応により酸化物結晶格子へと成長していく．ラジカル重合を用いて有機マトリックスを形成させるため，不飽和結合を有する配位子を結合させておく必要がある．これらの条件を考慮して，反応条件を制御し，酸化物微粒子の粒径と結晶性を制御するために

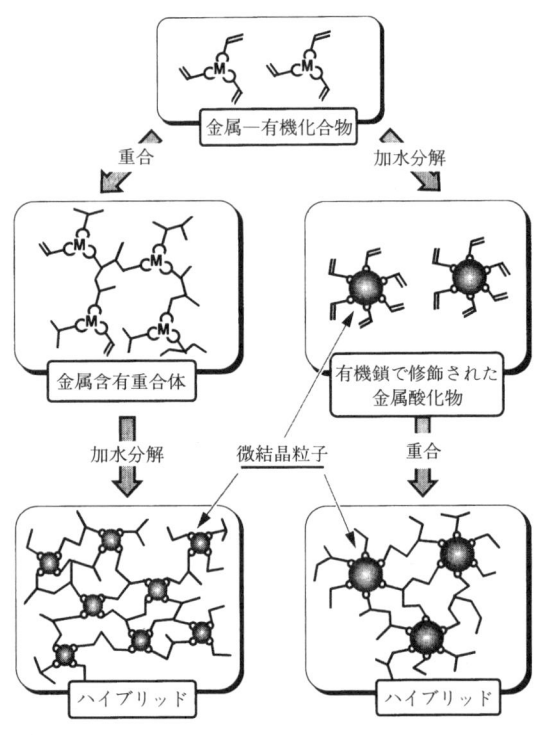

図2.8-1　無機-有機ハイブリッドの合成スキーム

は，出発金属-有機化合物の配位子の設計と，重合・加水分解条件の選択が重要である．

(1) PbTiO₃ 前駆体の合成

PbTiO₃/有機ハイブリッドの合成手順を図 2.8-2 に示す．複合酸化物微結晶粒子であるチタン酸鉛を合成するためには，チタン-鉛複合金属-有機化合物前駆体を合成する必要がある．ここでは，重合官能基であるメタクリル基を有するメタクリル酸鉛と，金属アルコキシドであるチタンイソプロポキシドを出発原料として選ぶ．

メタクリル酸鉛とチタンイソプロポキシドをメタノール中で 65 ℃，24 時間反応させることにより，PbTiO₃ 前駆体溶液を調製する．この溶液を加水分解し，PbTiO₃ 粒子を生成させる．続いて，メタクリル基をラジカル重合開始剤（アゾビスイソブチロニトリル，AIBN）を用いて重合し，ハイブリッドを得る．

まず，合成した PbTiO₃ 前駆体の構造解析結果を述べる．メタクリル酸鉛，チタンイソプロポキシドおよびチタン酸鉛前駆体のプロトン NMR (H-NMR) を図 2.8-3 に示す．(a) に示すメタクリル酸鉛のメタクリル基および (b) に示すチタンイソプロポキシドのイソプロポキシ基のシグナルが，チタン酸鉛前駆体のスペクトル (c) にも観察される．したがって，チタン酸鉛前駆体中には，メタクリル基とイソプロポキシ基が存在していることがわかる．

図 2.8-4 に，メタクリル酸鉛と前駆体の鉛 NMR (Pb-NMR) スペクトルを示す．(a) に示すようにメタクリル酸鉛は 2 276 ppm にシグナルが観察されるが，チタン酸鉛前駆体 (b) では 2 083 ppm に観察され，シグナルの半値幅が広がっている．し

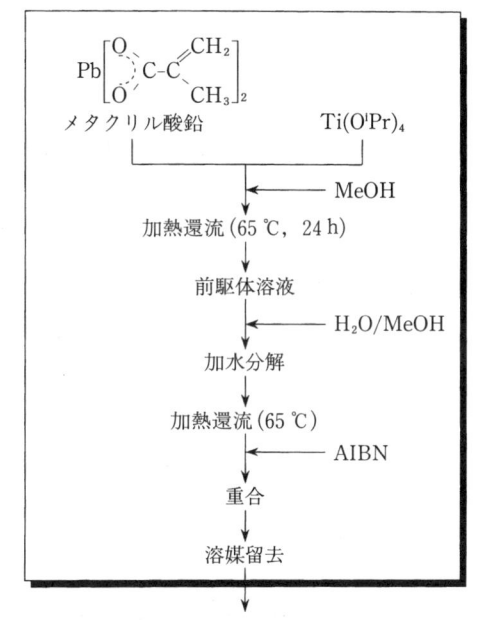

図 2.8-2 チタン酸鉛粒子/有機ハイブリッドの合成手順

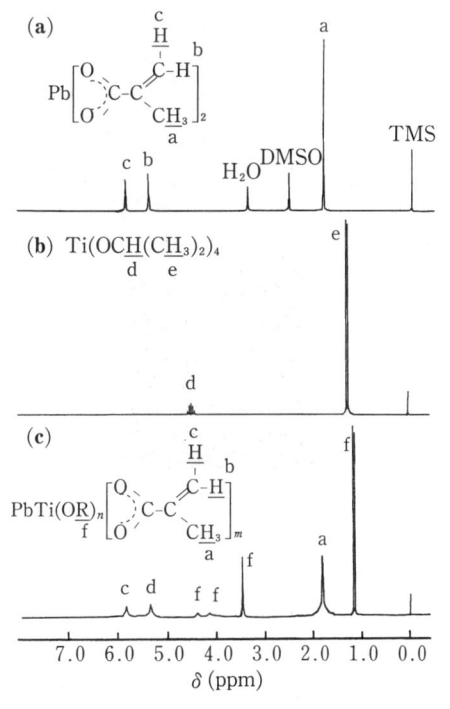

図 2.8-3 メタクリル酸鉛，チタンイソプロポキシド，チタン酸鉛前駆体 H-NMR スペクトル．(a) メタクリル酸鉛，(b) チタンイソプロポキシド，(c) チタン酸鉛前駆体

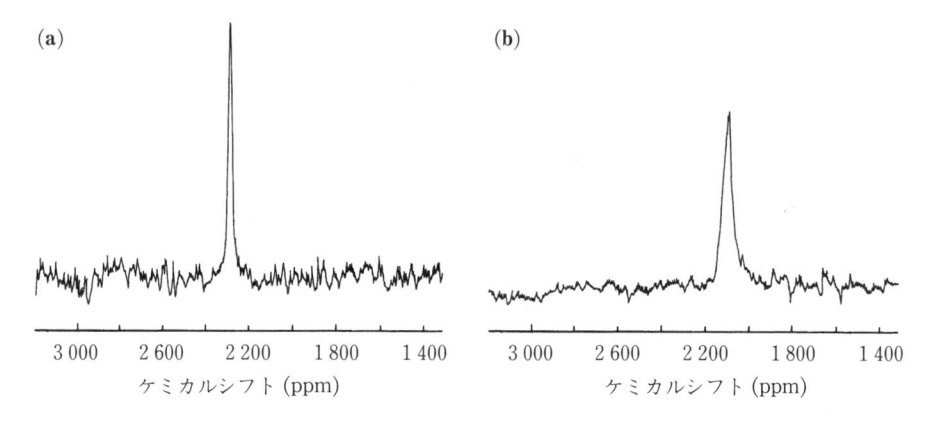

図 2.8-4 メタクリル酸鉛, チタンイソプロポキシド, チタン酸鉛前駆体の Pb-NMR スペクトル. (a) メタクリル酸鉛, (b) チタン酸鉛前駆体

たがって, チタン酸鉛前駆体では, 鉛の結合状態が変化していることがわかる.

これらの NMR スペクトルの結果から, チタン酸鉛前駆体として, イソプロポキシ基とメタクリル基を含むチタン–鉛複合アルコキシド誘導体が生成していることが明らかである.

(2) $PbTiO_3$/有機ハイブリッドの合成

図 2.8-1 の合成手順で示すように, 複合酸化物ナノ結晶粒子を生成させるためには, チタン酸鉛前駆体の加水分解条件を選択し, 加水分解速度や縮合反応を制御する必要がある. メタノール溶媒中で合成した $PbTiO_3$ 前駆体に対し 3.0 当量の水を添加し, 前駆体を 65 ℃ で 24 時間加水分解することにより得られた生成物の TEM 写真と電子線回折像を図 2.8-5 に示す. 直径 30 nm 以下の粒子が生成していることが確認でき, また, 斑点状の回折パターンを示したことから, これらの粒子は結晶性であることがわかる.

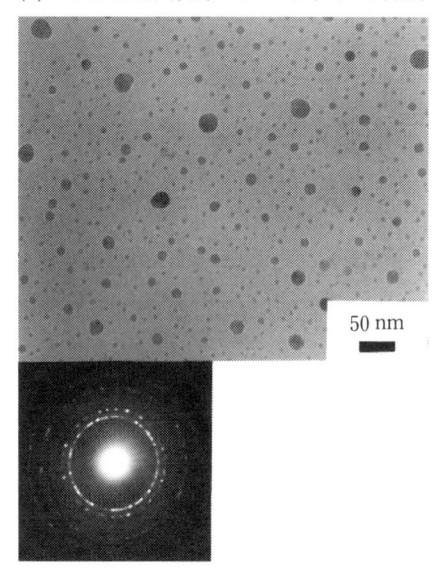

図 2.8-5 チタン酸鉛前駆体の加水分解成物の微構造

結晶性微粒子の電子線回折像はチタン酸鉛と一致する. これらの粒子について EDX により元素分析すると, 鉛とチタンの比は 1:1 となっている. また, さらに長時間熟成を行った生成物については, ラマンスペクトルによりチタン酸鉛が生成していることが明らかとなっている. この結果より, チタン–鉛複合アルコキシド誘導体の加水分解により, 結晶性 $PbTiO_3$ 微粒子が生成することが明らかである.

次に, 結晶性 $PbTiO_3$ 微粒子が含まれている生成物の重合を検討する. チタン酸鉛前駆体を 10 当量の水で加水分解し, 24 時間加熱還流する. 引き続いて生成物をメタノール中, 100 ℃ でアゾビスイソブチロニトリルを用いてラジカル重合を行い固体生

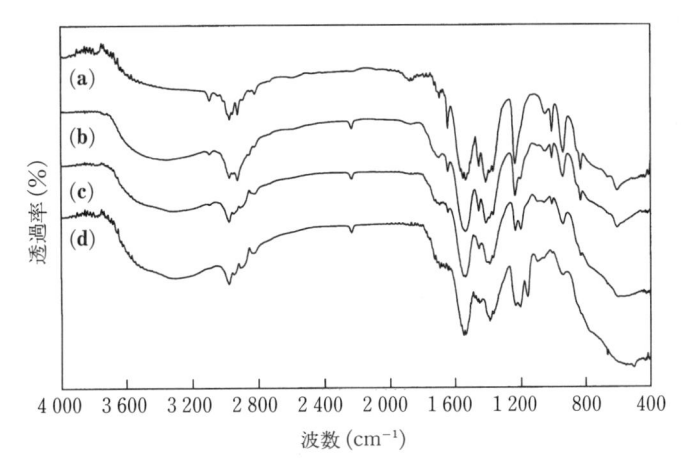

図 2.8-6 チタン酸鉛前駆体の加水分解生成物とその重合体の IR スペクトル，(a) チタン酸鉛前駆体の加水分解生成，(b) 2 時間後の重合生成物，(c) 24 時間後の重合生成物，(d) 72 時間後の重合生成物

成物を得る．各重合生成物の IR スペクトルを図 2.8-6 に示す．重合前の加水分解した生成物 (a) には配位子として用いたメタクリル基の C=C および COO の吸収が，それぞれ 1 640 および 1 514，1 414 cm^{-1} にみられる．1 640 cm^{-1} の C=C の吸収は，重合反応時間とともに減少し，図 2.8-6 (c) に示すように 24 時間でほぼ消失する．この結果から，微結晶 PbTiO$_3$ 粒子を含む重合体が生成していることがわかる．

(3) PbTiO$_3$/有機ハイブリッドの性質

前項 (2) で合成したハイブリッドは，加圧，加熱することにより膜化することが可能である．厚さ 0.2 mm のハイブリッド膜を作製し，誘電率を測定した．図 2.8-7 に，ハイブリッドの誘電率と加水分解に用いた水の量の関係を示す．ハイブリッドの誘電率は，合成時の加水分解条件に依存している．すなわち，加水分解に用いた水の量とともに誘電率は増加し，10 当量以上の水を用いた場合に，ハイブリッドの誘電

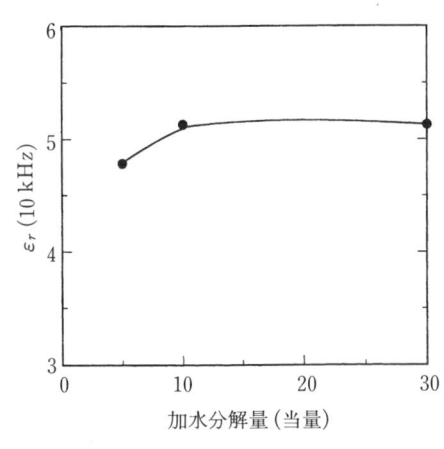

図 2.8-7 チタン酸鉛粒子/有機ハイブリッドの誘電率 (10 kHz) と加水分解量の関係

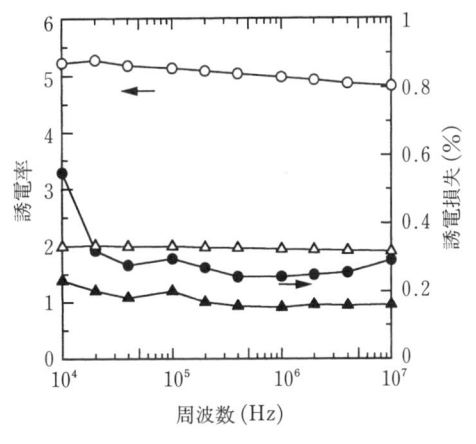

図 2.8-8 チタン酸鉛粒子/有機ハイブリッドの誘電率と誘電損失の周波数依存性．○，●：チタン酸鉛粒子/有機ハイブリッド，△，▲：ポリメタクリル酸メチル

率は一定となる．

30当量の水で加水分解し，100℃，24時間重合して得られたハイブリッドの室温における誘電率と周波数の関係を図2.8-8に示す．10 kHzにおける誘電率は5.2である．ハイブリッドをチタン酸鉛粒子とメタクリル酸ポリマーからなる0-3コンポジットとみなして計算した誘電率[5),6)]と，図2.8-8で示したハイブリッドの誘電率はよい一致を示す．

本節では，前駆体設計に基づく化学溶液法によるセラミックスとして機能性ナノ結晶粒子-有機ハイブリッドの合成と評価を取り上げ，現在までに得られている成果を述べた．本手法では，従来の酸化物微粒子とポリマーを機械的に混合する方法と比較して，in situでナノ結晶粒子をポリマーマトリックス中で生成させるため，微結晶粒子の凝集を防ぎながらナノサイズ粒子とポリマーの結合による微細構造の制御が可能となる．メタクリル酸鉛とチタンアルコキシドからメタクリル基を有する鉛-チタン複合アルコキシド($PbTiO_3$前駆体)を合成し，100℃以下の温度で結晶性$PbTiO_3$微粒子/有機ハイブリッドを調製することができる．

本手法は，ペロブスカイト型誘電体微結晶粒子/有機ハイブリッドの低温におけるin situ合成法として有効であることが明らかとなった．複合酸化物微結晶粒子を化学溶液法を用いて室温に近い生成条件下で合成することを目的とする本手法においては，前駆体の設計・合成が重要な鍵となる．化学結合により有機マトリックスに固定された微結晶粒子は，ナノサイズに由来する量子サイズ効果などのほかに，マトリックスに固定された微結晶であるために興味ある誘電的性質を示すことが明らかになりつつある．今後の課題として，配位子の設計による高分子の3次元構造の制御による微粒子の粒径や結晶性の制御を行い，ハイブリッドの電気的および光学的物性の詳細な検討を行う必要がある．

● 参考文献
1) T. Yogo, S. Yamada, K. Kikuta and S. Hirano, *J. Sol-Gel Sci. Tech.*, **2**, 175 (1994).
2) S. Hirano, T. Yogo, K. Kikuta and S. Yamada, *Ceram. Trans.*, **68**, 131-40 (1996).
3) T. Yogo, T. Nakamura, K. Kikuta, W. Sakamoto and S. Hirano, *J. Mater. Res*. **11**, 475 (1996).
4) T. Yogo, T. Nakamura, W. Sakamoto and S. Hirano, *J. Mater. Res*., **14**, 2875 (1999).
5) T. Furukawa, K. Fujino and E. Fukuda, *Jpn. J. Appl. Phys.*, **15**, 2119 (1976).
6) T. Yamada, T. Ueda and T. Kitayama, *J. Appl. Phys.*, **53**, 4328 (1982).

2.9 衝撃圧縮法によるセラミックスのダイナミックプロセス

衝撃圧縮法による超高圧力発生技術は，1 μs 程度の短時間ではあるが，100 GPa オーダーの圧力を比較的容易に得ることができるので，物性物理学や地球物理学などの圧力をパラメータとする分野にも大きく貢献してきたといえる．例えば，間接的にではあるが，その圧力値が明確に定義・測定されるので，衝撃圧縮法によって得られた固体の状態方程式が現在でも超高圧力スケールの 1 次基準となっている．

衝撃圧縮法の材料プロセスへの応用技術は，金属材料では接合や成形などで比較的古くから実用化されてきた歴史があるが，セラミックスへ応用する研究は，1980 年代にわが国で大きく発展した衝撃圧縮の一分野といえよう．例えば「衝撃焼結」プロセスは，金属系では「衝撃固化」と呼ばれるが，伝統的には「爆発圧搾」と呼ばれた分野に関係が深く，短時間の粒界溶融凝固現象を精密に制御することで，非晶質などの準安定な物質や複雑な混合系物質の多結晶バルク材料を得ることができるようになった技術である．しかしながら，この短時間内に様々な物理的・化学的過程が並行して進行しており，いわゆる瞬時のプロセスを精密に設計する概念や方法が確立しておらず，試行錯誤法による開発研究が主であった．また，残留する割れを避けることができない例が多く，実用材料プロセスとはなり得ないものとの認識が浸透し始めていた．

一方，近藤らは，衝撃圧縮にともなうエネルギー増加を断熱的に粒子表面へ配分するスキンモデルの概念[1]や熱分配モデル[2]〜[4]を提案し，プロセス設計を簡便に行うことができるようになった．すなわち，通常の焼結プロセスでは温度が均一な場での物質移動に着目しているのに対し，衝撃圧縮では，プロセスに必要なエネルギーを粉末集合体中の必要な場所に必要なだけ断熱的に供給させ，微小領域でのエネルギーの移動および溶融や物質移動の同時進行を簡便に扱う[5]ことで，複雑な粉体系の衝撃現象の設計が可能となったのである．断熱的エネルギー供給が可能なのは，熱伝達速度が応力伝達速度（音速）よりもかなり遅いことを利用しているからで，熱局在ともいう．近藤らによる割れのない成功例は，このプロセス設計指針に照らして説明することができる．

本節では，衝撃焼結法の設計指針にしたがった実験的研究例とその課題について述べ，さらに，その概念の応用法ともいえる衝撃圧縮凍結（SCARQ）法[6]によって，炭素（C_{60} フラーレン）の相転移過程を凍結回収したアモルファスダイヤモンドおよびナノ組織ダイヤモンドセラミックス作製の試みについて述べる．

(1) 衝撃焼結

通常の焼結プロセスは，粉末が持っている熱力学的に安定な状態へ向かうポテンシャルを利用したプロセスといえ，熱力学的に安定な温度・圧力領域での再結晶をともなうため，化学的に不安定な混合系や準安定相のバルク材料を作製することは困難である．一方，衝撃焼結プロセスは，下記のような大きな困難がともなうが，平衡状態から大きく乖離した微細な組織や不安定相のバルク材料，針状など初期粒子形状を保持したバルク材料を得ることができる．

① 衝撃圧縮前の初期条件の設定のみによって，短時間に並行して進行する様々な

物理的・化学的過程を制御しなければならない．
　②温度と圧力をそれぞれ独立に変化させることが容易でない．

　衝撃焼結は，いわゆる熱局在現象を利用し制御すること，すなわち，粉体粒子間の界面に熱局在を生じさせ，この熱を粒子間の結合と粒子の塑性変形に利用する．したがって，熱エネルギーを粒子表面にどのように分配するかということと，分配された熱をどのように拡散させるかということが，このプロセスの最も重要な点である．粒子間結合の機構は，粒間の溶融層の凝固にともなうものとみてよいが，いまだ明確でない物質移動機構や結合機構も存在している．衝撃焼結プロセス設計は下記の方法を組み合わせて行う．

(a)　衝撃圧縮下の粉体の平均状態の概算法[1]
(b)　粉体の静的圧縮値がある場合の概算法[7]
(c)　スキンモデル[1]
(d)　熱分配モデル[2,3]
(e)　混合粉末の熱分配[4]
(f)　熱の緩和と塑性変形[2,5]

　割れのない衝撃焼結体を得るためには(f)が重要である．溶融または高温になったスキン（粒子表面）は，直ちに粒子内部に熱を伝え，冷却される．したがって，溶融スキンは加圧中に凝固し，ダイヤモンドの場合には黒鉛などへの相転移温度以下まで冷却されなければならない．その冷却に必要な緩和時間（τ_δ）は，熱拡散率をDとして，球に対する熱拡散方程式の解から次のように見積もることができる．

$$\tau_\delta = \delta^2/D$$

この冷却緩和時間はスキン厚さδの2乗に比例するので，スキンが薄くなると驚くべき冷却速度となる．ダイヤモンドの実験例では，スキン厚さ20 nm程度となっており，冷却速度は10^{13} K/sとなる[5]．この急冷現象を利用してSCARQ法（Shock Compression and Rapid Quenching）と名付けられた新物質探索手法が開発された．

　また，上記のモデルは断熱近似による極限としての各粒子の平衡温度を与えるが，粒子の中心が加熱されるための緩和時間τ_dもまた，次のように見積もることができる．

$$\tau_d = d^2/4D$$

ここで，dは粒子の直径である．衝撃波の立ち上がり時間を0.1 μs程度とすれば，その時間内に熱緩和が起こる粒子径は，ダイヤモンドで6 μm，SiCで2 μmとなる．試料の場所による圧力持続時間の変化を考えれば，その一桁程度小さい粒子径が適当であるといえる．

　衝撃波伝播中の熱緩和によって粒子の中心部分が塑性変形温度まで達した時刻に，高い圧力を加えて粒子を塑性変形させ，脆性粒子でも破壊を防ぐことができる．セラミックスのように脆性な材料の衝撃焼結を行うには，エネルギーの粒表面への分配と溶融→粒子内部の加熱→粒子の塑性変形の各過程を順次起こさせなければならない．セラミックスでは，予備加熱した衝撃焼結，すなわちホットショックコンパクション（HSC）[8]による粒子の塑性変形が不可欠といわれていた．しかし，ここで述べた方法，すなわち微細粒子を用いて熱緩和と加圧のタイミングを合わせる方法によって割れのない衝撃焼結体を得ることができる．これを自己（self-heated）HSCと呼ぶ[3]．

以上のように，粉末に加わる熱エネルギーの総量を制御し，各粒子への熱分配を粒子径分布とその充填状態にしたがう方法によって制御し，さらに，粒子内部の温度上昇と圧力上昇のタイミングを制御することによって，下記の成功例が得られている．

(a) 0.5 μm 以下の微細な粒組織からなる，添加物を含まないダイヤモンド多結晶体
(b) 数十 nm の微細結晶を一次粒子とする，添加物を含まないダイヤモンド多結晶体
(c) 高温で窒素が抜けやすい，$Sm_2Fe_{17}N_3$ 窒化鉄磁石[9]
(d) 形状異方性（直径 20 nm，アスペクト比 5～10）を保持した単軸配向性磁石[10]
(e) 融点が大きく異なるために複合化することが困難な材料

一方，粒子表面と内部との間に温度差がなければ粒子の融着が起こらなくなる．衝撃波が粒子中を伝わる伝播時間と熱拡散の緩和時間を等しくおくことで，その臨界粒径を見積もることができる．平均粒径 5 nm のクラスターダイヤ粉末を用いた衝撃焼結の試みは，熱局在のための臨界粒径よりも小さいので粒子の融着が起こらず，強固なバルクとなっていない．プロセス設計理論の正しさが実証されたと言えよう[11]．

(2) 衝撃圧縮凍結法

衝撃誘起の熱局在と伝熱冷却現象をヘテロな薄い板状試料に適用したのが，SCARQ 法[6] である．衝撃圧縮によって加熱し，その高温の物質を移動させることなくその場で直ちに伝熱冷却するもので，1 次元衝撃波による精密な衝撃波伝播解析をそのまま用いることができ，また，熱移動に関しても同様に 1 次元の数値解析によって温度変化を精密に見積ることができる．

銅を冷却媒体とした場合の黒鉛およびダイヤモンドの冷却の様子を図 2.9-1 に示す．試料の厚さを 5 μm の場合と 35 μm の場合について数値計算したものである．衝撃圧力は冷却媒体と等しい 65 GPa で，試料温度を 3 700 K で一定させて比較して

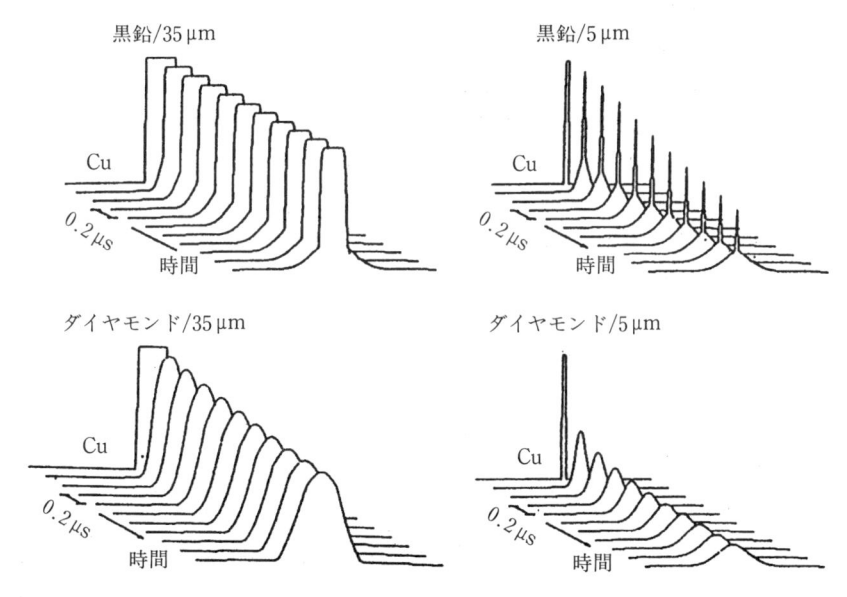

図 2.9-1 冷却媒体が銅の場合で，黒鉛とダイヤモンド試料中に誘起された温度パルスが時間とともに冷却される様子の比較計算結果

いる．ダイヤモンドの熱拡散率は $10^{-4}\,\mathrm{m^2/s}$ とし，黒鉛では最も小さな値，すなわち c 軸方向の値の $10^{-6}\,\mathrm{m^2/s}$ を用いた．これらは，炭素の相転移が関係する現象の両極端の場合について見積ったものといえる．ダイヤモンドの $5\,\mu\mathrm{m}$ 厚さの試料は，衝撃圧縮の持続時間内に，ほぼ冷却媒体の温度まで冷却されることがわかる．実験では，金属冷媒の汚染を X 線回折によって区別するために，金を冷却媒体としている．試料の初期厚さを変えた実験と計算との一致は極めてよい．

SCARQ 法は，各種炭素からのダイヤモンドへの転換機構の解明や，炭素新相の発見などに極めて有効である[12]〜[14]．C_{60} フラーレン結晶粉末を用いた予備的な SCARQ 実験や，C_{60} フラーレンを製膜法によって冷却媒体に一様な厚さで蒸着して出発試料とした SCARQ 実験では，透明な非晶質ダイヤモンドが得られている[15],[16]．すなわち，短距離の化学結合はダイヤモンド結合であり，長距離秩序がない純粋な非晶質ダイヤモンドである．CVD 法などで得られる非晶質あるいは DLC 膜のように，水素によって乱されたダイヤモンド状炭素とは本質的に異なるものである．

一方，多くの破片のラマンスペクトルを調べると，ピークを示さない非晶質ダイヤモンドとみられるものと，$1\,310〜1\,320\,\mathrm{cm^{-1}}$ にダイヤモンドとみられるブロードなピークを示すものの，2 つのグループが同一試料に存在している．後者は，通常の結晶におけるシフト（$1\,333\,\mathrm{cm^{-1}}$）との差が大きいが，10 nm 以下のダイヤモンド粒子である現象と一致し，ブロードな形状はひずみが大きいことと一致する．すなわち，ナノ組織ダイヤモンド多結晶体特有のスペクトルということができる[17]．後者の試料の透過電子顕微鏡（TEM）観察では微細構造がみられず，電子回折パターンでは明瞭に回折リングがみられ，非晶質ダイヤモンドとは明らかな違いがみられる．電子エネルギー損失スペクトル（EELS）では，ダイヤモンド結晶のパターンと一致している．高分解能 TEM 観察では，ダイヤモンドの (111) の面間隔に対応する 0.2 nm 間隔の明瞭な格子像が得られ，結晶粒子の大きさが 5 nm までの微結晶の集合体であることが明らかになっている．粒子界面の構造を明確にすることはできていないが，結晶粒子が直接接している界面と 0.5 nm 程度の粒界層が存在する界面とがみられている．前者の界面は，その形から sp^3 結合が乱れていることが予想され，後者は sp^3 結合の非晶質ダイヤモンドと思われる．また，185〜500 nm の光に対する吸収スペクトルは，吸収の急激な立ち上がりが 225 nm にあり，天然ダイヤモンドの II a 型のものと一致している．これはダイヤモンドのバンドギャップに対応する．また，250〜350 nm にわずかな吸収バンドがみられ，種々の欠陥準位に対応すると考えられる．

以上の評価結果から，この薄板状炭素は「透光性ナノ組織ダイヤモンド多結晶体」であると結論することができる[17]．この程度の微細組織になると，粒界滑りによる超塑性や量子効果などの新しい機能も期待される．

以上のように，衝撃圧縮のユニークな特徴を利用した，ナノ組織セラミックス作製のダイナミックプロセスを開発し，極めて高度なプロセス制御が可能となっている．しかしながら，プロセス設計指針にしたがってパラメータを最適化させるだけでなく，粒子形状や表面状態，高温・高圧下での機械的性質など不確定な材料パラメータに対する試行錯誤を行うことが，現状では必要であろう．原料粉末への依存性が従来の焼結法よりも強いので，衝撃焼結に適した原料粉末の調製が望まれるところである．また，工業生産のためには大型化やそれにともなうクラックの防止，ニーズの発掘とそれに対応したコストを含めた最適化など，課題は山積している．したがって，

この技術を発展させるためには，衝撃焼結によってしか得られないユニークで有用な材料を見出し，強いニーズを誘引することが重要であろう．

衝撃圧縮凍結 (SCARQ) 法では，添加物を含まない，5 nm 以下の単相ナノ組織からなる多結晶ダイヤモンドセラミックスを直接合成することができた．光学的にも透明であり，予期されていない光学的な応用面も期待される．その単相ナノ組織による機械的特性向上の最終的なゴールを評価するために必要となる大きさの試料を得るには至らなかったが，ジグザグ状の割れの進展の様子から，この試料の破壊靱性値が向上しているものと予想される．しかしながら，原理的に 10 μm 厚試料が限界であるため割れやすく，割れのない実用サイズを得るためには，カプセル・試料集合体の工夫と爆薬法衝撃波の平面性を一層向上させる技術開発とが必要であろう．

● 参考文献
1) K. Kondo, S. Soga, A. Sawaoka and M. Araki, *J. Mater. Sci*., **20**, 1033-48 (1985).
2) K. Kondo and S. Sawai, *J. Am. Ceram. Soc*., **73**, 1983-91 (1990).
3) K. Kondo : *J. Am. Ceram. Soc*., **74**, 1761-1762 (1991).
4) S. Sawai, K. Kondo : *J. Am. Ceram. Soc*., **73**, 2428-2434 (1990).
5) K. Kondo, S. Sawai : *J. Am. Ceram. Soc*., **75**, 253-256 (1992).
6) K. Kondo, *Diamond and Related Materials*, **5**, 13-18 (1996).
7) K. Kondo, H. Hirai and H. Oda, *Jpn. J. Appl. Phys*, **33**, 2079-86 (1994).
8) T. Taniguchi, K. Kondo, *Advanced Ceram. Materials*, **3**, 399-402 (1988).
9) H. Oda, K. Kondo, H. Uchida, Y. Matsumura, S. Tachiba-na, T. Kawanabe, *Jpn. J. Appl. Phys*., **34**, L35-L37 (1995).
10) H. Oda, H. Hirai, K. Kondo and T. Sato, *J. Appl. Phys*., **76**, 3381-86 (1994).
11) K. Kondo, S. Kukino and H. Hirai, *J. Am. Ceram. Soc*., **79**, 97-101 (1996).
12) H. Hirai and K. Kondo, *Science*, **253**, 772-74 (1991).
13) H. Hirai, S. Kukino and K. Kondo, *J. Appl. Phys*., **78**, 3052-59 (1995).
14) H. Hirai K. Kondo and T. Ohwada, *Carbon*, **31**, 1095-98 (1993).
15) H. Hirai and K. Kondo, *Phys. Rev*., **B51**, 15555-58 (1995).
16) H. Hirai, Y. Tabira, K. Kondo, T. Okikawa and N. Ishizawa, *Phys. Rev*., **B52**, 6162-65 (1995).
17) H. Hirai, K. Kondo, M. Kim, H. Koinuma, K. Kurashima and Y. Bando, *Appl. Phys. Lett*., **71**, 3016-18 (1997).

2.10 還元窒化法による AlN 粒子の合成

　AlN は高い熱伝導性と優れた電気絶縁性を持つことから IC・LSI などの基板，パッケージ材料や半導体製造用の部材として使用されている．このような分野への応用をさらに拡大するためには，信頼性の向上とコストの低減が必要とされ，原料合成，製造プロセス，評価解析，設計応用技術などに関して積極的な研究開発が進められている．なかでも，原料は製造工程の最初に位置することから，純度，粒子形態，粒度分布等の粉体特性が製品のつくりやすさや信頼性に大きな影響をおよぼす．AlN 粉末の合成法としては，Al の直接窒化法，Al_2O_3 炭素還元窒化法，有機 Al 化合物を用いた気相合成法等が開発されており，それぞれが実用に供されている．そのうち，還元窒化法は，出発原料である Al_2O_3 と C の選定しだいで，微細で粒径のそろった粉末を比較的容易に得ることができるという利点があり，高品質粉末の製造方法として実施されている．しかし，Al の窒化によって発生する熱エネルギーを利用する直接窒化法に比べるとかなり高価であり，コスト面からのさらなる検討が求められている．

　本節では，Al_2O_3 炭素還元窒化法による AlN 粉末の合成法に特定して，窒化反応促進効果を示す添加物の探索と，各種添加物が窒化反応挙動におよぼす影響を紹介し，後半ではその生成機構について述べる．

(1) Al_2O_3 炭素還元窒化反応におよぼす各種添加物の影響

　$Al_2O_3+3C+N_2=2AlN+3CO$ の反応式に基づく AlN の合成は，通常 1 500 ℃ 以上の高温で行われる．この反応温度を低下させるために，約 30 種類の単体および化合物が添加物として検討された．各々 3 wt % を添加して 1 450 ℃・2h までの条件で焼成した生成物の窒化率と反応時間の関係を図 2.10-1 に示す．添加物はその効果によって，反応を促進するもの，ほとんど影響を与えないもの，反応を阻害するものの

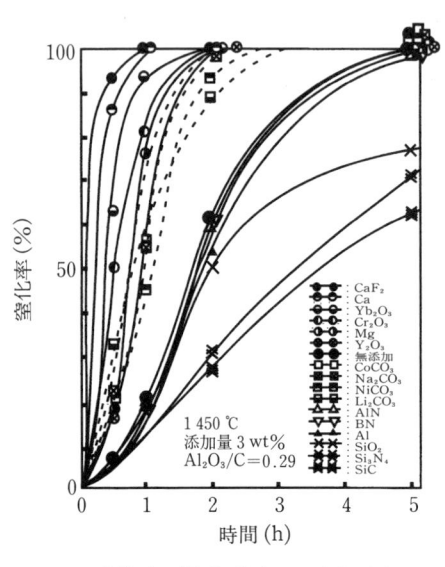

図 2.10-1　Al_2O_3 炭素還元窒化反応におよぼす各種添加物の影響

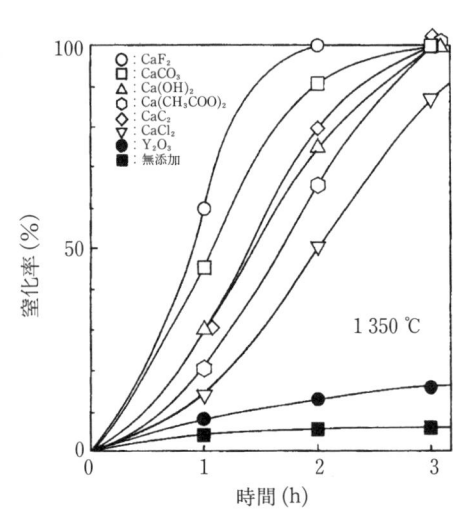

図 2.10-2　Al_2O_3 炭素還元窒化反応におよぼす Ca 化合物添加の影響

3種類に大別される[1]．特に，Ca などのアルカリ金属とその化合物および希土類酸化物が高い窒化反応速度を示し，また Ni, Co などの遷移元素もそれほど顕著ではないが，かなりの反応促進効果を示すことが認められる．また，粒子形態制御に関してもそれぞれが独特の効果を示し，Ca 化合物や Y_2O_3 を添加した場合は等軸状を，Yb_2O_3 や遷移金属化合物の添加によっては針状を示すなどの変化が認められている．なお，添加物を用いない場合は，原料である Al_2O_3 粒子の形態が直接 AlN の形状に反映されることが確認されている[2]．図 2.10-1 から，Ca 化合物が最も反応促進が顕著であることが確認されたので，さらに種々の Ca 化合物について検討がなされた．その結果を図 2.10-2 に示す[3]．この図から CaF_2 と $CaCO_3$ が最も優れた窒化反応促進剤であり，特に CaF_2 添加によって最も高い反応速度が得られたため，その後は CaF_2 に特定して研究が行われた．

(2) CaF_2 添加 Al_2O_3 炭素還元窒化反応による AlN 粉末の合成

本項では，最初に CaF_2 を添加した系についての反応挙動と形態変化を述べ，ついで本反応系における AlN の生成機構を解説する[4]．

a. CaF_2 を添加した Al_2O_3 の炭素還元窒化反応挙動

表 2.10-1 原料粉末の特性

		平均粒径 (μm)	比表面積 (m^2/g)	不純物 (ppm)				備考
				Si	Fe	Ca	Na	
Al_2O_3	AMS-9	0.55 (>1μm:20%)	5〜6	47	75	120	155	バイヤー法
	AKP-20	0.53	4.4	21	7	2〜3	2	アルコキシド法
	AKP-30	0.38	6.7	13	9	2〜3	2	
	AKP-50	0.21	10.4	9	9	2〜3	2	
C	#650B	0.018	>200	16	22	156	<50	ランプブラック

本実験では原料である Al_2O_3 粉末に視点をおいて粉体特性の影響が検討された．すなわち，表 2.10-1 に示す 4 種類の Al_2O_3 粉末（バイヤー法によるアルミナ 1 種，アルコキシド法によるアルミナ 3 種）を用いて，Al_2O_3-C-CaF_2 系の混合粉末が調製された．Al_2O_3/C=0.29（モル比），CaF_2 の添加量は Al_2O_3 に対して 3 wt% の添加を基本とし，必要に応じてその量を変化させるといった条件下で行われた．この混合バッチを黒鉛ボートに入れ窒素気流中，1350〜1450℃で焼成して窒化率を求め反応速度が評価された．なお，窒化率の算出には，あらかじめ X 線回折によって作成した検量線が使われた．

図 2.10-3 にバイヤー法で製造された Al_2O_3 (AMS-9) を用いて 1350, 1400, 1450℃で窒化した場合の窒化率の経時変化を示す．この結果から，CaF_2 を加えると窒化反応速度が著しく向上することが改めて確認される．図 2.10-4 は，各種 Al_2O_3 粉末に CaF_2 を 3 wt% 添加した系を 1450℃で窒化した場合の窒化率の経時変化を示したものである．AMS-9 とアルコキシド法によって合成された Al_2O_3 (AKP-20, 30, 50) とでは反応挙動が若干異なるが，おおむね微細な Al_2O_3 粉末を用いる方が反応速度は大きいことがわかる．AMS-9 粉末において初期にみられる高

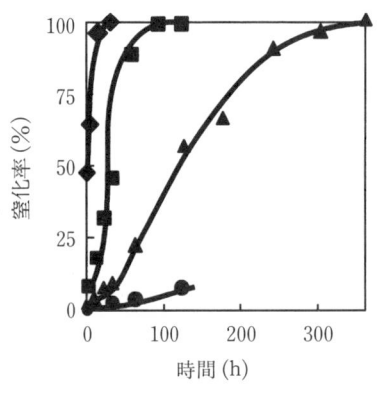

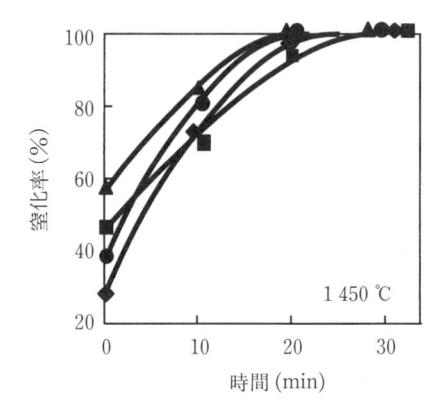

図 2.10-3 バイヤー法で製造された Al_2O_3 (AMS-9) の炭素還元窒化における窒化率の経時変化. ▲: 1 350 ℃, 3 wt%CaF_2, ■: 1 400 ℃, 3 wt%CaF_2, ◆: 1 450 ℃, 3 wt%CaF_2, ●: 1 400 ℃, 無添加

図 2.10-4 種々の Al_2O_3 粉末を原料とした炭素還元窒化反応における窒化率の経時変化. ■: AMS-9, ◆: AKP-20, ●: AKP-30, ▲: AKP-50

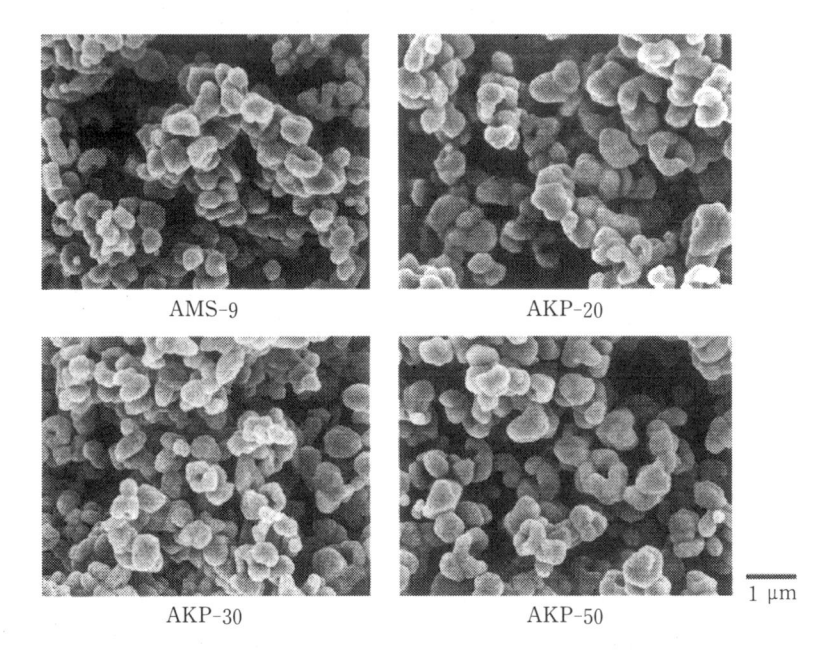

図 2.10-5 各種 Al_2O_3 原料を用いて, 1 450 ℃, 1 時間, 3 wt%CaF_2 添加の条件で合成した AlN 粉末の SEM 写真

い反応速度は, Al_2O_3 粉末製造時の粉砕工程に由来する超微粒 Al_2O_3 粒子の存在によるものである. 生成された各種 AlN 粉末の SEM 写真を図 2.10-5 に示す.

この SEM 写真によれば, いずれの生成粉末も粒子形態は等方的である. 同一の窒化反応温度ではその大きさと形が酷似しており, 反応温度が高いほど粒径が若干大きくなることが観察されている. このことは, Al_2O_3 原料として粒径と分布の異なる粉末が用いられたことからみて大変興味深い現象である. 柘植ら[2]は各種の Al_2O_3 粉末を用いて, Al_2O_3-C-N_2 系からの AlN 粉末の合成を行い, 出発原料である Al_2O_3 粒子の形態が生成された AlN 粒子の形態に直接反映することを報告している. しか

し，本実験では，生成粉末の形態が Al_2O_3 原料のそれに依存しないことから柘植らの結果と明らかに矛盾している．X線回折によると，いずれの添加量に対しても反応途上で中間体として $CaO \cdot 6Al_2O_3(CA_6)$ 相と $CaO \cdot 2Al_2O_3(CA_2)$ 相の生成が認められるが，窒化が完了した時点ではこの中間体は消滅して，生成物は AlN と CaF_2 の2相からなることが確認されている．

b. Al_2O_3-C-CaF_2 系からの AlN 粉末の生成機構

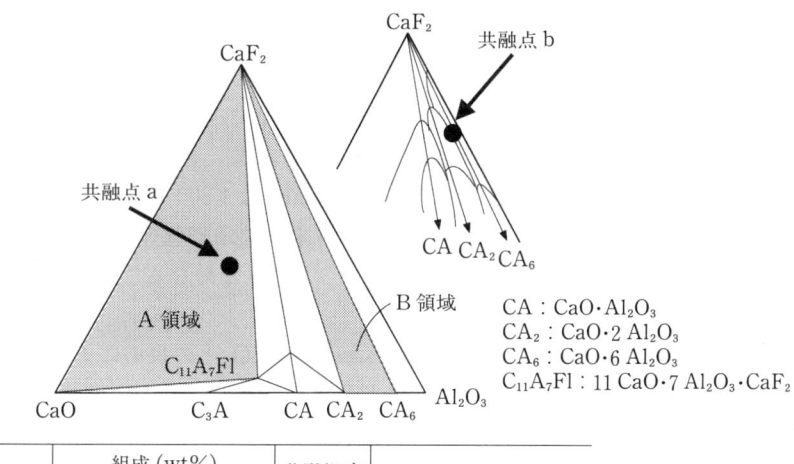

共融点	組成 (wt%)			共融温度 (℃)	対応領域
	CaO	Al_2O_3	CaF_2		
a	38.0	22.0	40.0	1 230	CaO-$C_{11}A_7Fl$-CaF_2
b	0.4	~2	97~98	~1 390	CA_2-CaF_2-CA_6

図 2.10-6　CaO-Al_2O_3-CaF_2 系の平衡状態図

前項において示された窒化反応の促進については，中間体として JCPDS にみられる $CaF_2 \cdot 5Al_2O_3$ 結晶の生成が考えられるが，CaO-CaF_2-Al_2O_3 系の状態図（図2.10-6[5])）にはこの化合物は存在しない．そこで，改めて CaF_2-Al_2O_3 系の相反応について実験を行い，得られる Ca 化合物が $CaF_2 \cdot 5Al_2O_3$，CA_6 のいずれであるかについて検討がなされた．実験としては，CaF_2 粉末と Al_2O_3 粉末を重量比で10：90～90：10の割合，10 wt％刻みで混合した成形体をアルゴン中，1 250～1 450 ℃で1時間保持した後，水中投下して急冷する方法が行われた．得られた生成物のXRD プロファイルを詳細に解析した結果，$CaF_2 \cdot 5Al_2O_3$ と CA_6 は酷似しているが，明らかにアルミネートは CA_6 であり $CaF_2 \cdot 5Al_2O_3$ とは異なることが確認された．このような結果から，AlN の生成機構は以下のように推察されている．

まず，反応初期段階で $Al_2O_3+3CaF_2=2AlF_3+3CaO$ の反応が起こり，CaO と AlF_3 が生成する．AlF_3 は蒸気圧が高いので生成後は窒素気流によって除去されるため，反応後はボート内には存在しないが，この反応が起こることは炉壁に AlF_3 が検出されたことによって確認されている．このことから，CaO-CaF_2-Al_2O_3 系の三元系状態図にみられる諸相の炭素還元窒化反応によって AlN の生成が進むものと考えられる．図2.10-6によれば，この系の最低共融温度は 1 230 ℃ であるが，この場合は反応初期において CaF_2-CaO-$11CaO \cdot 7Al_2O_3 \cdot CaF_2$（領域A）系の液相が生成されるものと判断される．しかし，実験では，生成物中に $11CaO \cdot 7Al_2O_3 \cdot CaF_2$ は認めら

れず,第二に低い1390℃の共融温度を持つCaF_2-CaO-CA_6系からの各端成分(CA_2とCA_6)の析出が確認されている.以上から,CaOがAl_2O_3と反応してカルシウムアルミネートに変化した後,この化合物がさらに還元窒化されてAlN粒子が生成したものと考えられる.

反応の中間体をSEMによって観察したところ,六角板状結晶の生成が随所に認められているが,この板状結晶はおそらく中間体として生成したCA_6に対応するものと推察され,上記に述べた生成機構の傍証となっている.

Al_2O_3の炭素還元窒化法によるAlN粉末の合成法において,アルカリ金属およびその化合物や希土類酸化物等を微量添加すると窒化反応速度が著しく向上し,なかでもCa化合物が優れた反応促進効果を示す.その効果が最も顕著であったCaF_2についてさらに詳細な実験が行われ,CaF_2は1300℃の低温でも窒化反応を完了させること,原料として用いるAl_2O_3粉末の粒子形態や粒度分布にかかわらず得られたAlN粉末は等方的で粒径のそろった粒子からなること,などの新しい知見が見出されている.

その生成機構については,CaOとAl_2O_3との反応によってCA_2,CA_6等のカルシウムアルミネートが中間体として生成され,この中間体がさらに還元窒化されてAlN粒子が生成するものとして説明される.生成されたAlN粒子形態が原料Al_2O_3のそれに依存しないのも中間体の存在によるものと考えられる.

なお,合成されたAlN粉末は初期に添加したCaF_2添加物を含むので,改めて焼結助剤を添加しなくても,常圧下での緻密化が可能であるという利点がある.今後は他の添加物についても同様な実験を行うとともに,合成されたAlN粉末を用いた焼結研究への展開が期待される.

● 参考文献
1) K. Komeya, M. Mitsuhashi and T. Meguro, *J. Ceram. Soc. Japan*, **101** (4), 377-82 (1993).
2) A. Tsuge, H. Inoue, M. Kasori and K. Shinozaki, *J. Mater. Sci.* **25**, 2359-61 (1990).
3) K. Komeya, I. Kitagawa and T. Meguro, *J. Ceram. Soc. Japan*, **102** (7), 670-74 (1994).
4) T. Ide, K. Komeya, T. d. Meguro and J. Tatami, *J. Am. Ceram. Soc.*, **82** (11), 2993-98 (1999).
5) A. K. Chatterjee and J. I. Zhmoidin, *J. Mater. Sci.* **7**, 93-97 (1972).

2.11 流動層化学気相析出法による複合粒子

セラミックスの機械的特性の向上のため各種の複合材料が研究されているが，複合効果を最大限に発揮させるには複合構造の制御が重要である．従来，粒子分散型複合材料は機械的混合粉末を焼結する方法で作製されてきたが，この方法では第2相の均一，高分散化が困難である．これに対し，原料粒子の段階から構成成分が複合化した，いわゆる複合粒子を利用することにより複合材料のナノレベルからの構造制御が可能となる[1]．

気相反応法で合成した Si-C-N 系の複合微粒子から作製した Si_3N_4-SiC 系のナノコンポジットは，微粒 SiC の分散により優れた機械的特性を発現することが見出されている[2]．同様に，Si_3N_4-BN 系および SiC-BN 系のナノコンポジットは，優れた耐熱衝撃性を示すことが報告されている[3],[4]．しかしながら，気相反応法は工業的レベルで粉体を製造するには，生産性の面で問題がある．

一方，流動層化学気相析出法（流動層 CVD 法）は粉体の大量処理が可能であり，複合粒子の工業的生産が期待できる．本節では，流動層 CVD 法による複合粒子の合成と焼結体の特性について述べる．

(1) 流動層 CVD 法による複合粒子の合成

流動層 CVD 法は粉体粒子をガスで流動化し，気相から粒子上に第2相を析出させる方法であり，被覆型の複合粒子の合成に利用されている．この方法により，市販の β-SiC 微粒子を用い，BCl_3-NH_3-H_2 系の気相から BN を析出させて SiC-BN 複合粒子が合成できる[4],[5]．図 2.11-1 に流動層反応装置の略図を示す．反応装置は電気炉，アルミナの外管と内管で構成されており，上部の窓から粉体の流動状態を観察する．アルミナ内管は流動層に使用し，電気炉中心部に Mo 目皿とカーボンウールをセットする．その上に SiC 粉体を充填し，反応ガスで流動化させる．低温部での BCl_3 と NH_3 の反応を抑止するため，BCl_3 と NH_3 は別々に導入し，粉体充填層の直下で混合している．

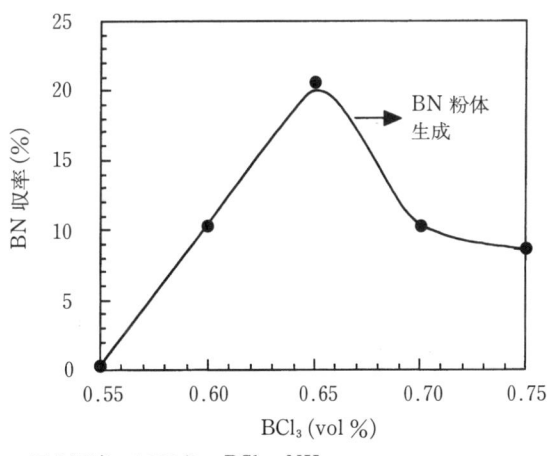

図 2.11-1 流動層 CVD 反応装置

図 2.11-2 反応ガス濃度による BN 収率の変化

BCl_3-NH_3-H_2系では気相でBN粉体が生成しやすいので，複合粉体を合成するには，NH_3濃度を低くし，またBCl_3濃度を狭い領域で制御する必要がある．図2.11-2に示すように，BN収率はBCl_3濃度に対して極大を示しており，高濃度ではBN粉体が系外に排出され，この粉体生成のためSiC上に析出するBN量が減少する．一方，低濃度ではBCl_3とNH_3の反応速度が小さいため，収率が低くなると考えられる．図2.11-3に流動層CVD法で合成したSiC-BN複合粒子のSEM写真を示す．SiC微粒子は流動状態で約50 μmの球状の凝集粒子を形成している．反応ガス濃度が高い場合，凝集粒子表面の気孔は析出したBNで埋められており，BNは凝集粒子の外表面に析出している．一方，反応ガスの濃度を低くすることにより，凝集粒子の内部にまでBNを析出させることが可能である．析出したBNは非晶質である．

図2.11-3 SiC-BN複合粒子のSEM写真

(2) 複合粒子の焼結特性

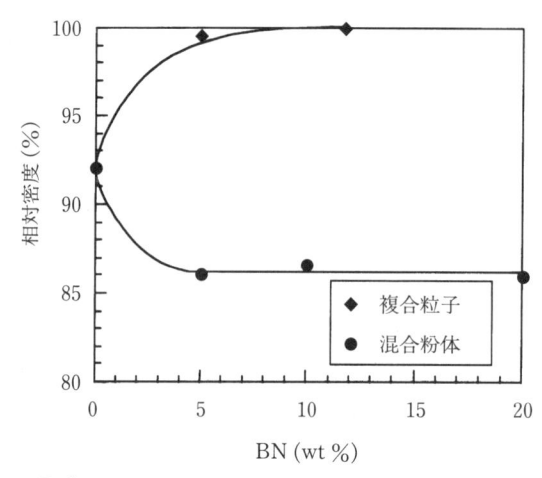

流動層CVD法で合成した凝集複合粒子は容易に粉砕して使用することができる．SiCの焼結促進のためB(1 wt%)-C(2 wt%)系助剤またはY$_2$O$_3$(3 wt%)-Al$_2$O$_3$(5 wt%)系助剤を混合し，ホットプレスすることにより緻密な焼結体が得られる．図2.11-4に示すように，B-C系助剤を用いた場合[5]，SiC単相の焼結体密度は92%程度と低い．ここでは，非晶質BNの熱安定性を考慮してホットプレスはN_2雰囲気で行っており，このためSiCの焼結が若干抑制されている．一方，SiC-BN複合粒子の焼結体は高密度である．これはホウ素と同様，BNがSiCの焼結助剤として働いたためと考えられる．比較のため使用したSiCとBNの混合粉体では，BN添加によって焼結体密度が低下している．このことから，複合粒子に高分散化した非晶質BNが焼結促進に効果的であることがわかる．Y_2O_3-Al_2O_3系助剤を用いた場合，SiC単相，SiC-BN複合体とも高密度の焼結体が得られる．

図2.11-5にSiC-BN複合体の組織を示す．SiCの焼結粒子はいずれの助剤系でも等軸状で，粒径は約2 μmである．B-C系においてSiCは固相焼結により緻密化するのに対し，Y_2O_3-Al_2O_3系では液相焼結が進行し，柱状粒子が発達することが知られている．しかし，ここでは柱状粒子の成長はみられない．SiC-BN複合体中，長

B-C系，ホットプレス：N_2中，2 000 ℃，0.5 h

図2.11-4 焼結体密度のBN量による変化

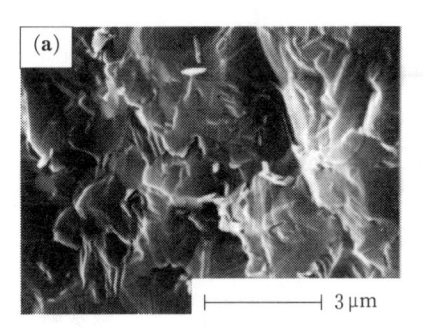

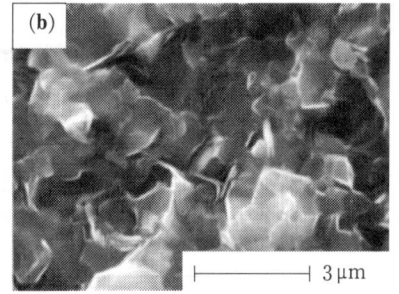

図 2.11-5 SiC-BN 複合体破断面の SEM 写真，(a) B-C 系，(b) Y_2O_3-Al_2O_3 系

さが約 0.5 μm 以下のフレーク状の BN 粒子が観察される．焼結過程で，複合粒子の非晶質 BN は h-BN に結晶化している．B-C 系に比べて Y_2O_3-Al_2O_3 系の方が h-BN の結晶化と粒成長が促進される．また，Y_2O_3-Al_2O_3 系では β-SiC は α-SiC へ一部転移する．

(3) SiC-BN 複合体の機械的特性

SiC の硬度と破壊靱性は BN との複合化によって一般に低下する傾向がある．これは，h-BN が軟質材料のためである．一方，耐熱衝撃性は BN との複合化によって向上する．これは，h-BN の熱膨張係数が小さく，さらに弾性率が低いため，急冷時に発生する熱応力を有効に吸収するためと考えられる．

a. 複合粒子の合成条件の影響

ビッカースインデンテーション法で測定した硬度と破壊靱性，水中急冷法で評価した耐熱衝撃温度差のデータを表 2.11-1 に示す[5]．焼結助剤は B-C 系である．いずれの複合粒子も BN 量はほぼ同じであるが，合成時の BCl_3 濃度が異なっている．これらの複合粒子から作製した SiC-BN 複合体の機械的特性を比較すると，破壊靱性はほとんど同じであるが，耐熱衝撃性はガス濃度の増大にともない低下する傾向にある．前に述べたように，合成時のガス濃度が高い場合，BN は SiC の凝集粒子表面に偏析する．そのため，焼結体中での BN の分布が不均一となり，有効に熱応力を緩和することができなくなったと考えられる．実際，焼結体の組織観察により，ガス濃度が低い複合粒子の焼結体では SiC は粒成長するが，ガス濃度が高い複合粒子の焼結体では SiC は微粒であり，BN の焼結助剤としての効果が小さく，BN が不均一分散していることが示唆される．したがって，耐熱衝撃性に優れた焼結体を作製するには，BN が均一分散した複合粒子を用いる必要がある．

表 2.11-1 合成条件の異なる SiC-BN 複合粒子の焼結体の特性 (B-C 系)

試料	ガス濃度* (vol %)	H_V (GPa)	K_{IC} (MPa·m$^{1/2}$)	ΔT (℃)
SiC-BN (10 wt %)	0.60	12.8	4.9	530
SiC-BN (10 wt %)	0.65	12.8	4.8	500
SiC-BN (9 wt %)	0.75	10.4	4.8	485

* SiC-BN 複合粒子合成時の BCl_3 濃度
H_V：硬度，K_{IC}：破壊靱性，ΔT：き裂発生の臨界温度差

b. 焼結条件の効果

B-C系の焼結助剤ではSiCへのBN添加により破壊靱性が低下するが，Y_2O_3-Al_2O_3系の助剤を使用し，また，焼結時間を4.5 hと長くすることにより，破壊靱性と耐熱衝撃性の著しい向上がみられる．その焼結体について破壊靱性，耐熱衝撃温度差に対するBN添加効果を図2.11-6に示している．B-C系と同様，Y_2O_3-Al_2O_3系でもSiCの耐熱衝撃性はBN添加により向上する．

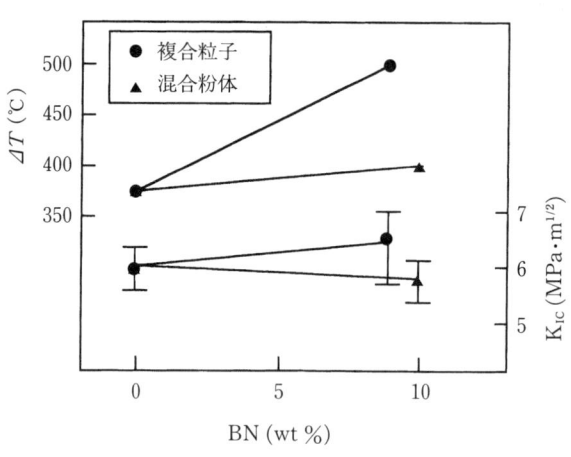

一方，Y_2O_3-Al_2O_3系では破壊靱性の低下はみられない．図2.11-5の組織写真にみられるように，B-C系の焼結体は粒内破壊を示したが，Y_2O_3-Al_2O_3系の焼結体は粒界破壊を示す．このことはクラックディフレクションによる靱性向上効果を示唆しており，実際，インデンテーションテストにおいて著しいクラック偏向が観察される．Y_2O_3-Al_2O_3系の液相焼結では，SiC柱状粒子の成長により靱性が向上することが知られている．一方，ここでは柱状粒子は観察されないが，等軸状のSiCの粒成長とともに，β-SiCからα-SiCへの転移が進行しており，特にSiC-BN複合系で相転移が著しい．したがって，Y_2O_3-Al_2O_3系での靱性向上の原因としては，SiCの相転移の影響も考えられる．

Y_2O_3-Al_2O_3系，焼結時間：4.5 h

図2.11-6 SiC-BN複合粒子と混合粉体の焼結体の機械的特性

図2.11-6にはSiCとBNの混合粉体のデータも示している．混合粉体の焼結体に比べて，SiC-BN複合粒子の焼結体では破壊靱性が若干向上する傾向もみられ，BNによる耐熱衝撃性の向上が著しい．このように，混合粉体に比べて複合粒子の焼結体は優れた特性を有しており，微粒なBNが均一に分散しているためと考えられる．

流動層CVD法で合成したSiC-BN複合粒子を利用し，複合粒子の合成条件と焼結条件の最適化により耐熱衝撃性と破壊靱性に優れたSiC-BNナノコンポジットが作製できることを述べた．優れた耐熱衝撃性は高温環境での材料応用上，重要な特性である．急冷過程において，クラックが表面の破壊起点から局所的に進行することを考えれば，SiC-BN複合材料ではBNをできるだけ高分散化し，破壊が起ころうとする箇所で有効に熱応力を吸収しなければならない．したがって，耐熱衝撃性の向上にはSiC-BN系のナノコンポジット化が効果的であり，その原料として複合粒子の利用が極めて有効である．本節で紹介した流動層CVD法は，粒子基材と気相からの析出相の選択の幅が広く，様々な複合粒子の合成が期待される．

● 参考文献

1) 北條純一, ニューセラミックス, No. 9, 45-51 (1990).
2) K. Niihara, *J. Ceram. Soc. Japan*, **99**, 974-82 (1991).
3) J. Hojo *et al.*, *Ceramic Transactions*, **51**, Am. Ceram. Soc., 597-601 (1995).
4) 北條純一, 粉体および粉末冶金, **45**, 1151-56 (1998).
5) J. Hojo *et al.*, Proc. 6th Int. Symposium on Ceramic Materials & Components for Engines, Arita, 852-55 (1997).

2.12 固相反応による新規酸化物セラミックス

　先端科学技術の発展において，新素材の創製が重要な鍵となる研究分野であることが認識され，高度技術革新の展開においては，新素材の発見が先導的役割を果たしてくれるものと期待されている．機能と材料の極限を究める研究において，機能からのアプローチと材料からのアプローチがある．先端科学技術の質的向上をもたらした最近の例としては，高温超伝導酸化物セラミックスの発見があり，新素材の発見が多岐にわたる研究分野に大きなインパクトを与え，周辺科学技術を含めて科学技術の一層の発展を促すことは明白である．すなわち，ファインセラミックスのさらなる発展，展開を行うには，従来の線上の高性能化などの追究にとどまらず，機能と材料の極限を究めることが必要である．本節では新規セラミックス素材開発への新たな視点からの研究開発について述べる．

(1) 新規セラミックス材料開発への研究手法

　高性能新材料を開発するためのアプローチとしては，種々の手法が考えられるが，以下に代表的研究手法を列挙する．

　(a) 既存物質の新しい固有物性

　既存物質の有する諸性質はすでに測定がなされて報告されているが，測定技術の高度化にともない，既存物質の新しい性質が見出され，材料機能として評価に値する結果が生じる可能性は常に存在する．

　(b) 微粒化・薄膜化による表面物性

　既存物質を微粒化あるいは薄膜化することによって，比表面積の増加による表面活性にともなう表面機能や表面構造特異性による新しい機能を既存物質に賦与する．

　(c) 複合化高次構造制御技術

　既存物質同士を複合化することによって相加および相乗効果を発現させるマクロ複合体に対する研究例は多い．多結晶焼結体は，粒子と粒界相の一種のミクロ複合体であり，粒界相制御によって新しい機能材料開発の可能性を秘めている．近年，粒内粒子分散強靱化セラミックス等のナノ複合体に関する研究が盛んに行われている．複合化における重要な視点は，構造制御の要素技術であり，アトミック・ナノレベル構造制御やミクロ・マクロレベル構造制御による新規ファインセラミックスの創製の可能性が存在する．

　(d) 既存物質の拡張としての固溶体

　無機化合物の一つの特徴として，陽イオン置換型あるいは陰イオン置換型完全固溶体や端成分近傍で部分置換型固溶体を形成する．既存物質の拡張としての固溶体系セラミックスでは，機能性セラミックスにおける高性能化という観点から多くの開発研究が行われている．しかしながら構造用セラミックスにおいては，ほとんど固溶体による高性能化に関する研究例はない．機能性セラミックスにおける固溶体はほとんど陽イオン置換型であるが，化学結合性が機能発現の主要素と考えられる構造用セラミックスにおいては，陰イオン置換型固溶体に関する研究を進めることも興味ある研究分野である．

(e) 新物質探索

特異な固有物性を有する新物質の発見は，高温超伝導セラミックスの開発研究にみられるように，新物質を中心とした関連構造を有する多様な物質群の創製に多大なインパクトを与える．新物質創製の基礎知識は，結晶化学に基づく固体構造化学をよりどころとし，「鉱物の結晶構造という家を借りて，住人である元素の組合せを機能発現を担う元素種で構成する」という探索的合成手法であると考えられる．特異な結晶構造に注目した骨格構造の組合せ，例えばペロブスカイト型ブロックと岩塩型あるいは螢石型ブロックの周期構造も新物質創製の一つの手法である．一方，電気的中性を保って電子価の異なる元素種を構成元素とする新物質（$Mg_3^{2+}Al_2^{3+}Si_3^{4+}O_{12}$から$Y_3^{3+}Fe_2^{3+}Fe_3^{3+}O_{12}$），二成分系を三成分系へ拡張して新物質を探索する手法（$Y_4Al_2O_9$から$Ca_2Y_2Si_2O_9$）など，固体構造化学を基盤とした多様な新物質探索手法が考えられ，新物質創製の研究分野も今後の発展が期待される．

(f) 特異な相転移を有する新規酸化物セラミックス

1975年Garvie[1]らは，高温安定相である正方晶（t）相を室温で準安定保持した部分安定化ジルコニア（PSZ）が，破壊時に正方晶（t）→単斜晶（m）のマルテンサイト型相転移を生じ，著しい高靭性を示すことを見出し，転移強化（transformation toughening）という新しい高靭性化機構を見出した．マルテンサイト型相転移の可能性を有する酸化物セラミックスを探索する一つの手法は，温度誘起相転移挙動において，温度ヒステリシスを示す無機化合物に注目して相転移挙動を詳細に解析することが必要である．

以下に，マルテンサイト型相転移を生じる新しい酸化物である$Y_4Al_2O_9$の相転移にともなう結晶構造の特徴を詳しく述べる．

(2) $Y_4Al_2O_9$の結晶構造と相転移

室温で単斜晶系（空間群：$P2_1/c$）に属する$Y_4Al_2O_9$の原子座標は，Lehmannら[2]やChristensenとHazell[3]により，粉末試料の高分解能X線放射光や中性子回折，および単結晶のX線および中性子回折で精密化された．$Y_4Al_2O_9$の高温X線回折では，約1400℃で温度履歴をともなった格子定数の不連続な変化が観察され[4]，1500℃で得られた高温相の回折像は低温相[2),3)]と同じ単斜晶系，空間群$P2_1/c$で一応指数付けされた．図2.12-1に格子定数と格子体積の温度依存性を示す．相転移において，高温相の格子体積は低温相の格子体積より約0.5%小さくなった．a軸およびb軸方向が縮んでいるのに対して，a軸に垂直の方向は膨らんでおり，相転移の

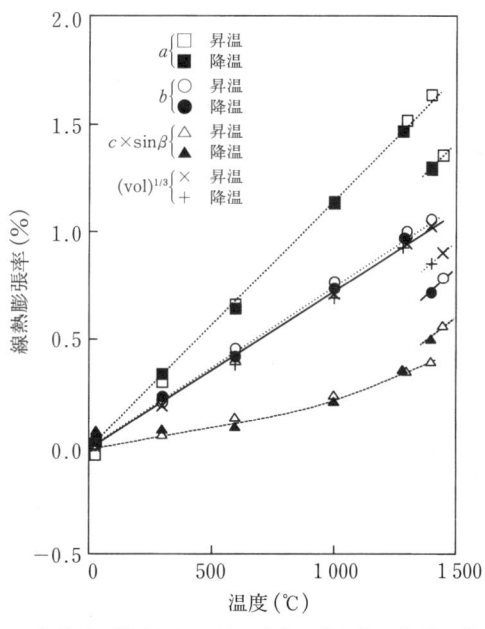

図2.12-1 $Y_4Al_2O_9$の格子定数と単位格子体積の線膨張率の温度変化

際の熱膨張の異方性が認められる．

$Y_4Al_2O_9$焼結体の熱膨張挙動を図2.12-2に示す[4]．昇温過程と降温過程において相変態の温度幅が観察され，(a)試料で約90℃，(b)試料で約50℃であった．一方，相転移開始温度のヒステリシスは，(a)で60℃であり，(b)で15℃であった．正方晶ジルコニアや金属のマルテンサイト変態においては，開始温度や転移温度幅が結晶粒子径によって変化することが知られており[5),6)]，図2.12-2で示した$Y_4Al_2O_9$焼結体においても類似した現象が認められる．相転移温度における昇温と降温過程での線膨脹率の差は約0.2%で，高温X線回析結果の格子体積

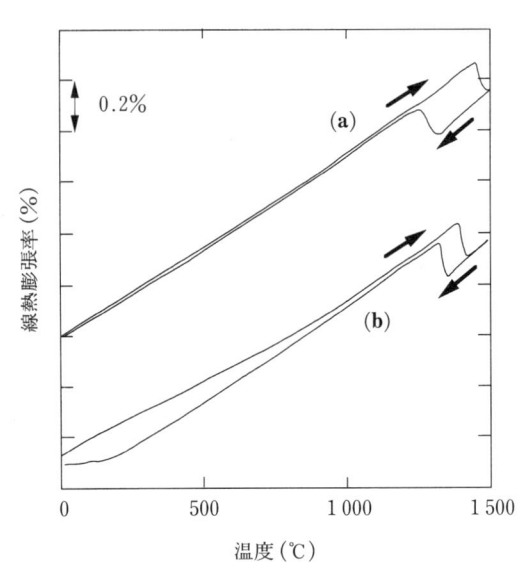

図2.12-2 $Y_4Al_2O_9$焼結体の線膨張率の温度変化．
(a) 平均粒径2μm，(b) 平均粒径20μm

変化で高温相の方が低温相より0.5%体積が小さくなる結果と一致している．$Y_4Al_2O_9$の変態は，このような熱履歴や高温相への転移の際の体積収縮に加え，マルテンサイト変態の主要な特徴[7)]の一つである非熱活性(アサーマル性)を示す．しかし，より直接的にマルテンサイト変態であることを明らかにするためには，$Y_4Al_2O_9$の高温相の結晶構造を解析し，原子の移動形態に基づいた相転移機構を詳細に検討する必要がある．

室温から約1500℃までの高温中性子回析実験を行い，約1500℃と約1000℃における高温相と低温相の中性子回析パターンのリートベルト解析の結果，高温相の構造モデルは，低温相の原子位置をa軸方向に沿って約$a/4$ほど移動させることでR因子が約2.3%と精密化された．b軸方向から眺めた高温相と低温相の原子配列を図2.12-3に示す．Y原子とY原子の周りの酸素原子の配列には，低温相と高温相の間でほとんど変化が認められない．しかし，Al_2O_7陰イオン基の位置はa軸に沿って$a/2$(約3.7Å)移動している．

図2.12-4にbおよびc軸方向から結晶構造を投影しAlO_4四面体を用いて描いた低温相，高温相と相転移過程の結晶構造を示す[8)]．$Y_4Al_2O_9$の結晶構造は，b軸方向に沿って積み重なった積層構造とみることができる．相転移では，c並進対称操作の関係が$b/2$の単位では保たれているが，この単位はa軸に沿って$a/2$だけa-c面上を移動している．積層の違いは，2_1螺旋軸をa軸方向に$a/4$ほど移動させることによっても説明される．

マルテンサイト型相変態においては，何千もの原子が協調的に移動する．図2.12-4に示すような$Y_4Al_2O_9$の相転移における各相間での大きな格子変形は，単位格子のなかの$b/2$周期にある滑り面を境として原子が移動することによりなされると思われる．格子変形や相変態のせん断力は，通常，相転移にともなう滑りや双晶により低減される．$Y_4Al_2O_9$の場合，変態せん断面が単位格子中に含まれていると考えられる．$b=0$と$1/2$にあるa-c面は，酸素原子が配列しており，この面が相転移にお

低温相
$y = -0.03 \sim +0.27$

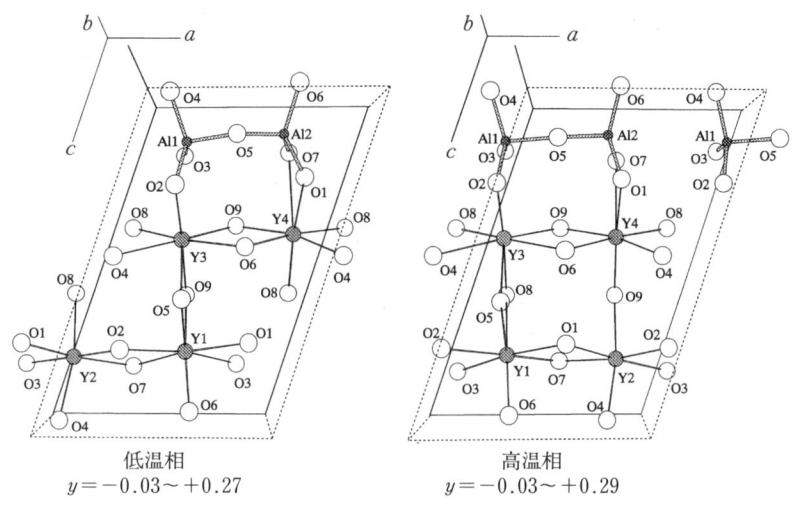

高温相
$y = -0.03 \sim +0.29$

図 2.12-3　b 軸方向からみた $Y_4Al_2O_9$ の低温相と高温相の結晶構造

ける滑り面に対応していると思われる．すなわち，$Y_4Al_2O_9$ の相変態は無拡散であり，マルテンサイト型相変態を生じる新規酸化物セラミックスであると考えられる．

今後の課題としては，$Y_4Al_2O_9$ に存在する双晶の成因と，相転移との関連や，より高温における規則-不規則型相変態の有無を研究する必要がある．

Y_2O_3-Al_2O_3 二成分系において，マルテンサイト型相転移を生じる $Y_4Al_2O_9$ の結晶学的熱的挙動の解析結果を基盤として，新規酸化物創製の一つのアプローチとして $Y_4Al_2O_9$ を $Ca_2Y_2Si_2O_9$ へと CaO-Y_2O_3-SiO_2 三成分系へ拡張し，合成実験を展開することで，さらに新規酸化物創製のルートが開けることが期待される．

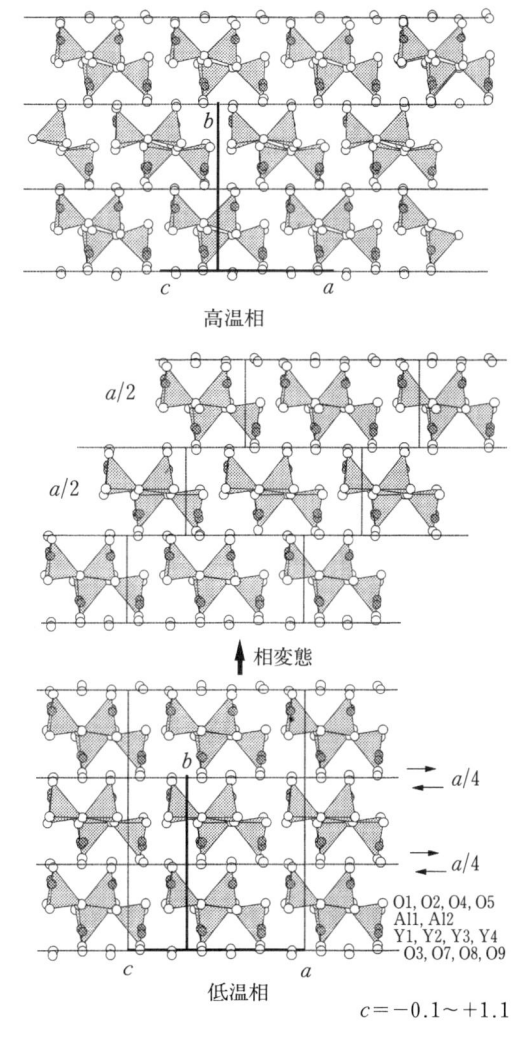

高温相

相変態

低温相

$c = -0.1 \sim +1.1$

O1, O2, O4, O5
Al1, Al2
Y1, Y2, Y3, Y4
O3, O7, O8, O9

図 2.12-4　AlO_4 四面体で描いた $Y_4Al_2O_9$ の高温相と低温相ならびに相転移過程

● 参考文献

1) R. C. Garvie, R. H. Hannink and P. T. Pascoe, *Nature*, **258**, 703-704 (1975).
2) M. S. Lehmann, A. N. Christensen, H. Fjellvag, R. Feidenhans'l and M. Nielsen, *J. Appl. Cryst.*, **20**. 123-129 (1987).
3) A. N. Christensen and R. G. Hazell, *Acta Chem. Scan.*, **45**, 226-230 (1991).
4) H. Yamane, K. Ogawara, M. Omori and T. Hirai, *J. Amer. Ceram. Soc.*, **78**, 1230-1232 (1995).
5) P. F. Becher and M. V. Swain, *J. Amer. Ceram. Soc.*, **75**, 493-502 (1992).
6) E. C. Subbarao, H. S. Maiti and K. K. Srivastava, *Phy. Stat. Sol.* (a), **21**, 9-40 (1974).
7) G. M. Wolten, *J. Amer. Ceram. Soc.*, **46**, 418-422 (1963).
8) H. Yamane, M. Shimada and B. A. Hunter, *J. Solid State Chem.*, **141**, 466-474 (1998).

3. ナノ構造制御プロセス

　セラミックスは，他の材料にはない多くの優れた特性や機能を有するため，様々な分野への応用が可能であるが，克服すべき課題も多い．例えば，構造用セラミックスは，耐熱性に着目したガスタービン等の高温構造用部材への応用が期待されているが，信頼性の観点からさらなる脆性の克服が求められている．このため，高強度と高靱性の共生，破壊を事前に検知する機能やき裂を自ら修復する機能の付与などの試みが行われている．他方，機能性セラミックスは，電子部品等の材料として広く用いられているが，部品の小型化や部品数の低減が常に要求されている．このため，さらなる高機能化あるいは複数機能の同時発現が求められている．また，部品の小型化は高機能化のみならず，機械的特性の向上も信頼性の観点から必要とされている．

　セラミックスに対して異なった機能を付与しようとするとき，ミクロレベルで機能を発現する物質を複合化させると，その異種物質がミクロレベルの欠陥として働き，材料としての強度を低下させる弊害があることはよく知られている．しかしながら，機能を発現する物質をナノサイズの粒子として複合化させた場合には欠陥として働かず，むしろ強度を向上させる役割を担うことが明らかになってきた．セラミックスにナノサイズの異種粒子を分散させた複合体は，強度，靱性等の機械的特性の向上や共生に加えて，新たな機能をセラミックスに付与することも期待できる．また，物質と物質の界面におけるナノレベルの構造や組成を制御することにより，物質そのものの特性を制御できる可能性もある．さらに，ナノサイズの粒子のみで構成される複合体においては，高強度とともに，低温での塑性変形による易加工性の付与も期待される．このように，セラミックスにナノレベルの構造を導入することにより，従来困難であった複数の機能を同時に発現させることが期待できる．しかしながら，セラミックスにナノレベルの構造を導入するプロセスとナノ複合体の特性については，未解決な問題が数多く残されている．ナノ複合体のさらなる可能性を追求するためには，それらの問題を解決するとともに，ナノ構造制御プロセスを体系化することが必要である．

　本章では，①構造用セラミックス基ナノ複合体，②機能性セラミックス基ナノ複合体，③固溶析出反応を利用したナノ粒子分散組織制御，④固相気相反応によるナノ粒子・ウィスカ析出分析，⑤ナノ・ミクロ機能調和層状複合体，⑥ナノ構造酸化物セラミックス繊維，⑦ナノ・ミクロ機能調和長繊維系複合体，⑧ナノ構造酸化物焼結体，⑨ナノ構造非酸化物焼結体について述べる．複数の機能を発現させることが可能なナノ複合体に関する制御プロセス技術をさらに進展させることにより，シナジーセラミックスを材料化するための要素技術として活用することが期待される．

3.1 構造用セラミックス基ナノ複合体

　セラミックスは，他の材料系と比較して，耐熱性，耐クリープ性に優れている．また，機械的強度が十分高い種類も存在する．このため，過酷な条件にさらされる熱機関の構造材料としての利用が期待されるが，セラミックス特有の低靱性等による信頼性の低さから，実用化されるに至っていない．セラミックスにナノレベルの第2相粒子を分散させることにより，機械的特性や耐熱性を向上させることができる．また，機能性分散粒子により構造材料としての信頼性を向上させるための応力検知などの機能を付与することも可能となりつつある．一方，構造用セラミックスにナノ構造を導入しようとした場合，現状ではホットプレスなどの加圧焼結が必要であり，機能付与とともに低コスト化のための新規プロセスの開発も必要とされている．

　本節では，焼成過程において微量第2相成分ナノ粒子をin-situ生成させる新規プロセスによる高強度アルミナ基ナノ複合体，強誘電物質あるいは磁歪物質などの機能性ナノ粒子を構造用セラミックス中に分散させセンシング機能を付与したナノ複合体，および，アルミナマトリックスに微量の窒化ケイ素等を添加しナノ粒子の界面組成を傾斜化させた高強度ナノ複合体について紹介する．

3.1.1　in-situ合成反応によるナノ粒子分散強化

　セラミックスに異なる性質を持つ第2相粒子を添加することによって，高機能化や新たな特性を付与する研究が現在盛んに行われている．その代表例として，強度と破壊靱性の同時向上を目指した粒子分散型複合材料の開発があげられる[1),2)]．

　近年，原料粒子の微細化にともない，分散相である第2相粒子の粒径を1μm以下のナノサイズにすることが可能となってきた．このような第2相粒子の微細化により，大部分の分散粒子が粒界に存在する粒界分散型のみならず，マトリックス粒子内に分散粒子が取り込まれた粒内分散型セラミックスの作製も可能となっている．このような第2相粒子の分散状態が粒界分散型から粒内分散型に変化することによって，機械的特性の向上や新機能を付与できる可能性が報告されてきている[3),4)]．ナノ粒子分散セラミックスは通常5〜10 vol%において特性が顕著に変化することが知られているが，1 vol%以下の極微量分散であっても特性が向上することが見出されつつある．

　本項では，酸化物系材料の代表であるアルミナに高温特性に優れるYAG ($Y_2Al_5O_{12}$)[5)〜8)] をin-situ合成反応を用いて微量に分散させたナノYAG粒子分散アルミナを対象に分散量が機械的特性および微構造におよぼす影響について述べる[9)]．

(1) In-situ合成反応によるナノ粒子分散焼結体の作製

　アルミナにY_2O_3を添加すると，焼結中にAl_2O_3とY_2O_3のin-situ反応によりYAGが生成する．あらかじめYAGを合成・粉砕して添加する方法に比べ，添加するY_2O_3粉末の粒径を微細にすることによって，マトリックス中にナノサイズのYAGを容易に分散させることができる．さらに，このようなin-situ合成反応を用いたナノ複合体の作製手法は，①焼結過程で第2相が生成するため分散粒子による焼

結阻害の程度が小さく，従来の混合法よりも低温で緻密な焼結体が得られる，②分散粒子が反応生成物であるため均一な分散が得やすい，③原料粒子の粒径を制御することによって第2相分散粒子の分散位置を制御することが可能である[10]，④第2相を混合添加する場合と異なり角ばった形状の分散粒子が存在せず破壊源となる欠陥を形成しにくい，などの利点を有している．

(2) In-situ 合成反応により作製されたナノ粒子分散焼結体の特性

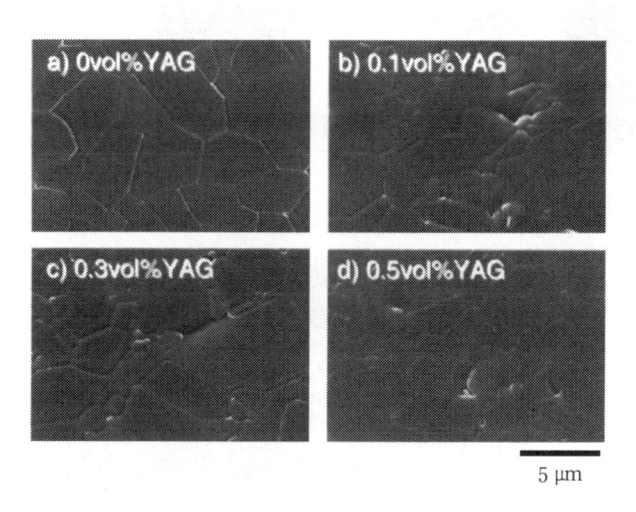

図 3.1-1 In-situ 合成反応により YAG 微量分散させたナノ粒子分散アルミナ焼結体の微構造

図 3.1-2 YAG 分散量に対する強度と破壊靱性の関係

In-situ 合成反応により YAG を微量分散させたナノ粒子分散アルミナ焼結体の微構造写真を図 3.1-1 に示す．なお，これらの焼結体は常圧焼結により作製され，いずれも相対密度で 99% 以上に緻密化している．アルミナマトリックスの粒子径はいずれの試料も数 μm 程度であり，YAG を添加した試料においてはいく分の形状異方性が見られる．図 3.1-2 に YAG 分散量に対する焼結体の曲げ強度および破壊靱性の変化を示す．曲げ強度は YAG 分散量の増加にともない高くなり，0.5 vol% の YAG を添加した試料では約 600 MPa の高い強度を示す．一方，破壊靱性値は 0.1 vol% の YAG 添加で最も高い値を示すものの，YAG 添加による大きな変化は見られない．これらの理由について焼結体の微構造と関連づけて述べる．

図 3.1-3 に 0.1 vol% 添加および 0.3 vol% 添加試料の TEM 写真を示す．マトリックス粒内に存在する比較的黒い部分が YAG 粒子であり，数百 nm 程度の粒子径を有する．図 3.1-4 にアルミナ-YAG 界面の高分解能 TEM 写真を示す．YAG の (220) 面である，面間隔 0.424 nm の格子像がとらえられていることから，イットリアとして加えた原料が焼結中にアルミナと反応し YAG が生成していることがわかる．また，両者の界面において反応相は認められずマトリックスであるアルミナと分散粒子である YAG は整合性が高いことがわかる．図 3.1-3 において，0.3 vol% 添加試料では YAG 粒子がアルミナマトリックスの粒内および粒界に多数認められるのに対し，0.1 vol% 添加試料ではこのような分散粒子はほとんど認められない．このことは YAG 分散量として 0.1 vol% 付近にアルミナに対するイットリウムの固溶限界があることを示唆している．

0.1 vol % YAG　　　　　　0.3 vol % YAG

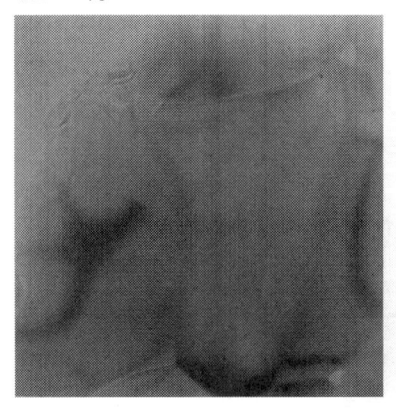

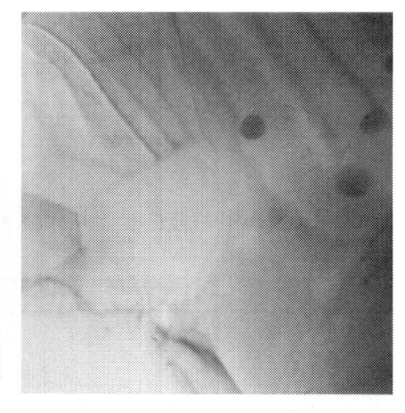

1 μm

図 3.1-3　焼成体の TEM 像

これらの観察結果より，YAG微量添加アルミナ焼結体の機械特性は，イットリウムの存在状態と密接な関係にあることがわかる．0.3 vol% 以上の YAG 添加で大きな強度の向上が認められたのはナノサイズの YAG 粒子がアルミナ粒子内部に分散したことによる効果[3]が大きいものと考えられる．一方，YAG を添加しない試料と 0.1 vol% 添加試料の間で強度にほとんど差違が認められないのは，添加した Y_2O_3 がほとんどアルミナに固溶し YAG 粒子の生成が極めて微量であったことによると推察される．また，YAG 添加試料の破壊靱性値が無添加試料に比べていく分高かったのは，図 3.1-1 に見られるように，これらの試料のアルミナ粒子が形状異方性を示したことによると考えられる．0.3 vol% 以上の YAG 添加において破壊靱性値が減少する傾向を示したのは，YAG が析出することによって粒成長に対しピン留め効果が働き，形状異方性が 0.1 vol% YAG 添加の場合と比較して小さくなったためと考えられる．

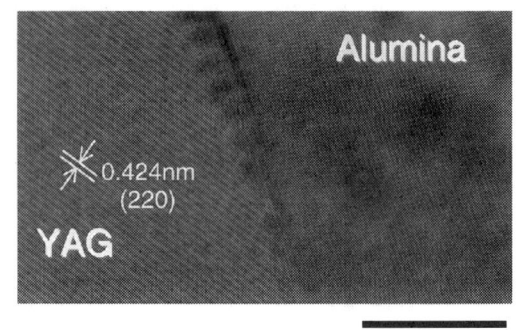

Alumina
0.424nm
(220)
YAG
10 nm

図 3.1-4　焼成体の高分解能 TEM 像

In-situ 合成反応を用いることによって，ごく微量の第 2 相粒子を微細な状態で均質に分散させることが可能であり，常圧焼結により強度特性に優れたナノコンポジットの作製が可能となった．本手法は，マトリックスと化合物を形成するすべての系に適用することが可能であり，構造用セラミック材料への機能性付与あるいは機能性セラミック材料の高強度化などを図る手法として今後の展開が期待できる．

3.1.2　機能性ナノ粒子分散センシング機能を付与したナノ複合体

ファインセラミックスを構造用部材として適用拡大していくためには，脆性破壊を起こすことや，特性の安定性・信頼性が低いという問題を克服する必要がある．従来

は，この問題解決のためセラミックスの高強度・高靱性化を目指して研究が行われてきた．これに対して最近では，強靱化とは違った信頼性確保の考え方，すなわち，材料の信頼性向上に結び付く新たな機能を，複合化によって構造材料に付与することが提案され，機能性を有する構造材料の創製に向けて様々な複合系が検討されるようになってきた[11]．

機能性のなかでも，金属Ni，Fe-Co合金系およびラーベス相化合物などの有する磁歪特性（磁場-ひずみ特性），あるいはPb(Zr, Ti)O_3（略称PZT）やBaTiO_3等ペロブスカイト型強誘電体の有する圧電特性（電場-ひずみ特性）を構造材料に付与することができれば，応力センシング機能や制振機能，さらには破壊のセンシング・抑制機能の付与が期待できる．ただし，これらの材料をセラミックスに複合する際は，

① 低強度の磁歪，圧電相を複合化しても複合体の強度を低下させない
② 複合体の作製過程で磁歪，圧電相をマトリックスと反応させない
③ 複合化によっても磁歪，圧電相が特性を失わない

などの課題を解決する必要がある．

上記の課題に関連して，関野らは，金属Niナノ粒子を分散したAl$_2$O$_3$基ナノ複合体において，力学特性を改善しつつ複合体に磁性付与が可能であることを報告している[12]．

本項では，ペロブスカイト型強誘電体ナノ粒子を分散させたセラミックス複合体の作製プロセスと，圧電性に基づく破壊の抑制機能，および磁性ナノ粒子を分散させたナノ複合体の磁歪を利用した応力のリモートセンシングについて述べる．

(1) 強誘電体分散セラミックスナノ複合体の開発と破壊の抑制機能

ペロブスカイト型強誘電体とセラミックスマトリックスの反応性検討の結果，MgOが焼結過程においても強誘電体相と共存できることが明らかとなった[13]~[15]．以下に，MgOマトリックスにBaTiO_3またはPZTを分散したセラミックス複合体について述べる．

複合体は，BaTiO_3またはPZTの水熱合成粉体（平均粒径300 nm）とMgOの混合粉末を焼結して作製される．BaTiO_3分散複合体は，窒素雰囲気中でホットプレスし，さらに大気中でアニールして作製した．ホットプレス直後ではBaTiO_3の還元相であるBaTi$O_{2.977}$が現れるが，大気中アニール後は還元相が酸化され，複合体はBaTiO_3とMgOのみから構成されていた．一方，PZT分散複合体は，PbTiO_3による鉛雰囲気中で常圧焼結することにより作製される．図3.1-5にMgO/PZT複合体のTEM像を示す．写真で白くみえるのはMgO，黒くみえるのはPZT相であり，サブミクロンサイズのPZT相がMgOの粒内と粒界に分散したナノ複合体が得られていることがわかる．また，MgO/BaTiO_3分散系についても，同様のナノ複合体が得られた．

得られたMgO/BaTiO_3ナノ複合体の強度は，ホットプレス直後，アニール後のい

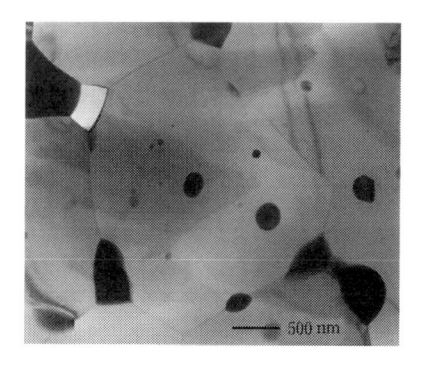

図3.1-5　MgOマトリックス/PZT分散ナノ複合体の微構造

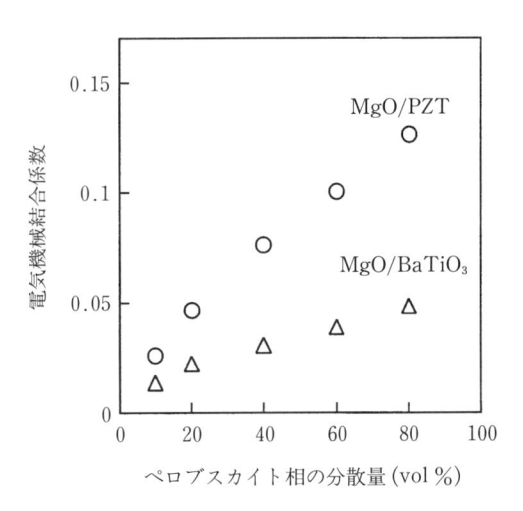

図3.1-6 ナノ複合体の電気機械結合係数

ずれの場合においても，MgO単体の強度（3点曲げで約400 MPa）よりも向上していた[4]．この強度向上は，BaTiO$_3$相自体は170 MPa以下と低強度であるものの，複合体中で破壊源として働かないよう粒径が制御されており，かつ，BaTiO$_3$分散粒子の存在によって焼結過程でMgOマトリックスの粒成長が制御されたためと考えられる．

一方，MgO/BaTiO$_3$，MgO/PZTのいずれのナノ複合体においても，ペロブスカイト相は強誘電性を有していることが確認され，これらナノ複合体を電界中で分極処理すると，圧電性が発現した[14),16),17]．図3.1-6に，共振・反共振法によって測定したナノ複合体の電気機械結合係数（k_p）を示す．ナノ複合体の電気機械結合係数はペロブスカイト相の分散量が増えるにつれて大きくなり，同一の分散量ではPZT分散系の方がBaTiO$_3$分散系の約2.5倍の結合係数を与える[16]．

図3.1-7に，分極処理を行ったMgO/60 vol% PZT複合体のインデンテーションによる圧痕の光学顕微鏡像を示す[18]．分極処理を行う前ではインデンテーションによるき裂の進展は等方的であるのに対し，分極処理後では分極電界をかけた方向へのき裂の進展が処理前の約60%に抑制され，き裂進展に異方性が認められる．このような分極方向へのき裂進展が抑制される現象は，単体の圧電セラミックスにおいて知られているが，ペロブスカイト型強誘電体を分散したセラミックス複合体でも同様の破壊抑制が可能である．

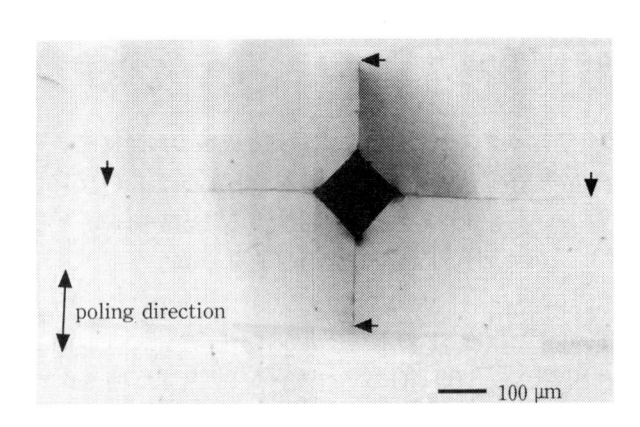

図3.1-7 インデンテーションによるMgOマトリックス/PZT分散ナノ複合体のき裂

また，この分極処理後のナノ複合体にインデンテーションを行うことによりき裂が進展する際，パルス状の起電力の発生が確認された．この結果は，セラミックス複合体に付与した圧電性を利用して破壊の電気的検出も可能なことを示唆している．

(2) セラミックスナノ複合体の磁性を利用した応力のリモートセンシング

磁性を有するナノ複合体としては，すでにAl$_2$O$_3$マトリックス/Ni分散系が報告されているが[12]，このほかに，マトリックスをムライトとジルコニア，磁性分散相をFe-Co合金，フェライトとした系においても，ナノ複合体を作製できる．ゾルゲル

法またはメカノケミカル固相反応法によりナノ複合粉体を合成し，これを雰囲気制御下で常圧および加圧焼結（HPおよびHIP）することにより，強磁性体ナノ粒子がセラミックスマトリックスに分散したナノ複合体が作製される．以下の応力のリモートセンシング実験では，Al_2O_3マトリックス/20および5 vol% Ni分散ナノ複合体を用いた．この複合体の飽和磁化の値は約17.5 emu/gである．

磁性を利用して応力をリモートセンシングするためには，応力印加によって磁性体の磁化率が変化する現象（逆磁歪効果，またはVillari効果）を用い，これを遠隔測定すればよい．測定システムを図3.1-8に示す[19]．アルミナロッドを介して，直径10 mm程度のサンプルに対して一軸圧縮応力を加え，15 Oe程度の弱い交流磁界を印加してHartshornブリッジにより交流磁化率を測定する．Al_2O_3/Niナノ複合体をこの測定システムにセットし，応力を加えない状態と，100 MPaの応力印加時での交流磁化率の変化量（ΔM）を測定する．Ni分散粒子の平均粒子径によるΔMの変化率（$\Delta M/M$）を図3.1-9に示す．参照としたバルクの金属Niでは非常に小さい$\Delta M/M$であったのに対し，ナノ複合体の$\Delta M/M$は数～十数％の値を示した．またナノ複合体でも，平均の分散粒子径が減少するほど$\Delta M/M$が増大する傾向がみられた[19]．

高分解能電子顕微鏡観察の結果，マトリックスとナノ粒子の界面はファセットを示しており，ナノ分散化によって，マトリックスへの印加応力が強磁性体のNi粒子へよ

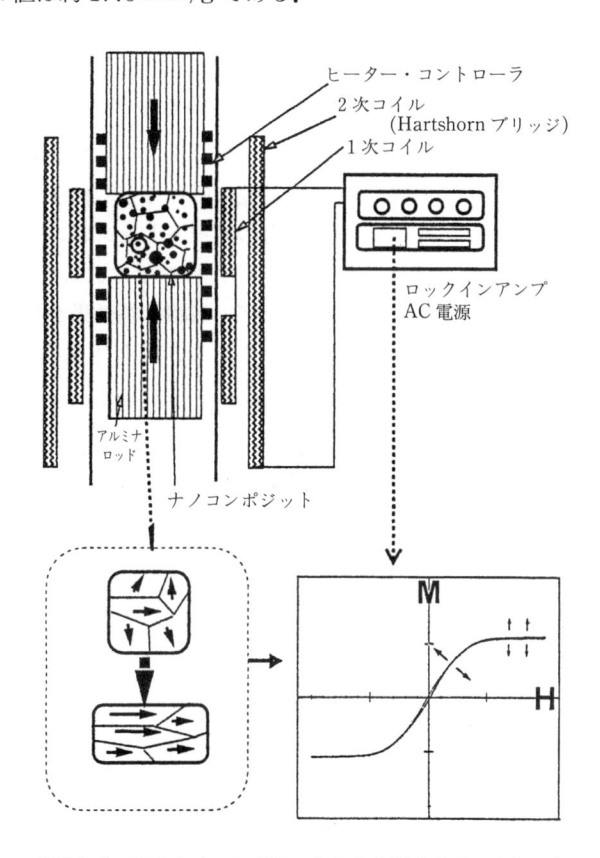

図3.1-8 磁性ナノコンポジットによる応力リモートセンシングの模式図

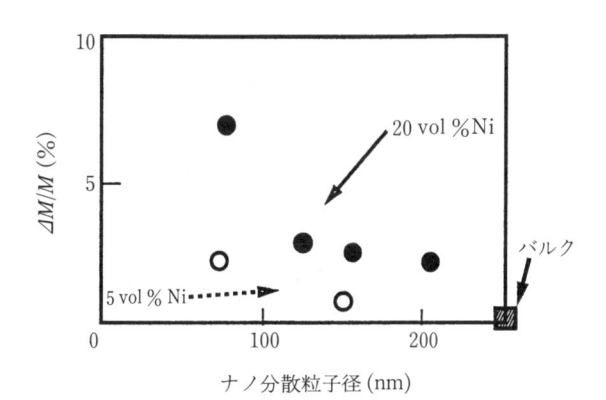

図3.1-9 サンプルへの応力無印加および印加時（0～100 MPa）の磁化率の変化率（$\Delta M/M$）とナノ分散粒子の平均径との関係（5, 20 vol％Ni/アルミナナノコンポジット）

り効果的に伝達されることが期待できる．また強磁性体では，磁壁の厚さ（例えばFeでは約50 nm）よりも粒径が微細化すると単磁区粒子化することが知られており，この単磁区化によって見かけの磁気異方性が大きくなり，磁歪特性も大きくなると考えられている．図3.1-9に示したナノ複合体の $\Delta M/M$ の分散粒子径への依存性はこれらの効果によると考えられる．このように，ナノ複合化によって付与した磁気特性を利用して，構造用セラミックスに印可される応力をリモートセンシングすることが可能となる．

本項では，ナノ複合化によって機械的特性を損なうことなく構造用セラミックスに強誘電性・圧電性・磁性などの機能が付与でき，さらにこれらの機能を利用して，破壊の抑制や応力のリモートセンシングが可能となることを明らかにした．しかしながら，この技術の実用化に向けては，複合体の圧電特性や磁歪特性をさらに高め，より大きなセンシング・破壊抑制効果が得られるようにする必要がある．このため，複合材料系の選択とともに，複合体組織制御に関しても，さらなる研究開発が必要である．

3.1.3 原子レベルで界面組成を傾斜させた高強度ナノ複合体

セラミックス材料の強化手法として繊維や粒子分散による複合強化が多数検討されている．特に，ナノ粒子の添加によって粒界または粒内にナノ粒子を分散させる，ナノ複合化による高強度化が報告されている[20)~22)]．これらは，Al_2O_3-SiC, MgO-SiC, Si_3N_4-SiC 系などで確認されており，添加粒子とマトリックスの熱膨張差に基づく内部応力による強化と考えられている．

これらの系においては，大きな内部応力を発生させるために，マトリックスと焼結中に反応しない高融点で高ヤング率の粒子が強化粒子として添加される．反応が生じると，液相，粒界相を形成したり，低融点で低ヤング率の粒子に変化したりして，発生する内部応力が低下し有効に強化されないと考えられている．さらに，機械的特性を向上させるために発生する内部応力を大きくする必要があり，一般的に5 mass%以上のナノ粒子が添加される．

本項では，マトリックスにマトリックスと反応する粒子を添加し，添加粒子の種類や焼成条件を制御することでマトリックスと分散粒子の界面状態を変化させ，微量の添加で大幅に機械的特性を改善することが可能な手法とその特性について述べる．特に，ナノ粒子を添加することなくサブミクロン粒子の添加で効果を引き出す手法について述べる．

(1) Si_3N_4/Al_2O_3 の界面組成傾斜

マトリックスとしては，機械的，熱的，化学的特性に優れ，エンジニアリングセラミックスとして広く使用されているアルミナを選択した場合について述べる．分散粒子としては，①マトリックスとの界面状態を変化させる，②分散位置を制御する，③マトリックスとの熱膨張差を大きくし界面に大きな内部応力を作用させる，ことを目的に Si 系窒化物，酸窒化物粒子を採用した場合について述べる．具体的には，マトリックスとしてはアルミナを，また分散粒子としては窒化ケイ素，酸窒化ケイ素，Z

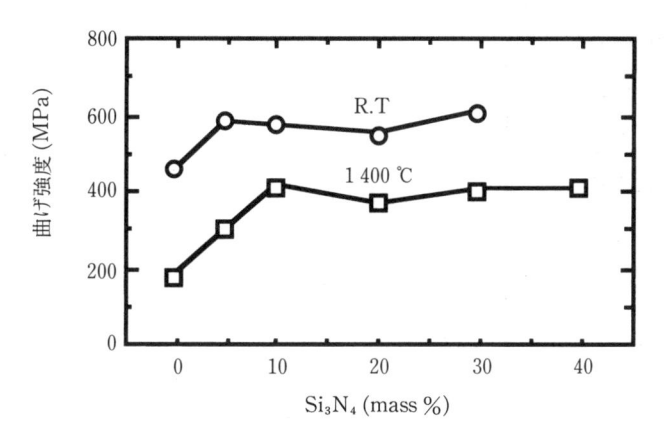

図 3.1-10 窒化ケイ素の添加量と強度の関係

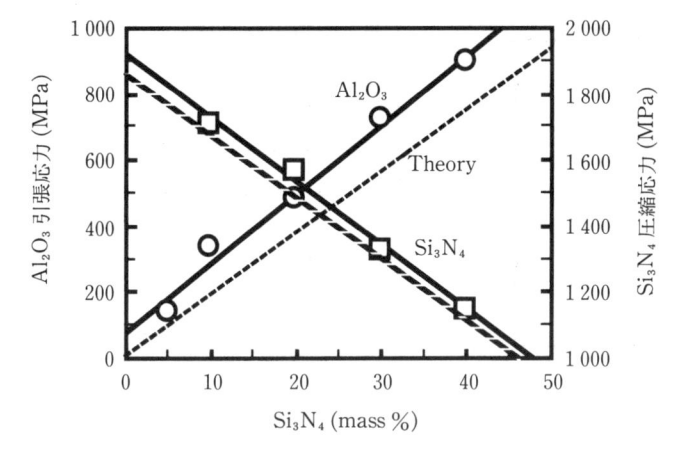

図 3.1-11 窒化ケイ素の添加量と残留応力の関係

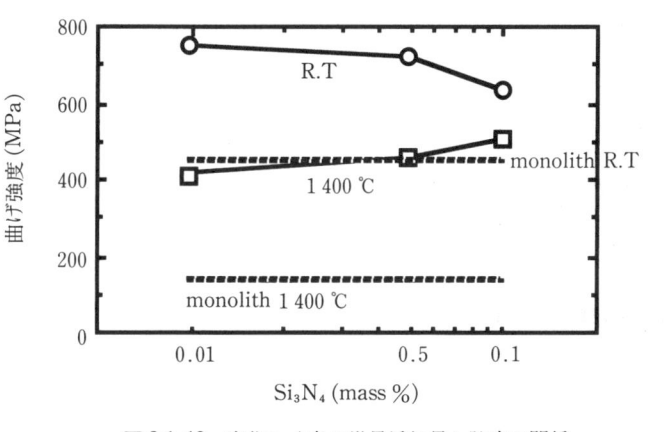

図 3.1-12 窒化ケイ素の微量添加量と強度の関係

値の異なるサイアロンを用いる。例えば，窒化ケイ素はアルミナマトリックスと反応しサイアロンを形成する。これらの粒子は，熱膨張率が従来検討されていた SiC より小さく，マトリックスであるアルミナとの間の熱膨張差が大きくなり，大きな残留応力が発生すると予想される。

マトリックスのアルミナには粒径 0.2 μm の原料粉末を，他の分散粒子には粒径 0.5 μm 程度の粒子を用いる。一部，ナノ粒子の添加効果を確認するために，高温で熱分解して窒化ケイ素に変化する有機ケイ素化合物を用いた場合についても述べる。

添加量としては，0.01，0.05，0.1 mass% を選択し，ホットプレスにて焼成温度を 1 350，1 400，1 450，1 500 ℃ と変化させて複合体を作製した結果について述べる。

参考として，窒化ケイ素の添加量を従来の 5 mass%〜40 mass% に変化させて作製した複合体の機械的特性を図 3.1-10 に示す。従来報告されているように，窒化ケイ素粒子の複合化により機械的特性は向上する。また，粉末 X 線回折からアルミナと窒化ケイ素の格子定数を求め，格子定数の変化から残留応力を求めた結果を図 3.1-11 に示す。Eshelby の等価介在物法[23]を用いた理論計算と良い一致が認められることから，残留応力による強化メカニズムが働いていると考えられる。

(2) 界面組成傾斜化 Si_3N_4/Al_2O_3 ナノ複合体の特性

各種添加物を添加した場合，1 350 ℃ では，0.05，0.1 mass% 添加することでやや密度が低下する。ただし，1 450 ℃ まで焼成温度を上げるとほぼ相対密度 100% の緻密体が得られる。また，0.01 mass% の添加でもアルミナの組織はやや微細化し，添加量の増加とともにさらに微細化する。微量の添加でも添加粒子によるドラッグ効

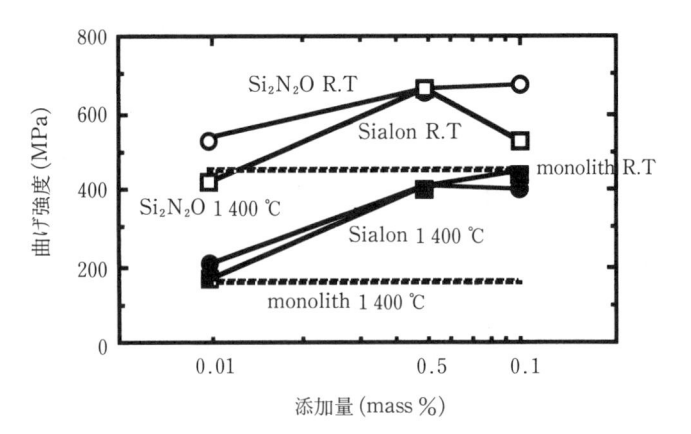

図 3.1-13 各種添加物の微量添加量と強度の関係

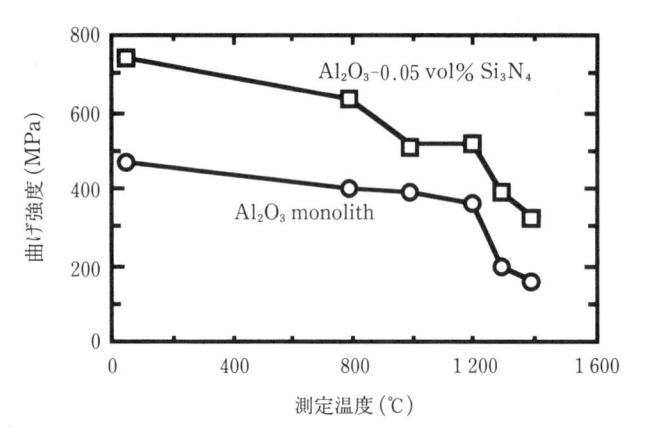

図 3.1-14 測定温度と強度の関係

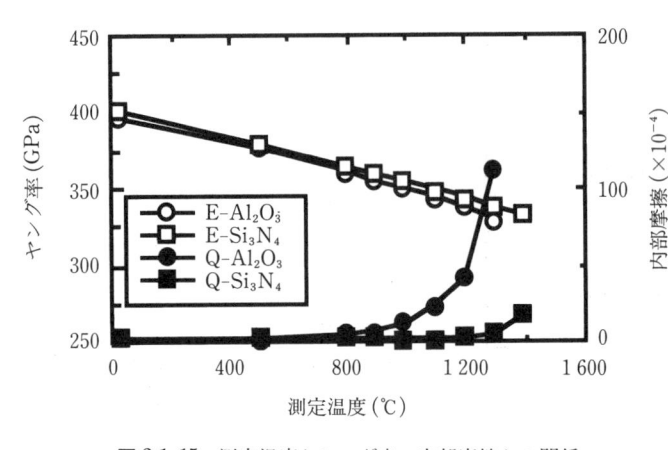

図 3.1-15 測定温度とヤング率,内部摩擦との関係

果による粒成長抑制が起こっていると考えられる.

窒化ケイ素の添加量と室温強度,1 400 ℃ 強度の関係を図 3.1-12 に示す.Si_3N_4/Al_2O_3 複合体の強度は,室温強度,1 400 ℃ 強度ともに,アルミナ単体に比較し大幅に向上している.わずか 0.01 mass% の Si_3N_4 添加で室温強度 750 MPa,1 400 ℃ 強度 420 MPa と,アルミナ単体に比較して大幅に向上している.破面観察の結果,微量の窒化ケイ素を添加することで,アルミナの破壊様式が粒界破壊から粒内破壊に変化している.IF 法による破壊靱性値は,添加により,やや低下する.結晶粒子径と破壊靱性値の変化から見積もられる以上に微量添加により強度値は増加する.

図 3.1-13 に示すように,酸窒化ケイ素,サイアロン粒子を微量添加しても,室温強度,高温強度ともにアルミナ単体に比較し大幅に向上する.強度値は概略,窒化ケイ素添加系>酸窒化ケイ素添加系>サイアロン添加系の順となり,添加粒子の化学結合性の相違により添加効果が異なると考えられる.

大幅に強度向上が認められる 0.05 mass% 窒化ケイ素添加焼結体の試験温度と強度の関係を図 3.1-14 に示す.焼成温度を変化させ結晶粒子径をほぼ同一にしたアルミナ単体の強度値は,測定温度とともに単調に低下し,1 300 ℃ では急激に低下する.一方,微量窒化ケイ素添加焼結体の強度も温度とともに単調に減少するが,アルミナ単体との強度差は維持され,かつ,1 400 ℃ でも急激に低下せず,線形破壊する.破面観察の結果,アルミナ単体は室温から 1 400 ℃ まで粒界破壊する.これに対し,微量窒化ケイ素添加焼結体は室温から 1 200 ℃ まで粒内破壊をしており,1 300 ℃ ではゆっくりとしたき裂の成長 (slow crack grouth, SCG) の領域が観察され,その部分のみが粒界破壊をしている.1 400 ℃ では完全に粒界破壊を

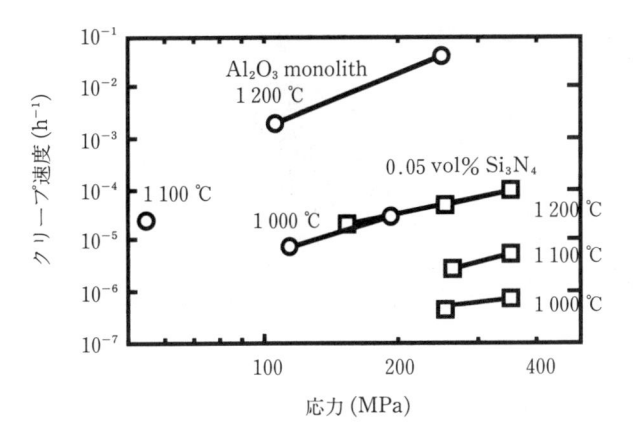

図 3.1-16　応力とクリープ速度の関係

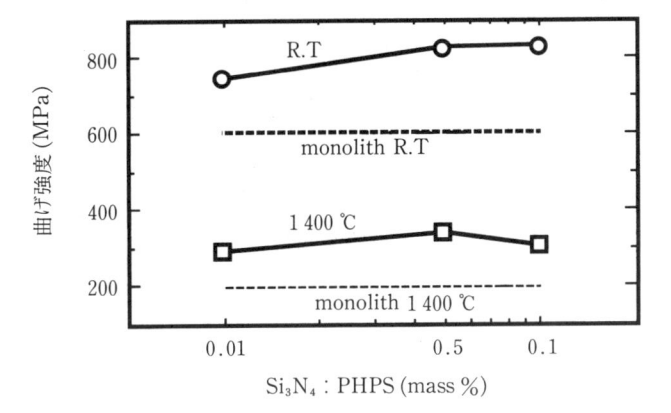

図 3.1-17　PHPS を用いた時の窒化ケイ素の添加量と強度の関係

しており，少なくとも 1 200 ℃ までは破壊形態が異なる．

共振法によるヤング率および内部摩擦の温度依存性を図 3.1-15 に示す．アルミナ単体のヤング率は 1 300 ℃ まで単調に低下する．1 400 ℃ では共振せず測定不可能である．この原因は粒界滑りによると考えられる．微量添加焼結体のヤング率も無添加焼結体と同様温度とともに単調に低下するが，1 400 ℃ までの測定が可能である．一方，内部摩擦はアルミナ単体では 1 000 ℃ から急増するのに対し，微量添加焼結体は 1 300 ℃ からやや増加するにとどまっている．

JIS R 1607 の試験片を用いて，4 点曲げ試験によりクリープ変形試験を実施し，変位速度を求めた結果を図 3.1-16 に示す．アルミナ単体の 1 000 ℃ でのクリープ速度と微量窒化ケイ素添加焼結体の 1 200 ℃ でのクリープ速度の値が同じであることより，微量添加で耐熱性が 200 ℃ 向上していることがわかる．

酸窒化ケイ素を 0.05 mass％ 添加した焼結体において，同様な機械的特性を評価したところ，窒化ケイ素の微量添加系とほぼ同じ結果が得られた．このことより，強度値の大小はあるが，Si 系窒化物，酸窒化物を微量添加した場合，同じメカニズムで機械的特性が向上していると考えられる．

一方，高温で窒化ケイ素に変化する有機ケイ素化合物（ポリシラザン：PHPS）を添加して作製した複合体の室温強度，1 400 ℃ 強度と窒化ケイ素に換算した添加量の関係を図 3.1-17 に示す．サブミクロン粒子を添加した場合と同様に，微量の添加で室温，高温強度ともに，アルミナ単体に比較し増加する．TEM 観察の結果，ポリシラザンの熱分解で生成した約 20 nm の窒化ケイ素ナノ粒子がアルミナの粒内，粒界に分散している．つまり，ナノ粒子の分散効果と同じ効果がサブミクロン粒子を添加した場合にも起こっていることが明らかである．

300 nm の窒化ケイ素粒子を 0.05 mass％ 添加し，1 500 ℃ で焼結した焼結体の TEM 像を図 3.1-18 に示す．粒界には図 3.1-19 に示すような粒子が観察される．このような粒子は電子線回折の結果，α 型の窒化ケイ素であり，焼結過程でも β 型に変化せず，添加粒子の大きさのまま残存したと考えられる．EDX の結果では，Si_3N_4 粒子の周りには Al と O が主で，微量の Si と N から構成される非晶質相が観察される．また，粒内には図 3.1-20 で示すような粒子が観察され，その周辺は非晶質に

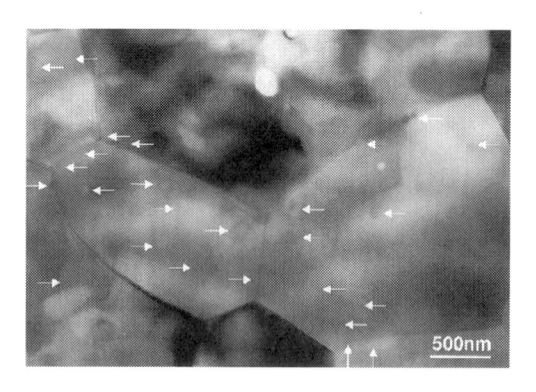

図 3.1-18 窒化ケイ素 0.05 mass％添加焼結体の TEM 像

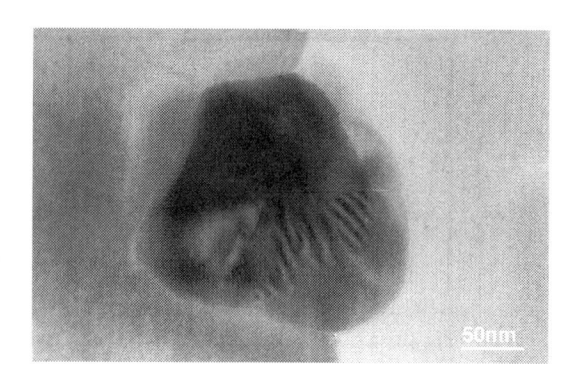

図 3.1-19 窒化ケイ素 0.05 mass％添加焼結体の TEM 像：粒界に存在する窒化ケイ素粒子

なっていると考えられる．Al_2O_3-Al_2O_3 界面には非晶質相の形成は認められないが，EDX の結果では微量の Si が観察される．

以上のように，微量の分散粒子の添加でも，添加粒子の表面がアルミナマトリックスと反応し強固な結合をもつことで粒界が強化され，粒界破壊から粒内破壊に変化したと考えられる．また，アルミナ粒子の異方性に起因して粒界に発生する応力が緩和され，破壊源

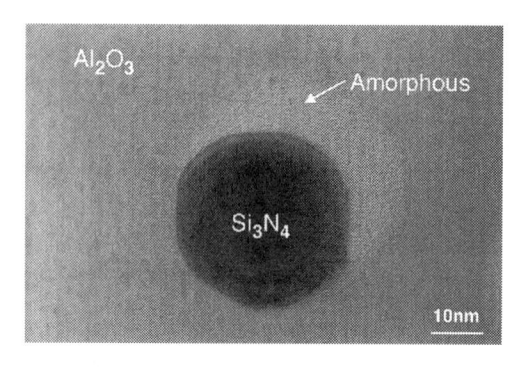

図 3.1-20 窒化ケイ素 0.05 mass％添加焼結体の TEM 像：粒内に存在する窒化ケイ素粒子

寸法が小さくなり，室温強度が向上すると考えられる．さらに，微量の粒子でも粒界滑りが大幅に抑制され，高温特性が大幅に向上したと考えられる．

アルミナに極微量の Si 系窒化ケイ素，酸窒化ケイ素，サイアロンを添加すると，室温から 1 400 ℃ までの機械的特性が大幅に増加し，耐熱性が 200 ℃ 向上する．これらの極微量添加による強度向上は，ナノ粒子のみではなくサブミクロン粒子の添加でも達成できる．また，この手法は，従来の複合化とは異なり微量の添加による複合化であるので，緻密化が抑制されない．このため，大気焼成による緻密化が可能で，複雑大形形状への適用も可能である．

● 参考文献

1) P. F. Becher, *J. Am. Ceram. Soc.*, **74**, 255-69 (1991)
2) M. Yasuoka, K. Hirao, M. E. Brito, and S. Kanzaki, *J. Am. Ceram. Soc.*, **78**, 1853-56 (1995)
3) K. Niihara, *J. Ceram. Soc. Japan*, **99**, 974-982 (1991)
4) T. Sekino, T. Nakajima, and K. Niihara, *Mater. Lett.*, **29**, 165-69 (1996)
5) J. D. French, H. M. Chan, M. P. Harmer, and G. A. Miller, *J. Am. Ceram. Soc.*, **79**, 58-64 (1996)
6) Jenn-Ming Yang Jeng, and S. M. Sekyung Changn, *J. Am. Ceram. Soc.*, **79**, 1218-22 (1996)
7) M. K. Loudjani and C. Haut, *J. Eur. Ceram. Soc.*, **16**, 1099-106 (1996)

8) A. Ikesue T. Kinoshita, K. Kamata, and K. Yoshida, *J. Am. Ceram. Soc.*, **78**, 1033-40 (1995)
9) M. Yasuoka, M. Sando, and K. Niihara, *Key Eng. Mater.* **161**, 165-68 (1999)
10) 安岡正喜, 平尾喜代司, 山東睦夫, 神崎修三, 新原晧一, 日本セラミックス協会1996年予稿集, 238 (1996)
11) 高木俊宜, セラミックス, **28**, 539-44 (1993).
12) T. Sekino, T. Nakajima, S. Ueda, and K. Niihara, *J. Am. Ceram. Soc.*, **80**, 1139-48 (1997).
13) T. Nagai, H. J. Hwang, M. Sando, and K. Niihara, MRS Symposium Proc., **457**, 375-80 (1997).
14) T. Nagai, H. J. Hwang, M. Yasuoka, M. Sando, and K. Niihara, *J. Am. Ceram. Soc.*, **81**, 425-28 (1998).
15) T. Nagai, H. J. Hwang, M. Yasuoka, M. Sando, and K. Niihara, *J. Korean Phys. Soc.*, **32**, February, S1271-73 (1998).
16) T. Nagai, H. J. Hwang, M. Yasuoka, M. Sando, and K. Niihara, *Jpn. J. Appl. Phys.*, **37**, 3377-81 (1998).
17) T. Nagai, H. J. Hwang, M. Yasuoka, M. Sando, and K. Niihara, *Ceram. Trans.*, **85**, 369-78 (1998).
18) T. Nagai, H. J. Hwang, M. Yasuoka, M. Sando, and K. Niihara, Key Engineering Mater., 161-163, 509-12 (1999).
19) 淡野正信, セラミックス, **32**, 997-999 (1997).
20) K. Niihara, *J. Ceram. Soc. Japan*, **99**, 974-982 (1991).
21) K. Niihara and A. Nakahara, *Ann. Chim. Fr.*, **16**, 479-486 (1991)
23) A. nakahira and K. Niihara, "Fracture mechanics of Ceramics", Vol **9**, Ed. By R. C. Bradt et al., *Plenum Press*, New York. pp. 165-178 (1992).
24) J. D. Eshelby, *Proc. Royal Soc., J. Am. Soc., London A*, **241**, 376-96 (1957).

3.2 機能性セラミックス基ナノ複合体

　セラミックスが持つ圧電性等の機能性を利用する分野においても，既存材料の限界を超えた小型化や高出力化の要請があり，素子の信頼性の向上がますます重要となっている．機能性セラミックスの信頼性に関する問題の代表例は，高電圧を繰り返し加えたときの圧電素子の機械的破壊に象徴される．従来，機械的強度を向上させるために繊維やウィスカ等の強化材を圧電体に分散させる方法が試みられてきたが，この手法では圧電機能特性を損なう弊害がある．このため，誘電特性や磁気特性に優れる機能性セラミックスにナノ粒子を分散したナノ複合体は，機能性と機械的特性を高度に調和した材料として注目されている．

　また作製された材料が，熱処理や分極処理等の後加工なしにそのまま素子材料として利用できれば，後加工条件の緩和や工程数の削減が可能となり，大きなコスト削減効果が期待できる．

　本節では，電気的機能と機械的機能が調和した，微量の Al_2O_3 あるいは MgO をナノ複合化したチタン酸ジルコン酸鉛(PZT)，および，金属ナノ粒子分散 PZT セラミックスについて紹介するとともに，強誘電体薄膜における基板ナノ界面の組成・構造制御による自発分極方向の制御について述べる．

3.2.1 機械的・電気的機能が調和した電子セラミックス系ナノ複合体

　チタン酸ジルコン酸鉛 [$Pb(Zr, Ti)O_3$，以下PZTと称する] をベースにしたセラミックスは，電気-歪変換効率に優れ，変位も大きいため，アクチュエータ，超音波振動子用として利用されている．しかしながら，PZT はヤング率(約 70 GPa)，破壊靱性値(約 $1.0 MPa \cdot m^{1/2}$)，破壊強度(約 70 MPa)が低く，信頼性に乏しいという問題がある．PZT の機械的特性を向上させる手法として，例えば，ZrO_2 粒子，SiC ウィスカとの複合化[1),2)]が検討されているが，機械的強度は向上するものの，圧電特性，特に電気機械結合係数(K_p)が大きく劣化してしまうという問題があり，PZT の圧電特性を維持しつつ，機械的特性を向上させることは容易ではない．K_p 劣化の原因として，第2相と PZT との反応，固溶によって，高 K_p 特性を有するペロブスカイト結晶構造が変化することが第一の要因としてあげられる．

　一方，セラミックスをナノサイズ粒子で強化したいわゆる「ナノコンポジット」により，大幅な機械的特性の向上が図れることはよく知られている．最近の研究では，この第2相の量が，例えば 0.01 vol% の極微量であっても，機械的特性，高温特性の大幅な向上がみられることが報告され[3)]ており，同技術の応用で PZT の圧電特性の劣化を抑制し，同時に機械的特性の向上が期待される．

　本項では，極微量酸化物添加 PZT ナノ複合体の微構造変化，および，機械的・電気的特性に関して述べる．

(1) PZT ナノ複合体の機械的・電気的特性

　PZT への第2相化合物の添加は，圧電特性および粒径を大きく変化させる[4),5)]．さらに，PZT の圧電特性は母相の粒径に大きく依存するため[6)]，PZT をナノ複合化さ

せた場合，微構造，機械的特性，圧電特性は複合化前と比較し，大きく変化することが予想される．

表3.2-1　PZTナノ複合体の諸特性

試　料	相対密度 (%)	強度 (MPa)	硬度 (GPa)	破壊靭性 (MPa·m$^{1/2}$)	誘電率 (1 kHz)	K_p (%)
PZT	97.9	69	2.7	1.5	1 379	41.4
0.1 vol % Al_2O_3	98.3	103	3.5	1.3	1 078	20.0
0.5 vol % Al_2O_3	98.4	115	3.9	1.4	1 045	12.2
1.0 vol % Al_2O_3	97.7	115	4.1	1.4	1 028	10.1
0.1 vol % MgO	97.0	119	4.2	1.3	983	38.1
0.5 vol % MgO	97.3	88	4.0	1.5	915	20.0
1.0 vol % MgO	97.3	92	3.8	1.5	927	20.9
0.1 vol % ZrO_2	98.6	70	3.0	1.2	1 396	44.6
0.5 vol % ZrO_2	97.7	65	2.9	1.4	1 248	32.7
1.0 vol % ZrO_2	97.5	70	2.7	1.4	1 205	35.8

$PbZrO_3$-$PbTiO_3$二元系固溶体の$Pb(Zr_{0.52}Ti_{0.48})O_3$を極微量ナノサイズ$Al_2O_3$，MgO粒子で複合化させたPZTナノ複合体の相対密度，機械的特性，圧電特性の変化を表3.2-1に示す．純粋なPZTと比較して，Al_2O_3，MgOを極微量添加したナノ複合体では強度および硬度が著しく向上する．その反面圧電特性は複合化により低下する．微構造を観察すると，純粋なPZTが約8 μmの粒径で完全な粒界破壊を示しているのに対し，PZT/0.1 vol% MgOナノ複合体は粒径が小さく，ほぼ粒内破壊を示す(図3.2-1)．このことは，極微量の添加であってもAl_2O_3，MgOの一部がPZTへ固溶し，粒界エネルギーおよび粒径を変化させ，同時に粒界を強化することが可能

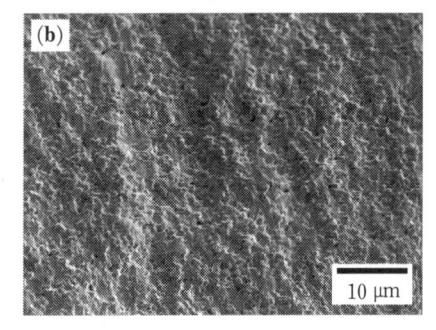

図3.2-1　PZTおよびPZT複合材の微構造．(a)　PZT，(b)　PZT/0.1 vol % MgO複合体

であることを示唆している[8]．しかしながら，この固溶によって圧電特性の劣化が引き起こされたと思われる．

極微量の固溶による機械的・電気的特性の変化は，用いるPZT原料の特性にも影響を受ける．BサイトにMn，Sbが固溶しているハード型PZTにおけるPZTナノ複合体の強

表3.2-2　市販PZT（PZTHQ）複合材の諸特性

試　料	相対密度 (%)	強度 (MPa)	K_p (%)
PZT	98.3	93	61.6
0.1 vol % Al_2O_3	99.8	95	62.9
0.5 vol % Al_2O_3	99.4	95	61.1
1.0 vol % Al_2O_3	99.8	106	61.0
0.1 vol % MgO	99.5	86	64.3
0.5 vol % MgO	99.5	142	60.8
1.0 vol % MgO	97.6	135	60.6

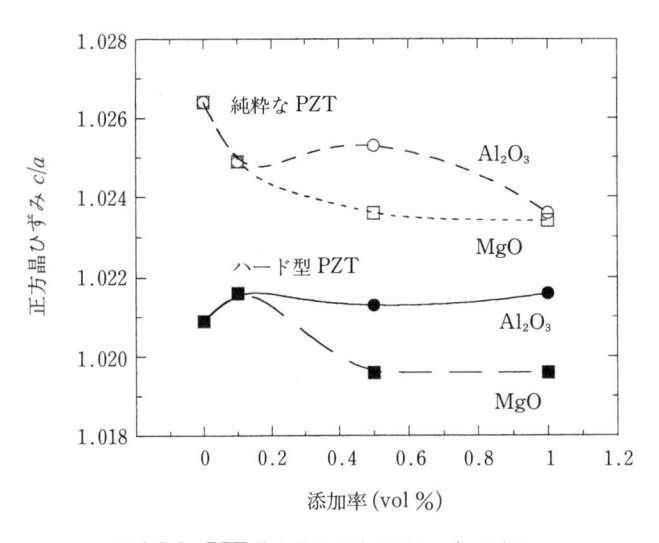

図3.2-2 PZT複合体の正方晶歪み c/a の変化

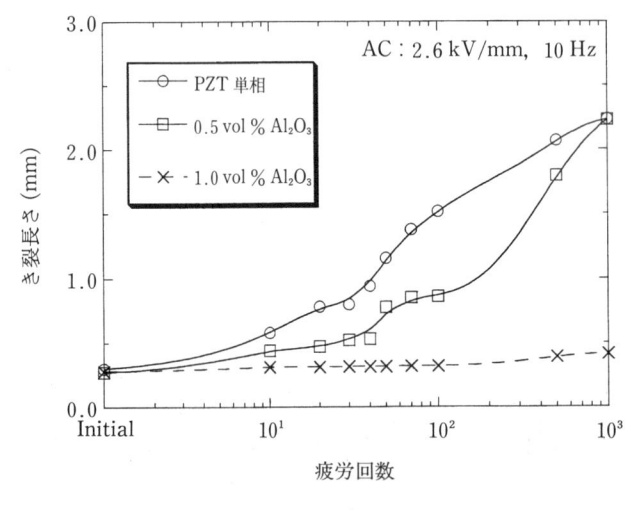

図3.2-3 PZTナノ複合体の耐久性

度特性,圧電特性を表3.2-2に示す. MgOの極微量添加により,強度が約140 MPaまで著しく向上し,同時に高い K_p(約60%)が維持されたPZTナノ複合体の創製が可能になった. 純粋なPZTとハード型PZTに第2相を添加した場合のPZT正方晶ひずみ (c/a) の変化(図3.2-2)から,純粋なPZTでは Al_2O_3 あるいはMgOの添加によって正方晶ひずみが大きく低下しているのに対して,ハード型PZTでは低下割合が小さい.正方晶ひずみの低下はBサイトへの固溶を示唆する[9]ため,あらかじめBサイトに他元素が固溶しているハード型PZTへは, Al_2O_3, MgOは固溶しにくく,結果として圧電特性を劣化させることなく機械強度が向上したものと推測される.さらにナノ複合体では圧電材料に重要な耐久性を著しく向上させることが可能である.図3.2-3に Al_2O_3 添加ナノ複合体およびPZT単相の繰返し高電界(交流2.6 kV/mm, 10 Hz)下における予き裂の進展挙動を示す.極微量 Al_2O_3 の添加によって繰返し疲労によるき裂の進展が飛躍的に抑制される.粒界に存在する第2相粒子は粒界を強化し,同時にマイクロクラックの生成を抑制していた.

PZTに極微量の第2相を添加し,同時にPZTへの固溶を制御したPZTナノ複合体において,圧電特性を劣化させることなく機械的特性を向上できることを明らかにした.極微量の第2相を利用したこの技術は簡便なプロセスであり,特別な装置も不要なため実際に用いられる材料への応用が容易である.今後,同材料を用いることによる高パワー用圧電素子としての展開と同時に,極微量第2相複合化技術により様々な機能性セラミックスの信頼性の向上につながることが期待される.

3.2.2 金属ナノ粒子分散による高機能圧電セラミックス

チタン酸ジルコン酸鉛(以下,PZTと称する)に代表される圧電セラミックスは,トランス,各種フィルタ,アクチュエータなどに実用化され,その用途は拡大を続けている.近年,圧電デバイスの高周波・高出力領域への利用など使用条件の過酷化に

ともなう素材の破損や劣化が問題となっており，圧電セラミックスにおける機械的信頼性が重要視されるようになってきている．

圧電セラミックスの粒界および粒内への，ナノサイズのセラミックス粒子または金属粒子の分散は，高い破壊強度と破壊靭性の発現以外に，①圧電体特有のドメイン構造の制御[10]，②有効誘電場に起因する誘電率の上昇[11]，③強誘電体と常誘電体間の相転移制御[12]等，新規圧電セラミックスの開発に有効なプロセスである[13]．

本項では，PZTセラミックスをマトリックスとし，微量の金属白金粒子を分散させたナノ複合体の作製プロセスとその特性について述べる．

(1) 圧電セラミックスのナノ複合化

分散相のサイズと分散位置を制御したナノ複合体は，構造用セラミックスの分野において，機械的特性の向上に有効であることが数多く報告されている[14]．圧電セラミックスの諸特性向上を目的とした研究手法を簡単にまとめると，①他の元素を固溶させ結晶構造そのものを制御，②粒界構造の制御，③複合化，等があげられる．これらの手法に対し，圧電セラミックスの粒内および粒界にナノサイズの第2相を均一に分散するナノ複合化は，機械的特性と電気的特性を兼ね備えた信頼性の高い材料の作製プロセスとして非常に有望である．ここでは，マトリックスとしてPZTを，ナノ分散粒子としては大気中で焼成を行っても酸化することなくマトリックスとの反応を最小限に抑えることが可能な白金(Pt)を選択した場合について述べる[15]．

100℃で数時間無電解メッキを行い，PZT粉末表面に金属Pt被膜を形成する．図3.2-4にPtをPZTの表面にコーティングした複合粉末のTEM像を示す．組成分析結果から，表面に存在するナノ粒子はPtであることが確認されている．図から，PZT表面に10 nm以下の超微粒子がコーティングされていることがわかる．これらのナノ粒子分散複合粉末を，鉛を含む雰囲気中で焼成することによりPZT基ナノ複合焼結体が得られる．焼結体中では100 nm以下の微細なPt粒子がマトリックスに均一に分散していて，一部のPt粒子は粒内に取り込まれているが，大部分は粒界あるいは三重点に存在する．

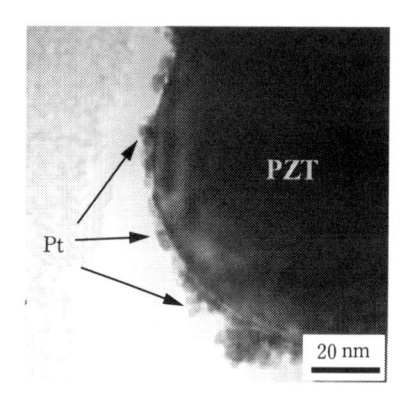

図3.2-4 無電解メッキ法でコーティングしたナノ複合粉末(PZT/1 vol % Pt)のTEM像

(2) 圧電ナノ複合体の機械的特性

PZT/Ptナノ複合体の電気機械結合係数と圧電定数はPZT単相に比べ若干低下する．これはマトリックスとPt粒子の相互作用によりPZTの結晶構造がわずかに乱れたためと考えられる．しかしながら，銀(Ag)粒子を分散させたナノ複合体では室温とキュリー温度における比誘電率は，いずれもAgの添加量とともに上昇することがわかっている．このことから，Pt粒子分散ナノ複合体においても粒子径，粒子量，粒子分散位置等のより精密な制御により圧電特性を改善できるのではないかと期待される．

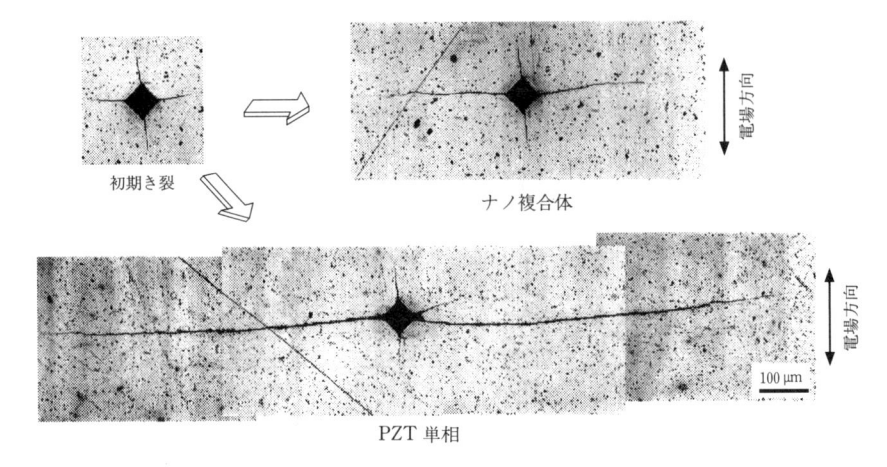

図 3.2-5 繰返し電場によるき裂進展挙動

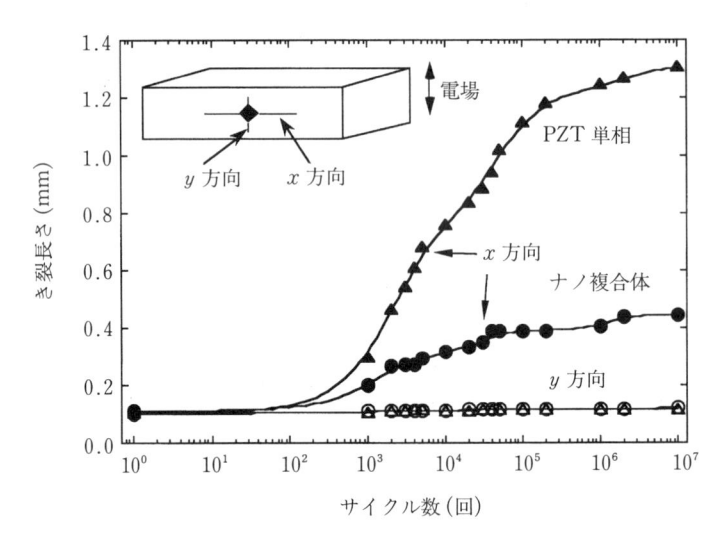

図 3.2-6 PZT単相とナノ複合体の疲労特性

　PZT単相とPt粒子分散ナノ複合体の繰返し疲労試験 (2.5 kV/mm, 10^4回) 後のき裂進展の様子を図 3.2-5 に示す．図から明らかなように，いずれも繰返し電場に平行な方向のき裂の成長は認められないのに対し，電場に垂直な方向のき裂のみが成長している．ところが，PZT単相の場合，ナノ複合体に比べ，き裂の進展が速く，初期き裂の 5～6 倍近くに達する．繰返し回数とき裂長さの関係を図 3.2-6 に示す．PZT単相の場合，き裂は 10^3 サイクル付近から成長し始め，10^5 サイクルまで急激な成長が認められ，10^6 サイクル以上でもゆるやかに成長する．一方，ナノ複合体の場合では，き裂の成長は PZT 単相に比べ，10^5 サイクル以上ではほとんどみられず，耐疲労特性の大幅な改善が認められる．

　一般に PZT セラミックスの粒界には酸化鉛 (PbO) を含む微量の不純物相が偏析して，粒界の結合強度が低下する結果，粒界破壊を示すことがよく知られている[16]．図 3.2-7 に破断面の様子を示す．PZT単相の破壊はほぼ粒界破壊であるのに対し，ナノ複合体では，粒界破壊と粒内破壊が混在する．これは，Pt ナノ粒子を添加することにより PZT の破壊形態が変化することを示している．Pt ナノ粒子は主にマト

PZT 単相 　　　　　　　　　　　　　　　　ナノ複合体

図 3.2-7　PZT 単相とナノ複合体の破断面

リックスの粒界に存在していることから，粒界に存在する Pt 粒子がマトリックスの粒界を強化していると考えられる．このことから，ナノ複合体における優れた耐疲労特性は Pt 粒子による粒界の強化によるものであると推測される．

　圧電セラミックスのナノ複合化により，高電界・高電力のような過酷な条件下での長時間耐久性が要求される圧電デバイスへの応用が期待される．今後，分散粒子と圧電体のドメインの相互作用が，圧電デバイスの使用中におけるドメイン構造の乱れを抑制(ピンニング)することが可能かどうかの実証や，より高い圧電特性との共生を図ることが必要である．

3.2.3　界面のナノ構造制御による薄膜の材料・デバイス化

　強誘電体材料は，自発分極の反転をともなう強誘電性をはじめ，圧電性，焦電性，誘電性，電気光学効果などの性質を有しており，機能材料の分野では幅広く応用されている．ところで，近年のエレクトロニクス素子の小型化にともない，材料そのものが一つの完結した動作をするような，いわゆる「材料＝デバイス」という視点での材料開発がセラミックス材料にも求められており，多くの取組みが始まっている[17]〜[19]．すなわち，多くの異なる材料をきわめて小さな空間の中に立体的に配置することで達成される新材料である．それらは，単一の材料では実現し得なかったような複合的な機能を実現する材料，これまでの特性を大幅に改善する材料，さらには，例えば導電性と絶縁性といった相反する特性が共存するような新しい概念の材料をも実現できると考えられる．

　ところで，強誘電体材料を複合化する上での問題点は，①対称性と静電的安定のために分域構造をとる，②個々の分域のアウトプットが相殺し合い電気的応答を取り出すことが期待できない，ということである．そこで，強誘電体を電気デバイスとして用いる場合は，高温(〜200℃)で高電圧(〜100 kV/cm)を印加して自発分極の方向をそろえ，単分域化する必要がある．しかしながら，先ほど述べたような複合材料，あるいは「材料＝デバイス」といった微細な複合構造を有する材料の作製には，分極処理は大きな課題である．また，機能材との複合化を考えると，分極処理は致命的であると言わねばならない．

ここでは,「材料＝デバイス」を実現する新材料開発の基礎技術として行った強誘電体の分域構造制御,ナノレベルの構造制御による電子特性の向上のうち,前者の分域構造制御による強誘電体薄膜の単分域化について紹介する.

(1) ナノ構造制御強誘電体薄膜作製プロセス

材料として大きな強誘電性を有する(PbLa)TiO$_3$(PLT)系に着目した.スパッタリング法により薄膜を作製する際,薄膜と基板の界面の構造をナノレベルで精密に制御することで,自発分極の配向制御,ひいては分域構造制御の可能性を検討した.分極軸方向のPLTの構造を考えると,TiO$_2$層と(PbLa)O層が交互に積層したものと記述できる.そこで,薄膜成長を考えると2つの可能性が考えられる.すなわち,成長がTiO$_2$層から開始する場合と(PbLa)O層から開始する場合である.薄膜が基板の原子配列を感じとりエピタキシャル成長する場合,薄膜と基板の界面においては,異なる結晶構造が相接することで,イオン間の静電力と原子間距離の整合によりバルクの構造から大きくひずんだ結晶構造をつくり出せる[20].この事実に基づけば,第1層目の原子種を変化させることで界面近傍の薄膜の構造を制御できる可能性がある.

具体的には,スパッタリング法で薄膜成長を行う際,成長を2段階に制御する.ステップ1は膜厚4 nmと薄く,成長時のPb/Ti比を1.2～1.5のうちのいずれかで成長を行う.ステップ2はPb/Ti比を最適の1.4に固定し,ステップ1に引続き2 μm成長を行う[18].自発分極の向きはas-grown薄膜の焦電効果測定における焦電電流の方向から決定する[18].

(2) 界面ナノ構造制御材料の結晶学的・電気的性質

2段階成長法で作製したPLT薄膜はいずれも分極軸であるc軸に強く配向している.図3.2-8に薄膜のX線回折パターンの一例を示す.2段階成長の条件によらず得られた薄膜はいずれもほぼ同様の回折パターンを示す.パターン上にはペロブスカイト構造の001反射とh00反射のみが観察され,他の回折線は観察されないことから,PLT薄膜は成長基板である(100)MgO上にエピタキシャルに成長していることがわかる.また,h00反射に比較して001反射の強度が著しく強いことから,分極軸であるc軸に強く配向した薄膜が得られることがわかる.

このことは図3.2-9に示すとおり,界面の高分解能TEM観察でも確認されている.薄膜-基板界面には構造の乱れ等は認められず,基板の格子と薄膜の格子が界面

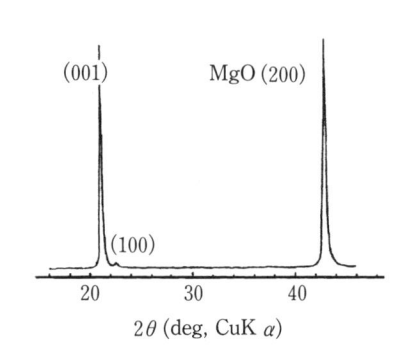

図3.2-8 PLT薄膜のX線(CuKα)回折パターン

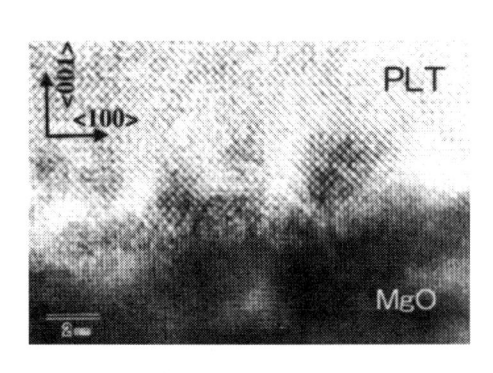

図3.2-9 薄膜―基板界面近傍の高分解能TEM像

で連続してつながって観察される．界面近傍の薄膜中に周期約3 nmのコントラストがみられるが，これはMgOの格子定数が0.402 nm，PLTの a 軸のそれが0.39 nmであり，0.402/(0.402−0.39)≒3であることから，基板と薄膜の格子定数の不一致に起因するミスフィットディスロケーションと考えられる．これより，薄膜が原子レベルで構造を整合しながらエピタキシャルに成長していることが明らかである．

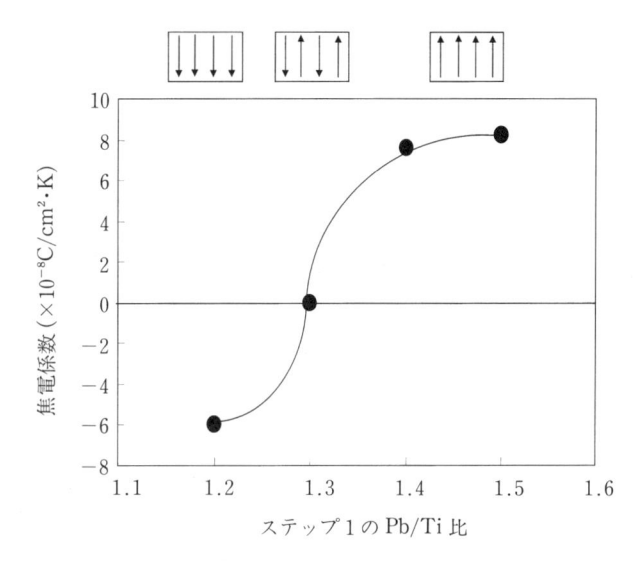

図3.2-10　2段階成長と焦電測定結果

2段階成長は自発分極の配向制御の可能性を示している．図3.2-10に示すとおり，ステップ1成長中のPb/Ti比を1.2〜1.5まで変化させたところ，焦電係数が -6×10^{-8} C/cm²·K (Pb/Ti比1.2) から 0 (Pb/Ti比1.3)，そして，$+8\times10^{-8}$ C/cm²·K (Pb/Ti比1.5) まで変化した．これは図3.2-10に示すとおり，ステップ1の成長中にPb/Ti比が1.2のときは自発分極が基板に向いて配向しており，Pb/Ti比1.3のときにはランダム配向，Pb/Ti比1.4以上で自発分極は上に向いて配向していることを示している．

2段階成長による自発分極配向のメカニズムを以下の実験により評価した．

① Pb/Ti比1.4で膜厚1 μmまで成長させ，そこでPb/Ti比を1.2〜1.5で約4

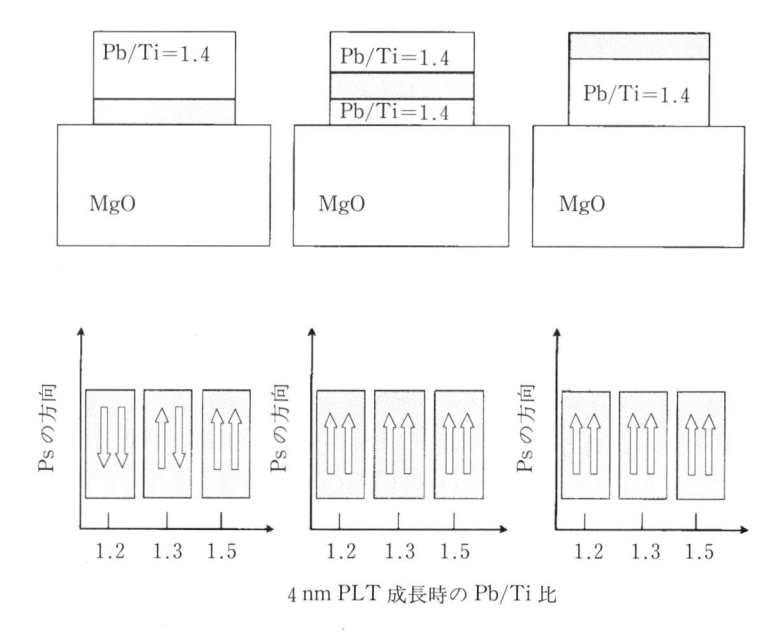

図3.2-11　種々の成長方法と自発分極の配向

3.2　機能性セラミックス基ナノ複合体

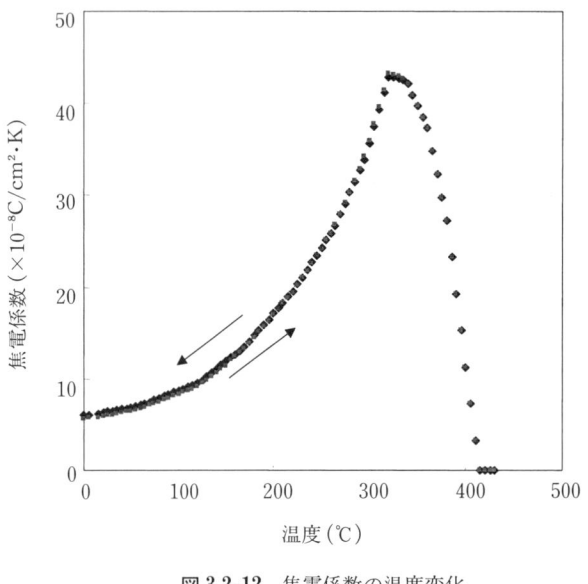

図3.2-12 焦電係数の温度変化

nm成長，その後，Pb/Ti比を1.4に戻してさらに1μm薄膜成長を行う，3段階成長を行う．

② 第1段階の成長中のPb/Ti比を1.4に固定し，膜厚2μmまで成長させ，第2段階のPb/Ti比1.2～1.5で約4nm成長させる．

その結果を図3.2-11に示す．図からわかるとおり，膜中の自発分極の配向は，基板/薄膜界面の制御を行ったときのみ制御できた．さらに焦電係数の温度変化も調べたところ，図3.2-12に示すように，試料をキュリー温度以上に加熱した後も焦電係数はほとんど変化せず，熱的に安定であると評価できる．

(3) 分極配向のメカニズム

以上の結果を踏まえ，2段階成長によるPLT薄膜中の自発分極配向メカニズムについて考察を行うことにする．自発分極が一方向にそろうメカニズムについては，①2段階成長による組成傾斜，②スパッタリング中に基板にかかるバイアス電圧，③基板と薄膜の熱膨張率の差に起因する熱ひずみ，④欠陥構造による空間電荷，⑤界面近傍の強誘電体膜の結晶構造，が考えられる．

ここで，①の組成傾斜については図3.2-11に示す結果から否定的である．②，③についても，今回の実験の範囲ではすべてのサンプルで同じ電圧，同じ熱応力がかかっていると考えられ，これらが原因で自発分極の配向が起こっているとは考えにくい．キュリー温度以上に加熱した後でも，図3.2-12に示すように，自発分極の配向は保たれており，④の空間電荷の可能性も否定的である．

実験方法の最初の部分で述べたとおり，c軸配向したPLT薄膜の結晶構造は，膜面に垂直方向にTiO_2層と$(PbLa)O$層が交互に積層した構造となっており，TiO_2層から成長が開始する場合と$(PbLa)O$層から成長が開始する場合で，界面の構造が異なってくると考えられる．すなわち，NaCl構造のMgO単結晶の(100)面上に$(PbLa)O$層が最初に成長した場合，$(PbLa)O$層もNaCl構造と考えられるが，Pb^{2+}のイオン半径がO^{2-}のイオン半径とほとんど等しく，球の密充填を考慮し，さらにPbOの結晶構造が酸素を底辺とするピラミット構造が基本であることを考えあわせると，MgO上の$(PbLa)O$層はNaCl構造の場合のように陰イオンと陽イオンが交互に並ぶように配置するよりは，Mgの上にPbが配置してPbが酸素を底辺とするピラミッド構造をつくりながら配置する方が安定と考えられる．この場合，薄膜としては界面に上向きの双極子を持つことになる．

一方，TiO_2層が第1層として成長した場合を考えると，TiO_2層はTiO_6八面体

シートを形成しながら MgO 上に配置すると考えられる．その場合の最適イオンの配置を考えると，Mg イオン直上に八面体の basal plane の酸素が配置し，その中央すなわち，MgO 面の酸素イオンの直上に Ti イオンが配置する構成になる．このとき，MgO 面のイオン間距離を考えると，Mg-O 距離は 0.201 nm となり，Ti-O の理想距離 0.195 nm よりかなり長くなる．

その結果，Ti イオンは頂点酸素となる MgO 面の酸素イオンに向かってシフトして化学結合の安定化を図ると考えられる．この場合，薄膜は界面に下向きの双極子を持つことになる．この考察は，Pb リッチの条件で成長した場合，薄膜が上向きの自発分極をもち，Pb プアの条件で成長した場合に下向きの自発分極を持つという実験結果と調和的である．

Pb 系強誘電体薄膜の成長において，薄膜-基板界面の構造制御を行うことで，自発分極のその場方向制御が可能であることを示す．この結果は，異なる材料をミクロな領域で立体的に組み合わせ，融合機能の発現を狙うシナジー材料の設計において，キーマテリアルである圧電性，焦電性，電気光学効果，強誘電性を有する強誘電体の新しい可能性を示したものと言える．今後，構造材料，磁性体，超伝導体など他の機能材料との複合化を図り，融合機能の発現に向けた研究開発が期待される．

● **参考文献**

1) B. Malic, M. Kosec, and T. Kosmac, *Ferroelectrics*, **129**, 147-155 (1991)
2) 山本 孝，エレクトロニクスセラミックス，**17** (83), 57-61 (1986)
3) 平成 8 年度産業科学技術研究開発成果報告書「シナジーセラミックスの研究開発」pp.140-158, シナジーセラミックス研究体，ファインセラミックス技術研究組合 (1997)
4) H. Ouchi, M. Nishida, and S. Hayakawa, *J. Am. Ceram. Soc.*, **49** (11) 577-581 (1966)
5) M. Hammer and M. J. Hoffmann, *J. Am. Ceram. Soc.*, **81** (12), 3277-84 (1998)
6) C. A. Randall, N. Kim, J-P. Kucera, W. Cao, and T. R. Shrout, *J. Am. Ceram. Soc.*, **81** (3), 677-88 (1998)
7) B. Jaffe, W. R. Cook Jr., and H. Jaffe, Piezoelectric Ceramics; pp.158-160 Academic Press, London, U. K. and New York, 1971
8) K. Tajima, H. J. Hwang, M. Sando, and K. Niihara, *J. Eur. Ceram. Soc.*, **19**, 1179-1182 (1999)
9) T. Kamiya, T. Tsurumi, and M. Daimon, Computer Aided Innovation of New Materials II (Edited M. Doyama *et al*), pp. 225-228 (1993)
10) H. J. Hwang, T. Sekino, K. Ota, and K. Niihara, *J. Mater. Sci.*, **31**, 4617-24 (1996).
11) H. J. Hwang, K. Watari, M. Sando, M. Toriyama, and K. Niihara, *J. Am. Ceram. Soc.*, **80**, 791-93 (1997).
12) H. J. Hwang, T. Nagai, T. Ohji, M. Sando, M. Toriyama, and K. Niihara, *J. Am. Ceram. Soc.*, **81**, 709-12 (1998).
13) 永井徹，黄海鎮，新原晧一，月刊ニューセラミックス，**11** (5), 23-28 (1998).
14) K. Niihara, *J. Ceram. Soc. Jpn.*, **99**, 974-82 (1990).
15) H. J. Hwang, K. Tajima, M. Sando, M. toriyama, and K. Niihara, *J. Am. Ceram. Soc.*, **81**, 3325-28 (1998).
16) H. Cao and A. G. Evans, *J. Am. Ceram. Soc.*, **77**, 1783-87 (1994).
17) K. Niihara, *J. Ceram. Soc. Japan*, **99**, 974(1990).
18) K. Iijima and K. Niihara, Mat. Res. Soc. Symp. Proc. 459 (Editied by E. P. George *et al.*), 41 (1997)
19) T. Nagai, H. J. Hwang, M. Yasuoka, M. Sando, and K. Niihara, *J. Am. Ceram. Soc.* **81**, 425 (1998)
20) 江崎玲於奈 監修，榊裕之 編著，「超格子ヘテロ構造デバイス」工業調査会 (1988).

3.3 固溶析出反応を利用したナノ粒子分散組織制御

　化学的，熱的安定性に優れ，種々の機能的特性を有する酸化物材料のナノ複合化は，高温構造材料の特性改善や新しい機能材料の開発という観点から大いに期待されている．しかし，酸化物微粒子は焼結中に母相と反応したり，粒界に分散する傾向にあるため，これまでのナノ複合材料の研究は，非酸化物ナノ粒子に関するものがほとんどである[1]．一方，セラミックスの信頼性を改善するために，in-situ に形状異方性粒子を形成する方法が報告されているが，材料の強度あるいは硬度を低下させるという問題がある[2]．

　本節では，酸化物でミクロ/ナノ階層組織を形成する技術開発において，Ti と Mg のアルミナ中への固溶量を変化させることにより，アルミナに酸化物ナノ粒子が析出した組織形成およびその強化効果を中心に紹介し，アルミナ母相の結晶形態と界面構造の制御により，高強度と高靱性を同時に発現し得ることについても述べる．

(1) 固溶析出反応制御とナノ粒子強化効果

　本プロセスでは，Ti イオンの価数が雰囲気により変化し，それにともなってアルミナ中での固溶量が変化することを利用して固溶析出処理を行っている[3,4]．具体的には，TiO_2 と MgO はそれぞれ単独でアルミナに固溶することは困難であるが，Ti/Mg（原子比）が 1/1 の場合に，アルミナ中のイオン Al^{3+} を置換して固溶体を形成できる[5]．一方，アルミナは Ti^{3+} を単独で数％固溶できることが知られている[6]．そこで，Ti^{4+} と Mg^{2+} を固溶した固溶体を還元雰囲気（例えば水素）で熱処理することにより，Ti^{4+} を Ti^{3+} に還元して単独でアルミナ中に固溶させ，Ti イオンの原子価変化によって Ti^{4+} を失った Mg^{2+} を $MgAl_2O_4$ として析出させる．この方法により，アルミナの結晶粒内にスピネル（$MgAl_2O_4$）が分散したナノコンポジットを合成できる．

　図 3.3-1 に Al_2O_3 母相に $MgAl_2O_4$ が析出した試料の TEM 組織を示す[4]．析出相

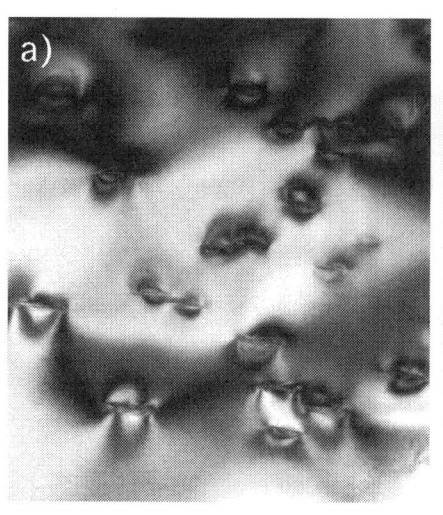

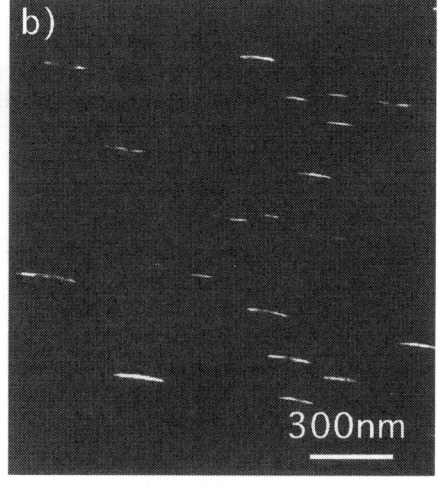

図 3.3-1　アルミナ結晶粒内に $MgAl_2O_4$ が析出した TEM 組織，(**a**) 明視野，(**b**) 暗視野

はディスク状であり，処理条件により直径が数十～150 nm，厚さが10 nm 程度となる．また，明視野と暗視野像を対照することにより，析出相のまわりの母相に大きなひずみが発生していることがわかる．なお，析出相はアルミナの結晶粒内で同一の方向に生成し，(006)Al_2O_3//(222)$MgAl_2O_4$ という2相間の結晶方位関係が確認されている[7]．析出相のまわりに生成したひずみは，母相と析出相の結晶面間隔および熱膨張係数の違いに起因している[7]．

$MgAl_2O_4$ の析出によりアルミナの強度と硬度が大幅に向上する[4],[7]．図3.3-2に強度評価結果の一例を示す．アルミナ中にTiとMgが固溶している状態では4点曲げ強度が550 MPaであり，析出処理後は620 MPaに向上している．また，マイクロ波加熱により低温，短時間焼成後析出処理した微粒の母相組織試料は，固溶体が690 MPaの強度を示すのに対し，スピネルが析出した試料は800 MPaの高強度である．従来の高強度アルミナに比べ，ナノ粒子析出材料は粒径が大きくても高強度を示し，また，粒径が同等の試料では，アルミナより200 MPaほど高い強度を有している．破面組織観察では，アルミナ試料と固溶体試料が粒界破壊しているのに対し，ナノ粒子析出試料は粒内破壊となっている[4]．一般にセラミックスの破壊源となる最小欠陥は結晶粒径と同じと考えられ，ナノ粒子の粒内析出は上記の最小欠陥を小さくしたため材料が強化されたものと思われる．

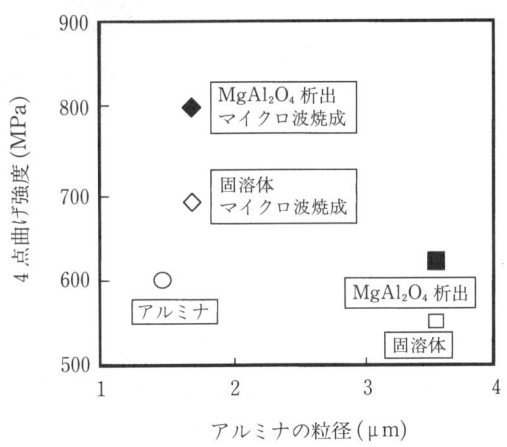

図 3.3-2　析出熱処理によるアルミナの強度変化

(2) 母相の組織制御と高強度，高靱性の同時発現

母相の組織制御には，希土類などを添加することにより，高アスペクト比の板状アルミナ結晶組織を得ると同時に，クラックの進展を粒界に誘導する方法を用いる[8],[9]．

図3.3-3にアルミナ結晶が板状に成長した高アスペクト比組織を示す．板状結晶の形成のみでは靱性がほとんど改善されないが，希土類酸化物およびZrO_2を微量添加して粒界相を形成させると，アルミナの破壊靱性は通常アルミナの3 MPa·$m^{1/2}$程度より5 MPa·$m^{1/2}$程度に向上する．図3.3-4に粒界相形成のために第2相を無添加(a)および添加(b)した試料のビッカース圧痕周辺のクラックの写真を示す．クラックの偏向と架橋現象により靱性が改善されていることがわかる[8]．

上記母相組織の焼結中にアルミナと

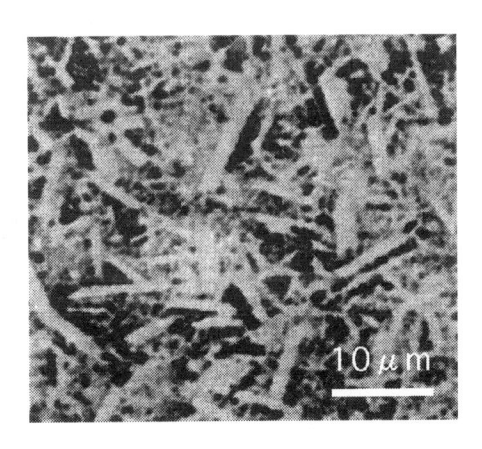

図 3.3-3　板状アルミナ結晶組織

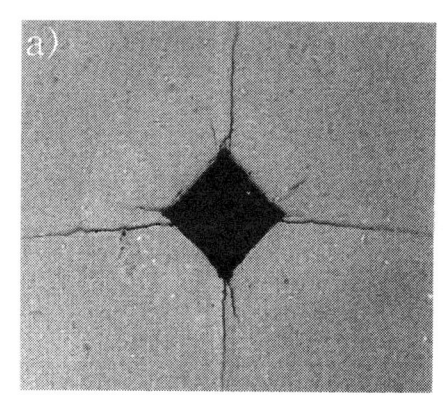

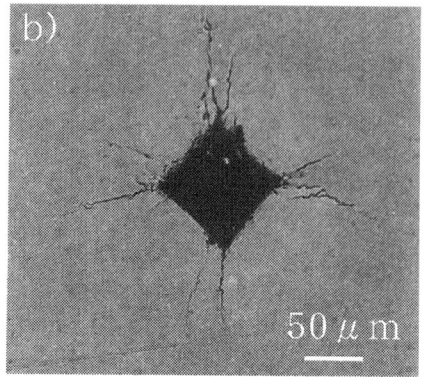

図3.3-4 ビッカース圧子により発生したき裂の形態, (a) 粒界改質前, (b) 粒界改質後

Ti, Mgの固溶体を形成し，その後の熱処理によってナノ粒子を粒内に析出させることにより，高強度と高靱性を同時に発現できる．すなわち，制御されたミクロ組織にナノ粒子を析出させる高次構造制御処理を施すことにより，4点曲げ強度が600 MPa程度，破壊靱性が5 MPa·m$^{1/2}$程度，ビッカース硬度が17 GPaの特性を同時に発現させ得る．摩耗試験では[8]，ナノ粒子析出アルミナの摩耗速度は，乾式摩耗で従来アルミナの5％以下，湿式摩耗で従来アルミナの40％以下と，優れた耐摩耗性を示し，摺動部材などへの応用の可能性が期待できる．

固溶析出反応を利用したアルミナ基ナノ粒子分散組織制御技術について述べた．特に，母相組織を制御したナノ・ミクロ階層組織構造においては，高強度と高靱性を同時に発現できることを示した．今後は固溶析出法が種々の材料系に応用されることと，酸化還元反応以外の析出処理手法の開発が期待される．また，酸化物のナノ複合化は力学的特性よりも，種々の機能的特性の変化に繋がる可能性が期待され，今後の材料開発の課題である．

● 参考文献
1) A. Nakahira and K. Niihara, *J. Mater. Sci. Jpn.*, **42**, 502-506 (1993).
2) 横田耕三, 佃昭, 近藤祥人, 粉体および粉末冶金, **45**, 1018-1023 (1998).
3) Y. Wang, T. Fujimoto, H. Maruyama, K. Koga, *J. Am. Cram. Soc.*, in print.
4) Y. Wang, T. Fujimoto, K. Tajima, H. Maruyama, K. Koga, Proc. 6th International Symposium on Ceramic Materials & Components for Engines, Edited by K. Niihara etc., 818-823 (1997).
5) S. K. Roy and R. L. Coble, *J. Am. Ceram. Soc.*, **51**, 1-6 (1968).
6) W. D. Mckee, Jr. and E. Aleshin, *J. Am. Ceram. Soc.*, **46**, 54-58 (1963).
7) Y. Wang, S. Kohsaka, H. Maruyama, K. Koga, *Key Eng. Mater.*, **161-163**, 411-414 (1999).
8) Y. Wang, T. Fujimoto, S. Kohsaka, H. Maruyama, K. Koga, Extended Abstracts of the Third International Symposium on Synergy Ceramics, 102-103 (1999).
9) 王雨叢, 藤本哲郎, 高坂祥二, 丸山博, 古賀和憲, 日本セラミックス協会1999年年会講演予稿集, 343 (1999).

3.4 固相気相反応によるナノ粒子・ウィスカ析出分散

ナノ構造制御手法としての複合析出反応制御プロセスは,原料の固相-固相間の反応に気相または液相を関与させた複合反応を利用して新たな母相および分散相を形成する方法である.これにより,複合化と同時に生成物の形態および分布の制御を行うことができる.焼結時に固相と気相または液相との反応を利用する方法として,従来より反応焼結法が知られている.この方法では例えば,Si 粉末とセラミックス粉末からなる混合粉を,窒素雰囲気中で焼成する.その結果,Si が窒化して形成された Si_3N_4 マトリックスと,それに分散した原料セラミックス粒子からなる複合セラミックスが作製される[1].これに対して複合析出反応制御プロセスでは,分散相の原料粉末も焼成時に気相を介して反応し,原料粉とは異なる組成,サイズ,形態のナノ粒子やウィスカなどの相が析出分散される.析出物の組成や形態は,熱力学的なプロセス条件により制御される[2].

このような構造制御により,セラミックスの機械的特性の調和を図ることが可能となる.セラミックスを構造用材料として用いる場合,強度や耐熱性に優れる反面,靱性が低く信頼性に欠けることが問題とされている.靱性の向上には微粒子分散や,繊維との複合化などが有効であるが,強度の低下を招くことが多い[3].

本節では,高強度と高靱性の両立を目的に高次構造制御を目指した,複合析出反応制御プロセスによる複合セラミックスの作製とその機械的特性について述べる.

(1) Si_3N_4 マトリックス中への TiN の分散

複合析出反応により,原料粉末に Si,TiC,TiO_2 粉末を用いて,Si_3N_4 マトリックス形成と同時に TiN ナノ粒子を析出分散させることができる.

1 600 K での Si-Ti-C-N-O 系の相平衡図を図 3.4-1 に示す.1 MPa 付近の窒素雰囲気中では,これらの原料粉末から Si_3N_4 と TiN が生成する.C は TiO_2 からの酸素により酸化されて,気相となり揮散する.TiN は原料が一旦分解してから生成するため,微細な粒子として析出する[4].

複合析出反応により合成した粉末をホットプレス焼結して得られた焼結体の微構造を,図 3.4-2(a)に示す.反応により析出した TiN の粒径は,1 μm 以下である.比較のために原料として Si と TiN 粉末を用い,焼結中に Si を窒化して Si_3N_4 とした試料を図 3.4-2(b)に示す.TiN の粒径は 1〜4 μm であり,原料粉末とほぼ等しい.

このように複合析出反応制御プロセスを用いれば,直接分散させた粒子,あるいは複合析出反応に用いた原料粉末よりも微細な粒子を,均一に分散させることができる.

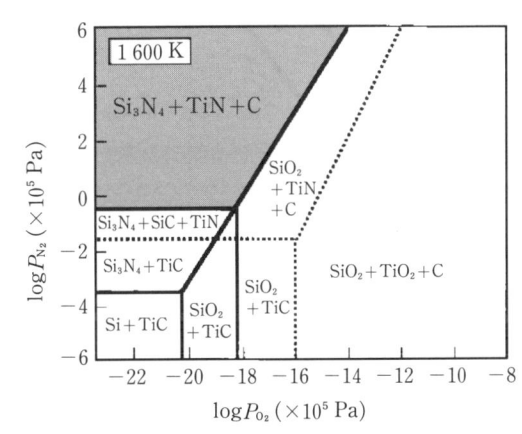

P_{N_2}:窒素分圧,P_{O_2}:酸素分圧

図 3.4-1 Si-Ti-C-N-O 系の相平衡図

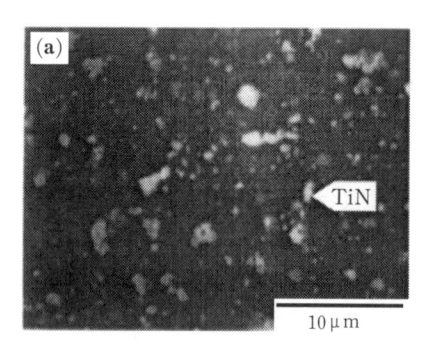

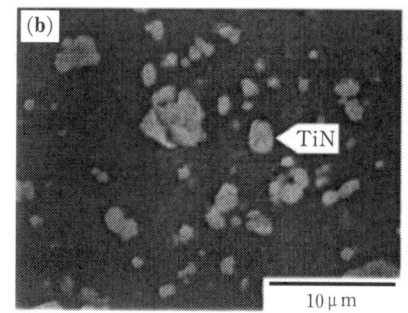

図3.4-2 TiN分散Si$_3$N$_4$焼結体試料の微構造．(a) 複合析出反応制御プロセスによる試料，(b) SiとTiNの混合粉からSiを窒化して作製した試料

(2) Si$_3$N$_4$マトリックス中へのSiC粒子の分散

熱力学的な条件を考慮してプロセスを2段階で制御することにより，析出する相とマトリックスの組成を逐次的に制御することができる．

原料粉末としてSi，SiO，C粉末を用い，これらを窒素雰囲気制御のもとに熱処理することを考える．図3.4-3にSiとSiCの窒化に関するエリンガム図を示す．SiとSi$_3$N$_4$が平衡を保つ条件，およびSiCとSi$_3$N$_4$が平衡を保つ条件が，それぞれ直線で示される．系の窒素分圧と温度に応じて，直線に併記した反応式のいずれかの辺が優勢となる．まず低い窒素分圧の①の状態で原料粉末を熱処理し，SiOをSiCに変化させる．この状態では原料粉のSiと生成したSiCが安定であり，Si$_3$N$_4$は形成されない．次いで②のより高い窒素分圧中で，SiのみをSi$_3$N$_4$に変化させる．最初の段階でSiCはSiOの分解によって生成，析出し，分散するため，析出物は微細粒子となる[5]．図3.4-4に複合析出反応により合成した粉末をホットプレス焼結して得られた試料の微構造を示す．反応により析出したSiCナノ粒子は，マトリックスのSi$_3$N$_4$の結晶粒内と粒界の両方に分散している．

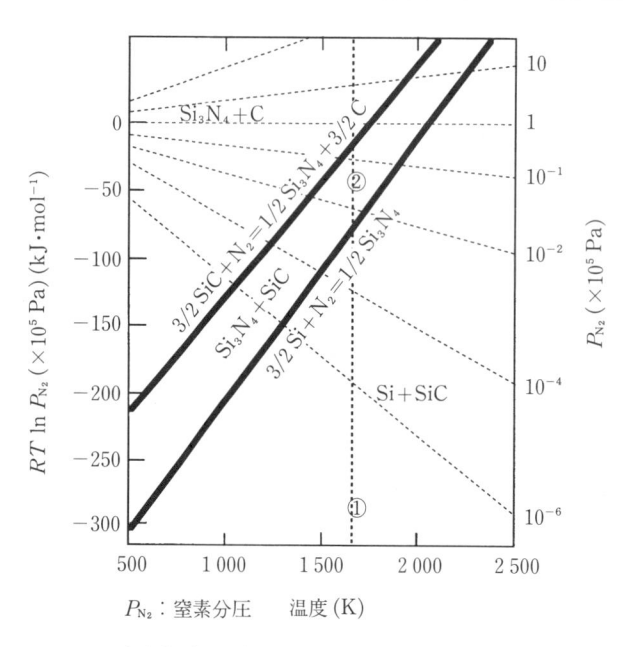

図3.4-3 SiとSiCの窒化に関するエリンガム図

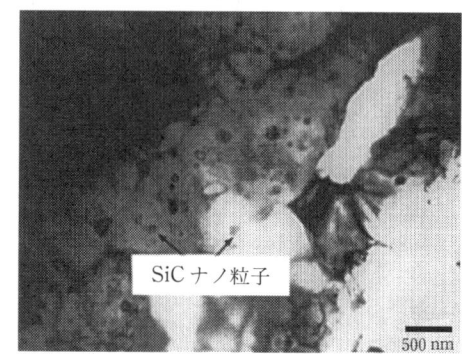

図3.4-4 SiC分散Si$_3$N$_4$焼結体試料の微構造

(3) Si$_3$N$_4$マトリックス中へのSiCウィスカの分散

析出物の形態も，熱力学的な条件を考慮することによって制御できる．Si$_3$N$_4$とC

の反応により，SiCを析出させる場合について示す．この系の反応式，

$$\frac{1}{3}Si_3N_4 + C \rightarrow SiC + \frac{2}{3}N_2$$

の平衡状態を与える窒素分圧は，温度により図3.4-5に示すように変化する．一方，実際に使用する炉の中の窒素分圧が同じ図3.4-5中に示したように平衡状態の窒素分圧とは異なっていると，その差の程度が析出物の形態を支配する．差は，過飽和度 $\Sigma = K/K'$ として表される．ここで，K は平衡定数で平衡状態の窒素分圧 $P_{N_2}^e$ を用いて $K = (P_{N_2}^e)^{2/3}$ で計算され，K' はこの系の窒素分圧 P_{N_2} を用いたときの値である．Σ が1より大きいとき，反応式にしたがってSiCが形成され，特に10に近いとき，ウィスカの形態となる．図3.4-5に示した炉中の P_{N_2} の場合は，熱処理温度が1 850～2 050 Kのとき Σ が10～20となり，ウィスカが析出する[6]．実際には析出物の形態はC量などの他の条件にも影響されるため，SiCの粒子とウィスカの両方が得られる．

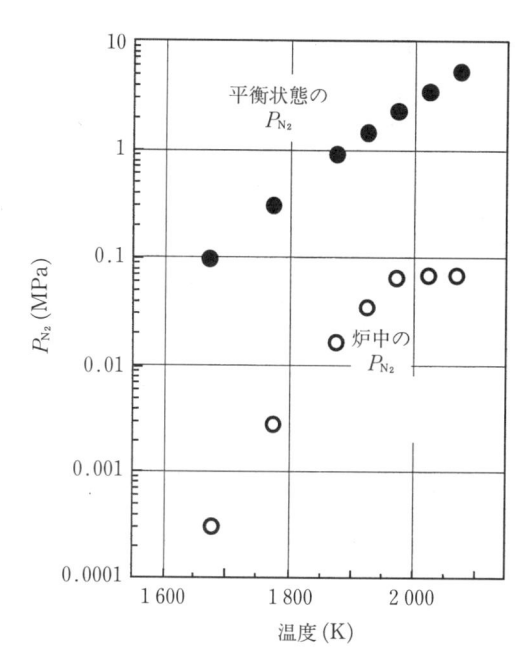

図3.4-5 窒素分圧 P_{N_2} の温度依存性

Si_3N_4 マトリックス中にSiC粒子とウィスカを分散した試料の微構造を図3.4-6に示す．これらは複合析出反応によって合成した粉末をホットプレス焼結した試料の，プラズマエッチング面である．SiCを15 vol%含む場合と30 vol%含む場合を示す．200 nm以下の微細粒子と長さが5～10 μm のウィスカが，Si_3N_4 マトリックス中に均一に分散している．SiCナノ粒子は前項と同様，マトリックスの Si_3N_4 の結晶粒内と粒界の両方に分散している．

得られた試料の機械的特性は，SiCの含有量によって変化する．曲げ強度と靱性値のSiC含有量による変化を図3.4-7に示す．0.2～30 vol%のSiC含有により，Si_3N_4 単相の場合より曲げ強度と靱性値の両方が向上する．特に1.4 vol%のSiC含有の場合に，Si_3N_4 単相よりも80 %高い1 400 MPaの曲げ強度を示している．この

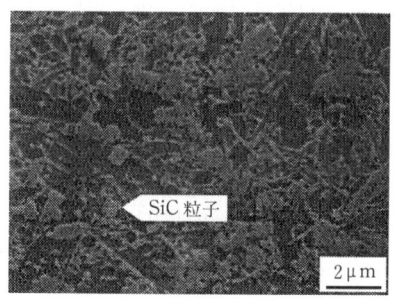

図3.4-6 Si_3N_4 中にSiCナノ粒子・ウィスカを分散した試料の微構造

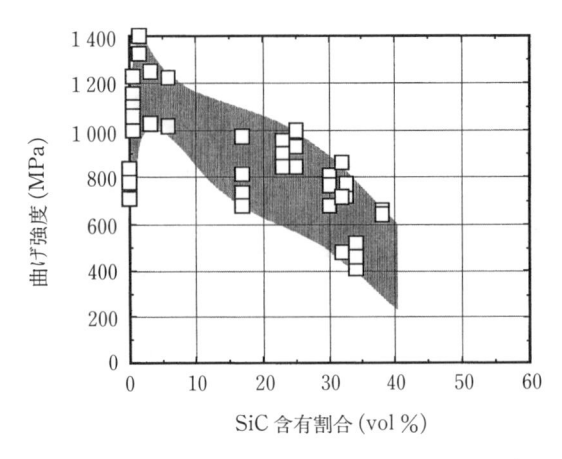

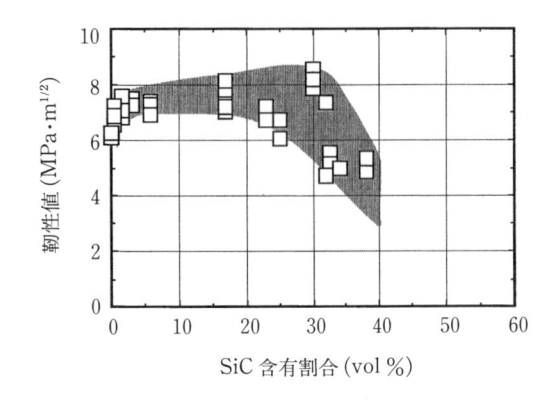

図 3.4-7 複合析出反応制御プロセスによる SiC ナノ粒子・ウィスカ分散 Si_3N_4 粉末焼結体の機械的特性

とき，靱性値もやや向上しており，その割合は 20% 程度である．ナノ粒子の粒内複合および Si_3N_4 粒子の成長抑制による微細組織化が強度向上に有効であり，ウィスカの引き抜き等による靱性向上効果は少なかったと考えられる．

図 3.4-7 で示した室温の曲げ強度が 1300〜1400 MPa を示す焼結体は，1370 K でも 740 MPa の曲げ強度を有する．この強度は，Si_3N_4 のみの室温の強度に匹敵する．高温強度の向上は，Si_3N_4 の粒界に高温強度に優れた SiC が複合化したためと考えられる．このように複合析出反応制御プロセスによる複合材粉末を用いて，焼結体の機械的特性の大幅な向上を図ることができ，高強度と高靱性の両立も可能となる．

固相気相反応によりマトリックス中にナノ粒子，ウィスカを析出分散する複合析出反応制御プロセスを用いて，混合法の場合よりも微細な粒子やウィスカを分散したセラミックスが作製できることを述べた．熱力学的考察に基づいた複合析出反応の制御が，複合構造の形成に有効である．

また複合析出反応を用いた高次構造制御により，高強度と高靱性の両立が可能となる．こうして得られる高信頼性セラミックスは，圧延用セラミックスロール等，機械的に高負荷の構造用部材への応用展開が可能と考えられる．実用化に向けて，開発材の構造をより効率的に作製するプロセスの検討が望まれる．

複合析出反応制御プロセスによって作製した SiC 粒子およびウィスカ分散 Si_3N_4 セラミックスは，導電性の SiC 粒子とウィスカのネットワークに基づく導電性を示す．優れた機械的特性に加えて電気的な抵抗値の制御も可能と見られることから，この材料は大きなエネルギー負荷を担う抵抗体等としての適用可能性も期待される．

● 参考文献
1) 安富義幸，北英紀，中村浩介，祖父江昌久，セラミックス論文誌, **96**, 783-88 (1988).
2) 沢井裕一，安富義幸，セラミックス, **32**, 971-76 (1997).
3) 香川豊，八田博志，"セラミックス基複合材料"，第 6 章，アグネ承風社 (1990).
4) 宮田素之，安富義幸，沢井裕一，金井恒行，*J. Ceram. Soc. Japan*, **105**, 761-67 (1997).
5) 宮田素之，安富義幸，沢井裕一，金井恒行，*J. Ceram. Soc. Japan*, **106**, 815-19 (1998).
6) 沢井裕一，宮田素之，千葉秋雄，安富義幸，金井恒行，*J. Ceram. Soc. Japan*, **106**, 734-37 (1998).

3.5 ナノ・ミクロ機能調和層状複合体

構造用セラミックスの応力および破壊検知機能の実現は，機械的信頼性を向上させるという点で期待されている[1〜4]．例えば，構造用セラミックスである MgO の結晶粒内および結晶粒界に強誘電性の $BaTiO_3$ 粒子をナノサイズで分散させたナノ複合セラミックスが報告されており[1]，上記検知機能の実現に $BaTiO_3$ の圧電特性を利用している．特に，ナノサイズによる複合化は，$BaTiO_3$ 粒子の強誘電性と MgO 単層以上の強度の両立を実現する点で，従来手法とは異なる有効なプロセスである．一方，$BaTiO_3$ を層状に複合化することは，$BaTiO_3$ 層の分極処理が十分に施行できる点で，ナノ複合体以上の圧電特性が期待でき，より高感度で上記検知機能の実現が可能であると考えられる．

本節では，$MgO/BaTiO_3$ 層状複合体の作製プロセスとその応力および破壊検知機能について述べる．

(1) $MgO/BaTiO_3$ 層状複合体

あらかじめ準備した2枚の MgO 板で $BaTiO_3$ 粉末をサンドイッチし，焼結後に $MgO/BaTiO_3/MgO$ の3層層状複合体を得る．図 3.5-1 に層状複合体の断面 SEM 像を示す．各層の厚さは焼結時の発生熱応力に起因する破壊を回避できる範囲を計算したもので，SEM 像からもそれが確認できる．また，$MgO/BaTiO_3$ の界面の組成分析結果から，$BaTiO_3$ 層の圧電特性を劣化させる反応層は生成していないことが判明している．

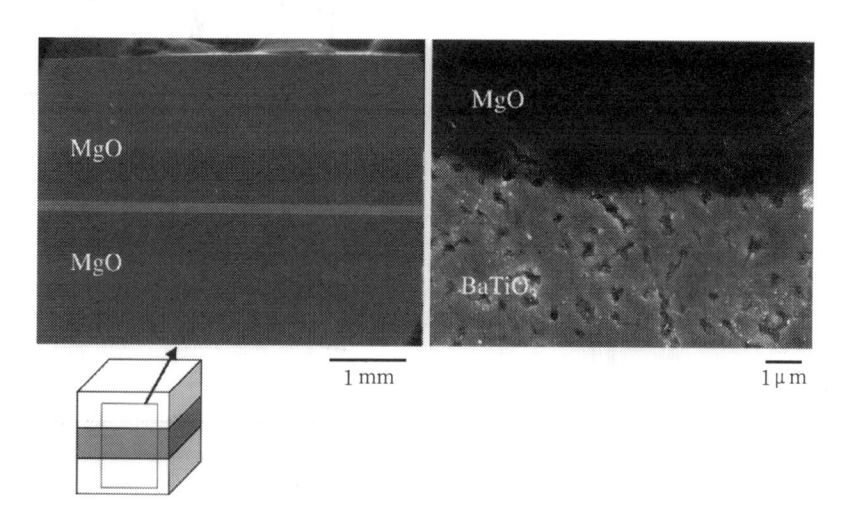

図 3.5-1　層状複合体の断面 SEM 像

(2) 層状複合体の応力および破壊検知機能特性

図 3.5-2 に層状複合体のヒステリシス曲線を示す．層状複合体は強誘電性特有のヒステリシス曲線を示すことから，分極処理を施すことで圧電特性を発現する可能性を有することがわかる．

図 3.5-3 に層状複合体の破壊検知機能の評価結果を示す．従来の研究[5]では，分極

後の強誘電体に分極方向に垂直な方向へ圧子を導入した場合，圧子による応力およびき裂発生にともなう電圧の発生が報告されている．MgO/BaTiO$_3$ 層状複合体も同様の特性を示し，圧子が入る場合と出る場合に電圧が発生し，その最大値は約 0.4 mV である．電圧発生のメカニズムは圧子導入による BaTiO$_3$ 層への応力負荷による圧電効果とき裂発生にともなう消極と

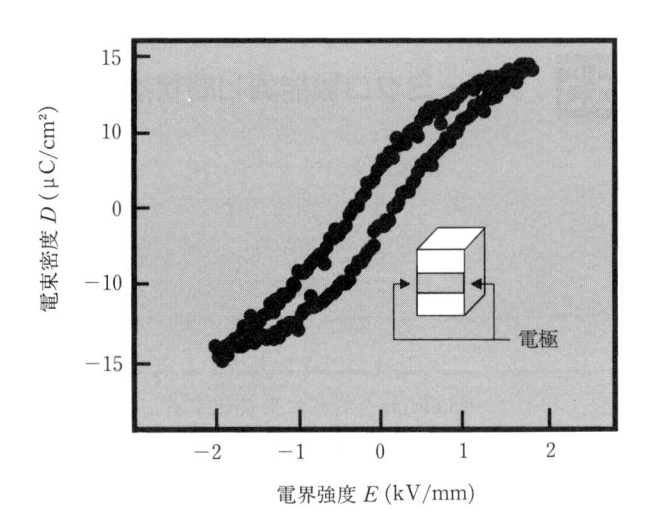

図 3.5-2　層状複合体のヒステリシス曲線

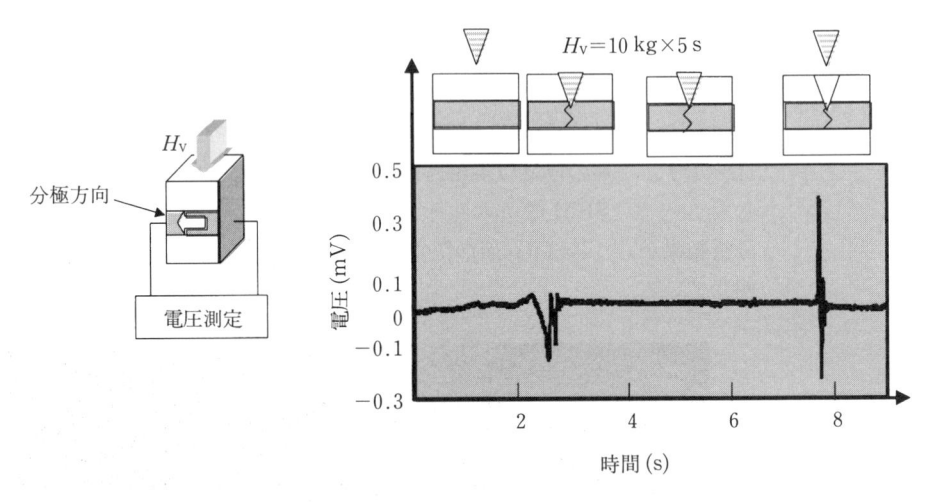

図 3.5-3　層状複合体の破壊検知機能

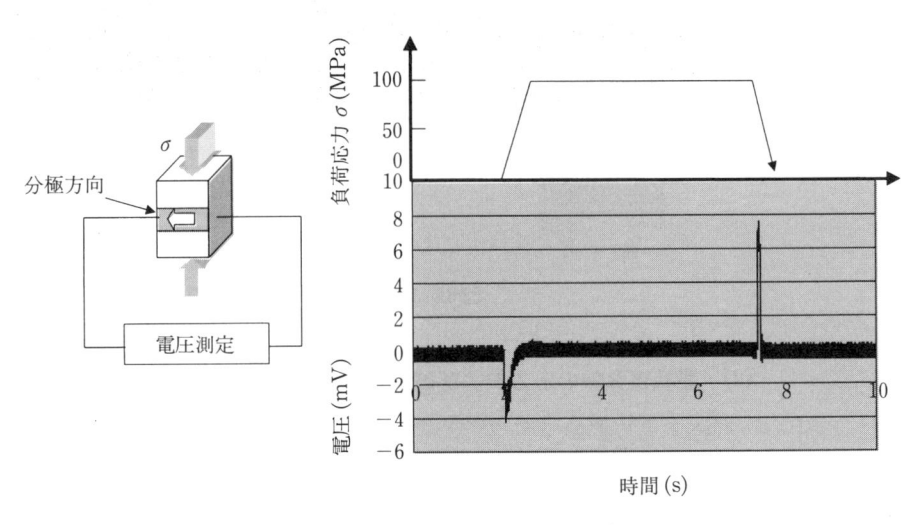

図 3.5-4　層状複合体の応力検知機能

3．ナノ構造制御プロセス

考えられており，その大きさは圧子周辺の応力およびクラックの方向と長さに関係がある．特に圧子が出る時に分極方向と垂直に進展するラジアルクラックの長さが最大発生電圧と関係していると思われる．

図 3.5-4 に層状複合体の応力検知機能の評価結果を示す．電圧は圧縮応力を負荷させた場合およびそれを除荷させた場合に発生し，特に除荷時に最大約 8 mV が発生している．負荷時の発生電圧が低い理由の一つに応力負荷加速度が考えられる．圧電効果で発生する直流電圧は時間とともに減衰するため，例えばその加速度が小さい場合，応力の負荷と同時に直流電圧が減衰し，その結果，観察できる最大電圧は小さくなる．今回の評価では，試料の物理的抵抗のため，上記の結果が得られたと考えられる．このように，より高感度の破壊および応力検知機能の実現方法として層状複合化が有効であることがわかる．

層状複合化によって高感度な応力および破壊検知機能を有する構造用セラミックスが期待できる．今後，複合体の強度，破壊特性など，応用分野を想定した機械的，電気的特性の評価が必要である．

● 参考文献

1) T. Nagai, H. J. Hwang, M. Yasuoka, M. Sando, and K. Niihara, *J. Am. Ceram. Soc.*, **81** (2), 425-28 (1998).
2) T. Sekino, T. Nakajima, S. Ueda, and K. Niihara, *J. Am. Ceram. Soc.*, **80** (5), 1139-48 (1997).
3) T. Sekino, T. Nakajima, and K. Niihara, *Mater. Lett.*, **29**, 165-69 (1996).
4) M. Awano, M. Sando, and K. Niihara, p. 352 in Proceedings of the Annual Meeting of the Ceramic Society of Japan.
5) T. Noma, S. Wada, M. Satake, T. Otsuka, and T. Suzuki, p. 551 in Proceedings of the Annual Meetings of the Ceramic Society of Japan (1996).

3.6 ナノ構造化酸化物セラミックス長繊維

繊維強化複合材料は，セラミックスの靱性を改善することを最大の特徴としているが，その強化繊維には酸化雰囲気における耐熱性が求められる．酸化物多結晶繊維，特にアルミナ繊維に関して，酸化雰囲気では非酸化物繊維よりも潜在的に強度や靱性を維持できるため，これまでいくつかの研究が行われてきた[1)~3)]．しかし，ほとんどのアルミナ繊維はある一定の温度以上になると急激に強度が劣化し，破壊するという欠点を持つ．したがって，高温用の構造用セラミックス複合材料に用いることができる酸化物繊維の開発は重要研究課題であると考えられる．

ナノ粒子を分散するナノ複合化はセラミックス繊維を強化するとともに，クリープ抵抗を向上させる[4)]．第2相粒子は繊維マトリックスの粒成長や微構造に影響し，また，粒界のピニングにより，クリープ速度に影響する可能性があると考えられる．YAG ($Y_3Al_5O_{12}$) は，優れたクリープ抵抗を示す，アルミナを強化する代表的酸化物であり，第2相粒子として YAG 粒子が分散した微構造を持つアルミナ基複合繊維は高温材料として有効であると考えられる．また，アルミナは θ から α-Al_2O_3 への相転移に関連して特徴的な焼結挙動を示し，焼結体は通常 α-アルミナ粉体の成形，焼結によって作製される．しかし，微細な α-アルミナの種粒子添加により，ベーマイトゲルからでも緻密な焼結体を得ることが可能であることから[5)]，アルミナ繊維の作製時にも，α-アルミナの種粒子添加が有効であると考えられる．

本節では，アルミナ繊維の製造プロセスに関して検討するとともに，α-アルミナの種粒子添加による繊維の相転移挙動や微細構造への影響について述べる．

(1) 前駆体を利用したアルミナ系長繊維作製プロセス

図 3.6-1 に作製プロセスを示す．まず，アルミニウムトリイソプロポキシドと 3-オキソブタン酸エチルを 2-プロパノールに混合し，溶解する．また，この溶液にイットリウムイソプロポキシドをエチレングリコールモノブチルエーテルに溶解した溶液を加え，攪拌する．こうして，前駆体溶液をつくった後，塩酸と水を加えることにより反応させ，溶液を濃縮し紡糸液とする．また，前駆体溶液中に α-アルミナの種粒子を添加する場合には，あらかじめホモジナイザを使用し，2-プロ

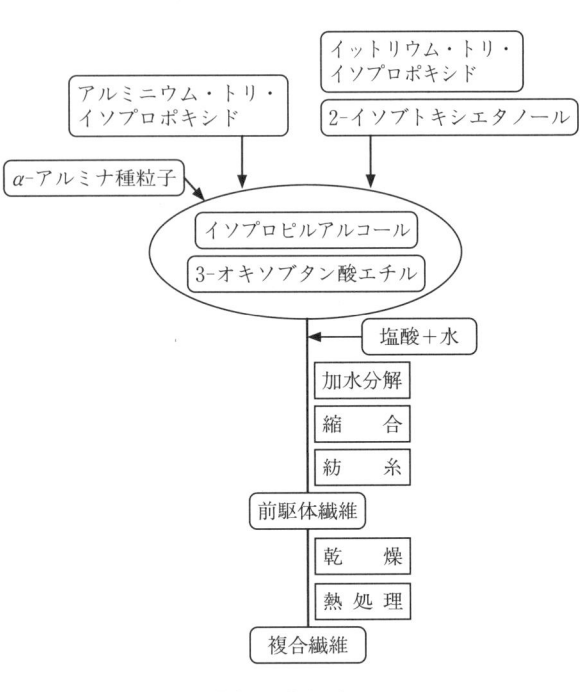

図 3.6-1 作製プロセス

パノール溶液中に分散したα-アルミナの種粒子溶液の上澄み液をとり，これを溶液中に添加し撹拌する．紡糸は手動で棒を迅速に引き上げることにより行い，所定の温度で熱処理する．

(2) 作製したYAG粒子分散アルミナ繊維

熱処理後には側面が比較的滑らかな繊維（直径十〜数百μm）を作製できる（図3.6-2）．熱処理過程におけるアルミナ単味および複合繊維のα-アルミナ種粒子添加の有無によるアルミナの相転移挙動を図3.6-3に示す．アルミナ，複合繊維ともに，種粒子の添加によってより低温でα相が生成しているが，Yを含むことにより複合繊維のα相生成が高温側にシフトすることもわかる．図3.6-4に熱処理した複合繊維のX線回折図を示す．種粒子を添加した複合繊維のα-アルミナへの相転移は1 000 ℃で達しているが，アルミナに固溶しているYは熱処理温度の上昇とともにアルミナと反応し，1 200 ℃以上でYAlO$_3$（YAP）を生成する．熱処理温度の上昇と

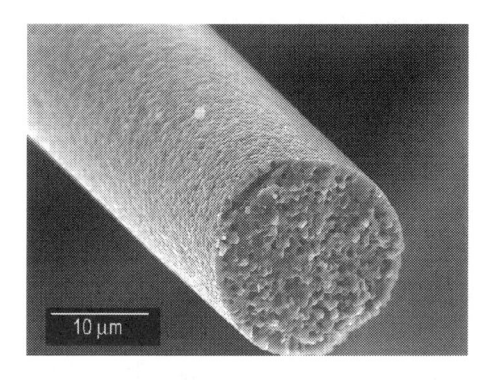

図3.6-2 熱処理後のアルミナ/YAG複合繊維のSEM写真

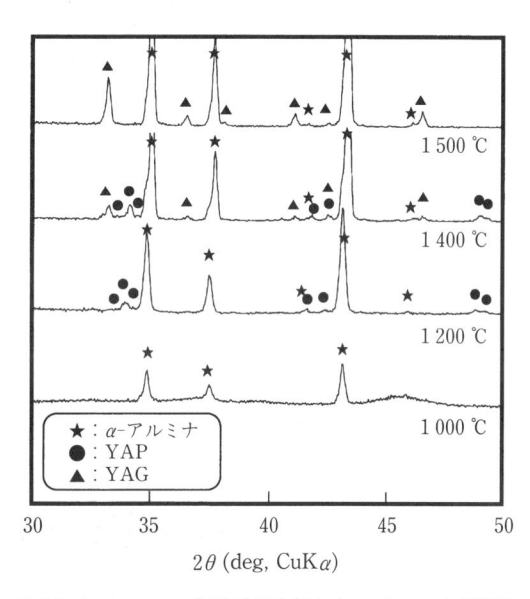

図3.6-4 α-アルミナ種粒子を添加したアルミナ/YAG複合繊維の（YAG含有量＝3.7 vol％）X線回折像

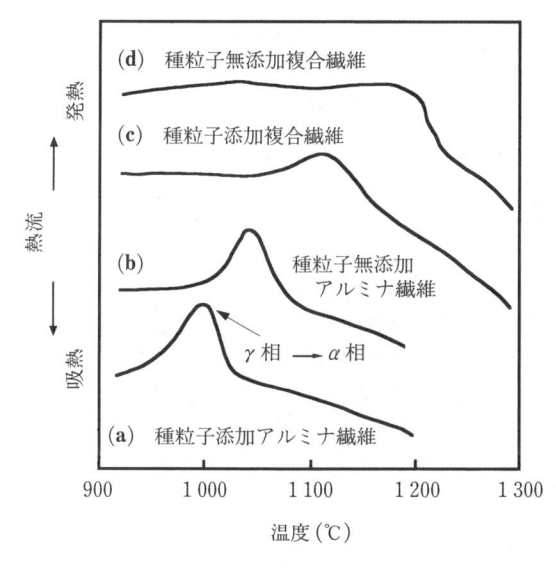

図3.6-3 α-アルミナ種粒子添加，無添加の場合のアルミナのみおよび複合繊維のDSCによる熱分析結果

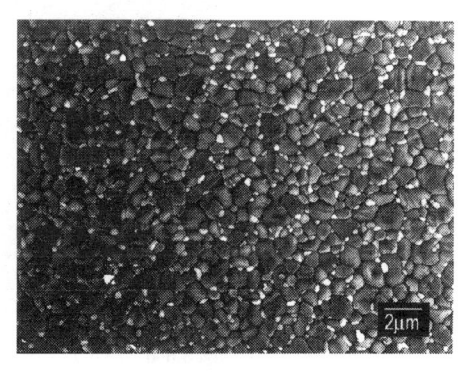

図3.6-5 α-アルミナ種粒子を添加したときの複合繊維の1 500 ℃で4時間熱処理したSEM写真（YAG含有量＝3.7 vol％）

ともに，YAPの回折線の相対強度は大きくなり，同時にYAGが1400℃で生成する．さらに熱処理温度が高くなると，YAPのピークは完全に消滅し，複合繊維は1500℃ではα-アルミナとYAGで構成される．

1500℃で焼成した複合繊維のSEM写真を図3.6-5に示す．写真中の白く丸い粒子がYAG粒子(数百nm)であり，粒界に均一に分散している．文献によると[6]，Yはアルミナの粒界に集まり，固溶限界に達すると，YAG粒子として粒界や細孔表面に析出すると言われている．図3.6-5に示す結果からは，すべてのYがマトリックスの粒界に析出すると明確には言えない．一部はアルミナ粒子内部にも存在すると考えられるが，この点については，さらなる検討が必要である．

熱処理前のすべての前駆体繊維は，アモルファスで弱く結合された凝集体から構成されており，1次粒子は数nmである．その繊維は，図3.6-3のようにYや種粒子の有無によって，異なる温度で安定なα相に転移する．アルミナのγ相やθ相からα相への相転移は，急激な粒成長をともなう[7]．それゆえ，各々のアルミナ繊維が持つ微構造の発達は，それぞれの転移挙動によって変わってくる．種粒子添加と無添加のアルミナ繊維および複合繊維(YAG含有量＝3.7 vol %)を1500℃で4時間熱処理したSEM写真を図3.6-6に示す．種粒子無添加のアルミナ(b)，種粒子無添加複合繊維(d)の場合，粒子内部や粒界に多くの細孔がみられる．特に種粒子無添加の複合繊維は，同じ種粒子無添加のアルミナ繊維に比較して，多くの大きな細孔があり，不均質な微構造である．この観察結果は，Yによる結晶化の抑制と，α相への転移時における急激な粒成長によるものと考えられる．Y添加時に100℃から200℃結晶化温度が上昇し，そのため熱処理過程で急激な粒成長が生じて，結果として図3.6-6(d)の種粒子無添加の複合繊維に示すような不均質な微構造と粒界の大きな細孔が生じたと考えられる．一方，種粒子添加アルミナ(a)，複合繊維(c)は，細かい均質な微構造を示している．種粒子添加アルミナ繊維のアルミナマトリックスの粒径は，無

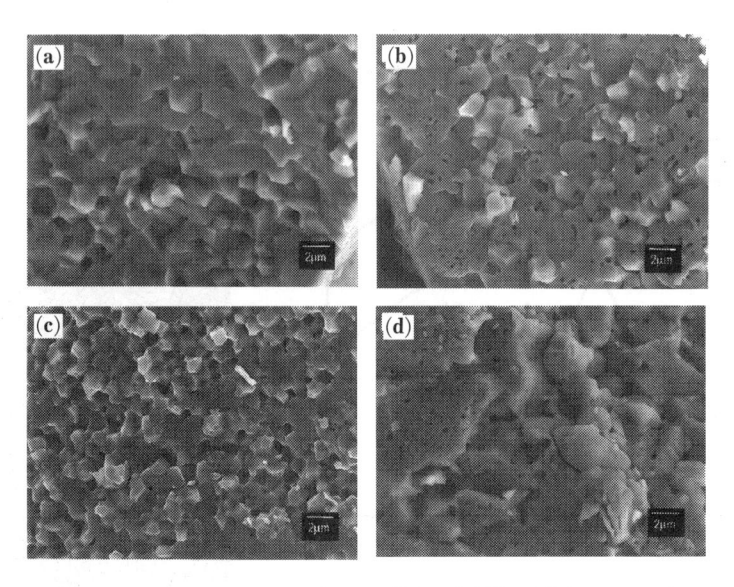

図3.6-6 α-アルミナ種粒子を添加した場合と無添加の場合のアルミナのみおよび複合繊維の破断面のSEM写真(熱処理条件：1500℃, 4 h)．(a) 種粒子添加アルミナ繊維，(b) 種粒子無添加アルミナ繊維，(c) 種粒子添加複合繊維，(d) 種粒子無添加複合繊維

添加のアルミナ繊維に比較して微細で，YAGを添加した種粒子添加複合繊維はさらに粒径が微細になっている．複合繊維のマトリックスの粒成長は，YAG粒子によって抑制されたと考えられ，この現象は微細2次粒子を含む複合材料の粒成長挙動と同様であると考えられる[8]．

　YAG粒子が均質にアルミナマトリックスに分散した複合繊維の作製プロセスについて述べた．このような構造を持つ繊維を用いた高温構造用複合材料は，航空，宇宙機器などの耐熱性を格段に向上させる可能性があると考えられる．今後の課題として，連続した複合繊維を作製するプロセスの確立と高温における詳細な機械的特性の評価が求められる．

● 参考文献
1) M. H. Stacey, *Br. Ceram. Trans. J*., **87**, 168-172 (1988).
2) T. F. Cooke, *J. Am. Ceram. Soc*., **74**, 2959-2978 (1997).
3) V. Lavaste, M. H. Berger, A. R. Bunsell, and .0. Besson, *J. Mater. Sci*., **30**, 4215-4225 (1995).
4) L. C. Stearns and M. P. Harmer, *J. Am. Ceram. Soc*., **79**, 3013-3019 (1996).
5) M. Kumagai and G. L. Messing, *J. Am. Ceram. Soc*., **68**, 500-505 (1985).
6) A. M. Thompson, K. K. Soni, H. M. Chan, M. P. Harmer, D. B. Williams, J. M. Chabala, and R. L. Setti, *J. Am. Ceram. Soc*., **80**, 373-376 (1997).
7) F. Oudet, P. Courtine, and A. Vejux, *J. catal*., **114**, 112-120 (1988).
8) K. Okada and T. Sakuma, *J. Ceram. Soc. Japan*, **100**, 382-386 (1992).

3.7 ナノ・ミクロ機能調和長繊維系複合体

長繊維複合体は,従来のモノリシックセラミックスにはない優れた損傷許容性を有していることから,信頼性を向上させる材料として,ガスタービンや宇宙航空機部材等の高温構造材料や,高温脱塵フィルタへの適用が期待されている.

長繊維複合体では,マトリックスが損傷した後のき裂進展を繊維で抑制することにより破局的な破壊を防ぐことができるため,マトリックスの損傷状態をその場で評価できる——すなわち,破壊検知機能を長繊維複合体に付与することは,部材のさらなる信頼性向上のために極めて重要である.

長繊維複合体に破壊検知機能を付与する方法として,炭素繊維やTiNの導電性を利用するものが研究されており,その実用化が期待されている[1].近年システムの効率向上のため,これら高温構造部材に要求される特性がより高度化している.その結果,材料のさらなる高温下での耐熱性やより優れた耐環境性が求められているため,これらの要求を満足する材料の出現が望まれている.

長繊維複合体の機械的特性は,マトリックスや繊維強度そのものに依存するとともに,マトリックス/繊維の界面結合力に強く依存することが知られており,様々な界面物質が研究されている.$LaPO_4$は融点が2 000 ℃以上と高いうえに,Al_2O_3との結合力が弱く[2],界面層として有望な材料の一つであると考えられる[3][4].そのうえ,その結晶構造から,高温での酸素イオン伝導性を有していることが期待され,破壊にともなう電気抵抗変化を測定することで,破壊検知機能を付与できる可能性がある.

本節では,機械的,機能的特性が調和した長繊維複合体の創製を目指し,材料構造の提案と作製プロセスおよびその特性について述べる.

(1) ナノ・ミクロ機能調和のための長繊維複合体構造の概念

機械的,機能的特性を調和させるため新しい材料構造を有する長繊維複合体の材料構造を検討する.前述のように,長繊維複合体の機械的性質は長繊維とマトリックスの界面結合力に強く依存する.一般的にこの界面層にはBNやCといった繊維やマトリックスとの反応性に乏しくかつ,き裂進展時に界面層と繊維やマトリックス間での剥離・滑りが生じやすい物質が適用されていることが多い.$LaPO_4$は,機械的,機能的特性が調和した界面物質として有望ではあるが,その機械的強度は高々100 MPa程度であり,また高温での電気抵抗についても報告さ

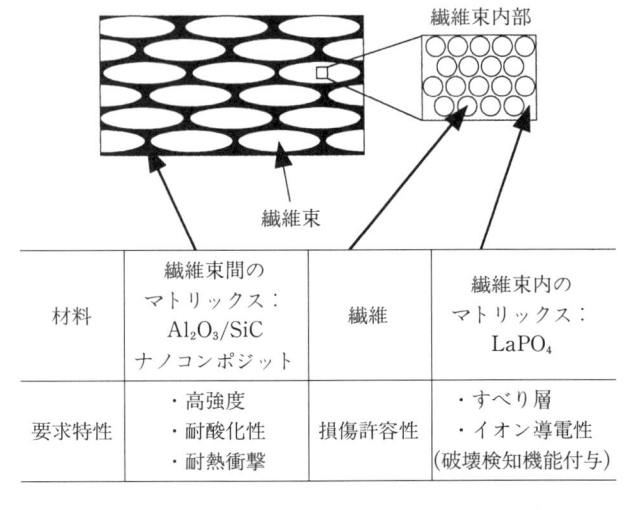

材料	繊維束間のマトリックス:Al_2O_3/SiCナノコンポジット	繊維	繊維束内のマトリックス:$LaPO_4$
要求特性	・高強度 ・耐酸化性 ・耐熱衝撃	損傷許容性	・すべり層 ・イオン導電性 (破壊検知機能付与)

図 3.7-1 ナノ・ミクロ機能調和のための材料構造

れていない．さらに，破壊検知測定の観点からは，電気抵抗変化量が大きいほど容易に検知可能であることは自明である．そのため破壊検知機能を担う LaPO₄ の体積分率は多い方が好ましい．

ここでは図 3.7-1 の構造を有する長繊維複合体を提案する．この構造は繊維束内外に異なるマトリックスを有していることが特徴である．繊維には破壊後のき裂進展を抑制させる効果を期待し，繊維束内部には LaPO₄ により，繊維との剥離や滑り効果を狙っている．さらに長繊維複合体の破壊時に，繊維束内部にもき裂が進展することで LaPO₄ の電気抵抗が変化することによって，破壊検知を可能にする効果を期待している．また繊維束外部のマトリックスには機械的強度を負担するために，高強度，かつ耐酸化性，熱衝撃特性等に優れた Al₂O₃/SiC ナノコンポジットを形成している．

(2) 長繊維複合体構造の実現プロセス

繊維束内外に異なるマトリックスを有するナノ・ミクロ機能調和長繊維複合体の材料構造を実現するため，長繊維束にマトリックスを含浸させながらフィラメントワインディング (FW) 法により成形し，HP 焼結を行った．FW は 2 回行い，それぞれ異なるマトリックスを使用することで長繊維束内外に異なるマトリックスを形成した．この手法では，それぞれのスラリーの濃度や含浸速度を制御することで，繊維の体積分率を容易に制御することが可能である．このことは，初期破壊強度が必要な場合には繊維体積分率を低下させ，また，初期破壊後のき裂進展抵抗を高めたいときには繊維体積分率を高めるといった機械的特性に関する材料設計が，製造の観点から容易になったことを示している．さらに破壊検知機能を付与する目的で LaPO₄ を採用しているが，繊維束内部にのみ，他の機能性物質を分散させることも手法的に可能であることから，さらなる新規機能調和長繊維系複合体の創製が期待される．

(3) 長繊維複合体の特性

図 3.7-2 に繊維体積分率が 50 % の代表的な切断面を示す．繊維束は複合体中にほぼ均一に分散している．EDX 等の分析結果より，繊維束内部には LaPO₄ が存在していることが確認されており，本プロセスで，繊維束内外に異なるマトリックスを有する複合体が作製可能である．

破壊検知機能を担う LaPO₄ の高温での電気抵抗の評価結果を図 3.7-3 に示

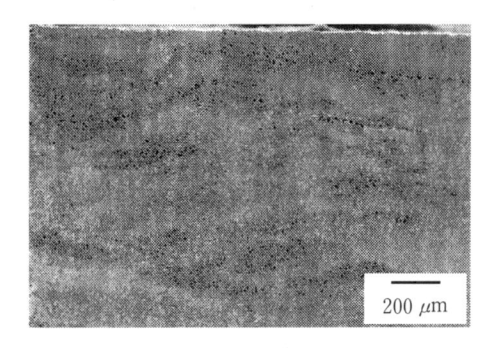

図 3.7-2 SiC 長繊維複合体の断面 SEM 写真

す．電気抵抗は温度が上昇するにつれて低下し，1 250 ℃ で 1.4 kΩ·cm を示す．Al₂O₃ 系繊維の高温での電気抵抗は LaPO₄ より高いため，LaPO₄ の破壊にともなう電気抵抗変化測定により，破壊検知が可能であると考えられる．

図 3.7-4 に Al₂O₃ 系長繊維複合体の 3 点曲げ試験中の電気抵抗変化を示す．電気抵抗変化は複合材料の初期破壊付近から測定され，破壊が進展するとともに上昇し，最大 5 kΩ の値を示している．この結果は，Al₂O₃ 系長繊維を用いた場合には破壊検知が可能であることを示している．

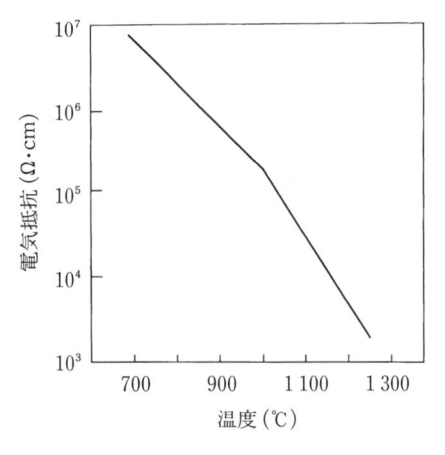

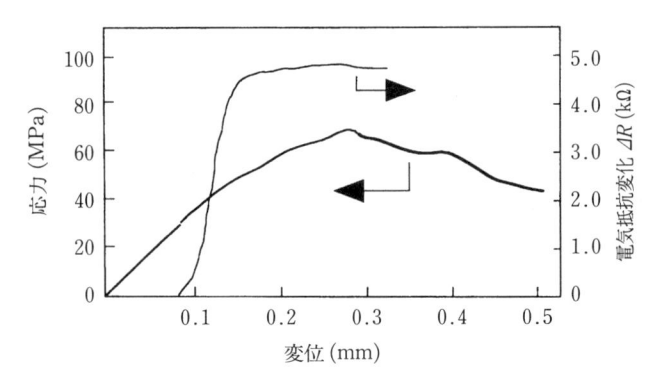

図3.7-3 LaPO$_4$の高温での電気抵抗変化

図3.7-4 Al$_2$O$_3$長繊維複合体の3点曲げ試験中の電気抵抗変化

　一般的に炭素繊維の導電性を利用した破壊検知法では，繊維が切断されてから，すなわち最大強度付近から，電気抵抗変化が観測されるため，複合材料には大きなダメージが生じている．これに対して，図3.7-4で示すように破壊検知が複合材料のマトリックス初期破壊付近で観測されることは，複合材料に微小なき裂が導入された段階で破壊を検知していることを示している．

　今回創製した複合材料では破壊検知した時点（初期破壊）後も強度が上昇する特性を示していることから，複合材料の信頼性はさらに向上したことを意味している．

　機械的，機能的特性が調和した長繊維複合体が，LaPO$_4$の界面層への適用と，繊維束内外に異なるマトリックスを形成する手法の確立により，可能になった．従来のプロセスで作製された破壊検知可能な長繊維複合体に比べて，今回得られた結果は，初期破壊近傍で破壊検知が可能になっているため，信頼性が大きく向上したものと考えられる．また最近研究が進んでいるAl$_2$O$_3$-YAGナノコンポジット繊維は，市販繊維の欠点である高温特性を大幅に改善する可能性があることが示されており[5]，この繊維を適用することで長繊維複合体の機械的特性を改善することが可能である．

　今後，高温構造部材への展開が期待されるとともに，さらなる新規機能調和長繊維系複合体の創製が期待される．

● 参考文献

1) Y. Takagi, H. Matsubara, and H. Yanagida, High Temperature Ceramic Matrix Composites III 99.
2) P. E. D. Morgan, and D. B. Marshall, *Mater. Sci. Eng.* **A162**, 15 (1993).
3) Peng Chen and Tai-II Mah, *J. Mater. Sci.*, **32**, 3863 (1997).
4) P. E. D. Morgan and D. B. Marshall, *J. Am. Ceram. Soc.*, **78**, 1553 (1995).
5) A. Towata, H. J. Hwang, M. Sando, and K. Niihara, High Temperature Ceramic Matrix Composites III 27.

3.8 ナノ構造酸化物焼結体

近年,材料構造を積極的に制御し,マトリックス中のすべての結晶粒子をナノサイズ(数十nm〜数nm)に制御するナノ構造材料の作製プロセスや特性に関する研究が進められている[1]. 結晶粒子をナノサイズに微粒化すると,各種の機械的・機能的特性が,従来の材料と比較して飛躍的に向上することが期待されている. しかし,一般的な粉末冶金プロセスを用いて,ナノ構造セラミックスを作製することはほとんど行われていない.

本節では,代表的な酸化物系セラミックスである酸化ジルコニウムを用いたナノ構造酸化物セラミックスについて,作製プロセス,微細構造と特異な機械的特性について述べる.

(1) ナノ構造酸化物系セラミックスの作製

ナノ構造セラミックスを作製するには,焼結中の粒成長を抑制するために第2相粒子の添加が必要であり,均一に第2相粒子が分散したナノサイズの超微粉末を作製する必要がある. また,粒成長を抑制するために新しい焼結プロセスが必要とされる. ここでは,新しく開発したプロセスについて述べる.

a. 酸化物系超微粉末の作製

現状の市販粉末では粒径がサブミクロンサイズであり,ナノ構造セラミックスの原料としては粒径が大きすぎるため,超微粒粉末を得る方法としてZr-,Y-,Al-の各イソプロポキシドのアルコキシド粉末を溶液中に溶解して加水分解反応を行い,3 mol% Y_2O_3-ZrO_2-Al_2O_3 の非晶質粉末を合成した.

図3.8-1は10 mol% Al_2O_3 を添加した ZrO_2 基非晶質粉末の熱処理温度による結晶相の変化を示した図である. この結果から600℃まで粉末は非晶質であり,それ以上の温度で結晶化していることがわかる. また,1 000℃以下では ZrO_2 のピークのみからなり,1 000℃以上で α-Al_2O_3 が析出していることがわかる. 図3.8-2に900℃で熱処理した Al_2O_3 添加量に対する ZrO_2 の格子定数の変化を示す. この結果,10 mol% Al_2O_3 添加までは格子定数の直線的な減少変化が確認され,Al_2O_3 が固溶していると考えられる[2].

900℃の熱処理で得られた10 mol% Al_2O_3 添加の複合粉末のTEM写真を図3.8-3(a)に,市販粉末のTEM写真を図3.8-3

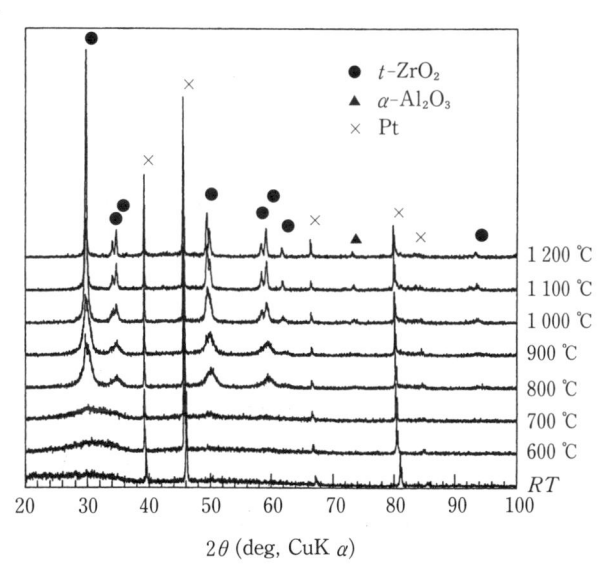

図3.8-1 10 mol% Al_2O_3 を添加した ZrO_2 の結晶相の変化

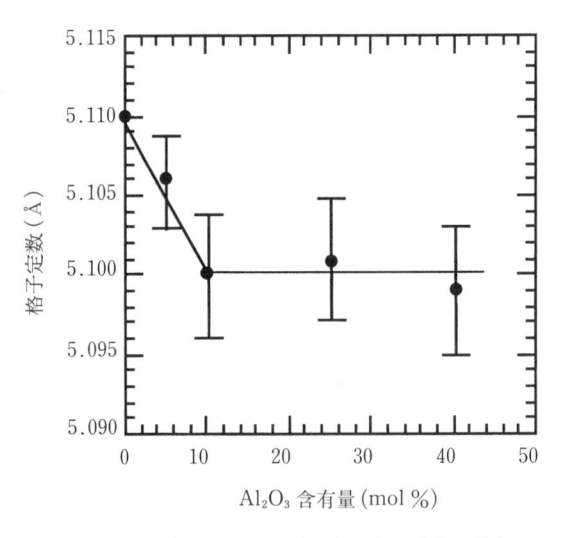

図 3.8-2 Al_2O_3 添加による ZrO_2 の格子定数の変化

(b) に示す．本手法で得られた粉末の粒径は数 nm であり，市販粉末と比較して非常に微細である．これらの結果，均一に Al_2O_3 が固溶分散した超微粒子が本手法で作製されていることがわかる．

b. ナノ構造酸化物系セラミックスの焼結

ナノ構造セラミックスを作製するためには焼結中の粒成長を抑制する必要がある．その手段として，短時間で焼結することが考えられる．そこで，近年開発が進められているパルス通電焼結法を用いナノ構造セラミックスの作製を試みた．パルス通電焼結法とは，原料粉末を加圧しながら数千アンペアの ON-OFF 直流パルス電圧を印加することにより，短時間で加熱・焼結させる方法である[3]．本焼結法により焼結した 10 mol % Al_2O_3 を添加した ZrO_2 の TEM 写真を図 3.8-4 に示す．得られた試料は 40 nm の均一な粒径からなる焼結体であることがわかる．本焼結法でナノ構造セラミックスが作製できる理由は，100〜200 ℃/min のような速い昇温が可能なため，焼結初期段階で起こるネック成長等を抑制でき緻密化を促進することができたためと考えられる[4]．また，EDX 分析の結果からは Al_2O_3 が均一にナノサイズで分散しており，ZrO_2 の粒成長が第 2 相の Al_2O_3 添加により抑制されたためであると考えられる．

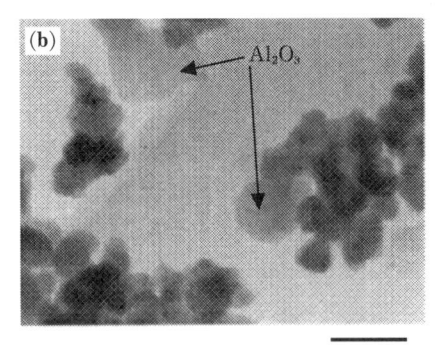

図 3.8-3 粉末の TEM 写真．(a) 複合粉末，(b) 市販粉末

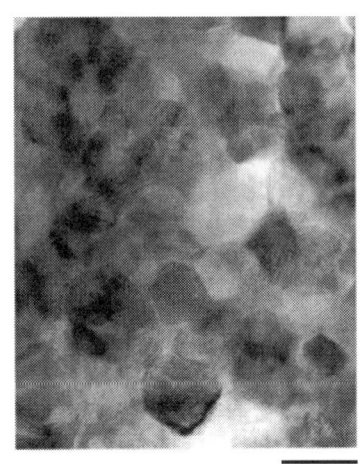

図 3.8-4 ナノ構造セラミックスの TEM 像

(2) ナノ構造酸化物系セラミックスの特性

ナノ構造セラミックスの利用分野として単純形状で作製された材料を高温で塑性変形させ，複雑形状化する方法が考えられる．現在の一般的なセラミックス材料では変形可能な温度は1 500 ℃ 以上であり，その加工速度も $10^{-3}\sim10^{-4}\,\mathrm{s}^{-1}$ と金属材料と比較して2桁くらい遅いために，ナノ構造セラミックスを用いることによりさらなる改善が可能である．図3.8-5には応力とひずみ速度の関係を示す．ナノ構造セラミックス材料は1 200 ℃ の試験温度で市販セラミックス材料 ($0.3\,\mu\mathrm{m}$) と比較し低い応力値で変形が可能であることがわかる．また，図中には80％まで変形させた場合の写真を示す．大きなひずみ量まで試料が変形可能であることがわかる．通常の ZrO_2 材料では1 200 ℃ 程度で同程度変形させるためにはガラス相の添加等が必要であり[5]，この場合，機械的特性が低下する問題があった．しかし，ナノ構造セラミックスではガラス相等の添加を必要とせず大きな変形性能を低温で示すことが可能となる．

図3.8-6にナノ構造セラミックス材料および市販セラミックス材料の破壊強度の温度依存性を示す．ナノ構造セラミックスは極低温から中高温まで高い安定した強度を示している．この理由は，①ナノ構造化による粒径効果[6]により強度が高いこと，②ナノ構造により相変態が抑制され，極低温から高温まで安定した結晶構造を保てること[7]があげられる．

ナノ構造制御を行うことにより，上記に述べたような機械的特性だけでなく透光性や磁気特性，あるいは電気特性等の新規機能を持つ材料が開発できることが考えられ，今後の材料開発が期待される．

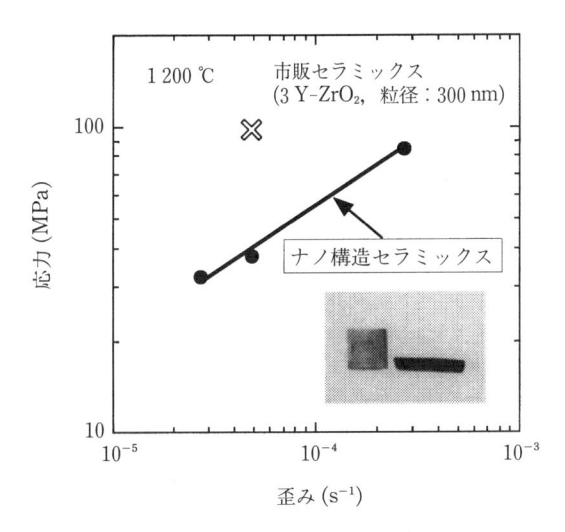

図3.8-5 ナノ構造セラミックスの応力-歪みの関係

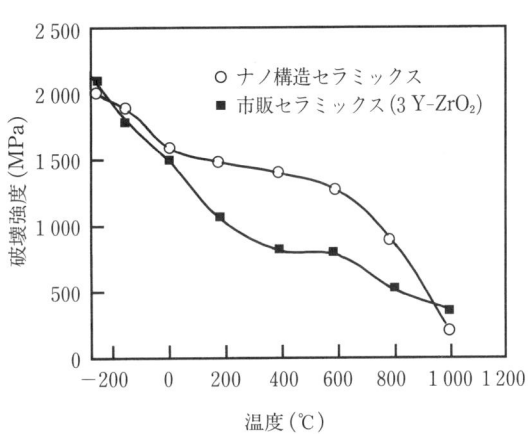

図3.8-6 ナノ構造セラミックスの破壊強度の温度依存性

● 参考文献

1) J. Karch, R. Birringer and H. Gleiter, *Nature*, **330**, 556-558 (1987).
2) M. Yoshimura, S-T. Oh, M. Sando and Niihara, *J. Alloy and Metal Compound*, **290**, 284-89 (1999).
3) 嶋田正雄, セラミックスの高速焼結技術, 150, TIC (1998).
4) M. Yoshimura, T. Ohji, M. Sando, Y-H. Choa, T. Sekino and K. Niihara, *Mater. Lett.*, **38**, 18-21 (1999).
5) R. Duclos and J. Crampon, *J. Mat. Sci. Lett.*, **6**, 905 (1987).
6) I. Takahashi, S. Usami, K. Nakakado, H. Miyata, and S. Shida, *Yogyo-Kyoukai-Shi*, **93**, 30 (1985).
7) A. H. Heuer, N. Claussen, W. M. Kriven and M. Ruhle, *J. Am. Ceram. Soc.*, **65**, 642-50 (1982).

3.9 ナノ構造非酸化物焼結体

窒化ケイ素（Si_3N_4）セラミックスは，強度および耐磨耗性等に優れた特性を有し，各種構造部品への実用化が進んでいる材料である．これまでの研究で，強度，耐熱性等の特性が大幅に改善され[1]，今後さらに従来にない機能の発現や，これらを組み合わせた新機能を有する材料の開発が望まれている．例えば，窒化ケイ素セラミックスの超塑性変形に関する報告[2]は，セラミックスにおいても金属の鍛造等のニアネットシェイプ成形が可能であり，多種多様な形状を持つ部品を短時間・低コストで成形加工できることが考えられる．このような技術は窒化ケイ素セラミックスの実用化を促進するうえで，不可欠な技術であると考えられる．しかし，このような機能を量産可能な温度で発現させるためには窒化ケイ素セラミックスの組織をナノサイズに制御する必要がある．

本節では，新たに開発したMechano-chemical grinding (MCG) プロセスによるナノサイズの結晶粒子からなるナノ構造窒化ケイ素セラミックスの作製とその特異な特性について述べる．

(1) MCGプロセスによるナノ構造窒化ケイ素セラミックスの作製

窒化ケイ素セラミックスは，超微粒子にすると容易に酸化する，超微粒子同士が凝集し成形が困難である，焼結中に容易に粒成長する等の問題があり，現状の技術レベルではサブミクロンサイズ程度まで微粒化することが限界である[3],[4]．

ナノサイズの窒化ケイ素超微粒子と金属との超微粒子からなるミクロンサイズの複合粉末を合成するMCGプロセス（図3.9-1）では，複合粉末の粒径がミクロンオーダーであるため表面酸化や成形の問題は生じず，簡便に扱える粉末を得ることが可能である．さらに窒化させた金属粒子がナノ分散することにより，粒成長のピン止め粒子として作用し，ナノ構造窒化ケイ素セラミックスを得ることができる[5]．

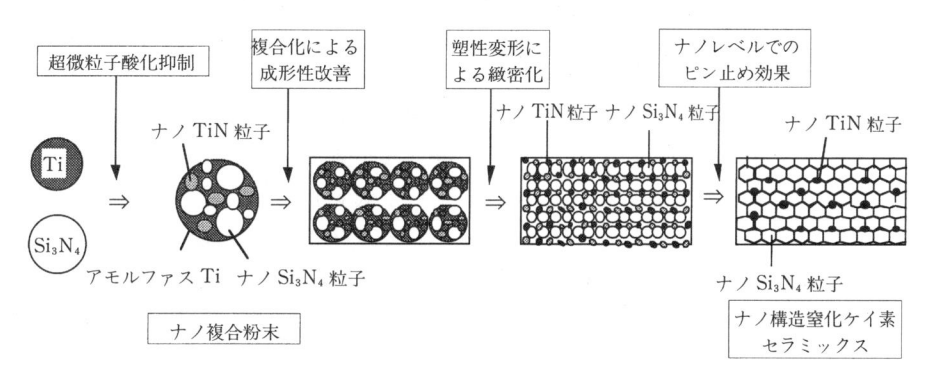

図3.9-1 ナノ構造窒化ケイ素セラミックスの作製プロセス

a. MCGプロセスによるナノ複合粉末の調製

本プロセスでは市販の窒化ケイ素粉末（平均粒径：約0.3 μm）とTi金属粉末（平均粒径：10 μm）に，焼結助剤としてY_2O_3粉末を5 wt％，Al_2O_3粉末を2 wt％添加した原料粉末を窒素ガス雰囲気で置換した遊星ボールミルを用いて，150 Gの加速度

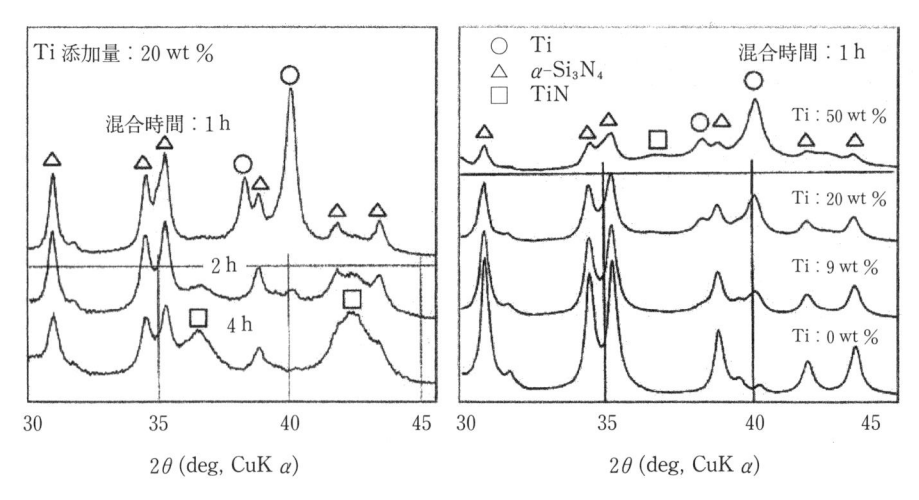

図 3.9-2 混合粉末の X 線回折パターン

条件で混合処理する.

　これらの混合粉末の X 線回折パターンを図 3.9-2 に示す. Ti 添加量および混合時間の増加にともない, 窒化ケイ素 (△) と Ti (○) の回折ピーク強度が減少し, 回折線の半値幅は増加していることから, 微粒化していることがわかる. また, メカノケミカル反応にともなうブロードな TiN (□) の回折ピークが増加している. 混合粉末は粒径 20～30 μm であるが, その内

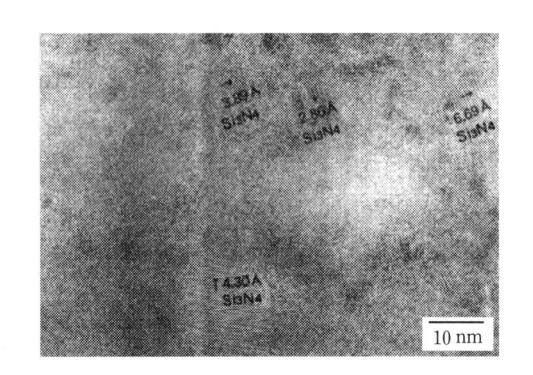

図 3.9-3 ナノ複合粉末の TEM 写真

部構造は図 3.9-3 の TEM 写真に示すように, 粒径が 10 nm 程度の Si_3N_4 と数 nm の TiN および界面がアモルファス Ti からなるナノ複合構造で形成されていることがわかる.

　ボールミルは, セラミックスを簡便に微粒化するプロセスとして用いられている. しかし, セラミックスのような脆性材料を粉砕する場合, 粒子が微粒化するにつれ, 粉砕される粒子の数が増え, ボールが個々の粒子を粉砕する確率が低くなり, 個々の粒子に与えられる粉砕エネルギーが低下するため, 粉砕粒径はサブミクロン程度が限界であった. したがって, ボールミルを用いた粉砕法をナノサイズの微粒化プロセスに応用することは困難であった. しかし, 本プロセスを用いると, 上記のとおり, 10 nm の窒化ケイ素超微粒子を合成することが可能である. これは, 窒化ケイ素粉末に延性のある金属 (Ti) 粉末を添加して混合すると, 混合中に Ti が窒化ケイ素粉末同士を結び付けるとともに, 粉砕された個々の結晶粒が互いに強固に結合した複合粉末を形成するようになる. その結果, 粉末内部で微粒化が進行しても複合粉末そのものは数十 μm の径を維持して, ボールによる粉砕エネルギーが常時加えられることとなり, 粉末内部での微粒化がさらに進んでいくと考えられる.

b. ナノ構造窒化ケイ素セラミックスの構造

　従来のセラミックス材料においては焼結時の加熱にともない, 粒成長することが大

きな問題となっていた．しかしMCGプロセスを用いた複合粉末では，図3.9-4に示すように粒径20～50 nmの窒化ケイ素粒子からなるナノ構造窒化ケイ素を得ることができる．これは，粉末中の結晶粒の微粒化にともなう焼結性の向上およびナノ複合粉末中の結晶粒界面に存在するTiの塑性変形を利用した緻密化機構により，低温で焼結させることが可能となったこと，およびMCGプロセス中で析出したTiN粒子およびナノ複合粉末中の結晶粒界面に存在するTiが焼結時にTiNに変化し，ナノ分散粒子として窒化ケイ素の粒成長を抑制できたため，と考えられる．

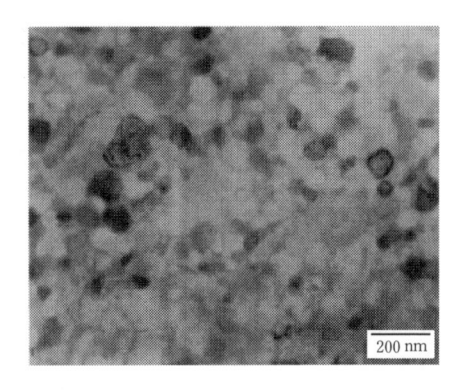

図 3.9-4 ナノ構造窒化ケイ素セラミックスの組織

(2) ナノ構造窒化ケイ素焼結体の特徴

ナノ構造窒化ケイ素セラミックスは，ナノ構造化に起因する特異な特性を示す．図3.9-5にナノ構造窒化ケイ素セラミックスと市販窒化ケイ素セラミックスの圧縮変形挙動を示す．市販窒化ケイ素セラミックスの場合，室温と1 300 ℃で直線的な応力-ひずみ曲線を示し，塑性変形を示さない．しかし，ナノ構造窒化ケイ素セラミックスは1 300 ℃で低応力 (20 MPa) を印加した段階から大きな変位を示し始め，最終的には40 %まで変形していることがわかる．図3.9-6に，変形前後の試料の写真を示す（左より変形前，変形量：20 %，変形量：40 %）．変形量：40 %の試料でもき裂を生じることなく変形が可能である．この結果は従来報告されている温度に比べ300 ℃以上低温で塑性加工が可能であることを示しており[6),7)]，窒化ケイ素セラミックスへ鍛造等の塑性加工技術が，量産可能な温度領域で応用可能であることを示している．

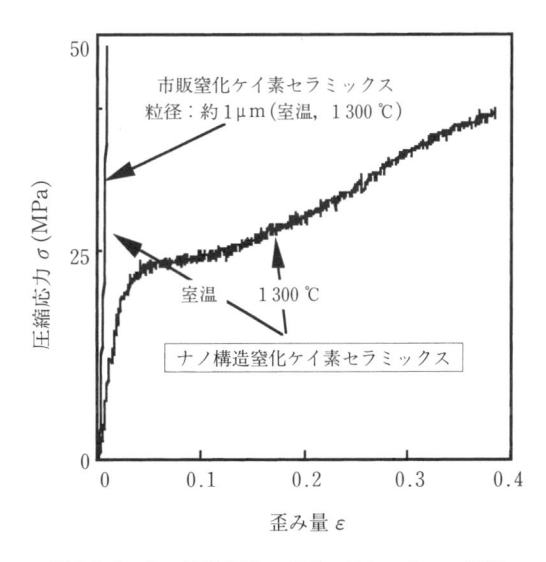

図3.9-7にナノ構造窒化ケイ素セラミックスと市販窒化ケイ素セラミックスおよびTiNの熱伝導率の値を示す．ナノ構造窒化ケイ素セラミックスの熱伝導率は，窒化ケイ素より熱伝導率が高い

図 3.9-5 ナノ構造窒化ケイ素セラミックスの圧縮変形挙動

図 3.9-6 ナノ構造窒化ケイ素セラミックスの塑性変形

TiNと複合化されているにもかかわらず，市販窒化ケイ素セラミックスの1/4程度とかなり低い値である．通常の窒化ケイ素の熱伝導率を20～130 W/m・Kと想定すると，窒化ケイ素中でのフォノンの平均自由工程は6～40 nmとなる．したがって現在のナノ構造窒化ケイ素セラミックスの粒径(20～50 nm)から考えると，熱伝導率が低下した要因として，微粒化による粒界でのフォノン散乱の影響が考えられる．このような特性もナノ構造化に起因していると考えられる．

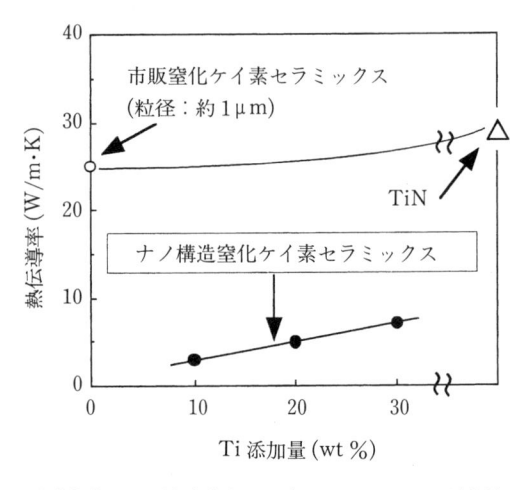

図 3.9-7 ナノ構造窒化ケイ素セラミックスの断熱性

以上述べたように，ナノ構造窒化ケイ素セラミックスでは，塑性加工を適用することにより複雑形状部品の大幅なコストダウンが可能となる．また，断熱性を高める新規な技術として応用化が期待できる．このように，ナノ構造制御によって新しい機能が発現することが明らかとなった．この結果は，窒化ケイ素セラミックスの新しい用途展開への可能性を飛躍的に広げるものであり，今後さらなる研究・応用展開が期待される．

● 参考文献

1) M. Yoshimura, T. Nishioka, A. Yamakawa and M. Miyake, *J. Ceram. Soc. Japan*, **103**, 407-409 (1995).
2) K. Kondo, F. Wakai, T. Nishioka and A. Yamakawa, *J. Mat. Sci. Lett.* **14**, 1369-1371 (1995).
3) J. H. LEE and T. Yoshida, *J. Mater. Sci.*, **31**, 1647-1651 (1996).
4) H. Hirai and K. Kondo, *J. Am. Ceram. Soc.*, **77**, 487-492 (1995).
5) S.-L. Hwang and I.-W. Chen, *J. Am. Ceram. Soc.*, **73**, 3269-3277 (1990).
6) F. Wakai, Y. Kodama, S. Sakaguchi, N. Murayama, K. Izaki and K. Niihara, *Nature*, **344**, 421-423 (1990).
7) M. Mitomo, H. Hirotsuru, H. Suematsu and T. Nishimura, *J. Am. Ceram. Soc.*, **78**, 211-214 (1995).

4. 特異構造制御プロセス

　セラミックスの特性を向上させるために，焼結体の微構造の制御が重要なことは従来から指摘され，様々な角度から多くの研究者によって微構造制御にかかわる研究が行われてきた．セラミックスの微構造は，原料粉末の粒子径や粒度分布，化学的，結晶学的純度等の原料粉体特性と，成形，焼結，熱処理等のセラミックス製造にかかわるプロセスとが相互に複雑に影響しあいながら形成される．さらに，焼結体の微構造を構成する結晶粒子や粒界相の化学的，物理的性質もまた，適用されたプロセスや原料によって多様に変化する．したがって，新たな機能の発現や着目した特性の向上が，焼結体微構造のいかなる構造要素の制御によってなされたかを明らかにすることは非常に困難である．そのために微構造制御の重要性に対する認識と，現実のセラミックスの微構造を制御する技術との乖離は大きく，機能や特性と，微構造との関係を系統的に検討することが阻まれてきた．

　熱力学や結晶化学の知識から，焼結後に形成される焼結体の微構造を構成する結晶粒子の大きさや形態を予測して原料やプロセスを選択することは可能である．また，破壊力学や電磁気学をもとに，ある焼結体の微構造を有する材料の力学特性や電気特性を解析することも行われている．セラミックスが持つ機能や特性を十分に引き出すためには，これらの知見を活用して，機能の発現や特性を向上させるプロセス技術の開発を材料科学の観点から行うことが必要である．

　本章においては，焼結体の微構造を構成する構造要素のうちでも特に，ミクロ-マクロレベルの構造要素の制御技術について解説する．結晶粒子の大きさや形態，配向等の数 μm からサブミリオーダーのサイズを持つミクロレベルの構造制御には，焼結過程で起こる結晶核の生成や溶解・析出等の化学反応と，成形過程でのレオロジカルな物理現象を利用している．一方，一定の配向や分布を持つサブミリから数ミリオーダーの粒子群のマクロレベルでの構造制御には，厚膜成形体シートの積層や繊維状押出成形体の配列といった物理的な手法を活用するとともに，成形体に与えた組織の不均一性を焼結過程で均一化されることを防ぐための化学的あるいは物理的な処理を行っている．検討対象とする特性として，ミクロ-マクロレベルでの構造要素の制御によって特性が大きく支配される強度や靭性といった機械的特性を中心に選び，熱伝導性の制御，応力検知機能の発現，熱間加工性の付与などについても述べる．

4.1 ミクロ配向制御

　ミクロな配向組織がセラミックスの特性向上や機能発現におよぼす効果を明らかにするには，結晶粒子の配置や配向が制御された微構造を形成するプロセス技術の開発が必要である．本節では，ミクロレベルでの配向制御による破壊靭性の向上や高熱伝導性の付与，応力検知機能の発現などについて紹介する．

　まず，き裂の偏向や粒子架橋効果によるセラミックスの破壊靭性向上に有効な異方粒成長粒子について液相焼結過程で起こる結晶粒子の成長モデルとして，異方性オストワルド成長モデルを提案している．このモデルをもとにした結晶成長過程のコンピュータシミュレーションから焼結後の結晶形態の変化を予測し，実験的な検証によって焼結助剤成分が微構造形成におよぼす効果について述べる．また，原料スラリーや坏土から成形体を作製する際にせん断力を作用させることによって，焼結時に粒成長核となる種結晶の配向を制御し，強度と靭性の向上に効果的な配向柱状粒子からなる微構造の形成について述べる．

　さらに，結晶化学的に純度の高い結晶を選択的に成長させることによって金属に匹敵する高い熱伝導性の発現や，多結晶体材料表面への高配向性の窒化アルミニウム薄膜の形成による応力検知機能の付与についても述べる．

4.1.1　粒成長制御

　窒化ケイ素セラミックスの高靭性は，β-窒化ケイ素結晶の異方性粒成長によって生成した高アスペクト比柱状晶の in-situ タフニングによることがよく知られている[1]．その粒成長メカニズムおよび異方性の発現メカニズムについては，これまで多くの研究報告例があるが，未だ完全に解明されていないのが現状である．三友ら[2]および Tien ら[3] は実験結果から β-窒化ケイ素の粒成長が基本的に拡散律速であることを示しているのに対し，Kang らは明確なファセットを示す粒子の形態から界面反応律速であるとしている[4]．また，Hoffmann らはその中間であるとしている[5]．窒化ケイ素セラミックスの微構造を制御するにあたっては，この高アスペクト比をもたらす異方的な粒成長のメカニズムおよびその制御因子を明らかにすることが必要不可欠である．本項では，β-窒化ケイ素の液相中における粒成長のモデル化について述べる．

(1)　異方性オストワルド成長モデル

　一般に曲率半径 r を持つ等方性粒子表面の化学ポテンシャル μ は，

$$\mu = \mu_0 + \frac{2\gamma V}{r} \tag{4.1-1}$$

と表される．ここで，μ_0，γ，V は，それぞれ，標準化学ポテンシャル，表面エネルギー，モル体積である．(4.1-1) 式は，粒子径と化学ポテンシャルが逆相関にあり，径の小さい粒子は液相中に溶解し，径の大きい粒子は成長する（オストワルド成長）ことを示している．この粒子径の溶解度に対する効果は，Gibbs-Thompson 効果として知られている．しかしながら，(4.1-1) 式は，明確なファセットを示す結晶には

全く適用できないうえ（$r=\infty$ となるため），β-窒化ケイ素の六角柱状結晶の短径と長径という2変数を取り扱うことができない．このような異方性を持つ結晶表面の化学ポテンシャルを表すために，weighted mean curvature が導入された[6]．これを用いることにより，β-窒化ケイ素の(100)面と(001)面の化学ポテンシャル μ_a と μ_c は，それぞれ，次のように表される．

$$\mu_a = \mu_0 + \left(\frac{\gamma_a}{a} + \frac{\gamma_c}{c}\right)V \tag{4.1-2}$$

$$\mu_c = \mu_0 + \frac{2\gamma_a V}{a} \tag{4.1-3}$$

ここで，γ_a と γ_c はそれぞれ(100)面と(001)面の表面(界面)エネルギー，a と c はそれぞれ結晶の短径と長径の半分である．粒成長の駆動力は各結晶粒子表面の化学ポテンシャルの差により生じる．

Periodic Bond Chain 理論により，β-窒化ケイ素の〈100〉方向の成長は他の方向に比べ著しく遅いこと，したがって，〈001〉方向に長く伸びた六角柱状の成長形態はβ-窒化ケイ素結晶に固有の形状であることが Krämer らの研究によって予測された[7]．これをもとに，〈100〉方向と〈001〉方向の異なる成長速度定数 K_a と K_c（$K_a \ll K_c$）の2つを考える．成長速度定数 K が拡散定数 D/拡散距離 Δx より小さい場合は界面反応律速，大きい場合は拡散律速となる．粒子間の相互作用を考慮しない希薄分散系を仮定することにより，この拡散距離 Δx は粒子半径となる[8]．これらの速度定数と式(4.1-2)，(4.1-3)を用い，拡散律速と界面反応律速の両方を考慮した（中間挙動）異方性粒成長の式を次に示す．

$$\frac{da}{dt} = \frac{\gamma V}{RT} \frac{DK_a}{D + K_a a}\left(\frac{2}{r_l} - \frac{1}{a} - \frac{1}{c}\right) \tag{4.1-4}$$

$$\frac{dc}{dt} = \frac{\gamma V}{RT} \frac{DK_c}{D + K_c \cdot c}\left(\frac{2}{r_l} - \frac{2}{a}\right) \tag{4.1-5}$$

ここで，r_l は液相中の平衡濃度に対応する等方性粒子の半径(Gibbs-Thompson効果)を表す．液相中の平衡濃度は分散しているすべての粒子の短径と長径から決定される．界面エネルギーの異方性はないものと仮定している．これらの式より，窒化ケイ素のオストワルド成長に関して次のことが予想される．

① 結晶粒子の短径および長径が大きい粒子ほど，その短径の成長速度が大きくなる．

② 結晶粒子の短径が大きい粒子ほど，その長径の成長速度が大きくなる．

③ さらに，前述のように $K_a \ll K_c$ という条件では，②が窒化ケイ素粒成長の主体となることがわかる．すなわち，結晶粒子の短径が粒成長(アスペクト比)を支配する．

このことは，これまで窒化ケイ素において異常粒成長とされてきた現象（粗大な粒子のアスペクト比が非常に大きくなる現象，選択粒成長とも呼ばれる）が，異方性オストワルド成長の結果であることを示唆している．

(2) 異方性オストワルド成長モデルによる粒成長シミュレーション

前述の異方性オストワルド成長の式を用い，短径と長径に分布をもつ β-窒化ケイ素粉が液相中でどのようにそれらの分布を変化させていくかをシミュレートした．初期粒度分布は，実験的に得られた α-β 転移終了直後のもの（平均短径 0.8 μm，平均長径 4 μm）を用いた．計算は，$K_a \ll K_c < D/\Delta x$（界面反応律速，短径方向の速度定

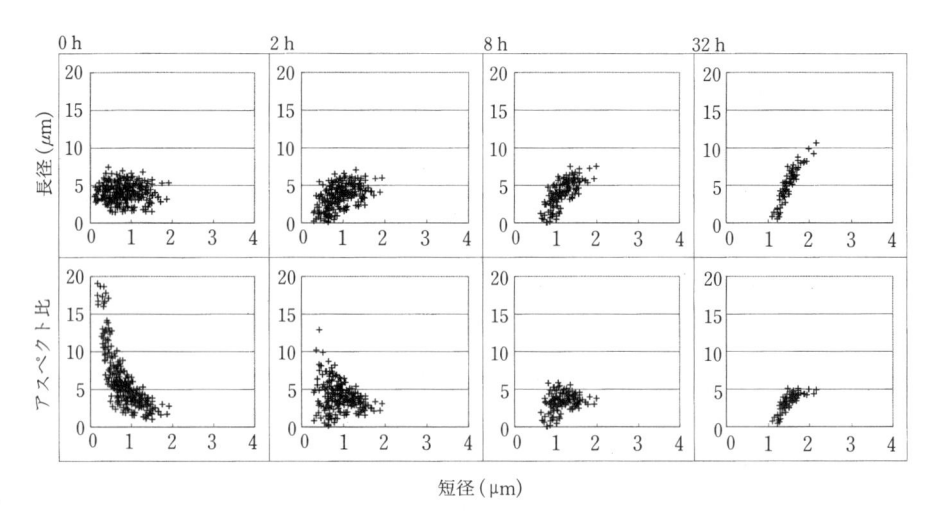

図4.1-1 異方性オストワルド成長モデルによる窒化ケイ素粒成長シミュレーション結果．短径-長径分布（上段），および，短径-アスペクト比分布（下段）の時間変化

数が長径方向の約1/100）という条件で行われた．

図4.1-1に，1 850 ℃における短径-長径分布（上段）および短径-アスペクト比分布（下段）の時間変化を示す．まず短径-長径分布に注目すると，初期では短径の小さな粒子が選択的にその長径を減少させるが，時間が経過するにつれて，初期になんら相関性がみられなかった短径-長径分布に強い正の相関が現れてくることがわかる．すなわち，短径が大きい粒子ほど，その長径も大きくなるという，先に述べた予測②が現れたわけである．次に短径-アスペクト比分布に注目すると，初期（α-β転移終了直後）では，強い負の相関が認められるが，急速に短径の小さい粒子のアスペクト比は減少する．このことは実験的にも観察されている[5]．最終的には，相関は逆転し，正となる（予測③）．ここで重要なことは，これらの異方性が，従来の異方性粒成長シミュレーションで必ず仮定されてきた界面エネルギーの異方性からではなく，成長速度定数の異方性より生じているという点である．このような考察の結果，窒化ケイ素のアスペクト比がα-β転移中は増大し，オストワルド成長中に減少する理由をはじめて明確に示した．

(3) 実験結果との比較

4.1.2で詳しく述べられるが，平尾らは，単結晶β-窒化ケイ素粉を合成し，これを種結晶として少量添加することにより，焼結体の高強度と高靭性を両立させることに成功している[9]．ここでは，この種結晶作製法を利用して，窒化ケイ素のオストワルド成長中の短径-長径分布および短径-アスペクト比分布を定量的に評価した結果について述べる．図4.1-2に，各温度で焼成されたβ-窒化ケイ素結晶粉の短径-長径分布（上段）および短径-アスペクト比分布（下段）を示す．1 750 ℃はちょうどα-β転移が終了した温度であり，オストワルド成長開始時の分布を示している．得られたデータは時間による変化ではないが，シミュレーションから予測された変化（図4.1-1）によく一致していることがわかる．このことは異方性オストワルド成長モデルの妥当性を示している．

異方性オストワルド成長モデルはα-β転移中の粒成長シミュレーションにも適用

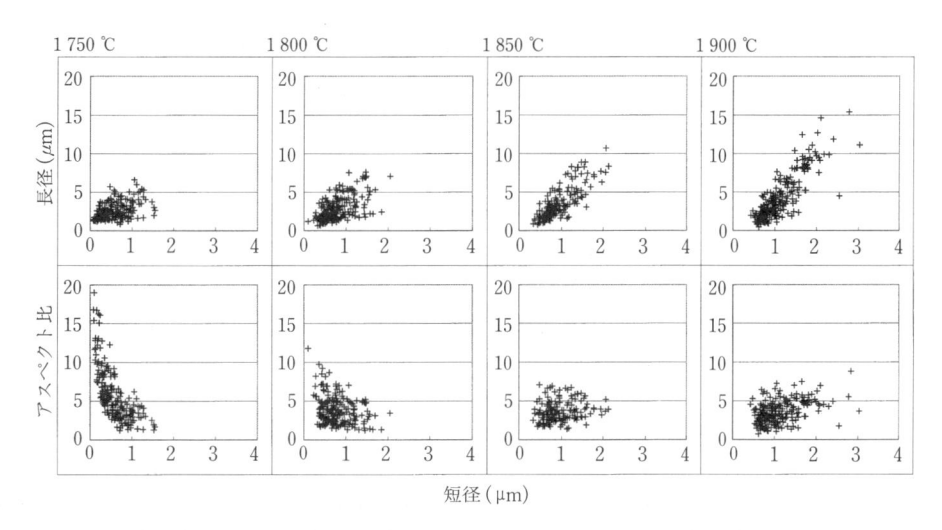

図 4.1-2 種結晶作製法による窒化ケイ素のオストワルド成長実験結果．各温度で達成された β-窒化ケイ素結晶粉の短径-長径分布（上段），および，短径-アスペクト比分布（下段）

でき，先のオストワルド成長シミュレーションとともに，β-窒化ケイ素結晶の形態制御に対する拡散定数と界面反応定数との間の関係の影響が明らかにされている[10),11)]．

　本モデルと種結晶作製法を組み合わせることにより，窒化ケイ素結晶形態制御に対する焼結助剤の効果を明らかにすることができる[12),13)]．一例として，図 4.1-3 (a)，(b)，および (c) に，それぞれ，La_2O_3，Gd_2O_3，および Yb_2O_3 を焼結助剤として種結晶作製法により合成した β-窒化ケイ素結晶の粒子形態を示す．図より明らかなように，ランタノイド・イオン半径が大きいほど β-窒化ケイ素結晶のアスペクト比が大きくなる傾向が観察できる．異方性オストワルド成長モデルによるシミュレーションに

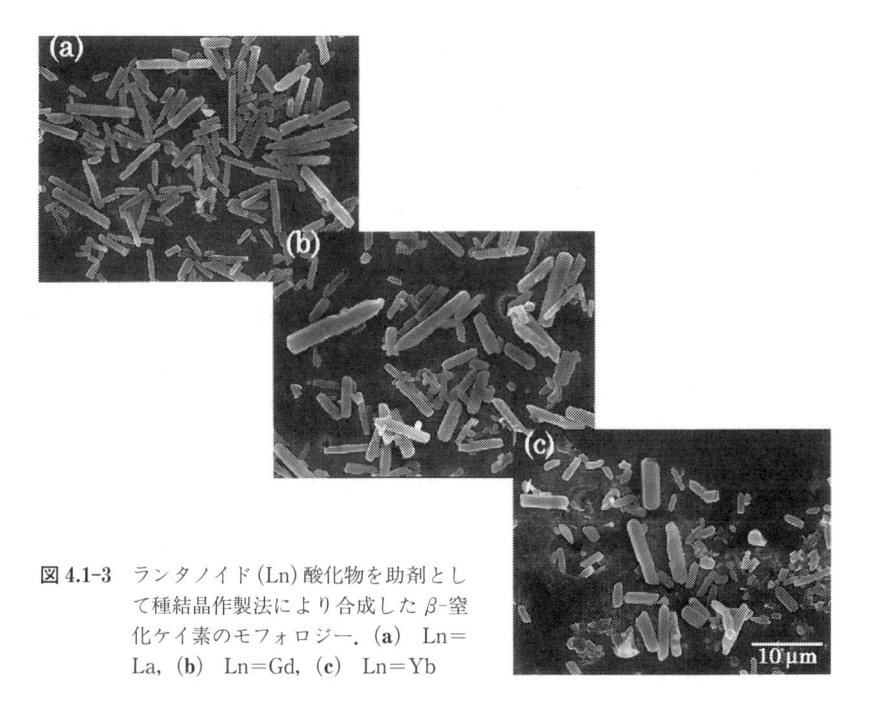

図 4.1-3 ランタノイド (Ln) 酸化物を助剤として種結晶作製法により合成した β-窒化ケイ素のモフォロジー．(**a**) Ln=La，(**b**) Ln=Gd，(**c**) Ln=Yb

よると，液相中の拡散定数 $D/\Delta x$ と β-窒化ケイ素結晶のプリズム面における界面反応定数 K_a との比 $D/\Delta x : K_a$ は，La_2O_3，Gd_2O_3，および Yb_2O_3 のそれぞれの焼結助剤に対して，1 000：1，100：1，10：1の関係にある[13]．このことは，焼結助剤として用いる希土類酸化物の種類を選択することにより，β-窒化ケイ素粒子形態制御（アスペクト比制御）が可能であることを意味する．

ここで述べた知見は，今後の窒化ケイ素の高強度，高靱性を目指したさらなる研究開発のキープロセスと考えられる．異方性オストワルド成長モデルは，炭化ケイ素，アルミナ等のファセットを呈する傾向の強い異方性結晶材料の液相焼結にも適用可能であり，今後，これらの材料の粒子形態制御および高靱化にも応用できると考えられる．

4.1.2　粒子配向制御

窒化ケイ素セラミックスの靱性が β-Si_3N_4 粒子を柱状に発達させることにより向上することが見出されてから，微構造制御による本材料の高靱化について多くの研究が行われてきた．特に，高温，高窒素圧下で焼成（いわゆるガス圧焼結）し柱状粒子を著しく粗大化させた場合，$8〜11 MPa \cdot m^{1/2}$ の高い破壊靱性を持つ窒化ケイ素焼結体が得られている[14]~[17]．しかし，従来の高靱化窒化ケイ素焼結体では組織中に著しく大きな粒子も存在し，これが破壊源となるため強度は低い．このため，強度，靱性ともに優れた材料を得るためには，柱状粒子の大きさと分布を制御する微構造制御技術の開発が必要である．

窒化ケイ素の焼結は，酸化物助剤と窒化ケイ素原料に含まれるシリカとの反応により生じた液相を介して進行する．窒化ケイ素には α，β の2種類の結晶相があるが，原料粉末としては一般に α 含有率の高いものが用いられる．焼結時に α 相粒子は液相に溶解して β 相粒子として析出する．この $\alpha \to \beta$ 相転移において，β 相の析出は原料粉末に少量含まれる β 相粒子を核として進むことが最近の研究で明らかとなってきた[18],[19]．さらにガス圧焼結の場合，$\alpha \to \beta$ 相転移が完了した後において，粒径差に起因する β 相粒子の溶解・再析出（オストワルド成長）により粒子径の大きな特定の β 相粒子が選択的に成長し，粗大な柱状粒子と微細な粒子からなる複合的な組織が発達する[20]．したがって，焼結体の微構造を制御するためには原料粉末中の β 相粒子の大きさと量を制御することが重要と考えられる．

原料粉末中の β 相粒子よりも大きな粒子径を持つ単結晶の β-Si_3N_4 粒子を粒成長の核（種結晶）として添加することにより，窒化ケイ素焼結体の微構造を制御することが可能である．この手法の大きな特徴は，粒子の大きさを制御できることに加え，あらかじめ成形時に種結晶を配向させることにより焼結後の柱状粒子の配向をも制御できることにある．本項では，一軸加圧成形法により種結晶をランダム配向させた場合，およびテープ成形・積層法や押出成形法を用いて種結晶を特定な方向に配向させた場合の焼結体の微構造と機械的特性の関係について述べる．

(1)　種結晶添加による柱状粒子の大きさと分布の制御

種結晶を用いた微構造制御においては，種結晶の添加量と大きさが重要なパラメー

タと考えられる．表4.1-1にフラックス法[21]により作製された3種類の大きさの異なるβ-Si_3N_4種結晶粒子の特性を示す．いずれの種結晶粒子の形状も柱状であり，粒子径は異なるがアスペクト比は4とほぼ同じである．また，いずれも粒子径分布は非常に狭く，ほぼ均一な大きさである．ここ

表4.1-1 合成された種結晶の特性

記号	短軸径 (μm)	長軸径 (μm)	アスペクト比
S	0.47	2.0	4.2
M	0.96	3.8	4.0
L	1.3	5.2	4.0

で重要なことは，これら種結晶が粒成長の核として働くためには，その粒子径が焼結用原料であるα-窒化ケイ素原料粉末中に含まれる微量のβ相粒子の粒子径よりも大きいことである．

図4.1-4に一軸加圧成形を行った場合の，焼結体の微構造写真を，種結晶を添加しない場合と比較して示す[22]．種結晶を添加しない焼結体（無添加焼結体）は微細な柱状粒子からなる均質な組織を示す．一方，種結晶を添加すると，微細な柱状粒子中に粗大な柱状粒子が分散した複合的な組織となる．種結晶添加焼結体における微細な粒子は原料粉末中に含まれるβ相粒子（約4％存在）を核として，また粗大な柱状粒子は種結晶を核として成長したものである．種結晶の大きさが均一であることを反映して，焼結体中の粗大柱状粒子もほぼ大きさがそろっている．粗大柱状粒子の大きさと

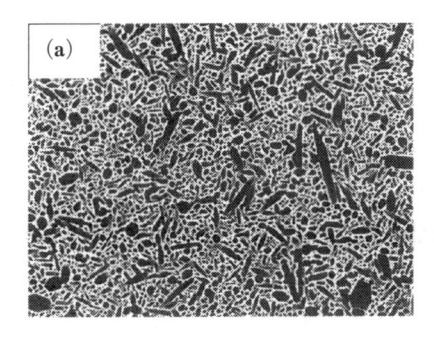

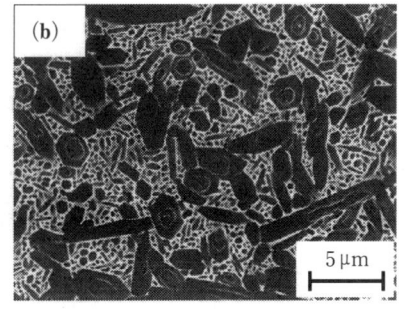

図4.1-4 焼結体の微構造．(a) 種結晶を添加しない焼結体，(b) 5 vol％の種結晶Lを添加した焼結体

単位体積当りの個数は，種結晶の粒子径と添加量（個数密度）をパラメータとして制御できる[22),23)]．

図4.1-5は種結晶の種類および添加量と焼結体の強度および破壊靱性の関係を示したものである[23)]．無添加焼結体は1000 MPaの高い強度を有するが，破壊靱性は6.6 MPa・$m^{1/2}$と低い．種結晶を添加することにより破壊靱性は向上し，添加量が多いほど，また種結晶の粒子径が大きいほど，大きな靱性向上が達成される．靱性

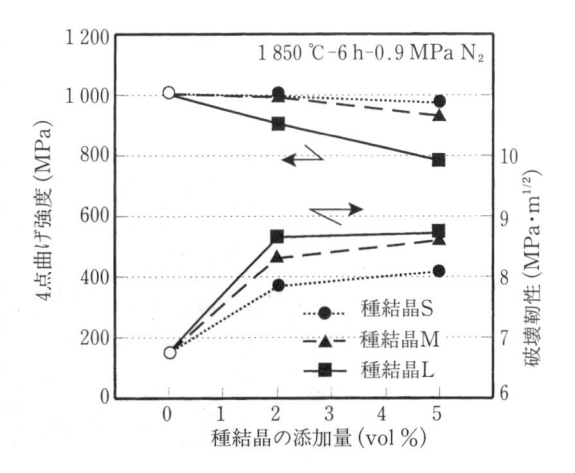

図4.1-5 種結晶の種類および添加量と焼結体の機械的特性の関係

の向上は，種結晶から成長した粗大柱状粒子によるき裂の偏向と架橋効果によるものと考えられる．一方，強度は種結晶の添加によりいく分低下する傾向にあるが，種結晶 L を 5 vol % 添加した場合を除いてほぼ 1 000 MPa の高い強度を維持している．つまり，種結晶の大きさと添加量を最適化することにより高強度を維持しつつ靱性を向上させることが可能である．例えば，種結晶 M を 5 vol % 添加した試料では 950 MPa の強度と 8.7 MPa・m$^{1/2}$ の破壊靱性が達成されている．強度の低下をもたらすことなく靱性の向上が達成されたのは，種結晶添加により破壊源となる粒子の最大寸法を制御し，靱性の向上に寄与する柱状粒子を効率的に焼結体中に導入することができたためである．

(2) 種結晶添加による柱状粒子の配向制御
a. テープ成形・積層法

テープ成形・積層法を用いて，種結晶を成形時に配向させることによる焼結体中の粗大柱状粒子の配向制御について述べる．テープ成形・積層法とは，種結晶を含む原料スラリーをドクターブレード法により厚さ約 100 μm のグリーンシートに成形し，次にグリーンシートを積層し加熱圧着して成形体とし，脱脂，焼成する方法である．同一組成のシートを積層するため，焼結時に剥離などを生じることなく，緻密な焼結体が得られる．

このようにして作製された焼結体の微構造の一例（種結晶 L を 2 vol % 添加）を図 4.1-6 に示す[24]．一軸加圧成形により種結晶をランダム配向させた場合と同様，焼結体は微細なマトリックス粒子と粗大柱状粒子からなる複合的な組織を示す．粗大柱状粒子は積層方向に対してほぼ垂直に面内配向し［図 4.1-6 (b)］，さらにテープ成形方向にもいく分配向していることがわかる［図 4.1-6 (a)］．種結晶の個数密度が高くなると，テープ成形時に種結晶粒子間の相互作用が大きくなり，種結晶がテープ成形方向に配向しやすくなる．このため，粗大柱状粒子のテープ成形方向への配向度は，粒成長の核となる種結晶の個数密度が増加するにつれ高くなる傾向にある[25]．

前述のとおり，焼結体の組織は大きな異方性を持つので，その機械的特性はテープ成形方向（粒子の配向方向）に平行に引張応力を負荷した場合（P 方向）と，テープ成形方向に垂直に応力を負荷した場合（V 方向）とで異なる．図 4.1-7 に種結晶の大きさおよび添加量と 4 点曲げ強度および破壊靱性の関係を示す．V 方向においては，

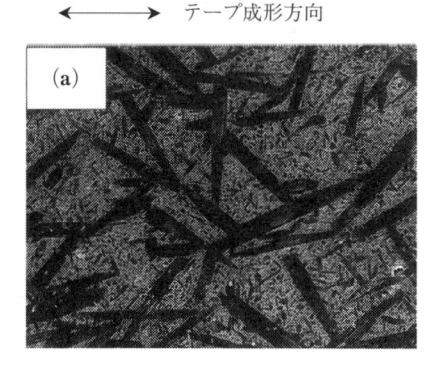

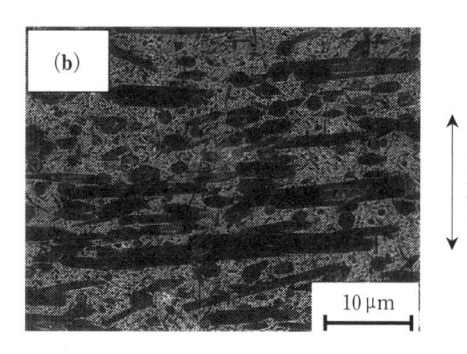

図 4.1-6 テープ成形・積層手法を用いて作製した焼結体の微構造．(a) テープ成形面，(b) 積層方向断面

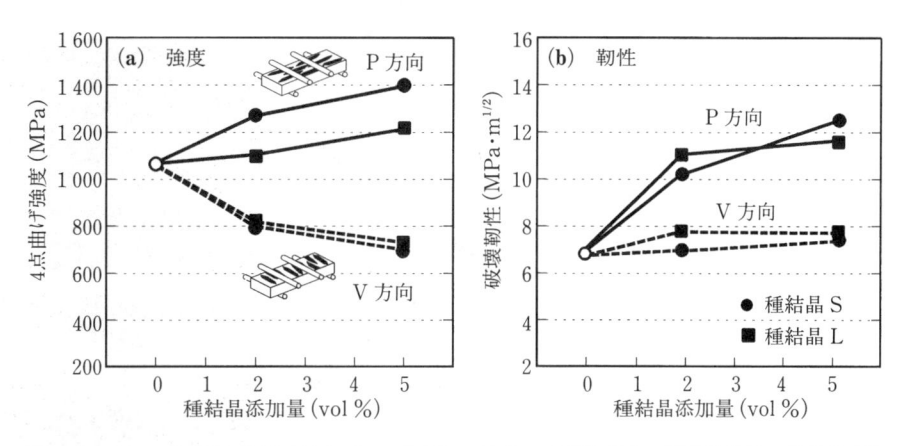

図 4.1-7 テープ成形・積層手法を用いて作製した窒化ケイ素焼結体の機械的特性．機械的特性は強化方向（P 方向）およびそれに垂直な方向（V 方向）の 2 方向で測定

強度は種結晶の添加量が多くなるにしたがい緩やかに減少し，破壊靱性は種結晶の添加量と種類によらずほぼ一定である．一方，P 方向においては，種結晶の添加量の増加に伴い顕著な靱性の向上がみられ，また強度も向上する傾向にある．特に，柱状粒子のテープ成形方向への配向度が最も高い種結晶 S を 5 vol％ 添加した試料は，1400 MPa の高い強度と 12 MPa·m$^{1/2}$ の高い靱性を同時に併せ持つ．このように P 方向で優れた機械的特性を発現したのは，① き裂進展面に垂直に粗大柱状粒子が配向することにより，ほとんどの柱状粒子が効果的に靱性向上に寄与したこと，② 粗大柱状粒子が面内配向したことにより，破壊の起点となる欠陥の寸法を抑制する効果があったこと，によるものと考えられる．

粗大柱状粒子の大きさと配向が制御された結果として，強化方向における強度のワイブル係数は約 50（鋳鉄並の値）と，従来の高強度窒化ケイ素の 2 倍以上に向上する[24]．さらに，従来の高靱化窒化ケイ素の破壊抵抗がき裂の進展にともない緩やかに上昇するのに対し，柱状粒子をき裂の進展面に垂直に配向させた場合は，数十 μm の短いき裂進展領域で急激に破壊抵抗が増大する．このような鋭い立ち上がりを示すき裂進展挙動も，配向制御を行った窒化ケイ素が高い強度と高いワイブル係数を持つ一因と考えられる[26]．

b. 押出成形法

前項で，成形時に種結晶の配向性を高めることにより焼結体中の柱状粒子の配向度が向上できることを示した．ここでは，テープ成形・積層法に比べて成形時のせん断力が極めて大きい押出成形法を適用した場合について述べる．

図 4.1-8 に 5 vol％ の種結晶 S を添加した原料坏土を，押出成形機を用いて直径 8 mm の円柱状に成形し焼結を行った試料の微構造を示す[27]．焼結体は，高いアスペクト比を持つ柱状粒子が押出方向にほぼ一軸配向した組織を示し，押出成形により極めて高い配向度を持つ焼結体の作製が可能なことを示している．β-窒化ケイ素は六角柱状に成長することが知られており，押出方向への高い配向性を反映して，垂直切断面において観察される粒子のほとんどは六角形の明瞭なファセットを示す［図 4.1-8 (b)］．さらに特徴的なことは，種結晶がほぼ一軸配向し粗大粒子同士の衝突による長手方向への成長の阻害が極めて少なくなった結果として，配向した粗大柱状粒子が組織の大部分を占めることである．

押出方向

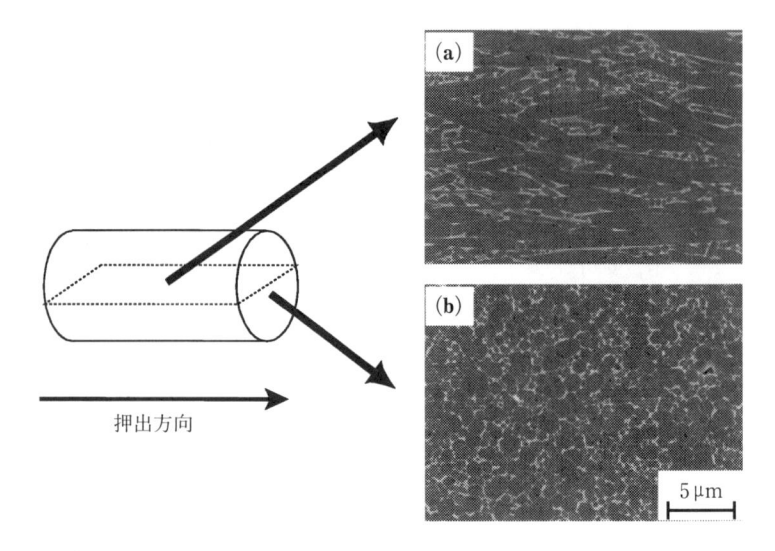

図 4.1-8 押出成形を用いて作製した種結晶添加焼結体の微構造

　この材料は，粒子の配向方向に平行に引張応力を負荷した場合，約 1500 MPa の高い強度と約 14 MPa・m$^{1/2}$ の高い破壊靱性が同時に発現する．これらの値は先に述べたテープ成形・積層手法で作製された試料の特性値よりもさらに高く，強化方向における機械的特性は柱状粒子の配向度が高くなるにしたがい向上することがわかる．

　粒子の配向制御は，上述したような強度や靱性の向上のみならず，強化方向におけるクリープ特性の向上[28]や配向方向への高熱伝導化（次章参照）が可能なことも明らかにされつつある．種結晶を用いた微構造制御は液相存在下での粒成長を利用したものであり，ここで述べた手法が液相焼結で作製されるセラミック材料の微構造制御法として広く応用されることが期待される．

4.1.3　選択粒成長制御

　エンジン等の燃焼機器部品へセラミックスを適用することによって，軽量化やフリクションの低減が可能となり，燃費の向上が期待されている．特に軽量で高強度なセラミックス材料の機械部品等へ適用を拡大するためには，セラミックスの適用により部品そのものの性能を飛躍的に向上させることが望まれる．また，セラミックスは熱伝導が金属材料よりも低いことが原因で熱がこもり，周辺の金属部品が加熱されて，かえって機械の性能を損なってしまうこともある．そのため燃焼器等で共存して用いられる金属材料に近い熱伝導特性を付与することが求められる．このようにセラミックスを適用した機械部品を実現するためには，高強度高靱性に加えて高熱伝導特性という機能を同時に併せ持つセラミックスの開発が必要となる．

　本項では，窒化ケイ素を対象に優れた熱伝導特性を付与する組織制御技術について述べる．

(1) アプローチ手法
　従来，窒化ケイ素セラミックスは構造用材料として適用が検討されているように機

械的特性に優れていることが知られている．一方，熱伝導率はかなり低い材料（室温で 20～70 W/m・K）として報告されてきた[29)～33)]．通常，このような窒化ケイ素セラミックスにおける熱伝導の阻害要因として，以下の要因があげられる．

① 粒界における要因
・助剤成分による粒界相（二粒子粒界，多粒子粒界等）が低熱伝導相を形成
・粒子結晶方位の不整合による粒界でのフォノン散乱

② 粒内における要因
・転位の導入によるフォノン散乱
・積層欠陥の導入によるフォノン散乱
・不純物の固溶（Y，Al，O 等の助剤由来成分）にともなう点欠陥によるフォノン散乱

このため，粒成長時に熱伝導を阻害する要因を低減する材料プロセス技術の開発が重要である．ここでは高熱伝導化を図るプロセス技術について述べる．

(2) 高熱伝導性窒化ケイ素セラミックス

a. 粒界相制御

窒化ケイ素は自己拡散係数が小さい難焼結材料であり，これを改善するために液相を介した焼成プロセスが用いられる[34)]．この際，MgO，Y_2O_3，Y_2O_3＋Al_2O_3，Y_2O_3＋Nd_2O_3 等の焼結助剤[35)～37)]の添加成分と量および焼結条件を最適化して粒成長を促進させる．このような焼成プロセスで得られる窒化ケイ素セラミックス焼結体の組織で，阻害要因として最初に考えられるのが粒界相の影響である．すでに焼結体の熱伝導率が粒子径に依存することが Goldshmid & Penn[38)] により報告されている．そこで，これまでに報告されている窒化ケイ素セラミックスにおける粒子径と熱伝導率の関係を調べ，電子顕微鏡写真から読み取った結晶粒子の平均短径と熱伝導率の関係を図 4.1-9 に示す．得られた粒子径の範囲では，熱伝導率は結晶の粒子径（長さ，直径とも）の 1/2 乗に比例し，Goldshmid & Penn[38)] の結果（$\kappa \propto D^{1/2}$；κ は熱伝導率，D は粒子径）とよく一致している．これは，粒子短径がフォノンの平均自由行程よりも大きくなりフォノン散乱を小さくできたこと，および熱流束が横切る粒界数が少なくなったためと考えられる[39)]．図 4.1-9 中に示すように，成長核の添加によるランダムな種結晶核の配置[40)] およびあらかじめ柱状の種結晶核を 1 次元的に配置させ焼成プロセスで粒成長させる 1 次元配置配向制御[35)] により選択粒成長が促進され，熱伝導率の向上が図られることがわかる．しかし，粒径の十分大きい焼結体ではこの直線関係からずれを生じ，単純

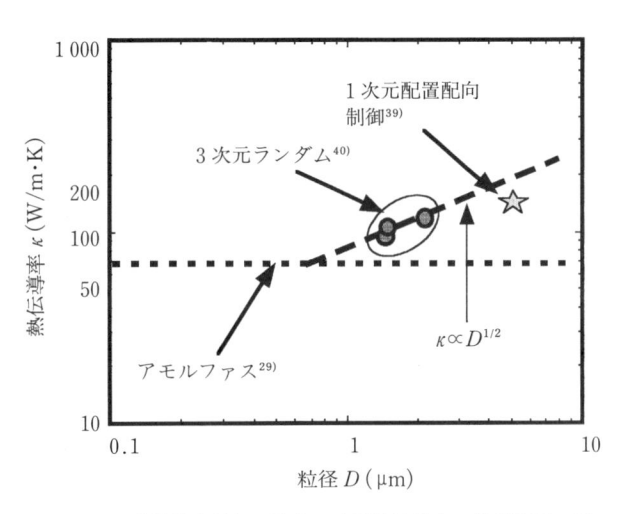

図 4.1-9 選択粒成長した窒化ケイ素焼結体中の結晶粒子の平均短径と熱伝導率の関係

に粒界相の効果だけではないことが示唆される．

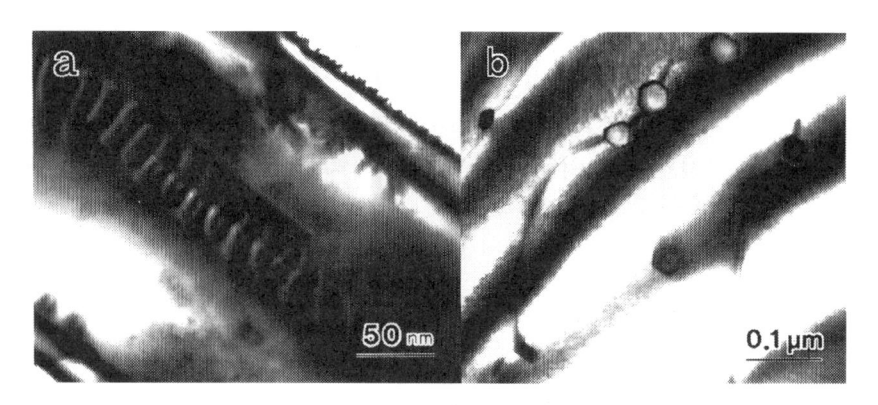

図 4.1-10 (a) 窒化ケイ素種結晶，および，(b) 粒成長した窒化ケイ素粒子内部，における構造欠陥の透過型電子顕微鏡写真

b. 粒子内制御

粒成長に際して，粒子内に欠陥が発生しないように焼結助剤の成分および量，添加種結晶核の性状，焼成プロセスを最適化させることが重要である．そこで，粒内での阻害要因について検討するために，窒化ケイ素粒子内部の結晶構造を透過型電子顕微鏡を用いて調べた．その結果，添加した種結晶や粒成長した窒化ケイ素粒子内部に，転位や積層欠陥等の構造欠陥の存在[41]や第2相の析出[42]が観察された．その典型的な透過型電子顕微鏡写真を図 4.1-10 に示す．図 4.1-10 (a) には，結晶中でほぼ [11・0] 方向に対をなして並んだ積層のずれに起因する転位コントラストが示されている[41]．一方，図 4.1-10 (b) には，$Y_2O_3 + Nd_2O_3$ 系助剤を含む窒化ケイ素焼結体粒子内に欠陥とともに第2相が存在している透過型電子顕微鏡写真を示す．図 4.1-10 (b) から，粒子中には六角形状のコントラストと構造欠陥に起因する筋状のコントラストが観察され，第2相と欠陥の共存がみられる．この第2相がどのような元素から構成されているか，エネルギー分散型X線分光分析を用いて調べた結果，第2相中にはY, Nd, Si, O, Nの各元素が共存することが確認でき，存在している相の大半はβ-Si_3N_4であり，その格子点をY, Nd, Si, O, Nの各元素が占めたオキシナイトライド相であると推定される[42]．このような第2相が観察されたことは，窒化ケイ素粒内に微量の助剤成分が固溶可能であることを示している．第2相の観察された焼成条件は非常に粒成長が活発となる 2473 K 以上の高温域であることから，この焼成過程で助剤成分の固溶が促進され，降温過程で過飽和となった助剤由来成分が析出したものと考えられる[42]．これらの結果は，窒化ケイ素粒子内に存在する構造欠陥の存在や微量のY, Nd, Oの固溶の影響も熱伝導率を向上させる際には考慮しなければならないことを示している．

c. 粒子形態配置配向制御

選択粒成長のもとになる種結晶を添加し組織制御を行う組織制御法には，

①種結晶核を添加し焼成プロセスで粒成長させ，選択粒成長した窒化ケイ素粒子を3次元的にランダムに分布させる「3次元ランダム配置配向制御」[40]，

②ドクターブレード法等を用いてシート成形することにより，あらかじめ柱状の種結晶核を2次元的に配置させ，焼成プロセスで選択粒成長した窒化ケイ素粒子を

XY面

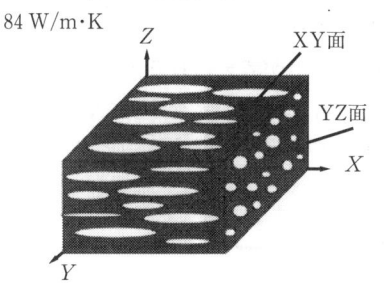

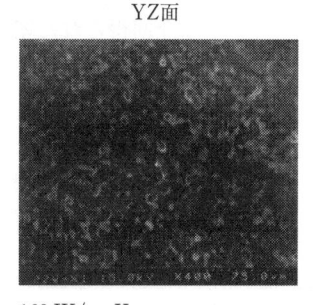

84 W/m·K

YZ面

162 W/m·K

図 4.1-11 1次元配置配向制御された窒化ケイ素焼結体における押出方向に垂直な面と平行方向の各面の熱伝導率とその走査型電子顕微鏡写真

2次元的に配向させる「2次元配置配向制御」[43]，

③ノズル等を用いて1次元に押出成形し，これらを積層することにより，あらかじめ柱状の種結晶核を1次元的に配置させ，焼成プロセスで選択粒成長した窒化ケイ素粒子を1次元的に配向させる「1次元配置配向制御」[39]，

という3つの方法がある．

前項**a.**および**b.**の結果をもとに，添加核に良質な，欠陥の少ない窒化ケイ素ウィスカ種結晶を用い，押出成形により1次元配向焼結体を作製した．断続的に2 473 Kで熱処理を繰り返し，特定方向のみに十分粒成長を促進させることで種結晶からの粒子成長方向の熱伝導率が 162 W/m·K という高熱伝導性が達成された[39]．得られた焼結体の押出方向に垂直な面と平行方向の熱伝導率とその走査型電子顕微鏡写真を図 4.1-11 に併せて示す．

この結果は，配置配向制御により選択粒成長を促進させ，熱伝導の伝達経路が確保されたため，熱伝導率の向上が達成されたことを示している．また，高温での断続的熱処理の結果，図 4.1-10 (a) でみられた欠陥も消失し，フォノン散乱が起きにくい粒子となっていると考えられる．実際，ラマン分光分析の結果，70 W/m·K 程度の熱伝導率であるガス圧ホットプレスされた焼結体では，520 cm^{-1} 付近に構造欠陥起因のピークが確認されたが，1次元配向焼結体では，そのようなラマン活性なピークはみられず，欠陥が少ないことが示された[39]．さらに，透過型電子顕微鏡による焼結体組織観察の結果，図 4.1-10 (b) と同様に粗大粒子中に析出物が確認され，粒子内に固溶した不純物が断続的な熱処理により，粒子内に第2相として析出排出され，残った部分が高い熱伝導を維持できるようになったものと考えられる．

以上に述べてきたように，①粒界相制御技術，②粒子形態配置配向制御技術，③粒子内制御技術，という各要素技術を組み合わせた選択粒成長技術を窒化ケイ素セラミックスに適用することにより，従来20〜70 W/m·K 程度であった熱伝導率を160

W/m・K 以上に飛躍的に向上させることができ，金属アルミニウムなみの熱伝導特性が実現されることがわかる．さらに熱伝導経路を確保する粒子と強度靱性を維持する粒子の配置配向制御が可能となり，材料を実際の部品として製造する場合に，部品の各部位で，熱伝達が必要な部分には十分な熱伝達経路を確保し，機械的特性が求められる部分では高強度高靱性を実現できる，窒化ケイ素セラミックスの材料設計が可能である．

今回得られた窒化ケイ素セラミックスの材料設計手法は，強度靱性および熱伝導特性という複数の機能を同時に要求されるガソリンエンジン用の高温での摺動部品，特に排気バルブやピストンピンへの適用が考えられる．このような摺動部品では機械的特性や熱的特性に加えてトライボ特性が重要となるので，今後，強度靱性，熱伝導およびトライボ特性という複数機能の両立を検討することが窒化ケイ素セラミックス実用化の課題となる．

4.1.4 結晶配向制御

窒化アルミニウム (AlN) は焦電体の一つであり，機械的な衝撃，圧力，急激な温度変化などの物理的な刺激に対して応答することができる．また，AlN は化学的安定性や熱伝導性にも優れているため，AlN 薄膜は放熱性（冷却作用）を併せ持った保護膜としても機能する．このように，AlN の様々な特性は図 4.1-12 に示すように人間の皮膚の機能とうまく対応しており，AlN 薄膜に皮膚の機能を期待することができる[44)~46)]．

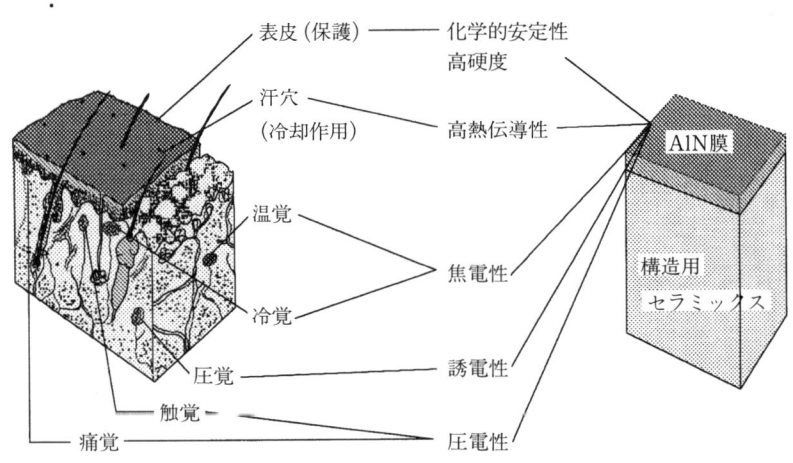

図 4.1-12 人間の皮膚機能と窒化アルミニウム薄膜特性の対応

AlN のこれらの特性を引き出すためには，AlN の結晶構造が単結晶または高配向性である必要がある．一般的に，多結晶体である構造用セラミックス上に単結晶または高配向性の薄膜を成長させることは，基板である構造用セラミックスの無配向性が薄膜の配向性に強く影響するため困難である．

本項では，ヘリコンスパッタリング法を用い，多結晶の構造用セラミックス基板上への高 c 軸配向性 AlN 薄膜の作製および薄膜の物理的・化学的・電気的特性について述べる[47)]．

(1) 高配向性薄膜の作製

ヘリコンスパッタリング法により，ガラス基板上では半価幅2.4°の高c軸配向性AlN薄膜を作製することができる[47]．作製したAlN薄膜は可視光の透過率が高く，表面が滑らかであり，10^{10} $\Omega \cdot cm$以上の電気抵抗を示す．この薄膜の断面のSEM写真を図4.1-13に示す．薄膜の表面には明確な粒界は観察されず，断面部分からは薄膜が基板表面に対して垂直に成長した繊維構造の粒子から構成されていることが観察される．この

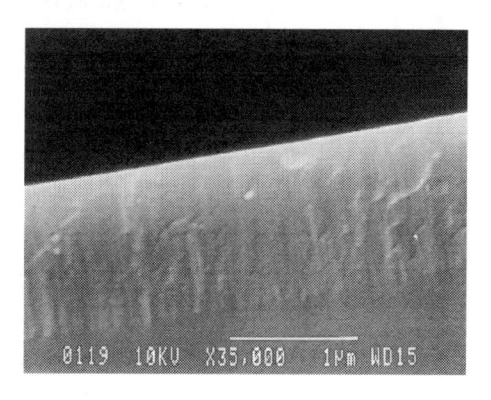

図4.1-13 高配向性AlN薄膜の断面のSEM写真

結果より，AlN薄膜は基板との相互作用が小さく，Volmer-Weber型の成長を行ったことがわかる[48]．また，AlNの各結晶面の表面エネルギーを計算したところ[49]，(110)面の表面エネルギーが他の(001)，(100)，(101)面より高いことから，AlNは自己配向性によって多結晶基板上でもc軸方向に成長したと考えられる[50]．

薄膜の配向性は基板材料($MoSi_2$, Al_2O_3, SiC, Si_3N_4)に関係なく，同程度のものが得られ(半価幅：3.1〜3.5°)，結晶子径および結晶化度においてもほとんど差はなく，基板材料による明確な影響は観察されない[50],[51]．

(2) 応力検知

構造用セラミックス上に作製したAlN薄膜の機械的衝撃に対する応答特性について述べる．基板自身を下部電極とし，図4.1-14に，薄膜の表面に同電位である鉄球(14 g)を落下させた場合に薄膜から発生した電圧を示す．電圧は急激に発生し，最大

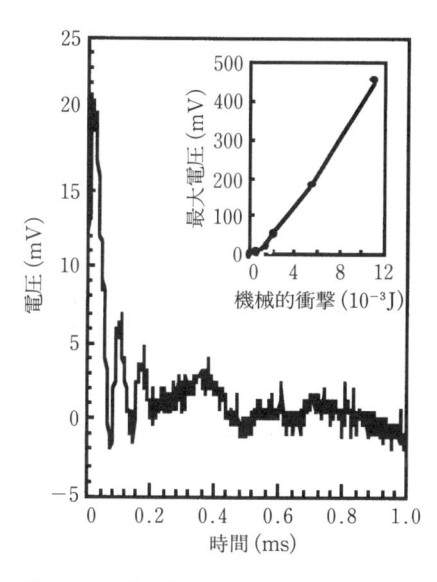

図4.1-14 機械的衝撃に対するAlN薄膜の応答性．挿入図は発生電圧の衝撃強度依存性を示す

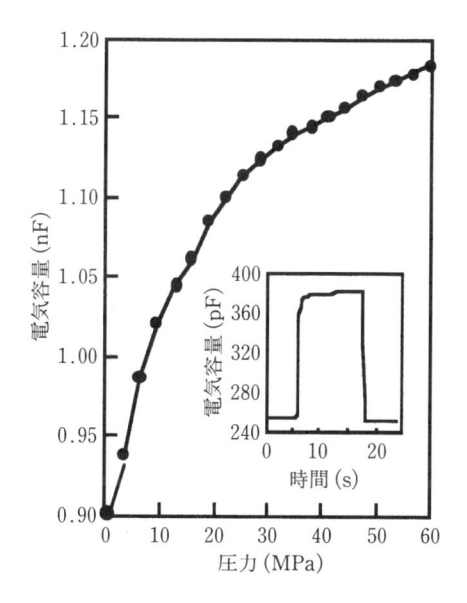

図4.1-15 AlN薄膜の電気容量の圧力応答性．挿入図は2 MPaの圧力に対する薄膜の応答曲線を示す

値を示した後急速に減衰する．また，発生した電圧の周波数が 14.3 kHz と非常に高いことから，発生電圧の振動は鉄球のバウンドによるものではなく，薄膜自身の応力緩和によると考えられる．したがって，この発生電圧は AlN 薄膜自身が衝撃を受けて発生させたものであり，薄膜が機械的衝撃を検知できることがわかる．さらに，最大電圧値は機械的衝撃強度が増加するに連れてほぼ直線的に増加する（図 4.1-14 の挿入図）．これより，発生電圧は衝撃強度に対して強く依存し，電圧の大きさから衝撃強度の測定が可能であることがわかる[44),45)]．

誘電体の自発分極が圧力によって変化することは，一般的によく知られている[52)]．図 4.1-15 に薄膜の電気容量の圧力依存性を，挿入図に応答曲線を示す．このように，AlN 薄膜の電気容量を測定することによって，加えられている圧力の大きさを測定できることがわかる[45)]．

(3) 温度変化検知と冷却作用

AlN は焦電体であるので，温度変化に対しても応答できると考えられる．AlN 薄膜の温度変化に対する応答特性を図 4.1-16 に示す．試料を 84 ℃ のオイルバス中に挿入した場合，約 120 nA の電流が突然発生し，その後急激に減衰する．試料を取り出すと，反対方向に同程度の電流が流れる．このように，多結晶基板上に作製した AlN 薄膜は焦電性を持つため，温度変化も検知することができる[45)]．

次に，AlN 薄膜の冷却作用を確認するために，Al と AlN 薄膜を蒸着した Al の熱放射率を比較してみた．Al 単体の放射率は 0.48 であり，AlN 薄膜を蒸着した方は 0.60 であった．AlN 薄膜を蒸着することによって，熱放射率は増加し，蒸着した AlN 薄膜に冷却作用があることがわかる．

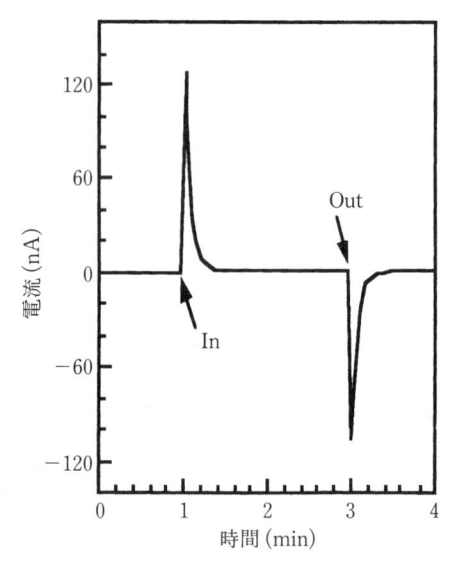

図 4.1-16　温度変化に対する AlN 薄膜の応答特性．温度変化は 60 ℃ (24〜84 ℃)

以上のように，機能性セラミックス薄膜と構造用セラミックスを複合化させることによって，機械的衝撃，圧力，温度などの環境変化に敏感に応答できる新しいセラミックスの開発が期待できる．

4.1.5　層状構造制御 (Layered Ceramic Structures)

The nature of the bonding and the range of crystal structures in ceramics lead to an enormous variety of different electrical, mechanical and thermal properties, many of which can be easily tailored to suit a particular application. However they also give rise to the brittleness, which is the cause of so many of the problems associated with ceramics, in particular the lack or reliability, which have led to the need to compromise some of the more attractive properties. Now any material will have some combination of properties, however undesirable, so we must first think what properties, and what combinations of them, might be useful. To fix our ideas we have focussed on materials for use in heat engines operating at temperatures greater than 1 500 ℃.

Clearly the material must melt above 1 500 ℃ and it must also have sufficient oxidation and corrosion resistance to withstand the environment at these temperatures. The temperatures are also sufficiently high that there can be substantial evaporation of material and it is generally assumed that to be viable the vapour pressure at the operating temperature must be below 1Pa. These properties require materials with strong directional bonding of the type that exists in ceramics and can be readily achieved.

It must also operate reliably with minimal chance of catastrophic and resistance to cracking is also required. However the strong directional bonding makes the stress required for plastic flow dependent on the rate and temperature, limiting the amounts of energy that can be dissipated by plastic deformation ahead of a rapidly growing crack. This is why ceramics are brittle. Failure is now determined by the size of the largest flaw, giving rise to a lack of reliability. Other fracture related properties, such as thermal shock are also relatively poor.

Furthermore, although it is difficult to get plastic flow to occur rapidly, deformation at lower rates occurs readily at such high temperatures. This can occur either by plastic flow or by the motion of single atoms above about one-half of the melting point, suggesting that the material must have a melting point of at least 3 000 ℃. Although a small number exist, none have sufficient oxidation resistance. An alternative approach for limiting this high temperature deformation is required.

As so many of the good properties of ceramics arise from the nature of the bonding, any modification of this will diminish these properties[53]. Overcoming these problems requires changes to the physical structure of the material. We might like a single change in structure to answer all of our property requirements, but the need to optimise a given aspect of the structure for more than one property makes it more likely that conflict will arise between the different requirements. Even in metals this occurs. Instead we need a microstructure where different structural features allow the properties to be independently manipulated.

Lastly, and this is often ignored, it must be possible to easily make the material into the required structures. Otherwise the costs involved will prevent its widespread use. It is this factor, more than any other, which has limited the application of fibrous composites, partly due to the costs of the fibres themselves but also to the costs associated with the manufacturing processes that are used.

To overcome these problems we take a different, although related, approach. Instead of taking fibres and filling in the spaces with a matrix, we take a ceramic powder, which can be made into a slurry like a paint, and cast into thin sheets. These sheets are then coated to give a crack deflecting interlayer and pressed together gently at room temperature. The resulting shape is then heated to temperatures of 1 500 to 2 000 °C to remove between the particles giving a dense body[54].

Ensuring that a ceramic component can be operated reliably requires that there are no flaws large enough to propagate at the operating stress of the component. For the sake of argument let us assume a design stress of 500 MPa. This corresponds to a critical flaw size of about 30 μm. Ensuring that there are no flaws larger than this can be achieved by making the component out of tapes thinner than 30 μm. However we must also prevent the formation of flaws of this size once the component has started to operate. We can do this by separating the tapes with weak interlayers. The weak interlayers that are most often used are based on carbon or boron nitride and have insufficient oxidation resistance to fully exploit the potential for using ceramics at high temperatures[55].

However if the applied stress exceeds our design stress the component can still break. The approach that has generally been taken is to modify the fracture behaviour of the material. This cannot prevent an overload giving rise to catastrophic failure and, in any case, only provides benefit to cracks below a certain size. There is no protection should a large crack form. If we wish to ensure reliable operation we must be able to monitor the applied stresses on our component and be able to correct the operating conditions, in order to reduce the applied stresses and prevent damage.

There are a variety of possible ways for reducing any deformation at high temperatures, such as the addition of fine particles or the use of closely spaced interfaces. It has been suggested that the crystal structure of the material may also be important. However despite significant advances, the effect of each of these processes is not understood so an informed choice of an appropriate microstructure cannot be made.

The main problems are now clear. We need to be able to make interfaces which can deflect cracks and which also have sufficient oxidation resistance. We need to be able to measure the stresses in our component as it is operating and we need to understand what microstructures might give us the greatest resistance to deformation at high temperatures. These are the questions we have tried to answer.

(1) Increasing the reliability

The first step is to develop a structure containing crack deflecting interfaces, which are resistant to oxidation at high temperatures. Experiments (and this has now been confirmed by mathematical analyses[56],[57]) have shown that if cracks are to be deflected at interfaces then their resistance to cracking must be approximately 60 % of the load bearing elements[56]. Surprisingly the experiments showed that it is not so much making the crack change direction, which controls crack deflection, but whether a crack which has been deflected can then escape from the interface.

We must therefore find a material which itself has a lower resistance to cracking than the main elements or which bonds only rather feebly to them, so that the crack is trapped in the weak interlayer or interface. Unfortunately there are very few materials in which cracks grow more easily than ceramics, the only exceptions being those with weakly bonded plate-like structures such as carbon and boron nitride and even then only when the cracks are able to travel between the plates. Weak bonding is also difficult to obtain. Heating the powder compact to temperatures greater than 1 500 ℃ causes most ceramics to react with one another either forming gaseous products or simply dissolving in one another. This means that the interface either falls apart or is very strong indeed.

A way around this problem is to lower the resistance to cracking of materials that we have by making them porous[58]. A simple way of doing this is to add particles of starch to the ceramic slurry before it is cast into thin sheets. Starch particles disperse readily in water and they are cheap and have the added advantage that the size of the particles is well controlled by the plant the starch is obtained from ; longer growing plants containing larger starch particles. The starch is simply removed by heating. So how much starch do we need to add to get the crack to deflect? By testing laminates containing interlayers with different amount of porosity we have shown that the interlayers must contain about 35 % of porosity.

figure 4.1-17 Showing a crack deflected at a layer containing 39 % by volume of added porosity.

This can be seen in figure 4.1-17, which contains 39 % porosity.

Is this what we might expect? A good starting point would be to assume that we can treat the porous layers as a uniform body with the overall properties, in particular the resistance to fracture, of the porous interlayer. Rather disappointingly this shows that the resistance to fracture of the interlayer is only 40 % that of the dense layers. This is somewhat less than we found for crack deflection at more uniform interfaces. Looking at figure 4.1-17, it can be seen that not all of the interfaces actually deflect cracks and even in those which do not the crack has often changed in direction. What appears to be limiting deflection is not this but the ability of the crack to stay in the interface once its direction has been changed. This of course is exactly the situation in the homogeneous interface and we might expect a similar analysis to apply. That it does not suggests that our assumption that we can treat the porous body as a uniform material is incorrect.

Now consider the interface as an array of holes in a ceramic matrix. We might expect that any crack might stop so that there are pores at the tip of the crack. As the limiting step is preventing the deflected crack kinking out of the interface, it can only move to the next pore by breaking the ligament of ceramic in between, so that the resistance to cracking of the material in the ligament must be no more than 60 % that of the material in the direction which would allow the crack to kink out the interface. But the materials in both directions are the same and one would assume that their fracture energies were also the same.

However intuitively we might expect that the presence of the pore would influence the growth of the crack and mathematical analyses show that the forces driving the growth of the crack are increased by the presence of the pore ahead of it. The crack will therefore grow preferentially towards the flaws. This is equivalent to saying that the fracture energy has decreased by an amount equal to the reciprocal of the increase in the fracture energy. All that remains is to use these analyses to calculate what pore spacings, expressed as a fraction of the pore size, will cause the fracture energy of the material between two pores, to fall to less than 60 % of the fracture energy of the bulk material. The comparison with experiment is greatly simplified because the ratio of the pore spacing to the pore size is directly related to the volume fraction of pores in the layer, allowing us to estimate what volume fraction of pores will be required to ensure that the cracks are unable to kink out of the interface. We find this critical value of the porosity to be 37 %, in good agreement with our observations.

That this interaction between the pores and a growing crack actually occurs is suggested by measurements of how the resistance to cracking of a piece of the porous material changes with porosity. If no interaction of any kind is occurring then we would expect the energy dissipated during cracking to be simply related to the amount of material which has cracked. The fracture energy should therefore be directly proportional to the relative density of the material. In fact the fracture energy decreases much more rapidly than this, which can only be explained if the crack is attracted to pores and weaves about so that the area fraction of pores on the cracked surface is greater than that on a random section through the sample.

The idea of making interfaces in this way has many attractions. It avoids the difficult search for materials which not only have the right physical and chemical properties on their own but are also compatible with the matrix, particularly when it is being heated to high temperatures during fabrication. Furthermore these interfaces retain their crack deflecting properties after many hundreds of hours both at high temperatures and after cooling again to room temperature.

Now we have a means for keeping out cracks larger than a certain size (by making the layers thin enough) and for preventing any subsequent formation and growth by incorporating crack deflecting interlayers which can be used at high temperatures. The next step is to develop a means of measuring the stresses in the layered structures. A simple approach is to measure the change in the capacitance of the load bearing layers when a voltage is applied across them. The capacitance can be used because its magnitude is related to the dimensions of the body. For a tensile strain we can estimate the dimensional changes and hence the change in capacitance. It transpires that the capacitance changes linearly with strain at a rate given by its initial capacitance or in the case of bending at one half of this.

The measurement of the capacitance requires the introduction of electrically conducting paths. These could of course be the crack deflecting layers, but following our earlier view we have not done this and used layers made of platinum. There are ceramic conductors of electricity, but platinum has many advantages. It is readily available is a usable form, is compatible with many of the materials of interest and it has sufficient high temperature capability.

To investigate the possibility of using this approach we have made up laminates containing platinum interlayers and deformed them in bending. Fig-

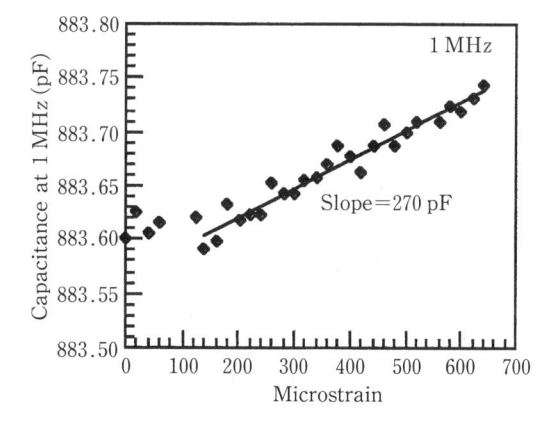

figure 4.1-18　Showing the change in capacitance with applied strain in an alumina layer in a laminate on bending.

ure 4.1-18 shows what happens when a sample is deformed in tension. It can be clearly seen that the capacitance increases with the strain measured on a strain gauge attached to the sample. The initial capacitance of the whole sample was measured as 838 pF. As the sample is loaded the capacitance rises in a linear fashion with a slope of 270 pF, which is in good agreement with the predicted value, allowing for the part of the beam which extends beyond the loading points and is therefore unloaded. Similar results are obtained in compression. Furthermore the magnitude of this effect is related to the value of the dielectric constant, as this also affects the magnitude of the capacitance, demonstrating that this effect may be used as a means of monitoring the stresses within the layered structure, decreasing the chances of unexpected failure.

(2) Resistance to deformation at high temperature

It has been suggested that a layered structure made of different materials might inhibit dislocation motion due either to differences in the dimensions of the crystal structures of the two materials or to differences in their elastic properties[59),60)]. We can see that this might arise because the energy of a unit length of dislocation line, U, is given by

$$U = Gb^2 \qquad (4.1\text{-}6)$$

where G is the elastic modulus and b is the repeat length of the crystal structure in the direction in which the dislocation moves, known as the burgers' vector. If the dislocation tries to move into a region with either a higher value of G or of b then the overall energy of the dislocation will increase with distance. This is equivalent to saying that a force is acting on the dislocation, in this case repelling it, trying to prevent the increase in energy that will occur if it enters the new material.

To investigate these ideas we have pulled single crystal rods of alumina which contained elongated grains of yttrium aluminium garnet (YAG). To find out the effect of introducing the YAG grains, the behaviour of the as-received material, where the spacing of the interfaces was approximately 0.8 μm, was compared with material which had been heat treated to make the grains larger, in this case about 2 μm. The structures of the two materials are shown in figure 4.1-19. Provided the size of the grains can be increased to a size greater than that below which these strengthening effects are predicted, there should be a clear difference in the creep behaviour in the two cases. The predicted transition is approximately 0.8 μm, which is substantially less than that which has been observed after prolonged heating. This approach has been taken to ensure that the crystallographic orientation of the alumina crystals with respect to the axis of the rod is the same in both cases. Small differences in crystal orientation can produce large changes in the resulting creep rates and could easily mask any changes that might be brought about by the presence of the garnet crystals.

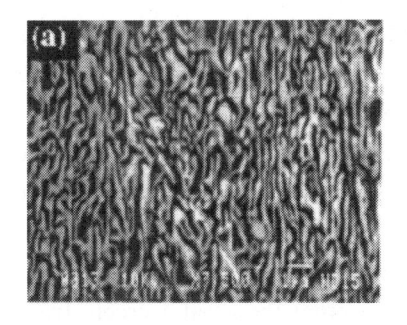

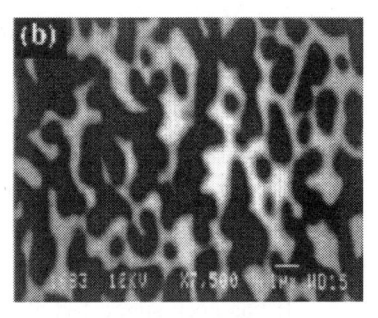

figure 4.1-19 (a) This shows the microstructure of the fibre in the as received condition, with the light areas representing YAG and the darker areas alumina. The elongated YAG grains in the alumina matrix can be clearly seen, (b) but after heating for 1 week at 1 500 ℃ the YAG grains have coarsened substantially.

The steady-state creep rates obtained are plotted in figure 4.1-20, where it can be seen that the heat treatment has no apparent effect. Data are also plotted for similar YAG/alumina materials from different sources. Of particular interest are those from Ube, where the interfaces are spaced approximately 20 μm apart, about ten times that of the rods examined in this study. It is clear from figure 4.1-20 that these different materials all have similar creep behaviour, despite the different microstructures, suggesting that the interfaces have negligible effect on creep. It can also be seen that the observed creep rates lie between those measured elsewhere on single crystal alumina, where the a-axis is parallel to the loading direction and YAG, where the {110} direc-

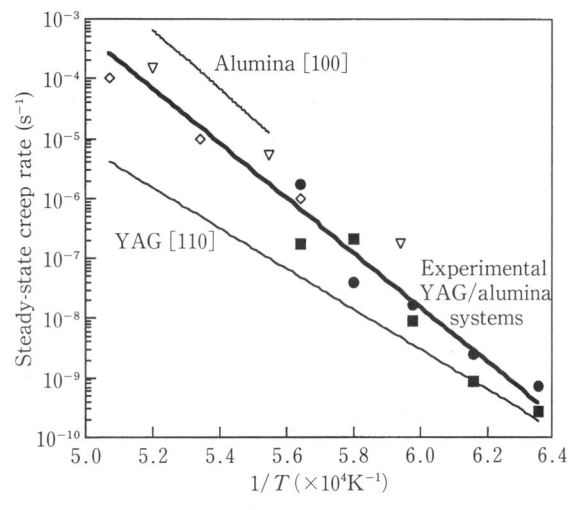

- ● YAG/alumina fibre-as received
  t ≈ 200 nm
- ■ YAG/alumina fibre-coarsened at 1 500 ℃
  t ≈ 1 μm
- ◇ Ube Industries : YAG/alumina eutectic
  t ≈ 10 μm
- ▽ UES Inc. : YAG/alumina eutectic
  t ≈ 5 μm

figure 4.1-20 Showing the creep rates obtained for the single crystal alumina fibres containing elongated grains of yttrium aluminium garnet, in the as received state and after a prolonged heat treatment. Also shown are data obtained from the literature for similar materials and also for single crystal a-axis alumina and for yttrium aluminium garnet. Although the only data plotted for YAG is where the [110] direction is parallel to the loading axis, its creep behaviour is almost isotropic.

tion is parallel to the loading axis. The orientation plotted is not that seen in the composite, although the creep behaviour of YAG is relatively isotropic. The observation that the creep rates of the composites lie in between the creep rates of the two components suggests that the increase in the creep resistance is due simply to the greater creep strength of the YAG and that further improvements might be achieved simply by using YAG.

It has been suggested elsewhere that the greater creep strength of materials such as YAG and mullite is due to the complexity of their crystal structures. Despite its intuitive appeal and whilst there are some data consistent with such a view there is no unambiguous evidence which relates the complexity of the crystal structure to the difficulty either of dislocation motion or of creep. Indeed it is not even clear how the complexity of a structure should be quantified.

In most ceramics, the strong directional bonds of the crystals oppose the motion of a dislocation through the lattice, so that as the dislocation moves through the lattice from one low energy position to the next, it must overcome some energy barrier. This energy can be supplied by the applied stress and by the random thermal energy of the atoms as they vibrate in the lattice. If all of the energy is supplied by the applied stress the dislocation will move rapidly through the crystal. This stress is known as the Peierls' stress, because it was Peierls who first estimated its magnitude. He showed that the absolute value of this stress divided by the elastic modulus of the material was related to the spacing between layers of atoms which are resisting deformation and the displacement of the crystal structure, or the burgers vector, when the dislocation moves.

Data from the literature has been plotted using Peierls' expression in figure 4.1-21, where it can be seen that the agreement for such a wide range of materials is surprisingly good. A similar plot is shown in figure 4.1-22 for the height of the energy barrier. The correlation is not as unambiguous, although the theoretical basis for the height of the energy barrier is not clear. However it appears that oxides at least do indeed follow this trend.

The effect of complexity is now clear: It is to increase the burgers vector. In oxides d will always be approximately the same, as it is essentially the distance between two oxygen ions on either side of the slip plane. This makes d/b smaller and the Peierls stress larger. A similar argument applies to the energy barrier. In oxides it is therefore the burgers vector which is the dominant variable and a measure of complexity is the ratio d/b. There is a further effect in that increasing the burgers vector also increases the activation energy associated with overcoming the intrinsic resistance of the lattice to dislocation motion.

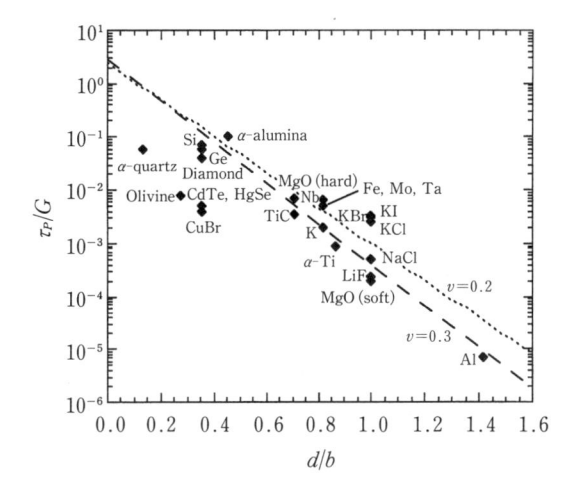

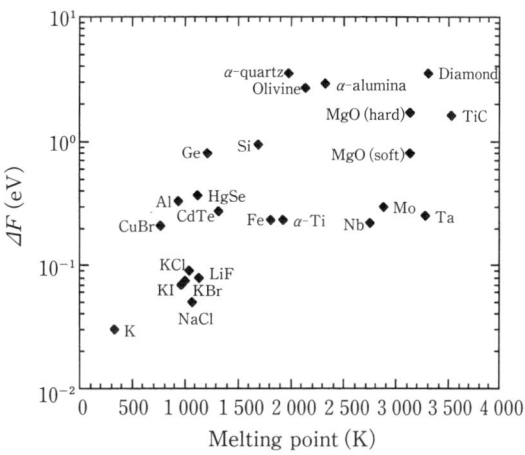

figure 4.1-21 Showing the variation in the Peierls' stress as a fraction of the shear modulus with the ratio d/b for a wide range of materials.

figure 4.1-22 The change in the energy barrier associated with the lattice resistance, ΔF with the ratio d/b for a wide range of materials.

(3) Conclusions

We have shown that the use of ceramics under conditions of high mechanical loading requires improvements both to the reliability of the materials and to the resistance to deformation at relatively low rates.

Our approach is to use layered ceramic structures, which are cheap and easy to make. To improve the reliability we have made thin layers, to minimise the size of defects in the body, separated by porous interlayers, which prevent subsequent crack growth and which are also thermally stable. We have shown experimentally how much porosity is required and have developed and shown that this is expected from our knowledge of how crack deflection at interfaces occurs. To further enhance the reliability a simple method, based on changes in capacitance, has been demonstrated for measuring the stresses allowing them to be continuously monitored whilst a component is operating.

To improve the resistance of the material to deformation at high temperatures, we have shown that structures based on the use of finely spaced interfaces are unlikely to work. It seems more fruitful to use the inherent crystal structure of the material. We have shown how this influences deformation and established a way in which the relative effectiveness of different structures may be quantified.

● 参考文献

1) F. F. Lange, *J. Am. Ceram. Soc.*, **56** (10), 518-22 (1973).
2) M. Mitomo, *J. Am. Ceram. Soc.*, **73** (8), 2441-45 (1990).
3) K.-R. Lai and T.-Y. Tien, *J. Am. Ceram. Soc.*, **76** (1), 91-96 (1993).
4) D.-D. Lee, S.-J. L. Kang, and D. N. Yoon, *J. Am. Ceram. Soc.*, **71** (9), 803-6 (1988).
5) M. Krämer, M. J. Hoffmann, and G. Petzow, *Acta metall. mater.*, **41** (10), 2939-47 (1993).
6) J. E. Taylor, *Acta metall. mater.*, **40** (7), 1475-85 (1992).

7) M. Krämer, D. Wittmüss, H. Küppers, M. J. Hoffmann, and G. Petzow, *J. Cryst. Growth*, **140**, 157-66 (1994).
8) G. W. Greenwood, *Acta metall.*, **4**, 243-48 (1956).
9) K. Hirao, T. Nagaoka, M. E. Brito, and S. Kanzaki, *J. Am. Ceram. Soc.*, **77** (7), 1857-62 (1994).
10) M. Kitayama, K. Hirao, M. Toriyama, and S. Kanzaki, *Acta mater.*, **46** (18), 6541-50 (1998).
11) M. Kitayama, K. Hirao, M. Toriyama, and S. Kanzaki, *Acta mater.*, **46** (18), 6551-57 (1998).
12) M. Kitayama, K. Hirao, M. Toriyama, and S. Kanzaki, *J. Ceram. Soc. Japan*, **107** (10), 930-934 (1999).
13) M. Kitayama, K. Hirao, M. Toriyama, and S. Kanzaki, *J. Ceram. Soc. Japan*, **107** (11), 995-1000 (1999).
14) E. Tani, S. Umebayashi, K. Kishi, K. Kobayashi, and M. Nishijima, *Am. Ceram. Soc. Bull.*, **65**, 1311-15 (1986).
15) C. W. Lei and J. Yamanis, *Ceram. Eng. Sci. Proc.*, **10**, 632-45 (1989).
16) 川島健, 岡本寛己, 山本秀治, 北村昭：日本セラミックス協会学術論文誌, **99**, 320-23 (1991).
17) N. Hirosaki, Y. Akimune, and M. Mitomo, *J. Am. Ceram. Soc.*, **76**, 1892-94 (1993).
18) S. J. L. Kang and S. M. Han, *MRS Bull.*, **20**, 33-37 (1995).
19) W. Dressler, H. J. Kleebe, M. J. Hoffmann, M. Ruhle, and G. Petzow, *J. Euro. Ceram. Soc.*, **16**, 3-14 (1996).
20) M. Mitomo, Proc. 1st International Sympo. on Engineering. Ceram., 101-107, Ed. by S. Kimura and K. Niihara, Ceramic Society of Japan, Tokyo, Japan (1991).
21) K. Hirao, A. Tsuge, M. E. Brito, and S. Kanzaki, *J. Ceram. Soc. Japan*, **101**, 1078-80 (1993).
22) K. Hirao, T. Nagaoka, M. E. Brito, and S. Kanzaki, *J. Am. Ceram. Soc.*, **77**, 1857-62 (1994).
23) 平尾喜代司, 長岡孝明, マヌエル・ブリト, 神崎修三：日本セラミックス協会学術論文誌, **104**, 54-8 (1996).
24) K. Hirao, M. Ohashi, M. E. Brito, and S. Kanzaki, *J. Am. Ceram. Soc.*, **78**, 1687-90 (1995).
25) 今村寿之, 平尾喜代司, マヌエル・ブリト, 烏山素弘, 神崎修三：日本セラミックス協会学術論文誌, **104**, 748-51 (1996).
26) T. Ohji, K. Hirao, and S. Kanzaki, *J. Am. Ceram. Soc.*, **78**, 3125-28 (1995).
27) 手島博幸, 平尾喜代司, 烏山素弘, 神崎修三, 日本セラミックス協会学術論文誌, **107**, 1216-20 (1999).
28) H. T. Lin, E. Y. Sun, P. F. Becher, S. H. Waters, K. P. Plucknett, K. Hirao, and M. E. Brito, 247, Proc. 100th Annu. Meeting Am. Ceram. Soc.
29) T. Hirai, S. Hayashi, and K. Niihara, *Am. Ceram. Soc. Bull.*, **57**, 1126-30 (1978).
30) M. Mitomo, N. Hirosaki, and T. Mitsuhashi, *J. Mater. Sci. Lett.*, **3**, 915-16 (1984).
31) G. Ziegler, "Progress in Nitrogen Ceramics", Ed. by F. L. Riley, Martinus Nijhoff Publishere, Boston, 565-88 (1986).
32) 林國郎, 辻本真司, 西川友三, 窯協, **94**, 595-600 (1986).
33) 渡利広司, 関喜幸, 石崎幸三, セラミックス論文誌, **97**, 56-62 (1989).
34) K. Kijima and S. Shirasaki, *J. Chem. Phys.*, **65**, 2668 (1976).
35) I. C. Huseby and G. Petzow, *Powder Metall. Int.*, **6**, 17 (1974).
36) K. S. Mazdiyasni and C. M. Cooke, *J. Amer. Ceram. Soc.*, **57**, 536 (1974).
37) N. Hirosaki, A. Okada, and K. Matoba, *J. Amer. Ceram. Soc.*, **71**, c144-47 (1988).
38) H. J. Goldsmid and A. W. Penn, *Physics Letters*, **27A** (8), 523-524 (1968).
39) 秋宗淑雄, 宗像文男, 松尾一雄, 広崎尚登, 岡本裕介, 御園康仁, *J. Ceram. Soc. Japan*, **107**, 339-342 (1999).
40) N. Hirosaki, Y. Okamoto, M. Ando, F. Munakata, and Y. Akimune, *J. Amer. Ceram. Soc.*, **79**, 2878-82 (1996).
41) 宗像文男, 佐藤誓, 広崎尚登, 谷村誠, 秋宗淑雄, 岡本裕介, 井上靖秀, *J. Ceram. Soc. Japan*, **105**, 858-61 (1997).

42) 宗像文男, 佐藤誓, 広崎尚登, 谷村誠, 秋宗淑雄, 井上靖秀, *J. Ceram. Soc. Japan*, **106**, 441-43 (1998).
43) 広崎尚登, 安藤元英, 岡本裕介, 宗像文男, 秋宗淑雄, 平尾喜代司, 渡利広司, Manuel Brito, 鳥山素弘, 神崎修三, *J. Ceram. Soc. Japan*, **104**, 1171-73 (1996).
44) M. Akiyama, H. R. Kokabi, K. Nonaka, K. Shobu, and T. Watanabe, *J. Am. Ceram. Soc.*, **78**, 3304-08 (1995).
45) M. Akiyama, K. Nonaka, K. Shobu, and T. Watanabe, *J. Ceram. Soc. Japan*, **103**, 974-76 (1995) 974.
46) M. Akiyama, C. N. Xu, K. Nonaka, and T. Watanabe, *J. Mater. Sci. Lett.*, **17**, 2093-95 (1998).
47) M. Akiyama, T. Harada, C. N. Xu, K. Nonaka, and T. Watanabe, *Thin Solid Films*, **350**, 85-90 (1999).
48) L. Eckertova, "Physics of Thin Films", 内田老鶴圃, 97 (1994).
49) (社)表面技術協会, PVD・CVD皮膜の基礎と応用, 槙書店, 32 (1994).
50) M. Akiyama, K. Nonaka, K. Shobu, and T. Watanabe, *J. Ceram. Soc. Japan*, **103**, 1093-96 (1995).
51) M. Akiyama, C. N. Xu, K. Nonaka, and T. Watanabe, *J. Am. Ceram. Soc.*, (Submitted).
52) S. Egusa and N. Iwasa, *Ferroelectrics*, **145**, 45-49 (1994).
52) A. Kelly, Strong Solids, Oxford University Press, 140 (1966).
53) W. J. Clegg, et al., A Simple Way to Make Tough Ceramics. *Nature*, **347**, 455-457 (1990).
54) A. G. Evans, Perspective on the Development of High Toughness Ceramics. *J. Am. Ceram. Soc.*, **73** (7), 187-206 (1990).
55) W. Lee, S. J. Howard, and W. J. Clegg, Growth of Interface Defects and its Effect on Crack Deflection and Toughening Criteria. *Acta mater.*, **44** (10) 3905-3922 (1996).
56) M.-Y. He, et al., Kinking of a Crack Out of an Interface : Role of In-Plane Stresses. *J. Am. Ceram. Soc.*, **74** (4), 767-771 (1991).
57) K. S. Blanks, et al., Crack Deflection in Ceramic Laminates Using Porous Interlayers. *J. Europ. Ceram. Soc.*, **18**, 1945-1951 (1998).
58) J. S. Koehler, *Attempt to Design a Strong Solid. Physical Review*, **B, 2** (2), 547-551 (1970).
59) S. L. Lehoczky, Strength Enhancement in Thin-Layered Al-Cu Laminates. *J. Appl. Phys.*, **49** (11), 5479-5485 (1978).

4.2 マクロ配向制御

脆性材料であるセラミックスの強度は，材料に内在する欠陥サイズによって決定される．したがって，高強度を達成するためには微細均一組織の形成が重要である．一方，材料の信頼性向上のためには靭性を高めることが求められるが，モノリシック材の靭性を高めるためには，き裂の偏向や扁平粒子の架橋効果に基づくき裂先端の応力緩和に有利な異方性の高い結晶粒子からなる不均質な組織の形成が有利とされている．すなわち，靭性の向上を図るためには，均質化による高強度化とは相反する組織の形成が要求される．また，長繊維等によって強化されたセラミックスは，靭性の向上が著しく破壊仕事も大きくなり，部材の信頼性は向上するが，その強度はモノリシック材と比較して非常に低い．

モノリシック材の持つ強度特性を損なうことなく，長繊維強化材と同等の破壊仕事を持つ材料を創製するためには，ミクロ的には微細で均質なモノリシック構造でありながら，マクロ的には繊維状や層状の長繊維強化材に匹敵する不均質な構造を形成することが重要である．

本節では，長繊維強化材を模したマクロ組織を形成させるために，微細粉末原料から作製した繊維状成形体表面に弱結合界面を形成する方法や，焼結性の異なる原料からなる2種のグリーンシートを積層することによって，弾性率の異なる緻密質層と多孔質層が交互に積層された構造を有する焼結体の製造プロセスと，これらのマクロな構造制御技術によりモノリシックセラミックスの破壊仕事を大きくする試みについて述べる．

4.2.1 プリズマチック構造制御

セラミックスは構造用材料としては，高弾性・高耐熱性・高硬度等の優れた特性を有するが，脆性という本質的な短所により，その使用範囲が大きく限られている．このため，現在セラミックスの脆性を克服する種々の試みがなされているが，その一つに繊維複合材料に代表されるマクロ構造制御技術がある．

この技術の優位性はナノ～ミクロ構造の制御とは異なり，その破壊挙動を疑似塑性的に変換し得ることである．このため，その破壊に要するエネルギー量(Work of Fracture，以後WOF)を，通常のセラミックスに比べて著しく増大することが可能となる．このためにはマクロ構造要素間の界面でき裂の進展を阻害・偏向させることが必要で，界面には弱結合の導入が不可欠となる．

一般には市販のセラミックス繊維を強化材として導入する例が多く，その代表的なものとして，炭素繊維，CVD法によるSiC繊維，有機物の熱分解によるSiC繊維があげられる．ただし，セラミックス材料中への繊維の導入には多くの制限があり，特にプロセス温度や熱膨張係数のマッチングといった因子が重要となる．

Hi-Nicalon®やTyrrano®に代表される有機物由来のSiC繊維は，柔軟かつ可撓性に富んでいるためWOFの向上に有利であるが，熱膨張係数差の大きいAl_2O_3やZrO_2のような酸化物系セラミックスへの導入は困難であり，適用できるマトリックス材料に制限が大きい．実際，市販のSiC繊維に対するマトリックスとしてSiCや

Si_3N_4 といった材料が適しているが，繊維の耐熱性が不足していることから1500℃を大きくこえるようなプロセス温度では性能が劣化する．このため，マトリックスの形成には，通常の粉末冶金的手法とは異なる特殊な低温合成が用いられ，代表的なものにCVI (Chemical Vapor Infiltration) 法やPIP (Polymer Impregnation -Pylolisys) 法がある．しかし，これらの手法は時間と費用を要する特殊なもので，しかも使用される繊維も極めて高価格であるため，材料としての製造コストは著しく高くなる．このため，繊維の複合はその利用範囲を狭める一因ともなっている．

一方，近年セラミックス粉末を層状あるいは繊維状に成形し，その成形体を積層・焼結する高靭性セラミックスの研究がなされてきた[1~3]．この場合，通常の粉末冶金的手法を用いることができるため，セラミックスの安価な高靭化技術として注目されている．本項では，そのようなマクロ構造制御の一つであるプリズマチック構造制御の概念と，高靭化に影響する因子に関して述べる．

(1) プリズマチック構造制御セラミックス

通常の繊維強化セラミックスは強化繊維とマトリックス相で構成され，き裂の進展を強化繊維あるいは繊維/マトリックス界面で阻害・偏向することにより，破壊挙動を複雑化して高い破壊抵抗を実現している．繊維強化セラミックスの利点は，セラミックス繊維が非常に微細で，かつ柔軟なため高靭化に有利であることがあげられる．

通常，市販繊維の直径は 10 μm 前後にすぎず，また非晶質SiC繊維は可撓性に富んでいるため，セラミックスの強化材として導入した場合高靭化の度合いは著しく大きい．また，せん断破壊を防止するために，繊維を3次元に配向して導入することが可能となる．これに対し，プリズマチック構造制御セラミックスは，マトリックス自体で構成された繊維状あるいはシート状構造の集合組織であり，各構造要素間に弱結合界面を導入することで，繊維強化セラミックスと同様な破壊挙動の実現を期待している．

プリズマチック構造制御材料の利点の一つは，市販の無機繊維と異なり，高温での焼結プロセスで特性が劣化する恐れがないことである．また，薄い界面相を除けばマトリックス相のみで構成されているため，熱膨張係数差に起因する特性劣化を考慮しなくてもよい．このため，事実上繊維強化セラミックスのような材料系の組合せや製造プロセスに関する制限が少ない．一般に，高温での焼結プロセスにより作製されたセラミックスマトリックスは，低温焼成されたマトリックスに比較して高強度で耐熱性も高い．さらに，繊維強化セラミックスに用いられるセラミックス繊維は非常に高価で，セラミックス粉末の数十倍の単価に達するため，粉末のみを原料とするプリズマチック構造制御材料はコスト面でも有利となる．ただし，繊維強化セラミックスのような3次元配向構造を導入するのは困難である．しかし，1次元配向もしくは2次元配向繊維強化材に相当する構造の導入は容易であるので，比較的単純な形状の部材には構造制御材料の適用が可能である．

プリズマチック構造制御材料の機械的特性および破壊挙動を支配する因子は数多くあるが，最も重要なものは界面相である．通常，セラミックス繊維強化セラミックスにおいても，繊維/マトリックス界面に黒鉛やBN等の被覆により弱結合を導入することで，破壊挙動を複雑にしてWOFの増大を図る．マクロ構造制御材料でも同様に，各構造要素間に異種材料もしくは多孔質層を導入して，き裂進展の阻害・偏向を

誘起させる．異種材料を界面相として導入する場合には，マトリックス材料との結合が弱いことに加えて，焼結時に反応しないことが求められる．多孔質層の導入時には，多くの場合，同じ材料系が選択されるため反応は考慮しなくともよいが，同種材料の場合結合強度は低くないので，き裂偏向のためにはかなりの厚さが要求される．

(2) プリズマチック構造制御材料の製造プロセスと特性

代表的な製法を図 4.2-1 に示す．マクロ構造制御材料の製造は，所定の形状に成形した粉末成形体を配列・積層し焼結するプロセスがとられる．

このような粉末成形体の作製にはドクターブレード法や押出成形法が用いられるが，前者が主にシート状成形体のような単純形状にしか適用できないのに対し，後者は多様な形状の成形体に対応できる点で有利である．押出成形法を用いた場合，粉末に成形助剤として有機バインダとその溶媒を添加する必要がある．

この場合，セルロース系バインダと水溶媒が使用されることが多い．作製した繊維状あるいはシート状の成形体を所定の形状に切断し，その表面に界面相材料の被覆を行う．被覆方法には，塗布法，浸漬法，スプレー法，などが用いられる．このとき最も重要な要素は均一な被膜の形成であり，このために最適な手法・条件を選択する必要がある．特に繊維状成形体の場合，シート状成形体に比較して被覆面積が大きく単純形状ではないので，被覆に困難をともなうことに留意しなければならない．この後，被覆した成形体を配向・積層し焼結することにより，マクロ構造制御材料を得る．ただし，押出成形時に添加されるバインダの量は，通常の粉末焼結プロセスに比べてかなり多量であり空隙ができやすいため，焼結時にはホットプレスのような加圧焼結を用いた方が容易に緻密化できる．

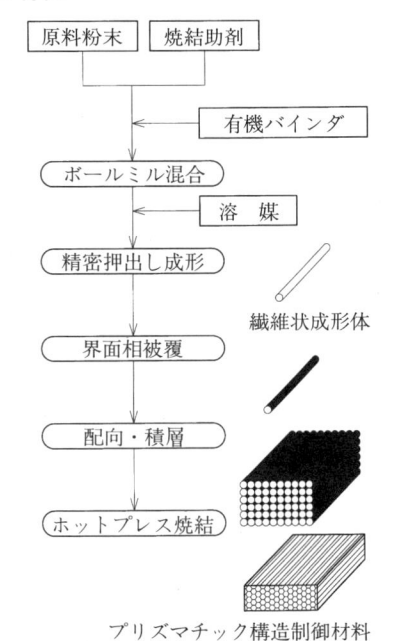

図 4.2-1 プリズマチック構造制御材料の製造プロセス

前述の方法により Si_3N_4 粉末を繊維状に成形し作製した一軸配向構造制御材料の断面組織を図 4.2-2 に示す[4]．使用した繊維状成形体の直径は 0.5 mm で，スプレー法により黒鉛粉末の被覆を行った．焼結条件は窒素雰囲気中において，1 800 ℃ でホットプレス焼結を行った．通常，この条件下では市販のセラミックス繊維は特性が劣化してしまうが，逆に Si_3N_4 からなる繊維は高温でのホットプレス焼結により緻密化して高い特性を示す．各繊維状構造要素は焼結時の加圧に伴い扁平に変形し，ほぼ六角形断面をしている．その各繊維の境界には被覆した黒鉛粉末が界面相として形成されている．界面相の厚さは成形体表面への被覆量で制御でき，数 μm 程度のほぼ均一な厚みの界面相が得られる．

作製した構造制御材料の黒鉛界面相の厚さと破壊挙動・WOF の関係を図 4.2-3，図 4.2-4 に示す[4]．0.93 μm の黒鉛界面相を導入した材料は界面相が不連続であったため脆性的に破壊するが，それ以外の連続した界面相を有する材料はすべて非脆性的な

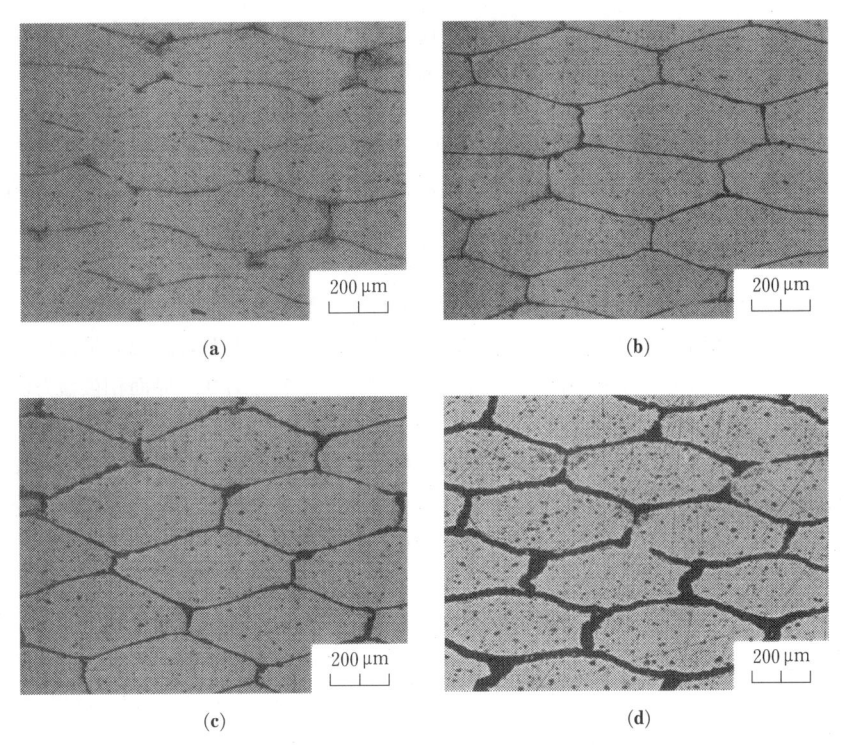

図 4.2-2 黒鉛界面相を導入した Si_3N_4 基プリズマチック構造制御材料の断面組織. 黒鉛界面相厚さ. (**a**) 0.93 μm, (**b**) 2.1 μm, (**c**) 2.9 μm, (**d**) 8.3 μm

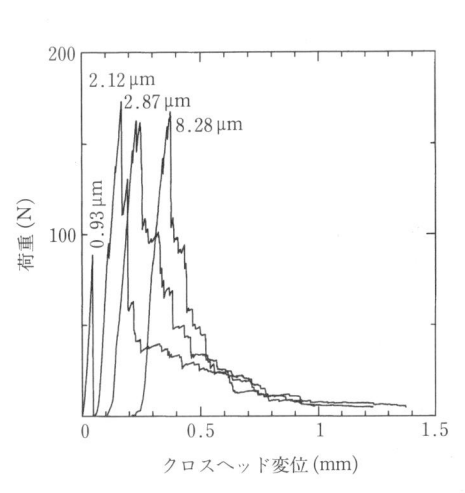

図 4.2-3 黒鉛界面相を導入した Si_3N_4 基プリズマチック構造制御材料の破壊挙動(荷重-変位線図)

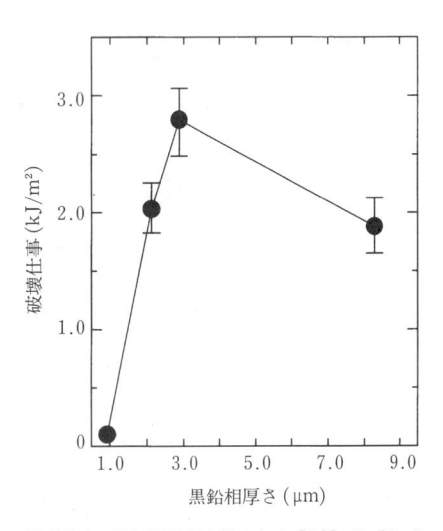

図 4.2-4 黒鉛界面相を導入した Si_3N_4 基プリズマチック構造制御材料の破壊仕事と黒鉛相厚さの関係

破壊挙動を顕著に示す. き裂進展状況を観察すると, 界面相に到達したき裂はその進展を阻害されることにより, 界面相に沿って成長している. これにともなって, プリズマチック構造制御材料のWOFはセラミックス単味に比較して著しく増大する. また, 黒鉛界面相の厚さが2.1 μmから2.9 μmに増大するにつれて, その破壊挙動はせん断的な破壊が支配的になり, 破壊時の最大荷重値は若干低下するが, WOFはさらに増大して約3 kJ/m^2 を示す. このことから, 高靱化(WOFの増大)のためには,

界面におけるせん断破壊の促進が有効であることがわかる．ただし，図4.2-4にみられるように，さらに黒鉛界面相の厚さを増すと，かえってWOFが低下する傾向がみられるため，導入する界面相の厚さの最適化も重要である．

界面相としてY_2O_3安定化ZrO_2(以後YSZ)粉末を浸漬法とスプレー法により被覆したプリズマチック構造制御材料の断面組織を図4.2-5に，そのWOFを図4.2-6に示す[5]．導入したYSZ量は明らかに浸漬法の方が大きいが，YSZ相は不連続で厚さも一定ではない．これに対して，スプレー法により導入したYSZ界面は薄くて連続した界面が得られる．そのWOFを比較すると，スプレー法により被覆を行った構造制御材料の方が著しく高い値を示す．このことから，導入量は少なくとも均一な厚さの連続した界面相の形成が高靱化には重要であり，界面相被覆方法の最適化が不可欠であることがわかる．

プリズマチック構造制御材料の高靱化のためには，薄くて均一な界面相の導入が不可欠であり，同時にマトリックスのサイズや界面相厚さ等の構造を最適化する必要がある．各構造要素材料と界面相材料の最適な組合せの探索も重要であるが，これに関しては使用環境も含めて検討する必要がある．

黒鉛界面相の導入は高靱化の効果が大きく，繊維強化セラミックスでも一般的に使用されているが，耐酸化性に乏しいため，高温大気にさらされる部材には使用できない．この場合，YSZ界面材料は高靱化の効果は若干小さいが，耐酸化性が要求される場合には有効である．しかし，最も高靱化できた黒鉛界面導入材においてもそのWOFは約$3\,kJ/m^2$程度であり，市販のSiC繊維を導入した繊維強化セラミックスの値($5\sim10\,kJ/m^2$)には及ばない．これは繊維状成形体の径が0.5 mmと市販の繊維に比較して著しく大きかったことに起因すると考えられ，今後のさらなる高靱化のためには，成形体の微細化が必要であることが予想できる．

図4.2-5 YSZ界面相を導入したSi_3N_4基プリズマチック構造制御材料の断面組織．(a) 浸漬法によるYSZ被覆材料，(b) スプレー法によるYSZ被覆材料

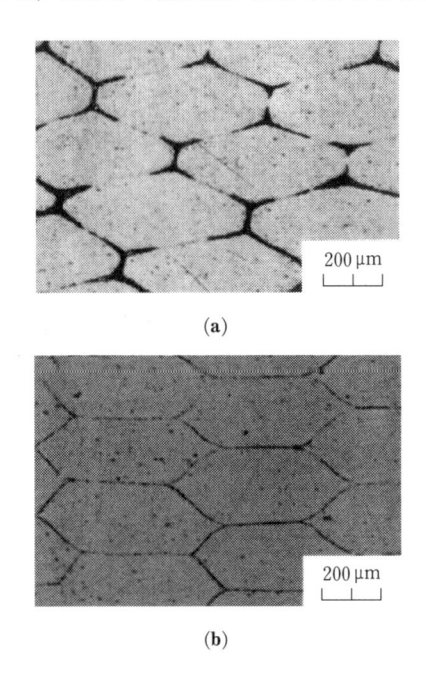

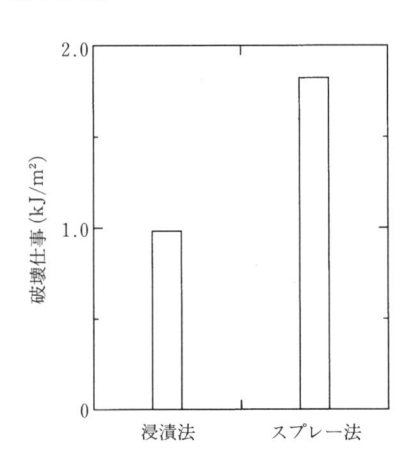

図4.2-6 YSZ界面相を導入したSi_3N_4基プリズマチック構造制御材料の破壊仕事とYSZ被覆法の関係

4.2.2 積層構造制御

機械部品としてのセラミックスに要求される特性は年々高度化しており，強度の向上をはじめとして，長時間の安定性，損傷許容性などの多方面の物性を兼ね備えた材料が望まれている．特に，セラミックスが組み込まれた機械（システム）の信頼性向上には，破壊仕事や靱性を含めた損傷許容性を有するセラミックス材料の開発が必要である．その観点から，積層構造を有するセラミックスを用いて，靱性の向上，破壊仕事の増大を目指した研究が多くの材料系で行われている[1)~9)]．

セラミックス積層構造体の特性の魅力は，モノリシックセラミックスの高強度を維持しながら，長繊維強化セラミックスに迫る高靱性を発現することである．図4.2-7に強度と靱性を指標にしたセラミックス積層体の位置付けを示す．モノリシックセラミックスは強度は高いが靱性は低く，長繊維強化セラミックスは靱性は高いが強度は低い．セラミックス積層体は，強度と靱性が調和した特性を持っており，様々な用途での応用が期待される．また，セラミックス積層体は，粉体を基本としたモノリシック材料の作製プロセスが適用可能であり，特殊な製造装置が必要で，材料系の限られる長繊維強化材料と比較して多くの利点がある．

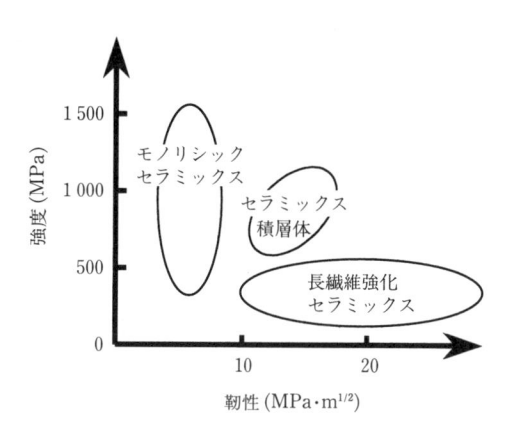

図4.2-7 強度と靱性からみた積層材料の位置付け

優れた機械的特性を有するセラミックス積層体を得るためには，狙いとする機械的特性を発現する積層構造を明らかにし，その構造を実現する作製プロセスを見出すことが必要である．本項では，優れた機械的特性を発現するセラミックス積層構造の考え方を明らかにし，その考えを実際に応用した窒化ケイ素系積層材料の作製プロセスと機械的特性について述べる．

(1) セラミックス積層体構造の設計指針

積層体構造の設計指針を明らかにするためには，高強度化，高靱性化のメカニズムを積層構造との関係で明らかにする必要がある．ここでは，積層体の強度と積層構造との関連について考える．積層体に平行に引張応力を負荷する等のひずみ条件では，理想的にはより低い破断ひずみを持つ層から破壊が進行する[10)]．積層構造化による高強度化は，破壊する低破断ひずみ層の見かけの強度が向上することに起因する．

単層の見かけの強度向上には，熱膨張係数差による圧縮の残留応力，局所的な応力拡大係数の低下，寸法効果，の3つの高強度化メカニズムが考えられる．それぞれのメカニズムに影響を与える積層構造のパラメータは，単層の厚みと層間の弾性率と熱膨張係数の比である．例えば，残留応力については，層間で熱膨張係数差が大きく，低破断ひずみ層に圧縮の応力が残存すると，単層の見かけの強度が向上する[11)]．欠陥を内包する層の局所的な応力拡大係数も層の厚みと層間の弾性率比によって大きく変

化し，単層の見かけの強度が増減する．破壊する層の弾性率が相対的に小さく，層の厚みが欠陥サイズと同等であると，応力拡大係数が低下し，積層体の高強度化につながる[12]．また，交互積層構造は，直接欠陥サイズを制御する効果を有し，寸法効果により単層の強度が向上する．以上のように，応力と欠陥サイズが同一であっても，積層構造によって強度特性が大きく変化する．概して，層間の大きな物性差は積層体の高強度化に有効である．

一方，積層体の作製プロセスの観点からは，層間の大きな物性差(熱膨張係数，弾性率)はプロセス中の割れや剥離につながる．特に焼結時において，それぞれの層の間で，昇温中の緻密化挙動と冷却中の収縮挙動に大きな差があると，層間の界面もしくは層内に割れを生じる．

以上のことから，積層体の構造を設計する際には，狙った機械的特性を積層構造との関連で検討すると同時に，作製プロセスで両立可能な材料系と構造を検討する必要がある．相反する条件を満足する構造として，単層を同じ材料系で作製し，弾性率のみを層間で差別化した積層構造が考えられる．以下では，通常の緻密な窒化ケイ素を高弾性率層として用いて，低弾性率層としてサイアロンおよび多孔質窒化ケイ素を採用し，高弾性率層と低弾性率層を交互に積層した材料の機械的特性について述べる．

(2) 窒化ケイ素系積層材料
a. β-サイアロン/窒化ケイ素積層体

β-サイアロンは，窒化ケイ素のSi–N結合の一部がAl–O結合に変わった，一般式$Si_{6-z}Al_zO_zN_{8-z}$で表される窒化ケイ素系の固溶体である．固溶量が増えるにつれて，窒化ケイ素の共有結合性からAl–O結合由来のイオン結合性へと緩やかに変化し，弾性率もz値の増加とともに固溶限界付近までほぼ直線的に減少する．一方，Si–Al–O–N系の状態図によれば，β-サイアロンは窒化ケイ素の組成から直線的に固溶域を持つ固溶体である[13]．そのため，β-サイアロンと窒化ケイ素は高温の平衡状態では共存することができない．そこで，2層構造の実現には，相互の拡散を抑制しつつ緻密化を行うことが必要となる．

テープ成形/積層/ホットプレスにより作製した窒化ケイ素/β-サイアロン積層体の断面写真を図4.2-8に示す．写真中白い部分が窒化ケイ素層，黒い部分がβ-サイアロン層である．明瞭な2層構造が確認され，界面付近に割れや剥離は観察されない．EPMAによる組成分析によれば，界面付近では10 μmの範囲でY，Alとも組成が緩やかに傾斜しており，界面付近においてのみ相互拡散が進行していることがわかる．

交互積層体の破壊を理想的な張合せ積層体の引張破壊と仮定すれば，各層でひずみは一定となり，より低い破断ひずみを有する層から破壊が起こることになる．例えば，窒化ケイ素とβ-サイアロンの単味材の破断ひずみを比較すると，交互積層体では破断ひずみの低いβ-サイアロン層

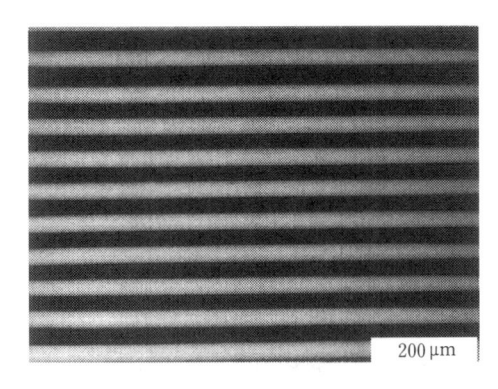

図4.2-8 β-サイアロン/窒化ケイ素積層体の断面写真

から破壊することが予想される．これは，実験結果と一致しており，破壊の起点は常に β-サイアロン層中に存在する．仮に，低破断ひずみ層がその単味材と同じ強度を持っているとすれば，交互積層体の強度は，以下の単純な式で計算することができる[14]．

$$\sigma_{\text{Composite}} = \sigma_{\text{Monolith}} \left(\frac{E_{\text{Composite}}}{E_{\text{Monolith}}} \right)$$

(4.2-1)

β-サイアロン/窒化ケイ素積層体の場合の計算結果を図 4.2-9 に実験結果とともに示す．ここで注目すべきは，交互積層体の強度の実験値が推定値よりも上に位置していることである．つまり，破壊は常に β-サイアロン層から進行しているにもかかわらず，交互積層することによって β-サイアロン層の見かけの強度が大幅に向上していることになる．窒化ケイ素層の体積分率が増加するにしたがって推定値からのずれが大

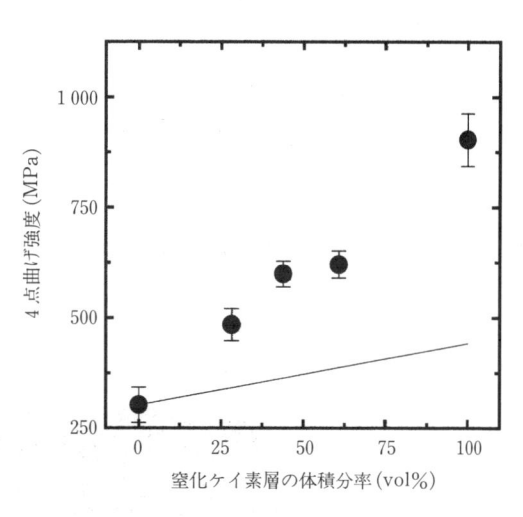

図 4.2-9　曲げ強度の実験値と推定値

きくなり，最終的に 60.8 vol％ では 60％ 程度の大幅な強度の向上が認められる．詳細は割愛するが，この高強度化は寸法効果と応力拡大係数の変化が原因であり，層間の厚みの比および各層の厚みを制御することが重要である[15]．

b. 緻密質/多孔質窒化ケイ素積層体

緻密層と多孔質層の 2 層構造を作製するためには，一体焼結中に緻密層は理論密度まで緻密化し，多孔質層には所定の気孔を残す作製プロセスが必要である．ここでは，多量のウィスカの添加が焼結を阻害することに着目し，多孔質層用の原料に多量のウィスカを添加し，さらに焼結助剤の差別化を行うことにより 2 層構造を実現した例について述べる[16]．テープ成形/ガス圧焼結により作製した典型的な積層体断面の SEM 写真を図 4.2-10 に示す．緻密質層は十分緻密化しており，各層および界面近傍に割れや剥離は観察されず，粒子の大きさ，異方性から判別される界面は極めて明瞭である．多孔質層は，テープ成形方向に配向したウィスカがお互いに結合し，その空隙が異方形状の気孔となっている特徴ある微構造を有している．多孔質層の気孔率は 30％ 程度である．

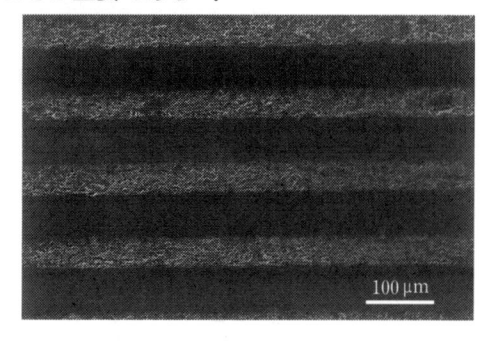

図 4.2-10　緻密質/多孔質窒化ケイ素積層体の断面写真

焼結中の収縮には，緻密質層と多孔質層の収縮率の違いおよびテープ成形による多孔質層中のウィスカの配向により，大きな異方性が生じる．ウィスカが配向したテープ成形方向では極めて低い収縮率（数％）であり，積層（厚み）方向では極めて大きな収縮率（25％）が観察され，緻密体の等方収縮率（18.9％）をこえた値を示す．この

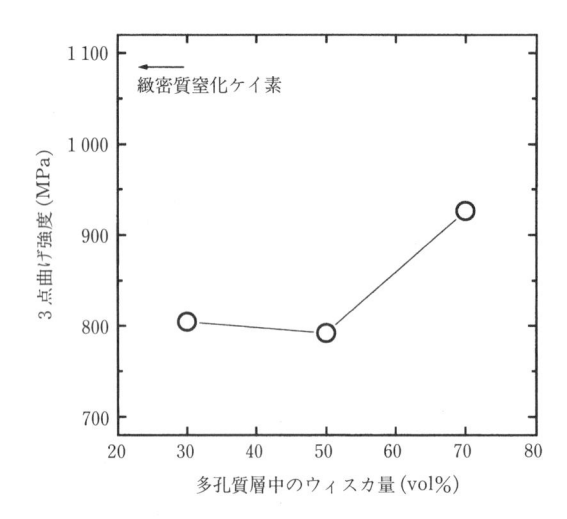

図 4.2-11 ウィスカ添加量に対する強度の変化

図 4.2-12 曲げ試験後の破断面写真

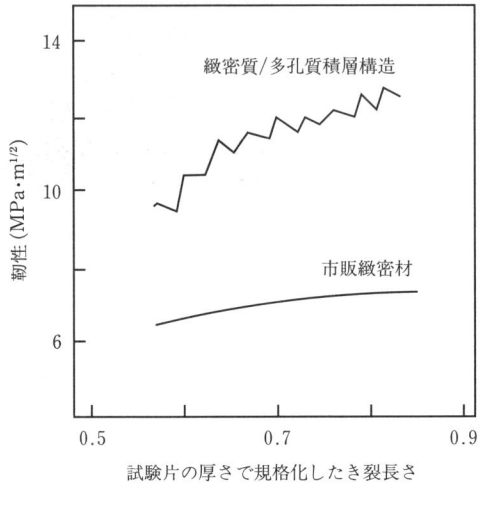

図 4.2-13 Rカーブ挙動

異方収縮を緻密質層の収縮挙動に注目して考慮すると，緻密質層は，多孔質層に拘束されているテープ成形方向の収縮を，Z方向で補塡してほぼ理論密度まで緻密化したと考えることができる．言い換えれば，大きく収縮率の違う層を積層した場合に，各層は拘束のない積層方向である程度独立して収縮することができると考えられる．

図 4.2-11 に，多孔質層へのウィスカ添加量に対する3点曲げ強度の変化を示す．試験中の荷重-変位曲線には屈曲点等は存在せず，最大荷重に達するまでの変形で非線形性は認められない．

図 4.2-12 にウィスカ添加 70 vol % の積層体の破断面の SEM 写真を示す．破断面には中立点付近に剥離が観察され，ときには応力と水平な方向に試験片を4分割することもある．表面近傍には破壊源が認められ，破壊源は常に緻密質層中に存在している気孔である．つまり，破壊は常に緻密質層から進行し，低弾性率の気孔は少なくとも破壊源とはなっていないことがわかる[17]．緻密質層から破壊が進行するのは，緻密質層が多孔質層よりも低い破断ひずみを有していることに起因している．なお，積層体中の多孔質層は，低弾性率，高強度等の優れた機械的特性を有することがわかっている[18]．

多孔質層へのウィスカ添加量に対する破断ひずみの変化についての測定結果から，積層体の破断ひずみは，弾性率が低下しているのにもかかわらず，強度の低下が小さいため顕著に増加する．特に添加量 70 vol % で顕著な増加がみられる．この破断ひずみの増加は，サイアロンの場合と同様，緻密質層の見かけの強度の向上に起因する．

一方，多孔質層は配向した柱状粒子の周囲に気孔が存在する微構造をしており，多孔質層にき裂が存在する際にき裂の偏向や湾曲が起こり，さらに，多孔質層の低弾性率により局所的な応力拡大係数が低下することから，特異なき裂進展挙動を示す．図4.2-13にシェブロンノッチを導入した試験片の R カーブ挙動を示す．多孔質層中のウィスカの配向と相まって，き裂が多孔質層中を進行する際にき裂進展抵抗が顕著に増加している[19]．

積層体を実部品として応用するには，積層構造特有の特性の異方性の制御，部品形状への賦形化等，クリアしなければならない課題も多い．今後は，高温機器への利用を念頭に置いて，高温化技術，賦形化技術，設計評価技術の開発を行い，高信頼性モデル部材としての機能を検証していく必要がある．

● 参考文献

1) J. Cook and J. E. Gordon, *Proc. Royal. Soc. London*, **282**, 508 (1964).
2) D. Kovar, B. H. King, R. W. Trice, and J. W. Halloran, *J. Am. Cer. Soc.*, **80**, 2471 (1997).
3) 上野和夫, *J. Soc. Mat. Sci. Japan*, **47**, 644 (1998).
4) T. Inoue, M. Suzuki, S. Sodeoka, and K. Ueno, Proc. 16th Japan-Korea International Seminar on Ceramics, 285 (1999).
5) 井上貴博，鈴木雅人，袖岡賢，上野和夫，日本セラミックス協会第12回秋季シンポジウム講演予稿集, 165 (1999).
6) W. J. Clegg, K. Kendall, N. M. Alford, T. W. Button, and J. D. Birchall, *Nature* (London), **347**, 455-7 (1990).
7) P. Sarkar, X. Haung, and P. S. Nicholson, *J. Am. Ceram. Soc.*, **75** (10), 2907-909 (1992).
8) E. Lucchini and O. Sbaizero, *J. Eur. Ceram. Soc.*, **15**, 975-81 (1995).
9) D. B. Marshall, pp. 195-203 in Layered Materials for Structural Applications. Edited by J. J. Lewandowski, C. H. Ward, M. R. Jackson, and W. H. Hunt, Jr. MRS, Pittsburg, PA (1996).
10) C. A. Folsom, F. W. Zok, F. F. Lange, and D. B. Marshall, *J. Am. Ceram. Soc.*, **75**, 2969-75 (1992).
11) T. Cartier, D. Merle, and J. L. Besson, *J. Eur. Ceram. Soc.*, **15**, 101-107 (1995).
12) P. D. Hilton and G. C. Sih, *Int. J. Solids Struct.*, **7**, 913-30 (1971).
13) K. H. Jack, *J. Mater. Sci.*, **11**, 1135-58 (1976).
14) C. A. Folsom, F. W. Zok, and F. F. Lange, *J. Am. Ceram. Soc.*, **77**, 689-696 (1994).
15) Y. Shigegaki, M. E. Brito, K. Hirao, M. Toriyama, and K. Kanzaki, *J. Am. Ceram. Soc.*, **80**, 2624-28 (1997).
16) Y. Shigegaki, M. E. Brito, K. Hirao, M. Toriyama, and S. Kanzaki, *J. Am. Ceram. Soc.*, **79**, 2197-200 (1996).
17) Y. Shigegaki, M. E. Brito, K. Hirao, M. Toriyama, and K. Kanzaki, *J. Ceram. Soc. Japan.*, **105**, 824-826 (1997).
18) Y. Shigegaki, M. E. Brito, K. Hirao, M. Toriyama, and K. Kanzaki, *J. Am. Ceram. Soc.*, **80**, 495-98 (1997).
19) T. Ohji, Y. Shigegaki, T. Miyajima, and K. kanzaki, *J. Am. Ceram. Soc.*, **80**, 991-94 (1997).

4.3 固溶反応制御

窒化ケイ素セラミックスの強度や靱性を改良する試みが多くなされているが，これらに加え，熱特性を制御することができれば用途拡大につながる．例えば，耐熱衝撃性が必要とされる部材や放熱性が要求される基板等には高熱伝導性が望まれ，また，断熱性が要求される遮熱プレート等には低熱伝導性が必要となる．

窒化ケイ素の固溶体であるサイアロンが窒化ケイ素より低熱伝導性を示すことが知られている．これは，固溶による異種元素の導入，結合の多様化によって結晶格子が乱され，熱伝導を阻害するフォノン散乱が増加するためである．

セラミックスの熱伝導に関係する要因はいくつかあるが，絶縁性セラミックスのその主たる要因はフォノン（格子振動）である[1]．このフォノンの熱伝導率 κ_L は (4.3-1) 式に示すようにフォノンの熱容量 c，群速度 v_L，平均自由行程 l_L の積で表され，各因子を小さくすることで熱伝導率を小さくすることができる．

$$\kappa_L = c \cdot v_L \cdot l_L / 3 \tag{4.3-1}$$

熱伝導率 κ は一方で，(4.3-2) 式に示すように熱拡散率 α，比熱 c_P，密度 ρ の積で表される．

$$\kappa = \alpha \cdot c_P \cdot \rho \tag{4.3-2}$$

これらの式より，(4.3-1) 式の熱容量が (4.3-2) 式の比熱と密度の積，(4.3-1) 式の群速度と平均自由行程の積が (4.3-2) 式の熱拡散率と同等とみなすことができる．窒化ケイ素をベースとした緻密なセラミックスの場合，熱伝導率に対する比熱，密度の寄与は小さく，フォノンの群速度は音速に相当する一定値である．このため，熱拡散率，すなわちフォノンの平均自由行程を制御することが熱伝導率を制御することになる．平均自由行程は結晶の不完全性，すなわち欠陥の種類に大きく左右され，なかでも同位元素や格子欠陥などの点欠陥の影響が最も大きいことから[2]，異種元素を導入する固溶体は熱伝導率が大きく変化することになる．

窒化ケイ素の固溶体であるサイアロンの熱伝導率に関しては，窒化ケイ素の室温の熱伝導率が 30〜50 W/m・K であるのに対して，β-サイアロンで 10〜30 W/m・K[3]，α-サイアロンで 7 W/m・K[4]，α/β-サイアロンで 8〜12 W/m・K[5] の値が示されている．しかし，窒化ケイ素の固溶体であるサイアロンの熱伝導特性は，材料組成や微構造との関連において，十分には体系化できていない．本節では，サイアロン質セラミックスを対象として，固溶反応による熱伝導特性制御について述べる．

(1) サイアロンセラミックスの作製

出発原料は，Si_3N_4，AlN，Al_2O_3，Y_2O_3，Yb_2O_3 を必要に応じて用いた．

β-サイアロンは固溶量と熱伝導率の関係を明らかにするために，$Si_{6-z}Al_zO_zN_{8-z}$ の一般式に対して，$z=1, 2, 3, 4$ となるように，それぞれ原料を調整した．

α-サイアロンは侵入固溶元素種，および固溶量と熱伝導率の関係を明らかにするために $M_{m/3}Si_{12-(m+n)}Al_{m+n}O_nN_{16-n}$ の一般式に対して，M=Y, Yb, $m=1.5$, 1.8, 2.1, 2.4, 3.0 となるように，それぞれ原料を調整した．

α/β-サイアロンは置換固溶元素量と熱伝導率の関係を明らかにするために $M_{m/3}Si_{12-(m+n)}Al_{m+n}O_nN_{16-n}$ の一般式に対して，$m=0.6$，$n=0.5$, 1.0, 1.5, 1.8 とな

るように，それぞれ原料を調整した．

　焼結体の作製に当たっては，気孔率の影響を排除するために緻密な試料が必要とされたため，ホットプレス法によって焼結体を作製し，評価に供した．

　得られた各焼結体から測定試料を切り出し，レーザーフラッシュ法にて熱伝導率の測定を行った．

(2) 低熱伝導性サイアロンセラミックス

　図 4.3-1 に β-サイアロンの熱伝導率を示す．Al，O が，Si，N と置換固溶することによって熱伝導率は急激に低下するが，固溶量の増加にともなって直線的には低下せず，固溶量が増すにつれて熱伝導率の低下率は低くなる．固溶量が少ない領域 ($0<z≦1$) での急激な熱伝導率の低下は，Al，O が Si，N と置換することで Al-N，Al-O，Si-O 結合が生じることによってフォノンが散乱したものと考えられる．しかしながら，固溶量が増すにつれて結晶格子中に占める Al 原子，O 原子の比率は高まるが，その比率の変化率は小さくなっていく．したがって，元素置換がフォノン散乱におよぼす効果は小さくなり，置換量の増加にともなって熱伝導率は低下するがその低下率は小さくなることから，図 4.3-1 に示すように，下に凸なグラフとなる．

　図 4.3-2 に Y および Yb を侵入固溶元素とした α-サイアロンの熱伝導率を示す．α-サイアロンにおいても，侵入固溶元素 (M) 量が増加するにつれて熱伝導率は低下するが，β-サイアロンと同様に，置換侵入固溶することによって急激に低下する固溶量の少ない領域 ($0<m≦1.5$) に比べ，固溶元素量の多い領域 ($1.5<m≦3.0$) では，熱伝導率の低下率は小さくなる．図中，y 軸のプロットは，Al_2O_3，Y_2O_3 を焼結助剤とした代表的な β-Si_3N_4 の値である．侵入固溶元素で比較してみると，全体を通して，Yb 系が Y 系より熱伝導率は低い．これは侵入固溶元素の原子量差によるものと考えられる．侵入固溶元素量を一定として，置換元素である Al，O 量を変化させたところ，図中の (●)，(■) で示すように，置換元素量が多い試料がよりフォノン散乱を起こし，低い熱伝導率を示す．

　α/β-サイアロンの熱伝導率は，図 4.3-3 に示すように，Si_3N_4 と α-サイアロンの中間の値を示す．これは一般式からもわかるように，侵入固溶元素量，置換固溶元素のいずれもが，α-サイアロンのそれに比べて少なくフォノン散乱が少ないためと推察される．図 4.3-4 に，侵入固溶元素 (Y) 量一定で，置換固溶元素 (Al，O) 量を変化させた α/β-サイアロンの熱伝導率を示す．置換量が増加するのに伴い，熱伝導率は低下する．なお，これらの試料の結晶相が α-サイアロンと β-サイアロンのみから構成されていることは，X 線回折によって確認済みである．

　フォノン散乱を増加させるためには，結晶格子をよりひずませなければならず，前述したように熱伝導率と固溶量，固溶元素の重さ（原子量）を検討したが，固溶元素の大きさ（イオン半径）の影響も考えられる．一般に，α-サイアロンを形成できる金属元素（希土類，ランタノイド）のイオン半径は 0.1 nm 以下とされている[6),7)]．そこで，イオン半径が 0.113 nm の Sr を固溶させ，熱伝導率が低下するかを調査した[8)]．$M_x(Si, Al)_{12}(O, N)_{16}$ で表される α-サイアロンの組成式において，侵入固溶元素 M を Y および Sr とし，固溶量 x を 0.5 に固定して M 中に占める Sr の割合を 0〜40 % となるように原料を調整し，前記と同様にホットプレス焼結した．Sr 源としては，$SrCO_3$ を用いた．

図4.3-5にSr添加量と熱伝導率の関係を示す．Sr添加量の増加に伴い熱伝導率は低下し，添加量が侵入固溶元素全体の20％で急激に低下する．Srを添加した試料では，α-サイアロン粒内にSrが固溶していることがEDXによって確認されたが，一方，XRDではα-サイアロン相のほかにβ-サイアロン相および同定できない相が確認されたこと，SEM観察よりα-サイアロンの等軸状粒子のほかに柱状粒子が観察され，Srを含まない焼結体と比較して粒径が小さくなっていることから，熱伝導率の低下は，粒内のフォノン散乱の増加の寄与に加え，異相間および粒界の増加によるフォノン散乱の増加も寄与していると思われる．

サイアロン質セラミックスを対象に固溶反応による熱伝導特性制御について調査した結果をまとめると，以下のことが明らかとなっ

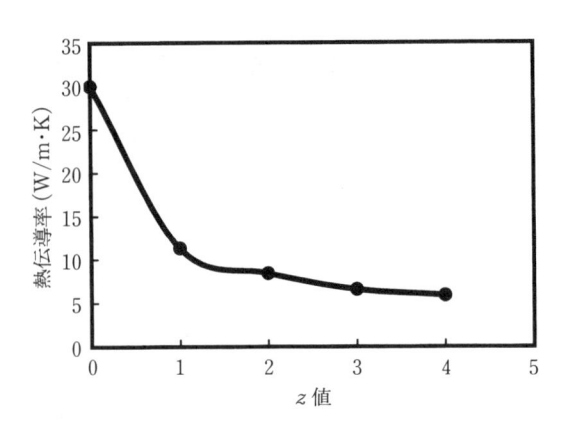

図4.3-1　β-サイアロンの熱伝導率（$Si_{6-z}Al_zO_zN_{8-z}$）

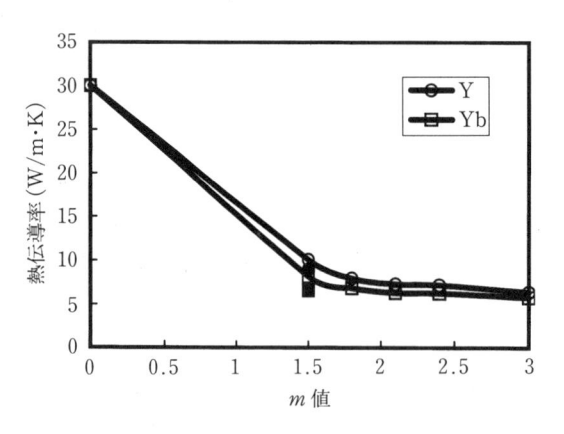

図4.3-2　α-サイアロンの熱伝導率
（$M_{m/3}Si_{12-(m+n)}Al_{m+n}O_nN_{16-n}$）

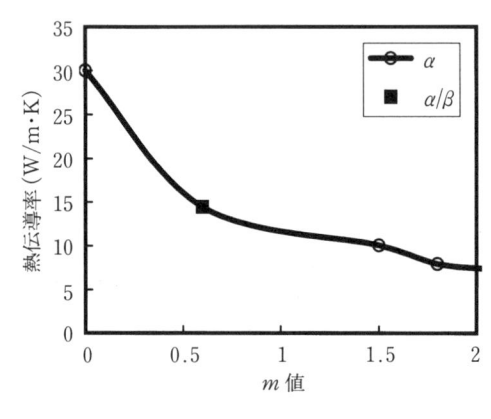

図4.3-3　α-およびα/β-サイアロンの熱伝導率
（$Y_{m/3}Si_{12-(m+n)}Al_{m+n}O_nN_{16-n}$）

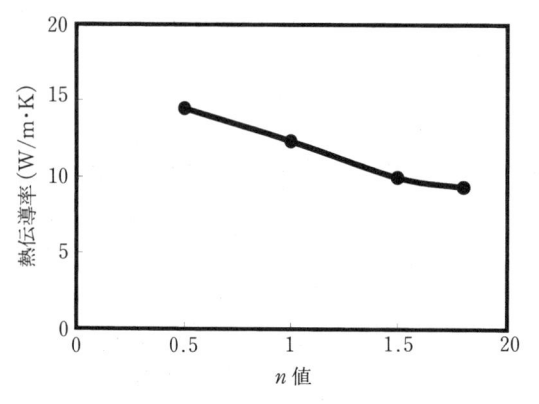

図4.3-4　α/β-サイアロンの熱伝導率
（$Y_{0.2}Si_{11.4-n}Al_{0.6+n}O_nN_{16-n}$）

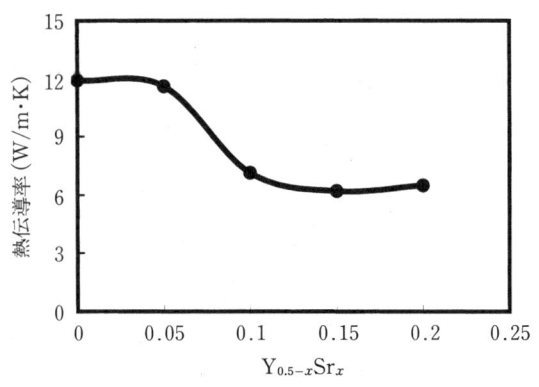

図4.3-5　Sr添加α-サイアロンの熱伝導率
（$Y_{0.5-x}Sr_x(Si, Al)_{12}(O, N)_{16}$）

た．

① β-サイアロン，α-サイアロン，α/β-サイアロンのいずれにおいても，固溶量が増加するとともに熱伝導率は低下するが，両者の間に比例関係はなく，固溶量が増えるにつれて熱伝導率の低下率は小さくなる．

② α-サイアロン，α/β-サイアロンにおいては，侵入固溶元素量のみならず，置換固溶元素量も熱伝導率に影響を与える．

③ α-サイアロンにおいて，従来固溶しないとされてきたイオン半径の大きい元素(Sr)を侵入固溶させることによって，従来のY固溶サイアロンより熱伝導率は低下する．

以上から，窒化ケイ素セラミックスの熱伝導率を固溶反応によって制御できることが明らかである．今後，実用化のためには，サイアロンセラミックスの短所である靭性の改善と信頼性の向上が必要であると思われる．

● 参考文献

1) 中村哲郎，"セラミックスと熱"，技報堂出版，57 (1985).
2) 中村哲郎，"セラミックスと熱"，技報堂出版，81-2 (1985).
3) M. Kuriyama, Y. Inomata, T. Kijima, and Y. Hasegawa, *Am. Ceram. Soc. Bull.*, **57**, 1119-23 (1978).
4) M. Mitomo, N. Hirosaki, and T. Mitsuhashi, *J. Mater. Sci. Lett.* **3**, 915-6 (1984).
5) D. M. Liu, C. J. Chen, and R. R. R. Lee, *J. Appl. Phys.*, **32**, 494-6 (1995).
6) D. Stultz, P. Greil, and G. Petzow, *J. Mater. Sci. Lett.*, **5**, 335-6 (1986).
7) K. H. Jack, "Progress in Nitrogen Ceramics", Edited by F. L. Riley, Nijhoff, The Hauge, Netherlands, 45-60 (1983).
8) 平井岳根，マニュエル．E．ブリト，茂垣康弘，鳥山素弘，日本セラミックス協会年会講演予稿集，37 (1996).

4.4 分散相配置制御

　エンジンにおけるピストンリングとシリンダライナーの間の摩擦損失はエンジン全体の摩擦損失のうちの1/3程度を占めるため，この部分の摩擦力を小さくすることができれば燃費の向上が可能となる．リングとライナー間の潤滑モードは，上死点近傍では固体同士が定常的に接触する境界潤滑域，最速点付近では固体間が潤滑油膜によって分離された流体潤滑域，そして両者の過渡状態である混合潤滑域に大別される．通常のエンジンでは流体潤滑域が最も大きな割合となるよう設計されているため，摩擦力を低減するうえで低粘度潤滑油の使用が有効である．しかし，金属製のリング・ライナーを用いた場合には，潤滑油の低粘度化にともない境界潤滑域では焼付き等が生じやすくなり，低粘度潤滑油の使用による摩擦損失低減とその結果による低燃費化には限界がある．

　一方，窒化ケイ素をはじめとするセラミックス材料では，最近の10年間における強度・靱性面での改良はめざましく，これらの特性はリングやライナーに適用するレベルに到達している．また，セラミックスは金属に比べて焼付きにくく，また摩耗量も少ないといったメリットがある．しかしながら，潤滑油との反応性が乏しいために潤滑油膜が表面に形成されにくく，また固体接触時のせん断力も大きいため，混合および境界潤滑域での摩擦係数は小さい値ではない．セラミックスの低摩擦化を狙いとした開発も一部進められているが[1]~[9]，固体潤滑材を複合した場合には強度が低下し，両方の特性を満足する材料は存在していない[10]~[12]．最近，窒化ケイ素中に酸化鉄粒子を分散して吸着性を高め，混合潤滑域における摩擦係数を小さくした研究報告があるが[13]，この場合，比較的強度低下は少ないが，境界潤滑域における摩擦係数は小さくできていない．このように低摩擦セラミックスの開発は緒に就いたばかりであり，特に構造用材料として不可欠な高強度と低摩擦を兼ね備えたセラミックス材料はほとんどないというのが実状である．

　こうした低摩擦セラミックスという観点でみた材料の現状を踏まえ，リング・ライナー等に適用できる低摩擦性と高強度を併せ持つセラミックス材料の開発が望まれている．本節では，潤滑油吸着相となる鉄化合物相，固体潤滑相，およびオイル溜めとなる気孔といった機能相に着目し，それらの形状や寸法を制御し，分散するプロセスの開発について述べる．

(1) 吸着相を分散した窒化ケイ素

　化学吸着性に優れるとされる酸化鉄[2]~[4]の微細粉末を出発原料の一部として使用し，成形，焼成することで得た窒化ケイ素が潤滑油に対して吸着性に優れ，混合潤滑域における摩擦係数を低減できることが報告されている[13]．強度向上を図るには鉄化合物相の粒径をできるだけ小さくすることが望ましいが，粉末を使用するという従来の手法ではその極小化にも限界がある．ナノレベルの微細化を図るためには粉末と溶液を組み合わせたプロセスの開発が必要である．具体的には，まず窒化ケイ素 (Si_3N_4) および焼結助剤の混合粉末を原料として仮焼成し，気孔率が30％程度の仮焼体を作製する．次に，仮焼体に $Fe(O-i-C_3H_7)_3$ イソプロパノール溶液を含浸後加熱焼成し，緻密化する[14]~[17]．

以上の工程により得られた焼結体を，試験面を鏡面加工した後，強度測定，往復動試験機を用いた摺動試験に供する．

図4.4-1には，窒化ケイ素(Si_3N_4)および助剤でなる混合粉末を原料として作製した仮焼体に鉄(Fe)を含むアルコキシド溶液を含浸後，熱処理して作製した焼成体のSEM像を示す．EDS分析結果より同図中の白い斑点状にみえる部分が鉄化合物に相当する．TEM観察結果より多くの鉄化合物は窒化ケイ素結晶粒子間に相となって存在しており，その寸法は1μm程度と微細化されている．X線回折法の結果から，鉄のシリサイドに起因するピークが認められており，原料である鉄酸化物は窒化ケイ素の焼結中に他の原料と反応してシリサイドを形成している可能性が高い．

図4.4-2には本材料(開発材A)の摩擦係数を示す．混合潤滑域における摩擦係数は平均で0.06程度となり，従来材の0.08に比べて小さい値を示す．また，同試料の4点曲げ強度の平均値は1 189 MPaとなり，従来の窒化ケイ素と同等以上の高い値である．一般的には，窒化ケイ素の中に多量の鉄化合物等，異相が分散している場合，強度は著しく低下する．しかしながら，特に表面層内に鉄化合物相が分散していても，その寸法を小さくできれば高強度が得られることを示している．

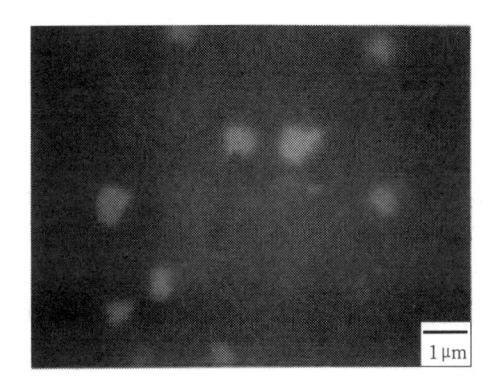

図4.4-1 窒化ケイ素仮焼体に鉄アルコキシドを含浸後熱処理して作製した焼成体の組織

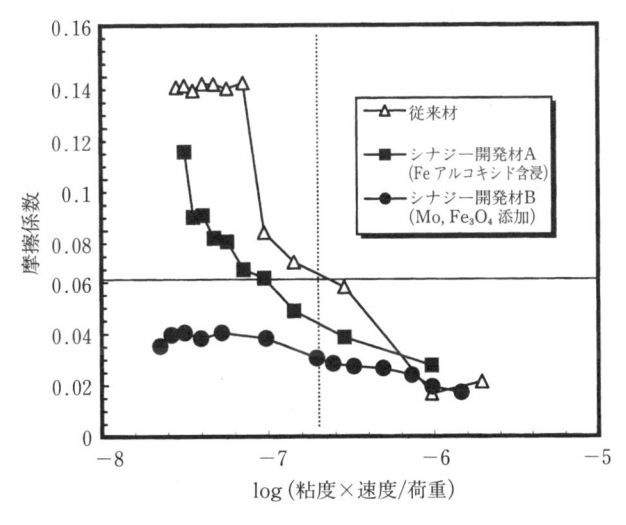

図4.4-2 開発材の摩擦係数

(2) 吸着相および固体潤滑相を分散した窒化ケイ素

境界潤滑域の摩擦係数を低減させるためには，固体間同士が接触することから基材中に固体潤滑剤を分散させる必要がある．グラファイト，BN 等の窒化ケイ素への複合化が検討されているが，焼結性の著しい低下が判明し，強度，摩擦係数とも悪化することがわかっている．そこで，窒化ケイ素の焼結性に対する影響が少なく，熱膨張係数が近い金属モリブデン粒子を窒化ケイ素中に分散した後，その部分を選択的に酸化することによって，固体潤滑材である三酸化モリブデン(MoO_3)に転化させることを試みた．

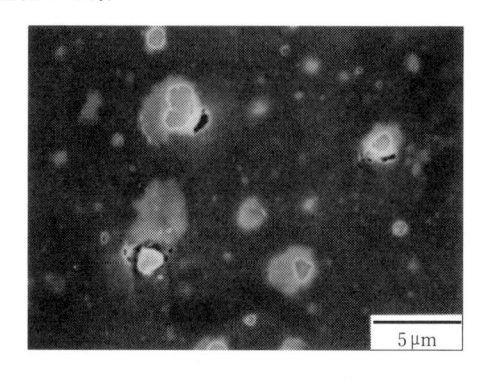

図 4.4-3 モリブデン，酸化鉄を混合し，ホットプレス法で焼成した後，モリブデンを酸化処理して得られた焼成体の組織

モリブデン粉末を油吸着性に優れる鉄化合物，焼結助剤とともに窒化ケイ素粉末に添加混合して得た混合原料粉末をホットプレスして焼成体を得た後，大気中で熱処理し，モリブデンを選択的に酸化し酸化物に転化させ[18]，この材料の組織観察，ならびに特性評価を行った．

得られた焼結体の組織を図 4.4-3 に示す．また，試料を鏡面研磨後 CF_4 ガスでエッチングした後の組織観察および EDS を用いた分析結果から，分散相は 2 種類の化合物から構成されていることが明らかとなった．

XRD パターンからマトリックスの窒化ケイ素相のほか，サイアロン，Fe ケイ化物，FeMo 化合物が結晶相として存在していることが同定され，狙いとした Mo 単相での分散とはならずに，鉄との化合物相を形成している．

微細なモリブデン(Mo)と酸化鉄(Fe_3O_4)を分散し酸化処理を施した後の試料（以下開発材 B）の摺動特性を評価したストライベック線図を図 4.4-2 に示してある．図中，横軸の値，いわゆるストライベック係数が小さいほど摺動条件は厳しくなる．また，実際のエンジンにおいて，上死点近傍の状態をストライベック係数で表すと，$-7.0 \sim -7.4$ 程度と推定される（ただしこの値は設計により異なる）．

ストライベック係数が $-7.0 \sim -7.4$ 程度の厳しい摺動条件下において従来材および開発材 A の摩擦係数は急増するのに対し，開発材 B の場合，その特性は安定しており，0.04 程度の小さい摩擦係数を維持するという特異性を持っていることがわかる．

また，開発材 B の 4 点曲げ強度は従来材と同等の 880 MPa であり，本開発材は高強度と境界潤滑域において小さな摩擦係数を有している．

本節では，低摩擦と高強度を併せ持つ窒化ケイ素材料の開発について述べた．今後はその実用化に向けて低コスト化ならびに賦形化技術を中心とした部品製造技術の開発が重要である．

● 参考文献

1) H. Kawamura, *ASME Paper*, 90-GT-384 (1990).
2) S. Hironaka, Y. Yahagi, and T. Sakurai, *ASME Trans.*, **21**, 231 (1978).
3) 広中清一郎, 潤滑, **26** (12), 99-894 (1981).
4) 桜井俊男, 広中清一郎, "トライボロジー", 57, 共立出版 (1984).
5) N. Kitamura, N. Motoshima, K. Higo, H. Yamamuro, H. Matsuoka, H. Kita, and Y. Unno, IUMRS proceedings (1993).
6) 今住則之, 畑一志, 高野信之, 日本潤滑学会第31期全国大会予稿集, 433 (1986).
7) 今住則之, 畑一志, 高野信之, 機械学会第66期全国大会講演会講演概要集 (1988).
8) 今住則之, 畑一志, 日本潤滑学会第31期全国大会予稿集 (1988).
9) 白田良晴, *FC Report*, **17** (8), 198-9 (1999).
10) 川崎製鉄, ファインセラミックスカタログ.
11) (社) 自動車技術会, "自動車技術ハンドブック", 1, 48-9 (1990).
12) 松永正久監修, "固体潤滑ハンドブック", 幸書房, 113-4 (1982).
13) H. Kita, H. Kawamura, Y. Unno, and S. Sekiyama, *SAE Paper*, 950981 (1995).
14) T. Murao, T. Hirai, and H. Kita, The 6th International Symposium on Ceramics Materials and Components for Engines, Oct. 19-24, 1997, Arita, Japan, 903-8.
15) T. Murao, H. Kita, and S. Suzuki, Extended Abstracts of 1st International Workshop on Synergy Ceramics, Nov. 17-19, 1996, Nagoya, Japan, 52-3.
16) 村尾俊裕, 北英紀, 鈴木省伍, 日本セラミックス協会第10回秋季シンポジウム講演予稿集, 145 (1997).
17) T. Hirai and H. Kita, Extended Abstracts of The Third International Symposium on Synergy Ceramics, Feb. 2-4, 1999, 118-9.
18) 平井岳根, 北英紀, 日本セラミックス協会第12回秋季シンポジウム講演予稿集, 146 (1999).

4.5 塑性加工における構造制御

　セラミックスは，通常粉末を高温で焼結して作製されるため，焼結にともなう収縮が非常に大きく，最終的な形状を正確に予測することが難しい．そのため，焼結後の機械加工が必要とされ，コスト高の原因の一つとなっている．金属，プラスチック，ガラスと同様に，セラミックスのニアネットシェイプ成形が可能となれば，製造コストが低減され，セラミックスの用途拡大につながるものと期待できる．

　超微細粒子からなるセラミックスの超塑性加工は，ニアネットシェイプ成形を実現するための有効な手段となる可能性を持っている．これまで，正方晶ジルコニア(ZrO_2)[1]，窒化ケイ素/炭化ケイ素(Si_3N_4/SiC)複合体[2]，アルミナ(Al_2O_3)[3]，$α/β$-サイアロン[4),5)]等の構造用セラミックスにおいて，比較的低応力で大変形を示す超塑性の発現が報告されている．しかし，これらのセラミックスは，その高温での塑性変形において粒成長や粒界ガラス相の結晶化による加工硬化を伴う．一般的に，セラミックスは金属に比べて非常に小さなひずみ速度で塑性加工する必要があるため，加工に長時間を要する．したがって，この加工硬化は，セラミックス部材の最終的なサイズやデザインを限定することになる．逆に言えば，加工温度において全く加工硬化が生じなければ，時間的な制約を受けずに塑性加工が可能となり，セラミックスのニアネットシェイプ成形実現の可能性も大きく広がるものと考えられる．本節では，核生成速度制御による酸窒化ケイ素基セラミックスの塑性加工および構造制御について述べる．

(1) 酸窒化ケイ素のプロセス設計

　構造用セラミックスの一つである酸窒化ケイ素(Si_2N_2O)は，優れた耐酸化性と高温強度[6]を持ち，かつ軽量(理論密度 2.8 g/cm^3)，低熱膨張(熱膨張係数 $3×10^{-6}$ ℃$^{-1}$)など，優れた特性を持つ材料である．酸窒化ケイ素は，窒化ケイ素(Si_3N_4)とシリカ(SiO_2)に金属酸化物等の焼結助剤を添加した原料粉末を焼結することにより作製される．焼成中に(4.5-1)式の反応が起こりつつ焼結が進行するため，$β$-サイアロンの焼結と同様に反応焼結と呼ばれる．

$$Si_3N_4 + SiO_2 \rightarrow 2Si_2N_2O \qquad (4.5\text{-}1)$$

酸窒化ケイ素の反応焼結の初期段階においては，焼結助剤とシリカおよび一部の窒化ケイ素から一時的に多量の液相が生成される[6),7)]．この液相を介して酸窒化ケイ素の生成反応および焼結体の緻密化が進行する．反応焼結により酸窒化ケイ素を合成する場合，出発原料中に酸窒化ケイ素は存在しないため，核生成が生成反応における律速となる[7]．したがって，酸窒化ケイ素の核生成を抑制することができれば，酸窒化ケイ素を析出させないで等軸状の窒化ケイ素粒子と多量のガラスマトリックスからなる緻密なプリフォーム(1次焼結体)を作製できる．さらにそのプリフォームは，酸窒化ケイ素粒子の析出による加工硬化をともなうことなく塑性加工でき，加工後，試料をさらに高温で熱処理することにより酸窒化ケイ素を反応析出させれば，望みの形状を持った酸窒化ケイ素焼結体が得られる[8]．

　等モルの窒化ケイ素とシリカにスピネル($MgAl_2O_4$)を添加して，窒素雰囲気中1500℃で1時間焼成して作製したプリフォームの組織を図4.5-1に示す．1μm以

下の α-窒化ケイ素粒子がガラスマトリックス中に均質に分散しており，ごく微量の酸窒化ケイ素の析出が認められる．このプリフォームを $6\phi \times 6\,\mathrm{mm}$ の円筒状に加工した後，$1\,500\,°\mathrm{C}$（窒素雰囲気）において $1.4 \times 10^{-4}\,\mathrm{s}^{-1}$ のひずみ速度で圧縮試験を行ったところ，試料側面にき裂を生じた．加工後の試料中には，柱状に成長した酸窒化ケイ素粒子が多数観察されたことから，加工中に生じた酸窒化ケイ素粒子による加工硬化がき裂発生の原因と考えられる．

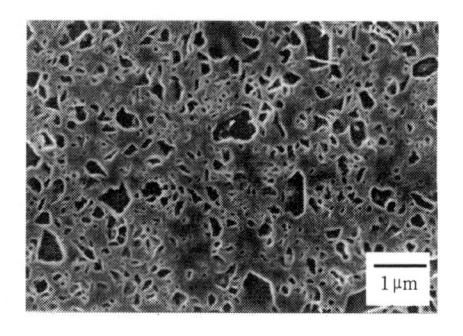

図 4.5-1 スピネル単独添加プリフォーム ($\mathrm{Si_3N_4 : SiO_2 : MgAl_2O_4} = 1.0 : 1.0 : 0.3$) の組織．試料を研磨後，$\mathrm{CF_4}$ ガスによりプラズマエッチング．

(2) 酸窒化ケイ素の核生成速度制御

次に，スピネルに加えて第二添加物の添加を試みた．図 4.5-2 に $1\,500\,°\mathrm{C}$ におけるアルカリ金属酸化物添加による酸窒化ケイ素の生成量の変化を示す．アルカリ金属酸化物を添加しなかった試料においては，焼成の進行にともない酸窒化ケイ素の生成量が増大するが，酸化ナトリウム ($\mathrm{Na_2O}$) や酸化カリウム ($\mathrm{K_2O}$) を添加した試料では，無添加の場合に比べて酸窒化ケイ素の生成が抑制される．特に，酸化カリウムを添加した場合，$1\,500\,°\mathrm{C}$ において全く酸窒化ケイ素の析出が認められない．また，酸化カリウムを添加した試料に対して，$10\,\mathrm{wt\%}$ の酸窒化ケイ素粉末を種子結晶として試料にあらかじめ加えたところ，酸窒化ケイ素の生成反応の進行が確認され，酸化カリウム添加による酸窒化ケイ素の生成反応抑制は酸窒化ケイ素の核生成の抑制によると考えられる．

この現象は，アルカリ金属酸化物以外の酸化物を添加した場合にも認められる．図 4.5-3 は，横軸に第二添加酸化物の金属イオンとしてのイオン電場強度（電荷をイオン半径の 2 乗で割ったもの）を，縦軸に酸窒化ケイ素の生成速度の指標として $1\,500\,°\mathrm{C}$ で 4 時間焼成した後の酸窒化ケイ素の生成割合をとったものである．大きなイ

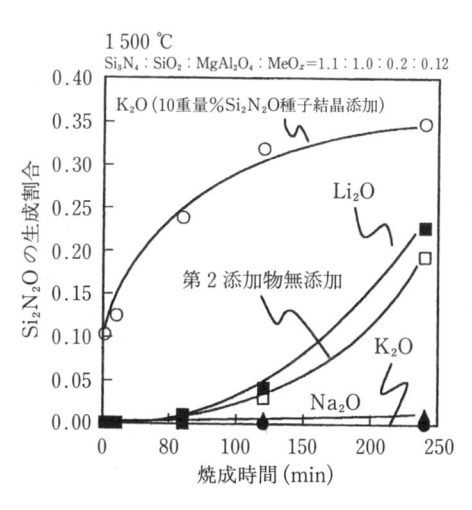

図 4.5-2 酸窒化ケイ素の生成に及ぼすアルカリ金属酸化物と種子結晶添加の影響

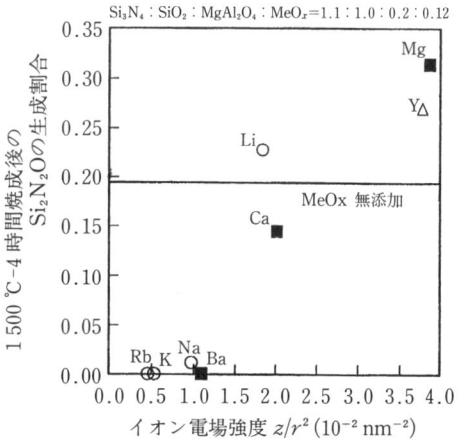

図 4.5-3 酸窒化ケイ素の生成に及ぼす第二添加物のイオン電場強度 z/r^2 (z：電荷，r：イオン半径) の影響

オン電場強度を持つ金属酸化物（MgO, Y_2O_3）を添加した場合には酸窒化ケイ素の生成が促進され，逆に小さなイオン電場強度を持つ金属酸化物（BaO, K_2O, Rb_2O）を添加した場合には酸窒化ケイ素の生成が抑制される．

一般的に，アルミノシリケートガラス中において金属イオンの一部はアルミニウム四面体に配位し，電荷バランスをとりつつシリコン四面体とともに3次元ネットワークを構成している．しかし，配位する金属イオンのイオン電場強度の強弱によりAl–O結合の結合エネルギーが影響を受けると考えられる．つまり，配位する金属イオンのイオン電場強度が大きいほど，Al–Oの結合強度が低下する．それに対して，小さなイオン電場強度を持つ金属イオンが配位した場合，Al–O結合はあまり影響を受けず，ガラスの3次元ネットワークは非常に強固なものになると考えられる[9]．Bottinga and Weill[10]によると，アルミノシリケートガラスの粘度は，金属イオンのイオン半径の減少や電荷の増大にともなって減少すると報告されている．酸窒化ケイ素の核生成が起こるアルミノシリケートガラスにおいても，小さなイオン電場強度を持つ金属イオンを添加した場合に，ガラスの粘度が増大し，酸窒化ケイ素の核生成の抑制に影響をおよぼす可能性がある．

次に，第二添加物としてフッ化物を添加する際の影響について述べる．アルカリ金属酸化物とアルカリフッ化物を添加した場合の酸窒化ケイ素の生成におよぼす影響を比較すると，フッ化物を添加した場合の方が酸窒化ケイ素の生成反応が促進される．ただし，フッ化カリウム（KF）を添加した場合，酸化カリウムを添加した場合と同様に，1500℃においては酸窒化ケイ素の析出は全く認められない．また，フッ化物を添加した試料においては，酸化物を添加した場合に比べ焼結体の緻密化が促進される傾向が認められる．

(3) 酸窒化ケイ素の超塑性変形

図4.5-4に，第二添加物としてフッ化カリウムを添加した試料を1500℃で4時間焼成して完全に緻密化したプリフォーム（組織は図4.5-1と変わらない．ただし，酸窒化ケイ素の析出はない）を，1500℃において$1.4 \times 10^{-4} s^{-1}$のひずみ速度で圧縮試験を行った際の形状変化を示す．スピネルのみを添加した場合と異なり，フッ化カリウムを添加した試料は，側面および内部にき裂等を生じることなく塑性変形される．図4.5-5に，1500℃において広範囲のひずみ速度で圧縮試験した際の応力-ひずみ曲線を示す．非常に速いひずみ速度から長時間を要するゆっくりとしたひずみ速度まで，き裂等を生じることなく塑性加工が可能であることがわかる．また，加工後の試料中には，酸窒化ケイ素は全く認められない．

次に，スピネルのみ添加したプリフォームとスピネルとフッ化カリウムを同時添加したプリフォームを，各々1750℃で4時間および1700℃で4時間，窒素雰囲気中で再焼成した．再焼成することにより，焼結体中には柱状の酸窒化ケイ素粒子が析出した（図4.5-6）．酸窒化ケイ素粒子を取り巻くマトリックスは，サブミクロンサイズのβ-窒化ケイ素粒子と残留ガラス相よりなる．核生成抑制効果を持つカリウム（K）を添加した試料においては，核生成サイトが限定された結果，粒子1個当りの粒径が相対的に大きくなっていることがわかる．つまり，核生成速度の制御は，広範なひずみ速度での塑性加工を可能にするばかりでなく，焼結体の微構造制御への可能性も示唆している．また，スピネルとフッ化カリウムを同時添加した試料の再焼成前後にお

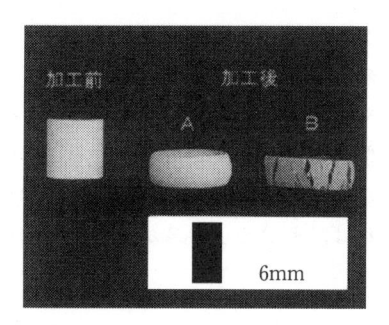

図 4.5-4 KF 添加プリフォーム A(Si_3N_4：SiO_2：$MgAl_2O_4$：KF＝1.1：1.0：0.2：0.12) とスピネル単独添加プリフォーム B(Si_3N_4：SiO_2：$MgAl_2O_4$＝1.0：1.0：0.3) の圧縮試験 (ひずみ速度 $1.4×10^{-4}\,s^{-1}$，1 500 ℃，窒素雰囲気) 後の形状変化

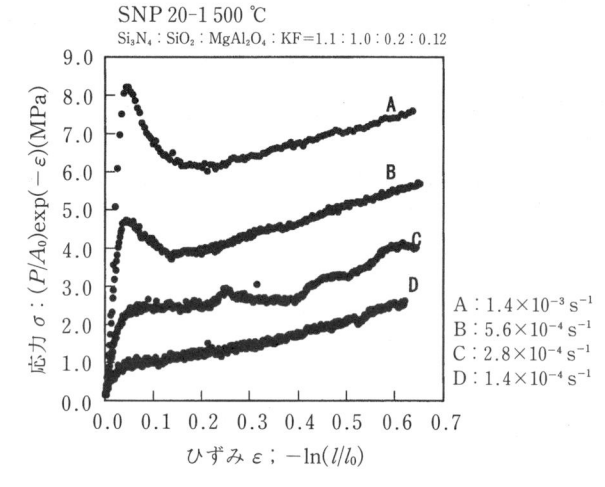

図 4.5-5 KF 添加プリフォームの圧縮試験

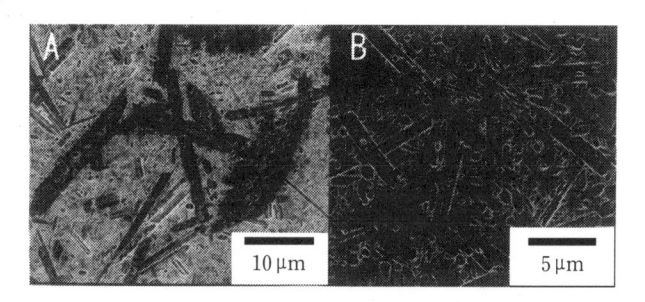

図 4.5-6 再焼成により KF 添加焼結体 A(Si_3N_4：SiO_2：$MgAl_2O_4$：KF＝1.1：1.0：0.2：0.12) とスピネル単独添加焼結体 B(Si_3N_4：SiO_2：$MgAl_2O_4$＝1.0：1.0：0.3) 中に析出した Si_2N_2O 粒子の粒径の比較

けるかさ密度の変化から (焼成前 $2.90\,g/cm^3$，後 $2.87\,g/cm^3$) 計算された体積変化は，約 1 ％ 程度とニアネットシェイプ成形の実現が示唆される．さらに，再焼成後の焼結体の強度および破壊靭性値は，各々 660 MPa，$5.0\,MPa・m^{1/2}$ と，構造用セラミックスとして優れた特性を示す．

セラミックスは硬く，機械加工が難しい材料である．そして，セラミックスの超塑性加工はこの難題を解決する可能性を秘めている．ただし，ここにあげた加工中に起こる粒成長や粒界相の結晶化にともなう加工硬化の問題のほかにも，高温での加工の際に用いる型の材質および潤滑剤等，そこには一朝一夕には片の付かない難問が山積している．このような問題が解決され，この材料を金属等と同様に素形材として扱うことができれば，セラミックスがより汎用的な工業材料として認知されることが期待できる．

● 参考文献

1) F. Wakai, S. Sakaguchi, and Y. Matsuno, *Adv. Ceram. Mater.* **1**, 259 (1986).
2) F. Wakai, Y. Kodama, S. Sakaguchi, N. Murayama, K. Izaki, and K. Niihara, *Nature* (London) **344**, 421 (1990).
3) L. A. Xue, X. Wu, and I.-W. Chen, *J. Am. Ceram. Soc.*, **73**, 2585 (1990).
4) S.-L. Hwang and I-W. Chen, *J. Am. Ceram. Soc.*, **77**, 2575 (1994).
5) A. Rosenflanz and I-W. Chen, *J. Am. Ceram. Soc.*, **80**, 1341 (1997).
6) M. Ohashi, S. Kanzaki, and H. Tabata, *J. Am. Ceram. Soc.*, **74**, 109 (1991).
7) M. Ohashi, S. Kanzaki, and H. Tabata, *Seramikkusu Ronbunshi*, **97**, 559 (1989).
8) M. Ohashi, Y. Iida, and S. Hampshire, *J. Mater. Res.*, **14**, 170 (1999).
9) B. G. Varshal, *J. Non-Cryst. Solids*, **123**, 344 (1990).
10) Y. Bottinga and D. F. Weill, *Am. J. Sci.*, **272**, 438 (1972).

4.6 有機・無機複合構造制御

　生体内における無機結晶の核形成と成長は，あらかじめ形成された有機基質上で行われ，無機結晶は特徴的な形態と配列を示す．このような無機結晶生成を模倣し，界面活性剤分子の会合体（ミセル）をテンプレートに用いて作製されるメソポーラス材料に関する研究は近年盛んに行われ，触媒機能，多孔質材料としての基礎研究が進められている[1)～3)]．

　しかし，ミセルは無機結晶析出の場として使われ，ミセル自体を規則配列させる試みはほとんど報告されていない．一方，極めて精密な高次構造を持つ骨は，鋳鉄と同程度の強度を持つにもかかわらずはるかに軽量であり，かなり大きい応力を受けても弾性変形を示し，応力に対し最適な力学的構造を持つ．この合目的な構造は，規則的に配列したコラーゲン繊維がつくる表面構造を鋳型としてアパタイト（HAp）結晶が規則的に配列することによって形成される．また，HApが形成される時期と場所は石灰化制御タンパク等によってコントロールされている．

　このような骨形成に学び，生体組織形成を模倣して高次構造を実現するには，規則配列した有機基質の形成と，それに続く有機基質構造への無機結晶析出プロセスを確立することが検討課題となる．さらには，反応場におけるイオン種の制御，周期構造を持つ高分子への無機結晶成長をソフトな条件で行うことが検討課題となる．すなわち，溶液中での有機高分子の無機結晶への吸着，金属イオンとの錯形成などを利用した反応場へのイオン種の供給調節による結晶化（バイオクリスタリゼーション），高分子への無機結晶のエピタキシャル成長による組織形成（バイオミネラリゼーション）である．ここでは，ミセルや蛋白を鋳型として，自己組織化によって規則配列した有機基質の形成と，それに続く有機基質への無機結晶化を逐次行うことにより，階層的組織形成について述べる．

① 従来のセラミックス合成では，熱，圧力などのエネルギー投入によるコスト高，環境負荷が大きいなどの点が問題であったが，生体内で行われている規則組織の形成プロセスを模倣した手法は，省エネルギー，高選択性反応である．

② 従来技術では困難であったナノスケールでの超微細加工，高機能を実現する革新的セラミックス製造のキーテクノロジーとなる可能性が高い．

③ 有機基質とセラミックスの組合せにより，骨のような軽量かつ強度，靭性ともに優れた材料が期待できる．

④ 例えば，ナノサイズのミセルを2次元的あるいは3次元的に規則配列させ，ナノサイズの貫通孔構造が実現すれば，光導波路，フィルタ等への幅広い応用が可能となり，新規の機能性材料の開発も期待でき，産業への波及効果が高い．

　本節では，バイオクリスタリゼーションに関して溶液中での有機物の無機結晶核への吸着を利用した微結晶の形態制御，バイオミネラリゼーションに関して有機高分子への無機結晶析出のコントロールによる階層的組織を有する有機-無機複合体形成について述べる．

(1) 板状HAp結晶の水熱合成

　HApはその結晶面によりタンパク質などの吸着特性に異方性を示すことから，ク

ロマトグラフィー用カラム充填剤として実用化が検討されている．HApの形態を制御することにより結晶面の相対的な大きさを変化させれば，タンパク質の選択特性の向上が期待できる．これまでHApの針状結晶は報告されているが，板状結晶の報告はほとんどない．0.09 molのCaHPO$_4$・2H$_2$Oと0.06 molのCaCO$_3$あるいはCa(OH)$_2$をCa/P＝1.2～1.8となるように秤量し，蒸留水とともにジルコニア製ポットミル中で50 rpm, 24時間撹拌して非晶質リン酸カルシウムスラリーを作製する．種々の割合で水酸基を含む有機溶媒を添加した後，NH$_4$OHでpH 10に調整し，150～200℃で5～20時間水熱処理を行う．

有機溶媒としてメタノールを用いた場合，粉末X線法によればCa/P比や水熱処理条件，あるいはメタノールの添加量を変化させても生成物はすべてHApである．TEM観察によると，Ca/P＝1.67のとき，メタノールを添加しないと約10 nm×50 nmの棒状であったが，メタノールの添加量を増加させていくにつれて棒状結晶に比べて板状結晶の割合が増加した．スラリーと同量のメタノールを添加し，オートクレーブ中180℃で5時間水熱処理した場合の生成物は，すべて50～100 nmの大きさのほぼ六角板状結晶である．一方，Ca/P比が小さいほど棒状あるいは針状となる傾向がみられる．得られた板状結晶試料をガラス板に堆積したところ，X線回折図形の(100), (200), (300)の回折線が明瞭に強く観察され，a面が現れていると考えられる．IRスペクトルによると，880, 1414, 1458, 1550 cm^{-1}に水酸アパタイト以外の吸収ピークが観察されるが，OHサイトおよびPO$_4$サイトにCO$_3^{2-}$の吸収ピークであり，炭酸含有HApである．また，例えばメタノールを添加した場合でもメチル基の吸収ピークは観察されない．熱分析によりOHサイトおよびPO$_4$サイトの約10％が炭酸根であると見積もられるが，メチル基などの存在を示すピークは見出せない[4]（図4.6-1）．

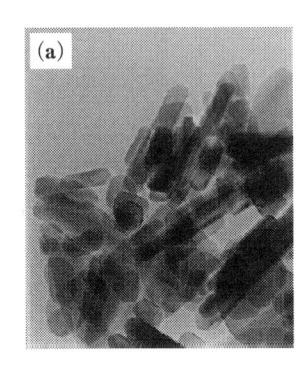

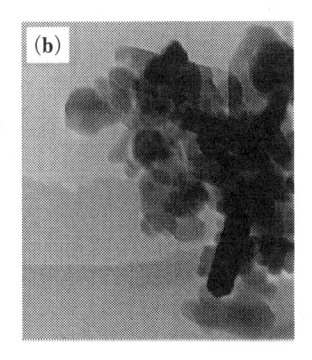

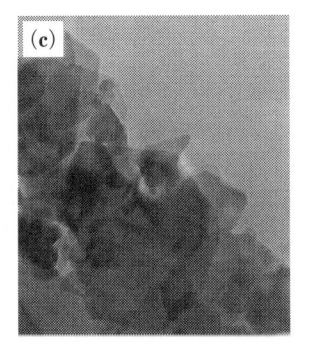

図4.6-1 メタノールを (**a**) 0 wt%, (**b**) 15 wt%, (**c**) 23 wt%添加し，180℃で5時間水熱処理して得られた結晶のTEM写真

メタノールの代わりにエタノール，プロパノール，ブタノールなど1価のアルコールを添加した場合も，生成物は炭酸含有HApであり，添加量に対する生成物の形態の変化も同様である[5]．さらに2価のエチレングリコールを添加した場合，必ずしも整った六角形でないものもあるが，同様に板状結晶が得られる．一方，3価のグリセリンを添加した場合，添加量が23 wt％と少ない場合でも板状の結晶が得られる．生成したHApはa, b軸方向に成長した板状結晶であると思われるが，これは結晶核のc面にアルコールが吸着することでc軸方向の結晶成長が阻害されたためと考

えられる．グリセリンの炭素間の間隔と HAp の c 面上の Ca, P の周期との間隔がほぼ同じことから，より少ないアルコールで c 軸方向の成長を阻害することが可能になったものと思われる．

アミン基を有するエチルアミンを 5 wt% 加えたところ，50~200 nm の板状結晶が得られる．ICP 発光分光分析によると，Ca/P 比は，エチルアミンを加えない場合 1.567 で量論組成に近い値を示したが，50 wt% のエチルアミンを加えたところ，1.689 を示す．エチルアミンはリン酸イオンとキレートを形成するため，溶液中のリン酸イオンがアパタイト形成の場に遅れて供給されるためであり，リン酸イオンが十分でないので結晶の a 軸方向の成長が阻害され，結果として a 面が優先な結晶が得られたと考えられる[6]．

(2) 配向したコラーゲン繊維への HAp の析出

有機基質の自己組織化と，その配向配列した有機基質への無機結晶の析出による有機-無機複合体の生成について検討し，キャピラリーのなかでゲル化させることでコラーゲン繊維を一方向に析出させ配向性の高い有機基質を形成する．次いで，分子内/間架橋を行った後，コラーゲン繊維と HAp 結晶双方に親和性の高い結合剤を用いてコラーゲン繊維表面を改質する．擬似体液に表面改質したコラーゲンを浸漬することで，HAp 結晶をコラーゲン繊維に析出させる．

Type I コラーゲンを 1N-HCl で溶解し，3 mg/mL, pH 3.0 の溶液を調製する．溶解した Type I コラーゲン溶液はこのままではゲル化せず透明なままであるが，pH を中性にし液温を上げることによりゲル化する．pH 7.2 に調整したトリス緩衝液 [TRIS ; $(CH_2OH)_3CNH_2$] を加え，徐々に液温を氷温から 36.5℃ まで 2 時間程度で昇温すると，透明な溶液は次第に白濁するが，コラーゲンの繊維形成によるものである．660 nm の波長域で吸光度を測定したところ，温度上昇とともに次第に濁度が上がる．このようにビーカーのなかでゲル化すると，ランダムな方向に繊維が生成される．

生体内では有機質繊維は特定の方向に並んでおり，発生はじめはランダムな組織であるが，成長するにつれ規則的な構造となる．石灰化は血管の周囲で起きるが，血管はイオンを運び，骨の単位が成長するにつれ，血管の通過するスペースは狭まり並んでくる．そのため，骨の組織は血管の周囲に同心円上に形成しそれぞれが配列することになる．したがって，ランダムな繊維を並べるには，狭いスペースで成長させればよい．配向化させるため，試験管の中に内径 0.8 mm のキャピラリーを入れると，キャピラリーの方向に繊維が成長することがわかる．析出した繊維をピンセットでつまみシャーレに移すと，図 4.6-2 のように，数 cm 以上に，ほぼ一方向に繊維が並んでいる．ゲル化したコラーゲン繊維は数十 μm 以上の細長い形状を示している．また，小角散乱 X 線回折法によると，数百 Å の周期性があることが明らかになったが，この周期は生体内のコラーゲンと同等のものである．

析出したコラーゲン繊維を擬似体液中で 6 日間保持した．擬似体液は人の体液と同じイオン濃度を含む溶液で，トリス緩衝液 [TRIS ; $(CH_2OH)_3CNH_2$] を加えて pH 7.2 に調整してある．トリス緩衝液は酵素などを阻害しないため生化学に広く使われている．この試料の EDX 分析を行うと，擬似体液のイオン濃度に比例して Cl に相当するピークが最も大きく，Si, K, Na, Ca, P も検出される．すなわち，擬似体

液中のイオンをコラーゲン繊維は吸着あるいはイオン交換しただけの結果となることがわかる.

析出した繊維は溶液中では2日放置すると吸光度も低下し分解してしまう.そこで,繊維化したコラーゲン溶液を36.5℃に保ち,10Wの紫外線ランプ(254 nm)を照射した.4時間以上照射することで,コラーゲン繊維の分子内架橋あるいは分子間架橋が生じ,繊維は強化されるとともに不溶化する.不溶化したコラーゲン繊維にトリス緩衝液を加え,pH 7.2に調整した擬似体液を加え,36.5℃で3日間保持して得られた試料をEDX分析すると,Ca, Pのピークが大きくなり,リン酸カルシウムが生成したことを示している.紫外線をコラーゲン繊維に照射することでリン酸の結合サイトが生成し,HAp析出のためのlocal conditionを付与することができたものと考えられる.EDX分析によるとCa/P比は1.56であり,カルシウム欠損型のアパタイトを生成していることがわかる.また,赤外吸収スペクトルでは,PO_4とCO_2の吸収ピークが観察され,炭酸アパタイトであることが明らかである[7].

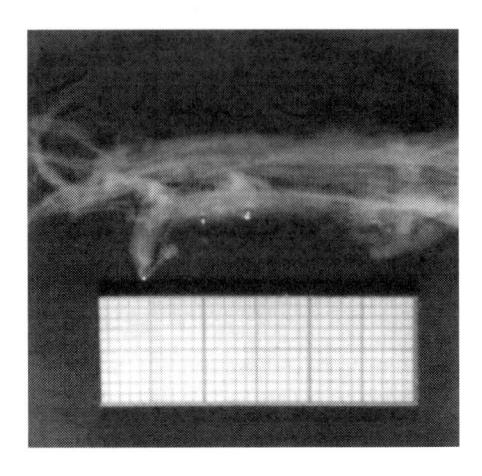

図4.6-2 析出したコラーゲン繊維

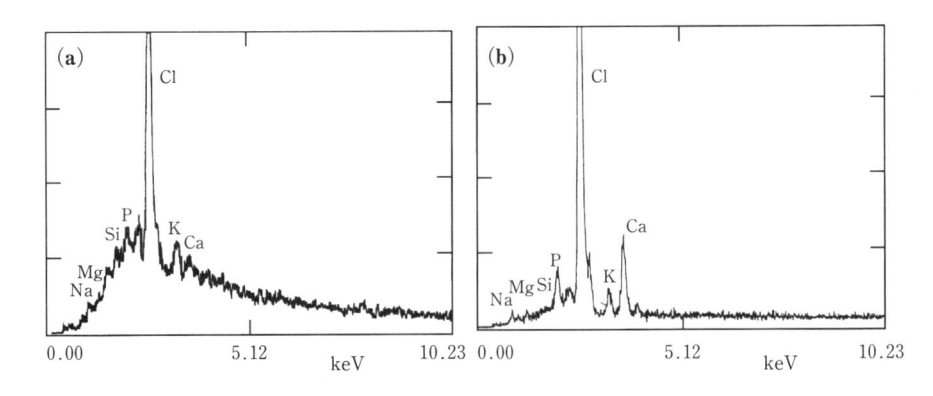

図4.6-3 36.5℃の擬似体液に3日間浸漬したコラーゲン繊維への析出物のEDX分析.
(a) 紫外線照射なし,(b) 紫外線照射

さらに,リン酸カルシウム結晶の析出を促進するために,擬似体液にフォスビチンやホスホホリンなど,リン蛋白質とジメチルスベルイミデートを添加した.リン蛋白を導入する方法はBanksらの方法[8]と同じだが,彼らは石灰化媒としてβ-グリセロリン酸カルシウムを用いている.生体内では,非コラーゲンタンパクがリン酸カルシウム結晶生成のテンプレートとなり,配向性を支配する要因の一つであるといわれている.非コラーゲン性タンパクとしては,卵黄からとれリンを含むフォスビチンを用いた.ジメチルスベルイミデートはコラーゲンとリン酸の結合剤であるが,この場合,コラーゲン繊維へリン蛋白質を結合させる働きがある.ホスホホリンなどリン蛋白質は,一方の末端にリン酸基を有し,カルシウムに対し親和性があり,リン酸カル

シウム結晶析出を誘起させる．また，そのリン酸基の間隔とHApのc面のミスフィットは4〜5％と小さいため，リン酸カルシウム結晶析出のテンプレートとなることも期待できる．

しかしながら，結果として析出は逆に抑制される傾向にある．これは，フォスビチンはセリン質を含み，セリンは溶液中では石灰化を阻害するといわれており，浮遊しているフォスビチンがリン酸カルシウム析出を阻害するためと考えられる．そこで，余剰のフォスビチンの除去を行ったが，結果は良好ではなく，その理由として，フォスビチンは基材近傍でのイオン濃度を高める作用をむしろ阻害する可能性があるためと考えられる．また，コラーゲン繊維の高密度化を検討したが，コラーゲン溶液は濃度が高くなると粘度が高くなり，擬似体液を加えても界面近傍にのみコラーゲンが生成し，一方向には成長しなかった．

バイオミメティックプロセスによる結晶の形態制御と有機高分子への無機結晶析出による階層的構造化について概説した．

HApを水熱反応下で結晶化させる際，水酸基，アミノ基やカルボキシル基など様々な官能基の作用により，結晶の形態を制御させることができた．特定の官能基が結晶核の特定の面に吸着したり，キレートをつくることによって反応場へのイオンの供給を制御することにより，結晶の形態を制御できたと考えられる．

また，配向配列した有機基質を in situ に形成するため，骨組織の配列化を模倣してコラーゲン繊維を配向析出させ，次いでコラーゲン繊維に不溶化処理，擬似体液への浸漬によってHAp結晶を析出させる逐次反応により無機-有機複合体を調製することができた．有機基質の規則配列化，その基質への無機結晶の析出を行うことにより，階層的構造の構築が可能であることを示している．

● 参考文献
1) T. Yanagisawa, T. Shimizu, K. Kuroda, and C. Hato, *Bull. Chem. Soc. Jpn.*, **63**, 988-92 (1990).
2) S. Inagaki, Y. Fukushima, and K. Kuroda, *J. Chem. Soc. Chem. Commun.*, 680-82 (1993).
3) T. Shinoda, Y. Izumi, and M. Onaka, *J. Chem. Soc. Chem. Commun.*, 1801-02 (1995).
4) F. Nagata, Y. Yokogawa, M. Toriyama, Y. Kawamoto, T. Suzuki, K. Nishizawa, and H. Nagae, Advanced Materials '93, **II** (15A), 11-14 (1994).
5) F. Nagata, Y. Okogawa, M. Toriyama, Y. Kawamoto, T. Suzuki, K. Nishizawa, *J. Ceram. Soc. Jpn*, **101**, 70-73 (1995).
6) F. Nagata, Y. Yokogawa, M. Toriyama, Y. Kawamoto, T. Suzuki, K. Nishizawa, and T. Kameyama, *Phosph. Res. Bull.*, **6**, 209-212 (1996).
7) Y. Yokogawa, F. Nagata, and M. Toriyama, *Chem. Lett.*, 572-8 (1999).
8) E. Banks, S. Nakajima, L. C. Shapiro, O. Tilevitz, J. R. Alonzo, and R. R. Chianelli, *Science*, **198**, 1164 (1997).

5. 界面制御および細孔制御プロセス

　セラミックスの特性向上や複数機能の両立を達成するための手法としては，粒界の制御，分散相の添加，積層化などが考えられている．粒界の制御は古くから研究されている基本的な手法であるが，その重要性は依然として低下していない．第2相を積極的に分散させて特性向上を図るという手法は，材料開発の主流になりつつある．分散相としては，その目的に応じて各種のセラミックスや金属が考えられる．また，気孔も分散相の一つと考えることができ，特に径の小さな気孔（細孔）が特性の点から注目される．分散相のサイズや形状は微粒子から繊維まで，様々なバリエーションがあり，適用範囲は広い．積層化は，複数機能の両立を意図した設計を可能にするという意味で，今後進展が期待される手法である．

　これらの手法においては，いずれも界面が特性発現にとって重要な要素になる．粒界制御は言うにおよばず，分散相添加の場合にも，分散相とマトリックスとの界面が重要な役割を果たすことになる．さらに，積層化においては，各層間の界面が特性両立にとって本質的な要素となる．ただ，細孔を分散相として考える場合には，界面という概念はなく，細孔自体のサイズ，形状，分布状態などの制御がポイントになる．

　本章では，①酸化物/非酸化物系の積層により，耐熱性と強度の両立を達成するための層間界面の設計と制御技術，②異種のセラミックスもしくはセラミックス/金属の2相分散系において，熱的安定性が高い界面の形成を可能にする制御技術，③窒化ケイ素系セラミックスの粒界成分となる酸窒化物系ガラスについて，結晶化挙動や粒子との相互作用等，基礎的な特性，④セラミックスの中に一方向の貫通細孔を形成する技術について述べる．

5.1 異相界面制御

エネルギー・環境問題の解決に向けた動きのなかで，高温材料開発の必要性は急速に高まっている．セラミックスは高温材料の最右翼であり，特に高温機械特性の良好な非酸化物(炭化ケイ素や窒化ケイ素など)を中心に研究が進められている．しかし，非酸化物では，高温化の進展にともない，酸化が無視できない問題となりつつある．

一方，セラミックスの最大の弱点である脆性を克服するために，いくつかの手法が開発されている[1]．有用な手法の一つは，繊維によりき裂の進展を防ぎ，損傷許容性の増大を狙った複合化である．損傷が局所的に抑えられることから，ガスタービンのような大規模システムのキー部品に適用しても，万一の壊滅的な打撃を防ぐことができる．したがって，このようなシステムへの応用には複合化が不可欠な手法となる[2]．しかし，複合セラミックス(CMC: Ceramic Matrix Composite)はやはり非酸化物を主体としており，加えて，繊維複合プロセスにおける制約や繊維/マトリックス界面などに起因して，モノリシック材料以上に酸化の問題が顕在化することになる．

そこで，この解決策の一つとして，酸化物系セラミックスの開発が考えられる．繊維複合[3]，ナノコンポジット[4]，共晶液相の一方向凝固[5]などが研究されているが，酸化物では高温強度が低いことがネックとなっており，いずれも地道な研究が必要である．

もう一つの方策として，非酸化物系材料の表面に酸化物系材料を積層(被覆)することで耐酸化性の向上を狙うという技術が提案されている[6]〜[8]．異種セラミックスの組合せにより，特性の両立(シナジー効果)を図るということで，今後の高温材料開発の新しい道筋を示すアイディアになるものと考えられる．これまでのセラミックスの積層に関する研究は，薄膜領域のものを除くと，繰返し積層による非線形破壊の発現[9],[10]や圧縮残留応力による強度の向上[11]などを狙うものに限られており，耐酸化性と高温機械特性に主眼をおいた研究は，C/C系複合材の耐酸化被覆に関する研究[12]のみである．

本節では，積層による耐酸化性賦与を達成するための異相界面の材料設計とそれを実現するためのプロセス技術の開発，さらにその有効性の検証(強度と耐酸化性の両立)について述べる．

(1) 異相界面設計指針

異種セラミックスの積層による特性の両立(耐酸化性賦与)において最も重要な課題は，非酸化物系セラミックスの持つ高温での高い機械的特性を低下させることなく耐酸化性を賦与できるような異相界面と材料構造の設計であり，この設計指針を実現するためのプロセス技術の開発である．

耐酸化性を賦与すべき非酸化物セラミックスとして，ここでは次世代の高温ガスタービン用部材としての適用が本命視されているSiC系のCMCを対象とする．特に，損傷許容性が極めて高く，しかも他のCMCと比べて緻密で強度も高い反応焼結炭化ケイ素(RBSiC)をマトリックスとする炭化ケイ素繊維強化のCMC[2],[13]を取り上げる．

RBSiC 系材料の表面に積層して耐酸化性を賦与する材料として選定すべきポイントは，耐熱温度が高いことはもちろん，それに加えて熱膨張率が比較的低く，SiC 系材料に近いことと，耐酸化性を賦与するうえで重要な酸素を透過する性質が低いことである．

　次に，表面被覆層と炭化ケイ素系基材との間の界面層をどのように設計するかが大きなポイントとなる．界面層は両層の良好な接着を与えるとともに，耐熱性が高いことが必須の要件となる．界面近傍の耐熱性の低下が性能の劣化を引き起こすからである．

　そこで，界面層については，次のような考えに基づいて設計する必要がある．まず，耐酸化被覆となる酸化物系セラミックスと SiC 系基材を第 3 層である界面層を介して積層し，反応させて液相を生成させる．この液相が粒界にしみ込むことで強固な積層体を得るとともに，この液相が冷えて固まるときには耐熱性の高い結晶相として析出させるというものである．以上の設計概念を模式的に表したのが図 5.1-1 である[8]．

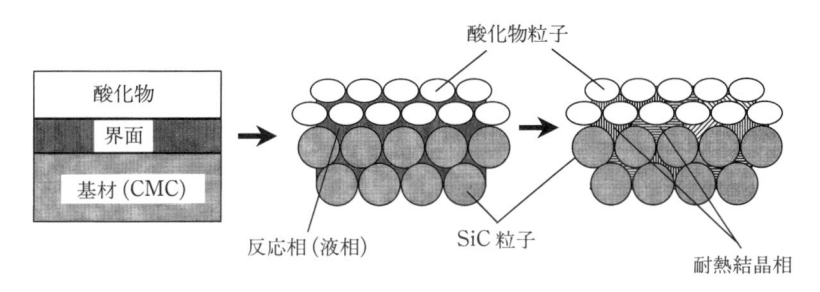

図 5.1-1　界面構造設計の概念図

(2) 耐酸化層被覆技術

　上述した設計指針に基づき，SiC 系基材に適した耐酸化被覆層と界面構造を見出す必要がある．耐酸化被覆層としては，希土類シリケート (RE_2SiO_5，RE：希土類元素) が適している．その理由は，融点が 1 900～2 000 ℃ と耐熱性に優れていることに加えて，上述した条件，すなわち熱膨張率 SiC 基材に近いこと[7]と，酸素透過能が Al_2O_3 なみに小さいこと[14]を満たしているからである．さらに，弾性率が低いということも重要なポイントである[15]．それは，基材より変形しやすいということから，表面に被覆しても基材の強度にあまり影響を与えないからである[16]．

　界面構造については，基材である SiC 系 CMC と耐酸化層である希土類シリケートとの間に Al_2O_3 を挟むことにより，良好な被覆層の形成が可能である．Y_2SiO_5 の場合について説明すると，次のようになる．Y_2O_3-SiO_2-Al_2O_3 系の状態図[17]から，Y_2SiO_5($Y_2O_3 \cdot SiO_2$) が Al_2O_3 と反応して 1 400 ℃ 以下の温度で液相を生成することがわかる．この液相を冷却過程でうまく分相させれば，$2Y_2O_3 \cdot Al_2O_3$ や $3Y_2O_3 \cdot Al_2O_3$ などの高融点の結晶相として析出させることができるのである[8),18]．

　ここで重要なことは，界面に介在させる Al_2O_3 層の厚さの制御である．厚すぎると Al_2O_3 のままで残るものが多く，基材との物性値の違いが大きいためうまく積層できない．また，Al_2O_3 層の厚さが，生成する液相の組成に直接関係するため最適な値に制御する必要があり，10～30 μm が最適厚さである．

　次に，このような界面構造を実現するには，均一な厚さの Al_2O_3 層を形成するた

めのプロセス技術が必要になる．そのために開発されたのが，電気泳動法による界面層形成技術である[7),14)]．この方法は，基材の持つ電気伝導性を利用したもので，Al_2O_3粉末を分散した溶媒（エタノール）中に基材を入れて電圧をかけることにより，表面がプラスに帯電しているAl_2O_3粒子が基材側に引っ張られて薄い層状に堆積するというものである．この方法により，薄いAl_2O_3層を均一にかつ制御性よく形成することが可能になる．

この界面層を挟んで基材とY_2SiO_5になるべきY_2O_3とSiO_2の混合層を加圧焼結することで，界面のAl_2O_3とY_2O_3，SiO_2が反応し，上述したようなメカニズムにしたがって，両層の強固な接着と耐熱性の高い界面層が実現する．このときの温度は基材となるCMCの繊維や繊維/マトリックス界面等の特性を低下させないようにする必要があり，この場合は1 550 ℃程度が最適となる．

(3) 強度と耐酸化性の両立

表面の希土類シリケートは基材に比べて強度が低いので，耐酸化性の向上と引き換えに強度が低下することが懸念されるが，実際には，図5.1-2に示すように，表面層厚さが薄い（200～300 μm）領域では基材の強度が保持される．これは当初の設計どおり，シリケートの高温における弾性率の低さに起因して，破壊が基材側から起こることによるものである．したがって，基材を厚くすれば，強度が保持される領域も広がることになる[7)]．

一方，耐酸化性については，現在のCMC基材の耐熱温度が1 400 ℃であることから，1 400 ℃での耐酸化性賦与が可能かどうかが一つの目安となる．これまで1 400 ℃では，1 000時間以上の長時間の安定性が認められており，さらに加速試験である

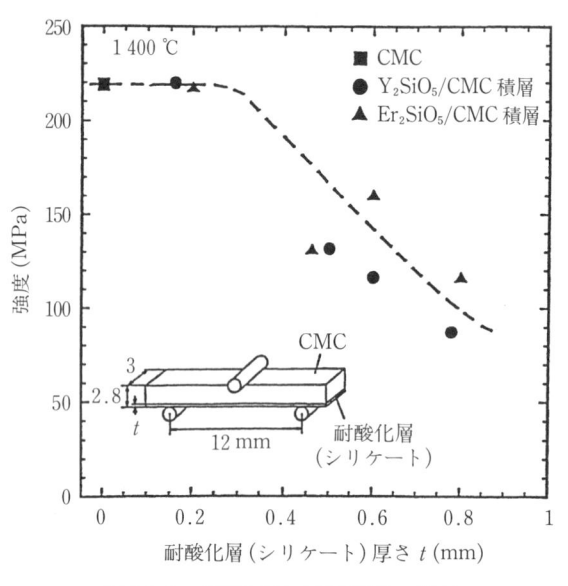

図5.1-2 高温強度と表面層厚さの関係

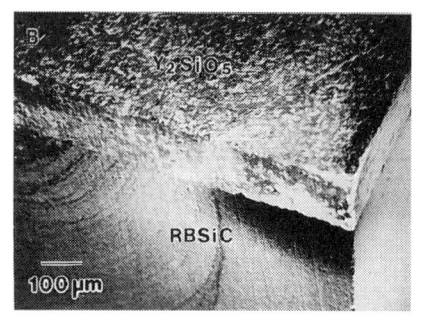

図5.1-3 酸化（1 500 ℃，8 h）後のSEM観察像，A：表面層なし，B：表面層（Y_2SiO_5）あり

1 500 ℃ においてもその有効性が認められている (図 5.1-3)[18].

1 400 ℃ の耐熱性は，非酸化物でも SiC のようなモノリシックセラミックスではすでに実現している．しかし，先に述べたように，モノリシックでは脆性の問題から破壊時のダメージが大きい部品としては使えない．それに対して，CMC 化することで，破壊の非線形性が現れ，信頼性が大幅に向上する．ここまで述べた積層セラミックスは，CMC 基材の持つ非線形性破壊が保持されることも確認されており[19]，信頼性の高い材料である．

以上のように，積層による特性賦与という考え方で，強度と耐酸化性の両立というシナジー効果が達成できることが明らかになっている．

現状の CMC 基材をベースとした被覆層と界面の設計が行われ，その有効性が検証されたが，さらに，基材の耐熱性が高まれば，それにともない，積層のためのプロセス温度を上げることができ，より高い耐熱温度を実現する被覆層と界面構造の設計が可能となる．

材料構造の基本となる方向性は示されたが，この技術を実際の高温部品に適用し実用に供するためには，コストを含め複雑形状にも対応できるプロセス技術の開発が次の重要な課題である．

● 参考文献

1) 例えば，香川，八田，セラミックス基複合材料，アグネ承風社，1990.
2) 網治，亀田，平田，伊藤，岡村，市川，セラミックス，**31** (7), 563 (1996).
3) T. Lu et al., *J. Am. Ceram. Soc.*, **79**, 266 (1993).
4) 新原，他，粉体及び粉末冶金，**44**, 887 (1997).
5) Y. Waku et al., *Nature*, **389**, 4 Sept., 49 (1997).
6) Y. Goto, T. Fukasawa, M. Kato, S. Suyama, and T. Kameda, in Ext. Abs. 1st Int. Workshop on Synergy Ceram. (Nagoya, Japan, Nov. 1996), 40-41, FCRA, Tokyo, Japan, 1996.
7) T. Fukasawa, Y. Goto, M. Kato, S. Suyama, and T. Kameda, in Proc. 6th Int. Sympo. on Ceram. Mater. & Comp. for Engines (Arita, Japan, Oct 1997), 289-293, JFCA, Tokyo, Japan, 1998.
8) Y. Goto, T. Fukasawa, M. Kato, and T. Kameda, in 9th Cimtec-World Ceram. Congress (Florence, Italy, June 1998), Ceramics: Getting into the 2000's-Part C, 611-618, Techna Srl, Faenza, Italy, 1999.
9) W. J. Clegg, K. Kendall, N. McN. Alford, T. W. Button and J. B. Birchall, *Nature*. **347**, 4. Oct. 455-457 (1990).
10) T. Fukasawa, Y. Goto and M. Kato, *J. Mater. Sci. Lett.*, **16**, 1423-25 (1997).
11) V. Virkar, J. L. Huang and R. A. Cutler, *J. Am. Ceram. Soc.*, **70** (3), 164 (1987).
12) R. Wang, et al., *J. Mater. Sci.*, **31**, 6163 (1995).
13) 亀田，須山，伊藤，五戸，日本セラミックス協会学術論文誌，**107** (4), 327-34 (1999).
14) T. Morimoto, Y. Ogura, M. Kondo, and T. Ueda, *Carbon*, **33** (4) 351-57 (1995).
15) T. Fukasawa, Y. Goto, M. Kato, S. Suyama, and T. Kameda, *Key Eng. Mater.*, **161-163**, 541-44 (1999).
16) Y. Goto, T. Fukasawa, and M. Kato, *J. Mater. Sci.*, **33**, 423-427 (1998).
17) Phase Diagrams for Ceramist, 1969 Supplement, No. 2586, Am. Ceram. Soc., 1969.
18) M. Kato, T. Fukasawa, Y. Goto, M. Yonetsu, S. Suyama, and T. Kameda, *Key Eng. Mater.*, **161-163**, 461-64 (1999).
19) T. Fukasawa, Y. Goto, M. Kato, S. Suyama, and T. Kameda, in Proc. 23ed An. Conf. on Compos., Adv. Ceram., Mater, & Struc. (Cocoa Beach, FL, Jan. 1999), *Ceram. Eng. Sci. Proc.*, **20**, 283-90 (1999).

5.2 層間境界制御

セラミックスの機能性，特にエレクトロニクス特性上での性能向上の要望は高い．従来，エレクトロニクスセラミックスの特性制御は，その組成比の最適化により行われてきた．複数の要求特性を同時に満たし，セラミックスの電子デバイスとしての特性を高精度に引き出すためには，セラミックス相間・層間，セラミックスと金属材料などの異種材料との界面を熱的に安定形成する必要がある．しかしながら，焼成時や熱処理時の界面反応が原因で所望の特性を得ることは困難であった．

本節では，化学組成の異なる二つのセラミックス材料が均一に分布し，電子的機能面での高耐熱性と高性能化の両立を実現した2組成領域共存構造セラミックスの作製技術と，エレクトロニクスセラミックスの素子化には必要不可欠な，金属/セラミックス界面のナノレベルの熱安定化技術について述べる．

(1) 2組成領域共存構造セラミックスの作製

従来に比べ微粉化した原料粉体[1]を用いることで，焼結温度の低温化を図り，異なる組成領域が3次元的に分布した2組成領域共存構造セラミックスを作製することができる．Pb系圧電性セラミックスについて，温度係数が正と負の2種類の組成物の微粉砕粉末を100 μm 程度の顆粒状に整粒し，これらの顆粒を混合，成形し，低温で焼成することで，両者の特性が融合された，共振周波数の温度係数の小さい（-20〜$+80$ ℃で約100 ppm）シナジー圧電セラミックスが得られる．

図5.2-1に，2組成の混合比を変えて作製した圧電発振子の共振周波数の温度係数を示す．温度係数がそれぞれ $-2\,000$ ppm，$+2\,000$ ppm の圧電セラミックスを混合比2/1にしたとき，圧電発振子の温度係数は -20〜80 ℃の温度範囲で，100 ppm（1 ppm/℃）以下となり，従来材料の1 000 ppm と比較して1桁以上改善されている．また，この圧電セラミックスの温度安定性と発振子としての性能指数 k^2Q を水晶，従来の圧電セラミックス（Pb系）と比較して図5.2-2に示す．水晶は温度安定性は高いが性能指数は低い．一方，従来の圧電セラミックスは性能指数は高いが温度安定性に乏しかったが，今回得られたセラミックスでは，従来材料の性能指数を保ったまま

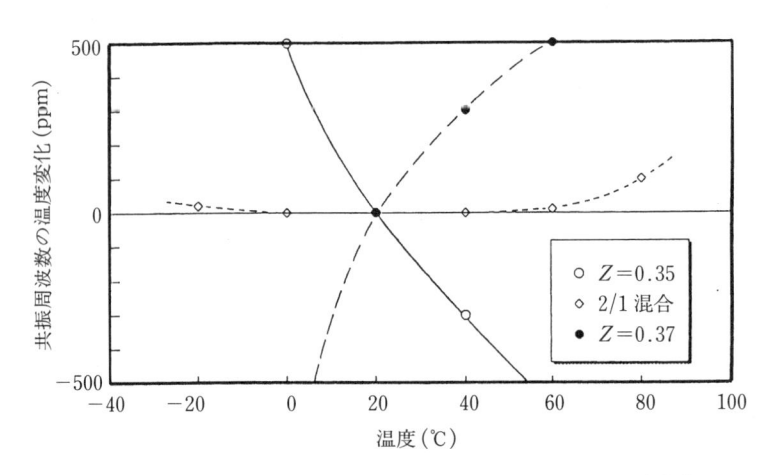

図5.2-1 2組成領域共存構造セラミックスの共振周波数の温度変化

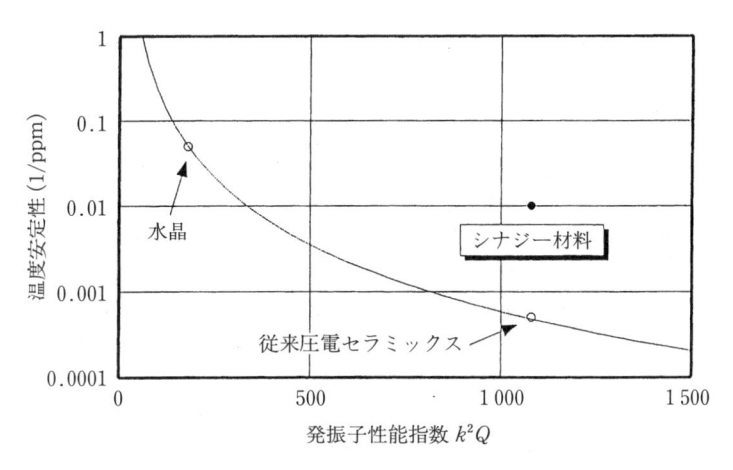

図 5.2-2　圧電材料の性能指数と温度安定性

温度安定性が1桁改善されていることがわかる．

前記のように混合した2組成のセラミックスは，わずかな Zr/Ti 比を除いてほとんど同組成であり，キュリー温度も互いに近い値を示す．キュリー温度の大きく異なる2種類の組成について，同様なプロセスで試料を作製した場合，誘電率の温度変化測定で，それぞれの組成に対応したセラミックスのキュリー温度に合致した温度位置で誘電率のピークが2つ観測される[2]．2種類の領域からなる構造のセラミックスが形成されていると考えられる．

同様に温度係数の異なる2組成のセラミックス微粉を原料にシート成型法で層状にし，圧電体の厚みを薄くすることで，発振周波数の 10 MHz 以上への高周波化も実現できている[3]．

(2) 金属/セラミックス間界面の熱安定化

セラミックス，金属からなる複合材料の一体焼成プロセスにおいて雰囲気温度の変化に対応する界面安定化への知見を得ること，界面での結晶状態変化を電気特性として読み取る「構造解析・評価技術」を開発するために積層周期が数百 nm 以下の金属/セラミックス多層膜を多元スパッタ法で作製するプロセスと研究結果を述べる．

金属層として選定した磁性薄膜は，磁性金属 (Fe) 層/非磁性セラミックス (Fe-O) 層の積層体とした場合，セラミックス層の厚み，または層状態としての完全性によって，セラミックス層を挟む磁性層間の磁気的，または電気的な結合状態が変化する．したがって，磁気特性の測定により，材料の周期構造の変化を非破壊でかつ比較的容易に知ることができる．

Fe/Fe-O 多層膜を，線熱膨張係数 α が 1.1×10^{-7} ℃$^{-1}$ と比較的 Fe に近い非磁性の Ti-Mg-Ni-O セラミックス基板上に作製した[4]．多層膜試料に対して，真空中で熱処理を施し，XRD，TEM，EPMA のほか，透磁率と抗磁力の磁性特性の測定で構造変化を調べた．

Fe/Fe-O 多層膜は，300 ℃ 程度で熱処理を行うと層状構造が崩れ，Fe 層間の分離が崩れることで，抗磁力の増大，透磁率の減少が起こる．これに対し Fe より酸化物生成自由エネルギーが小さい元素の添加を試み，Al，Si の添加が有効であることがわかった．

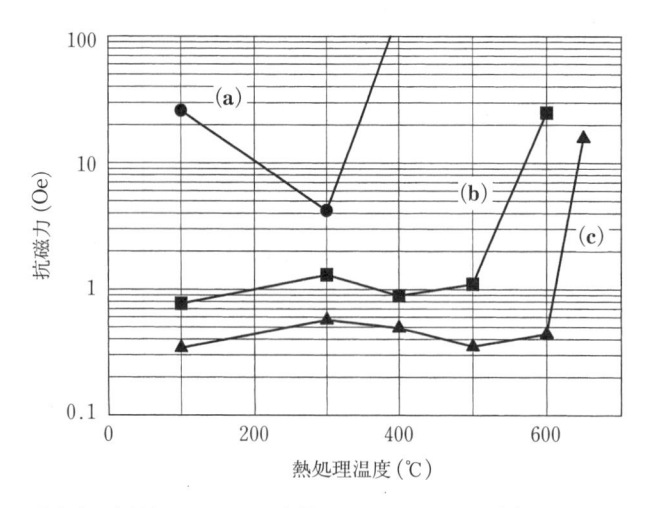

図 5.2-3　金属/セラミックス多層膜の抗磁力熱変化. (a) Fe/Fe-O, (b) (Fe, Si)/(Fe, Si)-O, (c) (Fe, Si, Al)/(Fe, Si, Al)-O

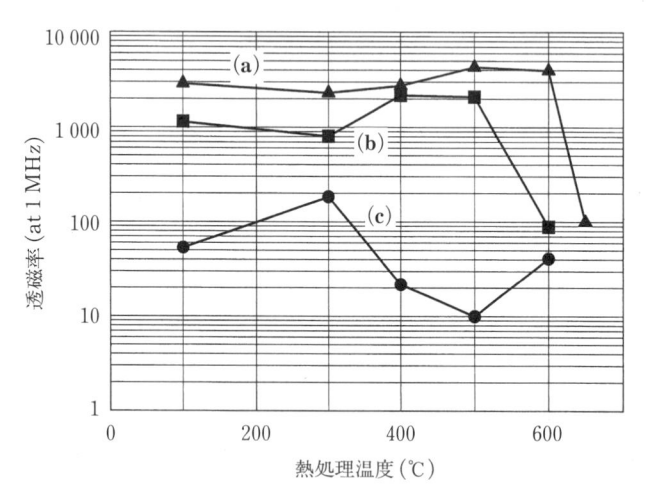

図 5.2-4　金属/セラミックス多層膜の透磁率熱変化. (a) Fe/Fe-O, (b) (Fe, Si)/(Fe, Si)-O, (c) (Fe, Si, Al)/(Fe, Si, Al)-O

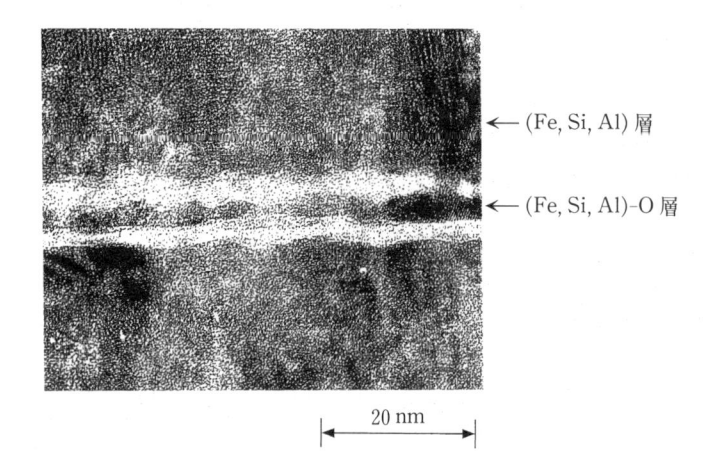

図 5.2-5　熱処理後の (Fe, Si, Al)/(Fe, Si, Al)-O 多層膜の積層界面付近の断面 TEM 写真

純 Fe (99.9％), Fe-Si 合金 (Fe：Si＝79.4：20.6) および Fe-Si-Al 合金 (Fe：Si：Al＝79.4：16.9：3.7) ターゲットを用いて, それぞれ Fe/Fe-O, (Fe, Si)/(Fe, Si)-O, (Fe, Si, Al)/(Fe, Si, Al)-O の 3 種類の積層膜が評価用試料である. 全体で 800 層積層した各積層膜の 1 周期当りの厚みは, それぞれ Fe/Fe-O＝4.6 nm/0.4 nm, (Fe, Si)/(Fe, Si)-O＝4.7 nm/1.2 nm, (Fe, Si, Al)/(Fe, Si, Al)-O＝4.7 nm/1.3 nm と見積もられる.

図 5.2-3, 図 5.2-4 に, 各積層膜の抗磁力および透磁率の熱変化を示す. 熱処理は, 10^{-4} Pa の真空雰囲気で行っている. Fe/Fe-O, (Fe, Si)/(Fe, Si)-O 積層膜は熱処理温度がそれぞれ 300 ℃ あるいは 500 ℃ より高くなると軟磁気特性が劣化するのに対し, (Fe, Si, Al)/(Fe, Si, Al)-O 積層膜では 600 ℃ の熱処理後も劣化がみられず, Si, Al 元素を Fe に微量添加することで, 金属/セラミックス界面の耐熱性を 200 ℃ 以上改善できることがわかる.

積層膜における Si, Al 添加による組成変化および構造変化をより明確に知るために, 高い熱安定性を示した (Fe, Si, Al)/(Fe, Si, Al)-O＝4.7 nm/1.3 nm 積層膜のほぼ 10 倍の周期である 46 nm/14 nm 積層膜を全体で 50 層積層して作製し, 熱処理による変化を TEM (透過型電子顕微鏡) で調べた.

図 5.2-5 に, 熱処理後 (700 ℃) の (Fe, Si, Al)/(Fe, Si, Al)-O 積層膜界面付近の TEM 断面図 (明視野) を示す. (Fe, Si, Al) 層と (Fe, Si, Al)-O 層界面に, 厚み数 nm の層が形成

されていることがわかる．EDS 測定により，Fe，Si，Al の定量組成分析と酸素元素の相対量比較を行った結果，(Fe，Si，Al)-O 層内では (Fe，Si，Al) 層に比べて Fe の含有量が少なく，Si，Al の含有量が多いことがわかる．添加による層構造の熱安定のメカニズムは，(Fe，Si，Al)-O 中での酸素拡散係数が小さいこと，および (Fe，Si，Al) 中の Si(Al) が (Fe，Si，Al)-O 中から拡散してくる酸素を捕まえて Si-O を生成し，むしろ酸化物層を形成することにあるものと思われる．

以上のように，異なる酸化物生成自由エネルギーの元素を組み合わせた，遷移金属合金/遷移金属合金の酸化物界面においては，界面の熱安定性のほか，熱拡散を利用した新規のナノレベルの層構造制御，層構造創造が可能であることがわかる．

携帯通信機器システムを中心に，Si 半導体技術の進歩にともなう部品の集積化が進んでいるが，フィルタあるいは発振器は，Si 半導体との集積化が困難であり，最後まで単独の部品として使用されていくと予測されている．したがって，フィルタのさらなる高周波化，高温度安定化は研究課題として極めて重要である．フィルタの周波数精度は極めて高い値が要求され，現在は水晶が用いられている．しかしながら，水晶は信号電力エネルギー効率は低く，加工が困難で量産性に課題があり，加えて高価なことから，エネルギー効率が高くて安価な圧電セラミックス材料が，今後フィルタ材料として有望と考えられる．

また，金属セラミックス界面の温度安定化技術の開発で得られた知見は，今後，小型の携帯機器に用いられるセラミックス部品の製造プロセスに応用されていくものと考えられる．また，高周波透磁率を用いたマクロ/ミクロの界面評価技術は非接触の評価技術であり，プロセスのその場モニタリング技術として活用されるものと思われる．

● 参考文献

1) O. Inoue, M. Nishida, and S. Kawashima, Extended Abstracts of 1st International Workshop on Synergy Ceramics, 48 (1996).
2) 西田正光, 高橋慶一, 井上修, 市川洋, 飯島賢二, 高周波セラミック材料とその応用, ティーアイシー, 113-119 (1998).
3) K. Takahashi, M. Nishida, O. Inoue, and Y. Ichikawa, Extended Abstracts of 3rd International Workshop on Synergy Ceramics, 106-107 (1999).
4) 平本雅祥, 松川望, 市川洋, 飯島賢二, 榊間博, 真空, **41**, 616-621 (1998).

5.3 界面相制御
(Oxynitride Liquids, Glasses, Glass–Ceramics and Their Application to Silicon-Nitride Ceramics and Nano–Composites)

The objective of this project was to establish technology for creating silicon nitride based nano-composites and glass-ceramics with innovative properties which exceed existing properties through a systematic study of formation and characteristics of oxynitride glasses (liquids), their interactions with inclusions and matrices in nano-composites and also, nucleation and crystallisation, allowing various functions and making diverse properties compatible in order to produce higher performance materials. Figure 5.3-1 below shows the various stages of the project.

Oxynitride Liquids, Glasses and Glass-Ceramics
(Novel Processing Techniques and Their Application to Non-Oxide Ceramics and Nano-Composite Technology)

To study the interactions of oxynitride liquids and SiC inclusions to understand the sintering mechanisms in Si_3N_4 nanocomposite ceramics with the aim of optimising properties through hyper-organisational structure control

Methodology

Obtain data on the characteristics of a range of oxynitride liquids	Investigate the glass to glass-ceramic transformations in selected GB compositions	Understand the interactions of oxide and oxynitride liquids with nano-SiC particles
Select glass compositions suitable for sintering of Si_3N_4 based nano-composite materials	Identify suitable HT schedules and study the interaction behaviour of SiC for chosen glass compositions	Fabricate Si_3N_4-SiC nano-composites using glass additives-characterise

End Goal

| Apply optimised HT schedules for crystallisation of GB-phases –characterise | Apply HT schedules for optimisation of GB phases in commercial Si_3N_4 - characterise | Develop Si_3N_4 nano-composites through synergistic effects |

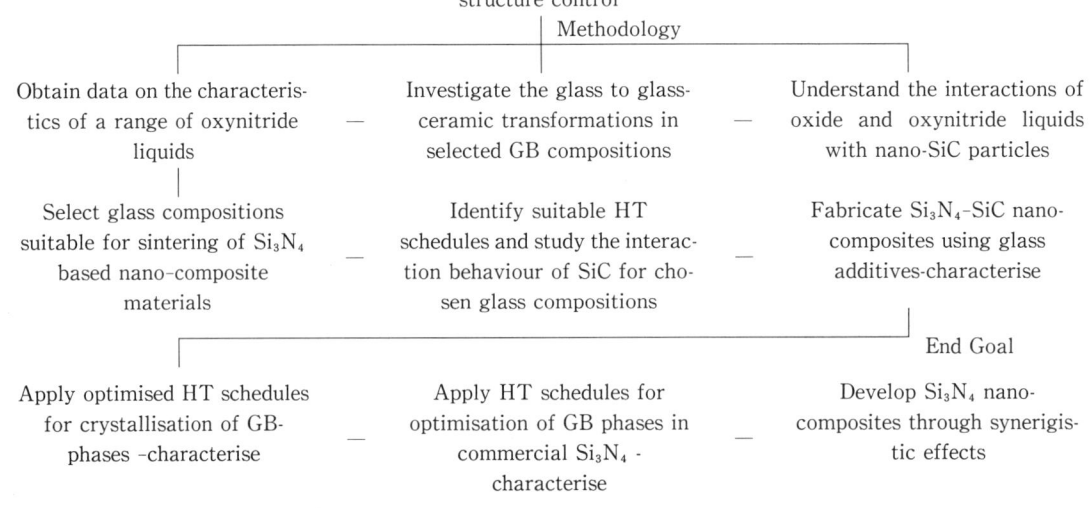

figure 5.3-1 Overview of the project outlining different stages

(1) Formation and characteristics of oxynitride glasses

Systematic studies were carried out on the extent of glass formation and the preparation and annealing of suitable bulk homogeneous oxynitride glasses in various M-Si-Al-O-N and mixed cation (M) systems (where $M=Y$ or rare earth cations: Nd, La, Ce, Sm, Dy, Eu, Er, Ho, Yb, etc.). Subsequent characterisation assessed the effect of N, Y or rare earth cations on properties.

The effect of cationic field strength on the microhardness of the LnSiAlON glasses is shown in figure 5.3-2. The variation in microhardness, observed with increasing cationic field strength, is quite significant and increases from 9 GPa for

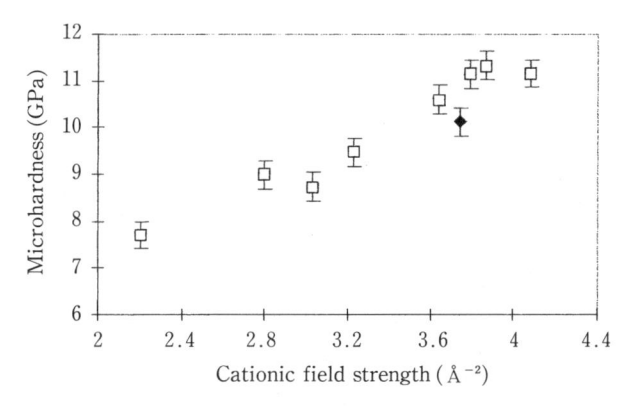

figure 5.3-2 The effect of cationic field strength (CFS) on the microhardness of the standard LnSiAlON compositions (data in increasing order of CFS correspond to Eu, Ce, Nd, Sm, Dy, Y (◆), Ho, Er & Yb cations).

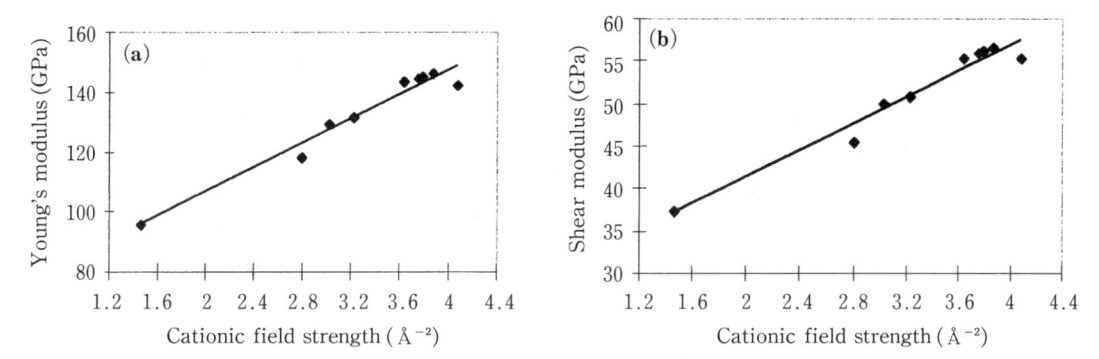

figure 5.3-3 The effect of cationic field strength (CFS) on (a) Young's modulus and (b) shear modulus of LnSiAlON compositions (data in increasing order of CFS correspond to Eu, Ce, Nd, Sm, Dy, Y, Ho, Er and Yb cations).

Ce to 11.2 GPa for Yb-based glass compositions. This reflects the increasing structural compactness of the glasses with decreasing ionic radii of the rare earth cation.

Figure 5.3-3 (a) and (b) respectively show Young's modulus and shear modulus data obtained as a function of cationic field strength (CFS) in LnSiAlON compositions (data in increasing order of CFS corresponding to Eu, Ce, Nd, Sm, Dy, Y, Ho, Er and Yb cations). As can be seen, the elastic modulus data also exhibit a linear variation with cationic field strength similar to all the other measured properties.

In mixed cation systems, Y-La-Si-Al-O-N, Y-Nd-Si-Al-O-N and La-Er-Si-Al-O-N glasses demonstrated linear trends in Tg, molar volume, thermal expansion coefficient and hardness as a function of cationic field strength as one lanthanide cation replaces another in the glass structure. The lower glass transition temperatures exhibited by these glasses made them more attractive than the single cation higher Z lanthanide oxides of Ho, Y, Er etc. as an easier

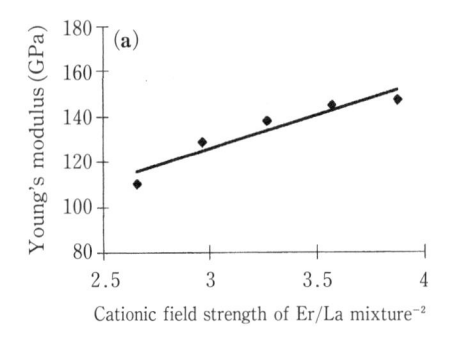

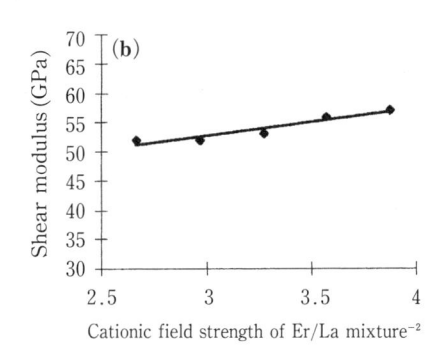

figure 5.3-4 The effect of cationic field strength (CFS) of the Er/La mixture on (**a**) the Young's modulus and (**b**) shear modulus of the Er-La-Si Al-O-N glasses.

densification aid for Si_3N_4 as they form lower viscosity liquids at the sintering temperature.

Figure 5.3-4 (a) and (b) respectively show Young's modulus and shear modulus data obtained as a function of cationic field strength (CFS) in Er-La-SiAlON composition.

(2) Optimisation of the nucleation and crystallisation of oxynitride glasses

Research was carried out on identification of suitable glass-ceramic heat treatment schedules to control nucleation, growth and morphology of beneficial crystal phases tailored to specific property requirements. Single stage and two-stage heat treatment studies[1] have shown that a total conversion of glass to glass-ceramic was difficult to obtain and a significant amount of residual glass remained. The properties of the silicon nitride based ceramic then depend on the overall volume of such glass phases present and consequently on the properties of the glasses. Since silicon nitride based ceramic materials are potential candidates for high temperature applications, use of single Ce, Nd and Sm oxides would not be ideal since their glasses have low glass transition temperatures, which enhance the creep rates.

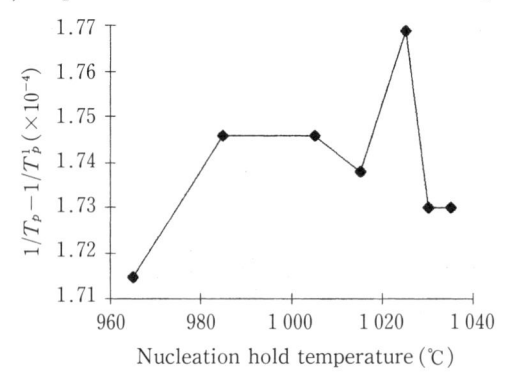

figure 5.3-5 Nucleation-rate-temperature curve for the 21Y7Nd56Si16Al83O17N composition

Figure 5.3-5 shows the nucleation curve for the 21Y7Nd56Si16Al83O17N composition.

(3) Interaction of oxynitride liquids with silicon carbide nano-size particles

The effects of anionic replacement in the Y-Si-Al-O-C-N system was studied by preparing oxide (16.5 Y : 56 Si : 27.5 Al : 100 O), oxycarbide (16.5 Y : 56 Si : 27.5 Al : 98 O : 2C) and oxynitride (16.5 Y : 56 Si : 27.5 Al : 98 O : 2N) glasses. 2eq. % additions were chosen to allow comparison of the properties of glasses, as from the above studies it appears that 2eq. % is the solubility limit for carbon in yttrium alumino-silicate liquids. Nano-sized SiC (Wacker Chemie) was used as a source for carbon and Si_3N_4 was the source for nitrogen. Figure 5.3-6 (a) shows the effect of carbon content on Young's Modulus and (b) on hardness.

Hardness, elastic modulus and fracture toughness all increase with the incorporation of SiC compared to the parent glasses. The thermal expansion coefficients are very close to those of the pure glasses but showed a slight decrease overall. Three rare earth mixed cation systems were used as (i) a parent glass, (ii) as a constituent glass in a silicon nitride matrix and (iii) in a silicon nitride composite with 10 vol % silicon carbide. The compositions of the first glass is 21Er7La56Si16Al83O17N, the second. glass is 21Y7La56i16Al83O17N and the third glass is 21Y7Nd56Si16Al83O17N.

Figure 5.3-7 (a) and (b) respectively show the variation in Young's modulus and shear modulus respectively depending on the rare earth mixed cation system. It may be seen that Young's modulus was greatest for the 21Y7Nd56Si16Al83O17N parent glass. This was also true

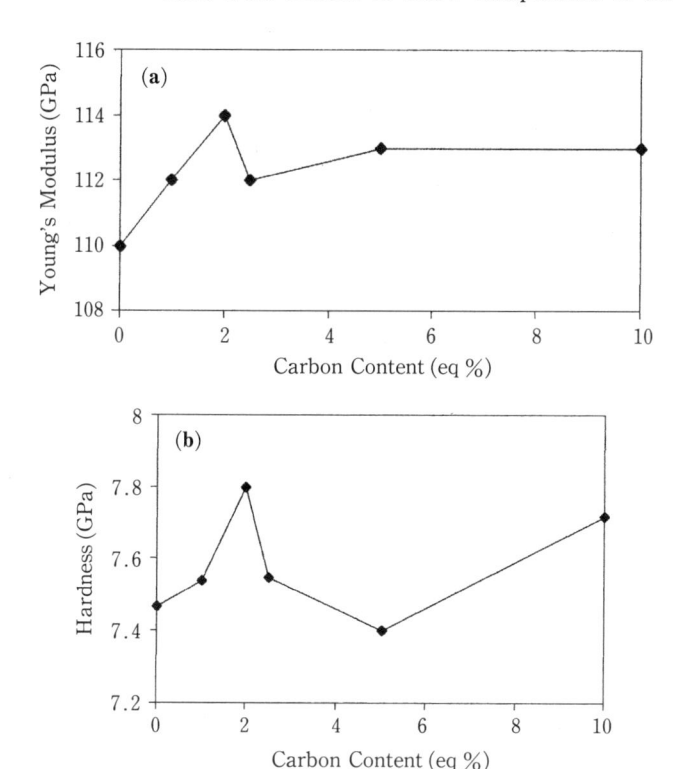

figure 5.3-6 (a) The effect of carbon content on Young's Modulus and (b) on Hardness

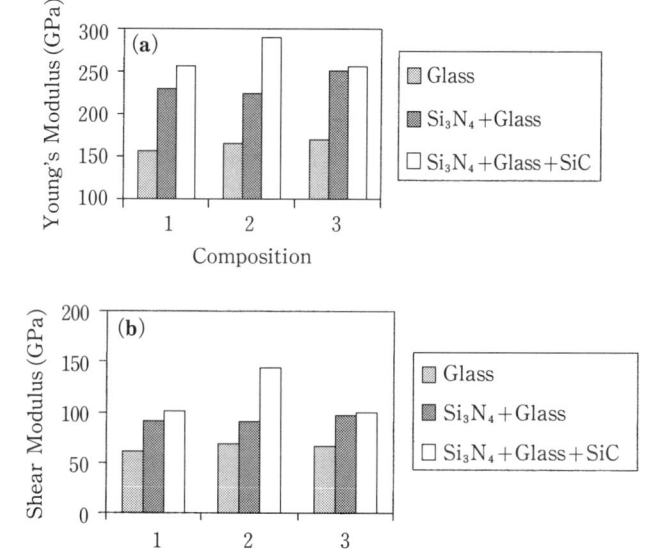

figure 5.3-7 (a) Young's Modulus and (b) Shear Modulus for different matrices as indicated above

of the silicon nitride with glass composite. However, once silicon carbide was added to the matrix, the 21Y7La56Si16Al83O17N parent glass additive showed the greatest improvement. As may be seen in figure 5.3-7 (b), shear modulus showed the same trend.

(4) Sintering mechanisms and optimisation of the nano-scale structure and grain boundary phases in silicon nitride matrix nano-composite ceramics

Characterisation of commercial silicon nitrides after different post-sintering heat treatments showed significant improvements in mechanical properties particularly in flexural strength.

table 5.3-1 Flexural Strength of a commercial silicon nitride after heat treatments as indicated

Heat Treatment	Flexural Strength (MPa)	
	Avg.	Max.
none	659.5	780
970 ℃-1 h	763.6	865
970 ℃-5 h + 1 050 ℃-1 h	774.1	887
970 ℃-1 h + 1 050 ℃-5 h	728.0	879
1 025 ℃-10 h + 1 210 ℃-0.5 h	720.8	869

Post-sintering heat treatments were carried out on the silicon nitride-mixed cation glass-SiC composites. Figure 5.3-8 show the effect of Heat Treatment on Young's Modulus in silicon nitride-mixed cation glass-SiC composites.

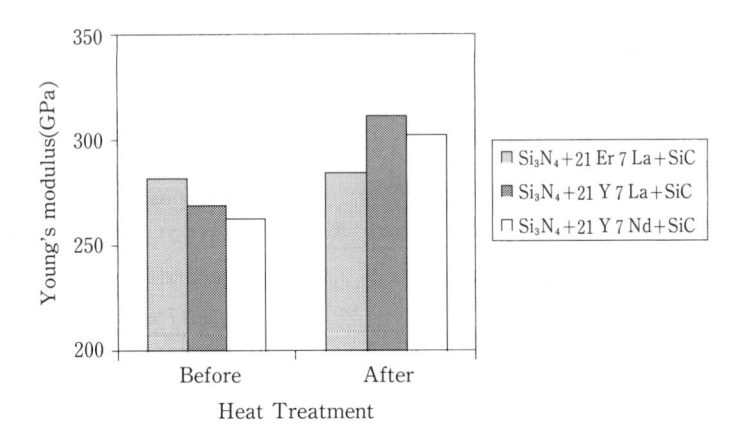

figure 5.3-8 Effect of Heat Treatment on Young's Modulus in silicon nitride-mixed cation glass-SiC composites

(5) Conclusions

1. The overall understanding of the mechanisms involved in the formation of mixed rare earth cation oxynitride glasses was significantly broadened.
2. Optimisation of heat treatment schedules for single and mixed cation oxynitride glasses were seen to control nucleation, growth and morphology

of beneficial crystal phases.
3. The reinforcing of the mixed cation oxynitride glasses with silicon carbide resulted in an improvement in mechanical properties.
4. Post sintering heat treatments of the mixed cation oxynitride glasses reinforced with SiC showed further improvements in mechanical properties.
5. The silicon nitride silicon carbide nano-composites densified with mixed rare earth oxides or mixed cation glasses also showed improvements in mechanical properties subsequent to optimised heat treatment.
6. Using the information gained, new glass-ceramic heat treatment schedules were applied to silicon nitride based ceramics and nano-composites with subsequent property improvements.
7. Independent silicon nitride nano-composites can be fabricated in the laboratory but closer links with industry would be useful to use the knowledge gained in a practical manner. The needs of the end user can determine the optimisation process.

● **References**

1) R. Ramesh, E. Nestor, M. J. Pomeroy and S. Hampshire, Classical and DTA studies of the glass-ceramic transformation in a YSiAlON glass, *Journal of the American Ceramic Society*, **81**, 1285 (1998).
2) T. Kennedy, S. Hampshire, M. Poorteman and F. Cambier, Silicon Nitride-Silicon Carbide Nanocomposites Produced by Water-Processing of Commercially Available Powders, *Journal of the European Ceramic Society*, **17**, 1917 (1997).
3) E. Nestor, R. Ramesh, M. J. Pomeroy and S. Hampshire, Formation of Ln-Si-Al-O-N Glasses and their Properties, *Journal of the European Ceramic Society*, **17**, 1933 (1997).
4) H. Lemercier, R. Ramesh, J.-L. Besson, K. Liddell, D. P. Thompson and S. Hampshire, Preparation of pure B-phase glass ceramics in the yttrium sialon system, Euro Ceram V, P Abelard, A. Autissier, A. Bouquillon, J. M. Hausonne, A. Mocellin, B. Raveau and F. Thevenot, eds., publ. Trans Tech Publications, Switzerland, 814 (1997).
5) M. Ohashi, Y. Iida and S. Hampshire, Nucleation Control for Hot-working of Silicon Oxynitride based Ceramics, *Journal of Materials Research*, **14**, 170 (1999).
6) S. Hampshire, R. Ramesh, E. Nestor, C. Mooney, N. Schneider, Y. Menke, J. Lonergan and W. Redington, Oxynitride Liquids, Glasses and Glass-Ceramics for Novel Silicon Nitride Nano-Composites, The Third International Symposium on Synergy Ceramics Feb. 2-4, Osaka, Japan. Oral Presentation (1999).
7) S. Hampshire, J. Lonergan, W. Redington, N. Schneider and C. Mooney, Effect of Crucible and Powder Bed Composition on Densification of Silicon Nitride, The Third International Symposium on Synergy Ceramics Feb. 2-4, Osaka, Japan. Poster Presentation (1999).
8) W. Redington, M. Redington and S. Hampshire, Liquid Formation in the Y-Si-Al-O-N System, The Third International Symposium on Synergy Ceramics Feb. 2-4, Osaka, Japan. Poster Presentation (1999).

5.4 一方向貫通孔多孔体

セラミックス多孔体は，化学的安定性，高温での安定性に優れていることから，水質浄化フィルタ，排気ガス浄化フィルタ，燃焼灰除去フィルタなどをはじめとして，有機，金属材料では適用が難しい過酷な条件でのフィルタ材料として幅広く使用されている．多孔体の細孔径や形状は用途により異なるが，いずれの多孔体もセラミックスマトリックス内部に不規則に細孔が分布した構造を有している．例えば，ディーゼルエンジン用の燃焼灰除去用フィルタは，材質にコーディエライトや炭化ケイ素を用い，気孔を形成する有機成分を添加して成形後，熱処理によって有機成分を除去，多孔化して作製する．このような多孔体は，分離物の大きさと同程度の細孔径と，分離後の気体が通気するための比較的高い気孔率を有する．

しかし，このように無秩序に配置された気孔を有する従来の多孔体は，高い気孔率と不規則な細孔形状のため，内在する大きな気孔が破壊源[1]となり強度が低く，燃焼灰除去用等のフィルタとして使用した場合，濾過物質が多孔体表面で捕獲されるだけでなく微細なものはその内部にまで侵入し，フィルタ機能の低下をもたらす場合がある．以上のような観点から，高い強度を持ち，かつ効率的に再生可能なフィルタとして緻密なセラミックスマトリックス内に一方向に配向した貫通孔が，等間隔に配置された多孔体が提案できる．

一方向貫通孔多孔体は，すべての細孔が濾過機能に寄与するため，従来の同気孔率の多孔体と比べ，高い濾過性能が期待できる．また，この多孔体の持つ貫通孔の形状が円柱状であり，貫通孔以外のマトリックス領域は緻密な組織となっているため，高強度化できる可能性がある[2]．

物理濾過フィルタ，特に燃焼灰除去用のフィルタとして用いた場合，細孔が開気孔かつ直線上に配置しているため，パルス逆洗方式による効果的な再生が期待できる．しかし，従来から知られているこのような細孔形態を持つ多孔体としては，金属アルミニウムの陽極酸化膜[3]や，基材上に気相法によって合成された多孔質膜[4]のように細孔の大きさが数 nm 程度と非常に微細であり，かつ熱に対し弱いもの，薄いもの[6,7]がほとんどであり，焼結体として作製され，細孔のサイズが数十 μm に制御された一方向貫通孔多孔体はほとんど例がない．

そこで，貫通孔を一方向に配向するプロセスとして，金属磁性粉末が磁場中において磁化，配向することに着目し，その金属粉末が磁化配向した状態でマトリックス原料を鋳込み成形し，熱処理後金属成分を酸処理によって除去することで緻密質マトリックス内に直径が数十 μm の一方向に配向した細孔を有する多孔体が作製できる可能性を見出した[5]．本節では，さらにこの技術を発展させ，貫通孔形成材料として金属繊維を適用した作製プロセスについて述べる．

(1) 作製プロセス

本プロセスにおいては，ニッケル繊維を磁場中で配向させた状態で成形し，熱処理後に金属成分を除去することによって，緻密質マトリックス中に直径数十 μm の均一な細孔径を有する円筒状貫通気孔が形成される．さらに，貫通孔の間隔を高度に制御することを目的として，電気泳動法を用いて繊維に一定の厚さでマトリックスと同

種の粉末を被着させている．本方法によれば，焼結後にマトリックス内に形成される貫通孔をほぼ等間隔に制御することが可能となる．

図 5.4-1 に多孔体作製法のフローチャートを示す．貫通孔を形成するための金属繊維として直径 50〜100 μm のニッケル繊維を用い，この繊維表面に電気泳動法によってマトリックスとなるアルミナ粉末を被着させ，貫通孔形成材料としている．図 5.4-2 は，電気泳動法によってアルミナ粉末を被覆したニッケル繊維と被覆層断面の SEM 写真である．本方法によって金属繊維表面に厚さ 50 μm 程度のマトリックス被覆層が形成されている．被覆層の厚さは被覆時の電圧や付着時間の条件によって制御可能である[8]．この被覆層が，細孔となる繊維同士の接触を避けると同時に，厚さによって間隔を一定に保ち気孔率を制御する役割を果たす．

被覆した繊維を，一定の長さに切断し，磁場中に配置した石膏板上で磁場方向に配向させる．繊維を配向後に，あらかじめ用意したアルミナスラリーを石膏板の上に流し込み，成形体を作製する．成形体から金属繊維を除去するためには酸処理が必要となるが，酸処理時に試料形状を保持し，かつニッケル繊維とアルミナマトリックスの反応を抑制するためには，非酸化性雰囲気中で仮焼を行うことが効果的である．仮焼後，塩酸中に試料を浸漬してニッケル金属成分を除去してから，大気中 1 600 ℃ で 2 時間焼結を行うことによって，繊維の直径よりわずかに小さい一方向貫通孔を有する多孔体が作製される．

(2) 多孔体組織

図 5.4-3 に，直径 50 μm の金属繊維を気孔形成材として用い，厚さ 50 μm の被覆層を表面につけて作製した一方向貫通孔多孔体の SEM 写真を示す．図にみられるように，緻密なアルミナマトリックス内に直径が 40 μm 程度の円筒状の貫通気孔がほぼ 80 μm 間隔で制御されて配列している．図 5.4-4 に示した模式図のように，細孔

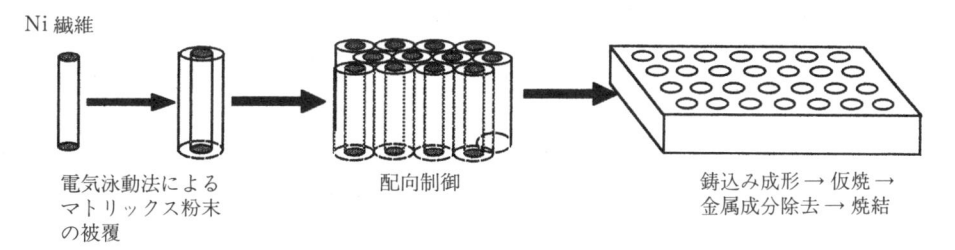

図 5.4-1 多孔体の作製方法

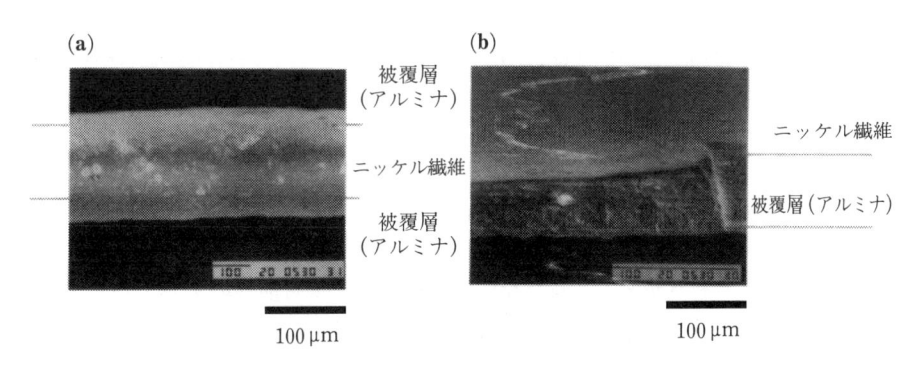

図 5.4-2 マトリックス粉末を被覆した金属繊維の様子

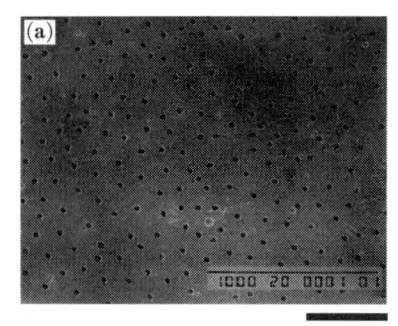

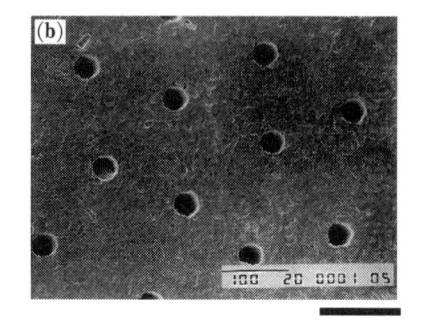

図 5.4-3　得られた焼結体の SEM 写真 [50 μm のニッケル繊維使用. (a) 低倍率, (b) 高倍率]

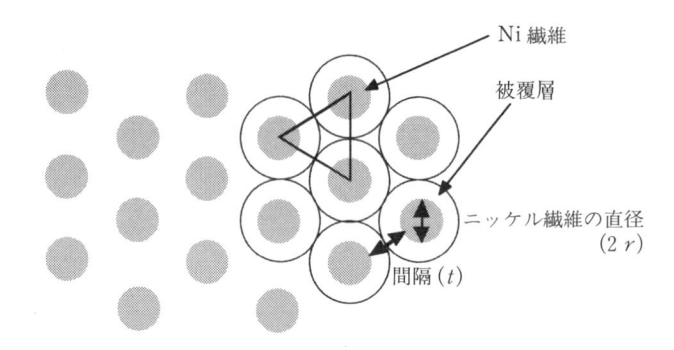

図 5.4-4　貫通孔の配置を示す模式図

が規則的に配置されているとすると，この多孔体の気孔率 (P) は貫通孔の直径 ($2r$) と間隔 (t) から，以下の式に基づき算出することができる．

$$P=\left[\frac{\pi r^2/2}{(r+t)^2}\tan\frac{\pi}{3}\right]\times 100$$

図 5.4-3 に示した多孔体の場合，この計算式から求められた気孔率は約 15 % となる．従来のフィルタ材料に使用される多孔体の気孔率は 30～40 % であることから，それと比較すると今回得られた試料は気孔率が若干低いものとなっている．したがって，実際にフィルタとして適用するには繊維同士の間隔をさらに狭めて作製する必要がある．

これらの結果から，磁場中での金属磁性材料の配向を利用して，一方向に細孔が配置されたセラミックス多孔体が作製できることが示された．この方法により作製される多孔体の細孔径は金属繊維の直径によって，また気孔率は繊維表面に形成するマトリックス層の厚さによって制御できるため，目的に応じた細孔径，気孔率を有する一方向貫通孔多孔体を設計できる可能性が得られた．

このように磁場を用いて成形体内に金属繊維を配向し，仮焼後，酸処理によって繊維を除去し，焼結を行うことにより，一方向に配列した貫通孔を有する多孔体が作製可能となった．本作製方法には特にマトリックスを限定することなく多孔体が作製できる利点がある．新たな低膨張材料として可能性のあるアルミノシリケート材料（ポルーサイト，セルシアン）を並行して開発し[9),10)]，このうち，セルシアンをマトリックスとした，一方向貫通孔多孔体の作製も試みた．図 5.4-5 に，得られた多孔体の

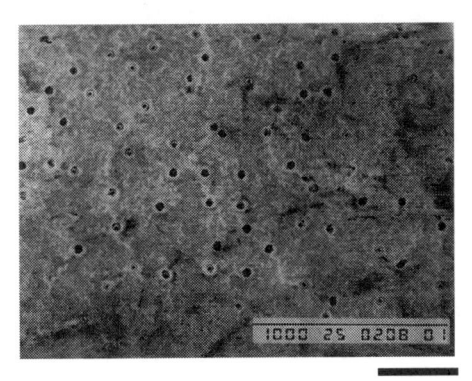

図 5.4-5 低膨張材料セルシアンをマトリックスとして作製した多孔体の SEM 写真

SEM 写真を示す．図に示されるようにアルミナをマトリックスとした場合と同様の貫通孔が形成されることがわかる．このことは，本多孔体作製プロセスが他の酸化物セラミックスをはじめとして，SiC，Si_3N_4 のような非酸化物セラミックスに対しても適用可能であることを示している．

現在市販されているニッケル繊維は直径 25 μm が最小であるため，本方法で得られる多孔体の細孔径は 20 μm が最小となる．用途として考えられるディーゼルエンジン排ガス浄化用のセラミックスフィルタの細孔径は，平均で 20 μm 程度に制御されていることから，この作製プロセスによって現在の物理濾過用のフィルタと同程度の細孔サイズの一方向多孔体は作製可能と思われる．現段階では得られる試料は大きさが 5 mm×5 mm 程度であるが，成形時の諸条件（磁場の強さおよび印加方法，繊維の配列方法，鋳込み条件等）の適正化によって，フィルタとして適用できるだけの面積を有する多孔体の作製は十分可能であると考えられる．

● 参考文献
1) E. Ryshkewitch, *J. Am. Ceram. Soc.*, **36**, 65-68 (1953).
2) S. D. Brown, R. B. Biddulph, and P. D. Wilcox, *J. Am. Ceram. Soc.*, **47**, 320 (1964).
3) 和田一洋，馬場宣良，小野幸子，吉野隆子，特公平 6-37290.
4) 近藤新二，菊田浩一，平野眞一，日本セラミックス協会秋期討論会予稿集，396 (1997).
5) 宮川直通，篠原伸広，特願平 08-290625.
6) 坂本禎章，鷹木洋，特開平 6-56554.
7) 坂本禎章，鷹木洋，特願平 6-56555.
8) 宮川直通，篠原伸広，*J. Ceram. Soc., Japan*, **107** 673-677 (1999).
9) 宮川直通，篠原伸広，奥宮正太郎，*J. Ceram. Soc., Japan*, **107**, 555-560 (1999).
10) 宮川直通，篠原伸広，奥宮正太郎，*J. Ceram. Soc., Japan*, **107**, 762-765 (1999).

6. 構造形成の計算機シミュレーション

　コンピュータを用いた材料設計研究が，シナジーセラミックスの開発に必要不可欠であることの大きな理由は二つある．一つは，シナジーセラミックス開発には，従来のセラミックスに比べて，微構造の形態，機能・特性，合成プロセスなどに関する極めて多くの因子を研究しなければならないことにある．これらを実験的手法のみによって進めることは困難であり，コンピュータシミュレーションによる材料設計手法によって重要因子の絞り込みを行うことができれば，シナジーセラミックスを効率的に開発することが可能となる．もう一つの理由は，セラミックスの微構造を精密かつ正確に制御するためには，組織が形成される過程を現象論的だけでなく理論的な観点からも追究しなければならないことにある．コンピュータシミュレーションは複雑な材料組織や複数の物質移動機構を，基本的な計算原理と高性能なコンピュータを用いて設計できる極めて有効な手法といえる．セラミックスのように多様な組織や特性を持つ材料の開発において，実験的研究と計算設計研究とが同一の対象を取り扱うことになれば，新材料開発の効率性，革新性，精密性を飛躍的に向上させることができる．

　本章では，シナジーセラミックスの微構造制御において最も重要となる焼結や粒成長等のナノ・ミクロレベルのシミュレーション，ならびに原子レベルのシミュレーションによる粒界/界面の構造形成について述べる．図6-1に，組織形成シミュレー

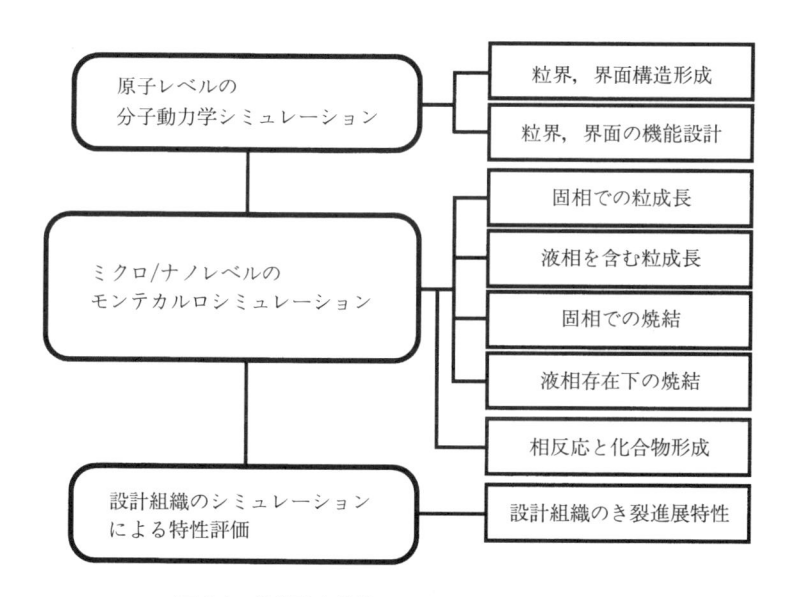

図6-1　組織形成設計シミュレーションの構成図

ションの構成図を示す．ミクロ・ナノレベルのモンテカルロ シミュレーション，原子レベルの分子動力学シミュレーション，設計組織のシミュレーションによる特性評価の3要素からなる．

　ミクロ・ナノレベルの組織形成設計で主に用いる計算手法 (計算原理) はモンテカルロ (MC) 法と呼ばれ，系全体のエネルギーが減少する方向に構造変化が進む確率論的手法である．ここではMC法を主体として，固相粒成長，液相を介した粒成長，固相焼結，液相焼結，化合物の形成過程とき裂進展過程について述べる．これらのミクロ・ナノレベル計算設計を，原子レベルの計算設計と関連付けて研究することにより，より高度で複雑な組織形成設計技術の開発が可能となる．ここで用いる計算手法は，原子間のポテンシャル関数と運動方程式を用いて計算する分子動力学 (MD) 法である．

　ここでは，MD法による酸化物セラミックスの粒界，界面の形成過程や特性予測のシミュレーションについて述べる．

6.1 ミクロ・ナノレベルシミュレーション

　無機材料の微構造の形成論については，これまでセラミックス系材料よりはむしろ金属系を中心として，相変態，時効析出，再結晶，粒成長，焼結などといった重要な組織形成過程についての数多くの研究が理論的または実験的な手法によって行われている[1]．これらの現象・過程はいずれもセラミックスの組織形成においても重要なものであるが，特に焼結と粒成長は最も基本となる組織形成過程の対象であり，本節においてもそれらを中心とした研究内容について述べる．セラミックスの組織形成シミュレーションを構築するためには，まずはじめに焼結，粒成長における物質移動をシミュレーションモデル中に取り込む必要がある．

6.1.1 シミュレーションの概要

(1) セラミックス組織形成の物質移動経路の設計

　図 6.1-1 に焼結，粒成長における主な物質移動経路を示す．(a) に示した固相状態の焼結，粒成長では，体積拡散，粒界拡散，表面拡散，蒸発・凝縮，塑性流動（または粘性流動），粒界移動などを検討する必要がある．一方，(b) には液相が一部存在する焼結，粒成長における物質移動経路を示している．この場合には，まず液相流動あるいは毛管力による固相粒子の移動およびポア（空隙）の消滅が起こる．液相を介した固相粒子の拡散機構（いわゆる溶解・再析出機構）も，液相が存在する場合の特徴的な物質移動経路である．さらには，固相/固相の粒界が存在する場合には粒界移動も生じる．

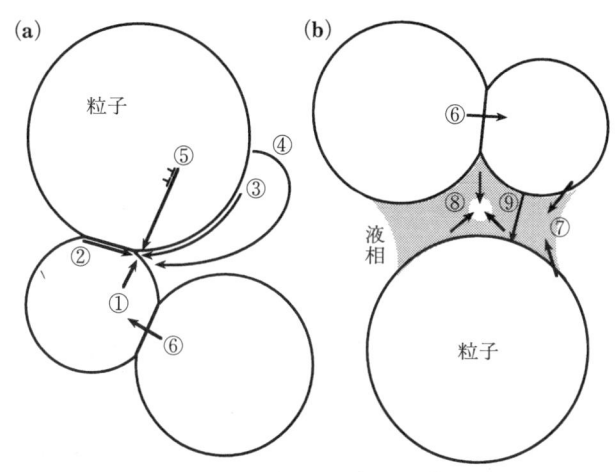

図 6.1-1　物質移動経路の模式図．(a) 固相粒子のみ，(b) 固相粒子と液相，①体積拡散，②粒界拡散，③表面拡散，④蒸発・凝縮，⑤塑性（粘性）流動，⑥粒界移動，⑦再配列，⑧液相流動，⑨溶解・再析出

　これまでの焼結，粒成長の理論研究においては，おおむね単一の機構モデルによる取扱いが中心であった[2]．例えば，固相粒子の焼結の理論の場合には，粒子のネック成長の過程が表面拡散機構などの単一機構によって行われるときのネック曲率の変化

などが数式化されている．そのような理論研究は，焼結や粒成長の進行がどのような因子によって支配されているかについて定量的な理解を可能とする．しかし，実際の材料の組織は，たとえ純粋なものであっても，単一の機構によって形成されているとは考えにくい．ましてや多くのセラミックス系材料は複相からなる組織を持ち，材料組織的/プロセス的な多くの因子が関係してくる．さらに材料の組織形成では，数式では表しきれない複合過程，相互作用が生じている．

　焼結や粒成長のシミュレーションに求められることは，大量の原子移動の取扱いが可能で，しかも複数の物質移動機構が同時に扱えることである．そして，そのようなシミュレーションでは，組織形成というプロセスが，複数の物質移動機構の相互作用のもとで行われていることが示されなくてはならない．コンピュータグラフィックスを用いたわかりやすい計算結果の表示法は，実材料の微構造との比較において大変有効であり，計算結果のグラフィックス化も重要な開発技術の一つである．

(2) **演算法の選択-モンテカルロ法 (Potts Model)**

　どのような計算原理 (algorism) を選ぶかは，コンピュータシミュレーション研究を行うにあたってまず最初に考えなければならない重要な問題である．図 6.1-2 に計算材料設計の主要な手法とそれらの適用例を示す．同図では重要な 7 つの計算法を取り扱うことのできる物質・材料のサイズの順 (右ほど大) に示している．どのような計算手法を選ぶかは，コンピュータシミュレーション研究を行うにあたって最初に考えなければならない問題である．電子論をベースとした第一原理的手法は理論的シミュレーション研究の典型といえるものであるが，大量の物質移動を取り扱うには現在のコンピュータの処理能力をこえており，主方法としての適用は難しい．分子動力学 (MD) 法は，ポテンシャル関数と運動方程式などをもとに原子・分子の動きをシミュレーションする方法で，現在最も広く使われている計算原理であり，特に速度論を展開するには有利である．しかし，ポテンシャル関数が求められている必要があるの

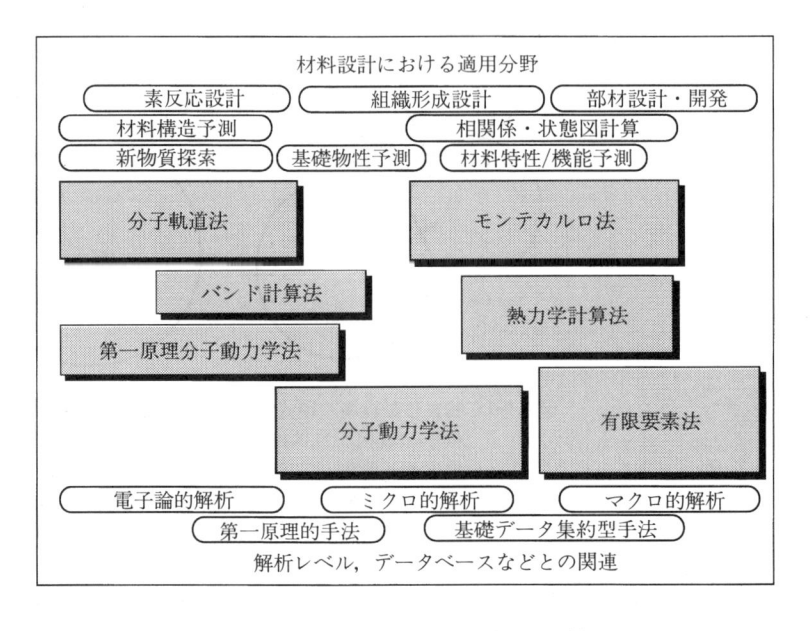

図 6.1-2　計算材料設計の手法と適用例

と，比較的大がかりな計算が必要である．

モンテカルロ (MC) 法は確率論的な計算法で，エネルギーの値あるいは相対値がわかっていれば，とにかく動かしてエネルギー減少の確率関数で実行を決める方法である．原子・分子の集合体を単位セルとして動かすので，大量の物質移動を取り扱うことが可能である．Srolovitz ら[3]によって提案された MC 法 (Potts Model) による粒成長シミュレーションは，金属系材料を中心とした粒成長，再結晶などに関して，多くの注目すべき成果をあげている．ここでは，MC 法を計算手法の中心において，セラミックス系材料の組織形成シミュレーションへの展開を目指した研究[4],[5]について詳しく述べる．

固相状態の単相多結晶体の粒成長，液相存在下の粒成長，固相状態の焼結，液相存在下の焼結の4つのシミュレーションプログラムは，すべてモンテカルロ法を計算原理とする．図 6.1-3 に三角 (六角) 格子による MC 法シミュレーションの原理図を示す．ここでは，異なった種類 (図では4種) の単位格子を考え，同種の格子の領域が結晶粒，異種相あるいはポア (空隙) を意味し，それらの境界が粒界，界面あるいは表面を意味する．格子の変化試行によるエネルギー変化 ΔG に基づく確率関数 W を，

$$W = \begin{cases} \exp(-\Delta G/kT) & \Delta G > 0 \\ 1 & \Delta G \leq 0 \end{cases} \quad (6.1\text{-}1)$$

の式によって求め，0から1までの間で乱数 R を発生させ，$W \geq R$ のとき試行を実行させる．焼結や粒成長 (液相存在下も含めて) の過程はすべてエネルギー減少の過程にあるので，MC 法シミュレーションの適用が可能である．

単相多結晶体の粒成長は，最も基本的なシミュレーションである．組織は n 種の方位からなる結晶とし，異種結晶方位の格子の間 (粒界に相当する) には，同種の格子の間よりも過剰のエネルギー (粒界エネルギーに相当) を与えておく．そして，計算格子上からランダムにある格子を選択する．選択した格子を結晶種 i から結晶種 j

$$W = \begin{cases} \exp(-\Delta G/kT) & \Delta G > 0 \\ 1 & \Delta G \leq 0 \end{cases}$$
(確率関数)

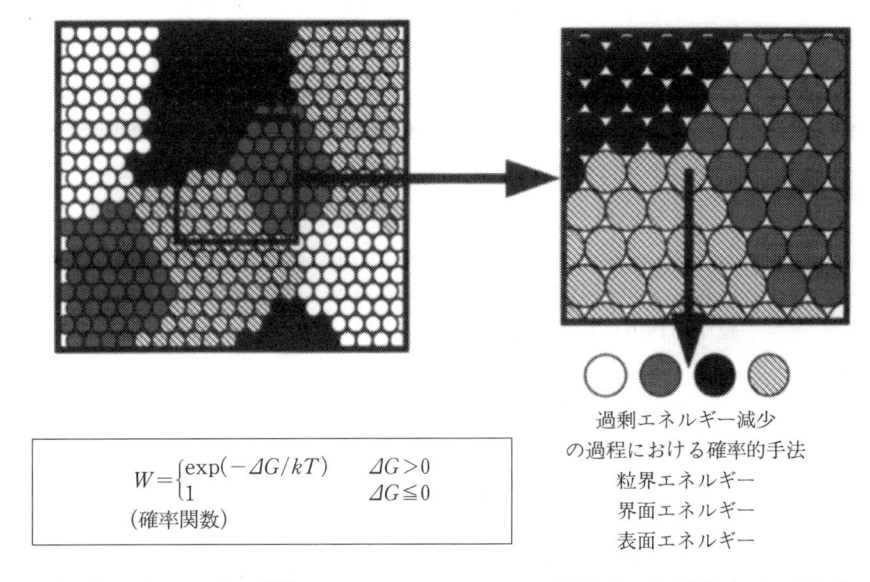

過剰エネルギー減少
の過程における確率的手法
粒界エネルギー
界面エネルギー
表面エネルギー

図 6.1-3 粒成長・焼結の MC シミュレーションに用いる三角格子と確率関数 (エネルギー変化に基づく)

に変化させる (1〜nの乱数発生). そのときのエネルギー変化 ΔG を計算し, (6.1-1)式の確率にしたがって実行させる. つまり, 粒界部にある格子は, 粒界部にない格子に比べて, 異なる種類の格子に変化する確率が高くなる. この格子の変化が粒界移動(粒成長)として表現される.

固相単相組織の粒成長に関する基礎理論によれば, 粒成長の速度式は次式で表される.

$$\frac{dr}{dt} = \frac{\gamma_{gb}\Omega D_{gb}}{2\lambda RT} \tag{6.1-2}$$

ここで, dr/dt は粒成長速度, γ_{gb} は粒界エネルギー, Ω はモル体積, D_{gb} は粒界における原子の拡散係数, λ は原子のジャンプ距離でここでは粒界の幅に相当する. つまり, モンテカルロ・シミュレーションにおける粒界部での格子の変化は, 基礎理論における粒界を介した物質移動の意味を持つ.

6.1.2 粒成長過程

固相状態の粒成長過程の設計は, ミクロ・ナノレベルのシミュレーションが適用される最も基本的でかつ多くのセラミックスに適用可能な設計分野である. 本項では, 単相多結晶体(マトリックス相)の粒成長, 分散粒子の粒成長抑制効果, 粗粒および分散粒子の配置効果などのシミュレーションの解析結果を述べるとともに, マトリックス相成長とともに分散粒子の成長も生じる複合過程のシミュレーションについても述べる.

(1) 固相系における粒成長シミュレーション

図 6.1-4 には最も基本的な MC シミュレーション結果として, (a)には単相の固相粒子の粒成長過程を, (b)にはマトリックス相に対して分散(第2の固相)粒子をランダムに配置した複合組織の固相粒成長過程を, 計算ステップ(MCSと表示)の関数として示す[6]. 小さな粒子が消滅し, その結果として大きな粒子が等方的に成長する過程が, コンピュータグラフィックスで表現されている. 分散粒子を含む組織は, それを含まない組織に比べて粒成長が抑えられ, 分散粒子による粒成長のピン止め効果が表現されている.

図 6.1-5 に規則的な初期配置を用いた固相粒成長のシミュレーション結果を示す[7]. (a)は粗大粒子を規則的に配置した初期組織を用いたときにどのような組織が形成されるかを設計予測するためのものである. これより, 粗大粒子が横方向にのみ成長し, 500 MCS 後には横方向に配向した組織が得られることがわかる. (b)は分散粒子を横方向に配置した場合のシミュレーション結果である. 分散粒子の列に挟まれた粒子は, 上下方向には分散粒子のピン止めにより粒成長が阻まれ, これらのマトリックス粒子の形は横方向に伸びたものが多く生じていることがわかる. (c)は分散粒子を横一列にして並べ, その間に微粒のマトリックスと同じ相の粗粒を一定の間隔に配置した初期組織を用いた計算結果を示す. 分散粒子の列に挟まれた粗粒は, 上下方向には分散粒子のピン止めにより粒成長できずに, 横方向にのみ成長している. 前述した分散粒子のみの計算結果に比べ, 横方向にさらに成長した粒子が得られることがわかる. 粗大粒子配置と分散粒子配置の同時複合効果により, 粒界密度の異方性を

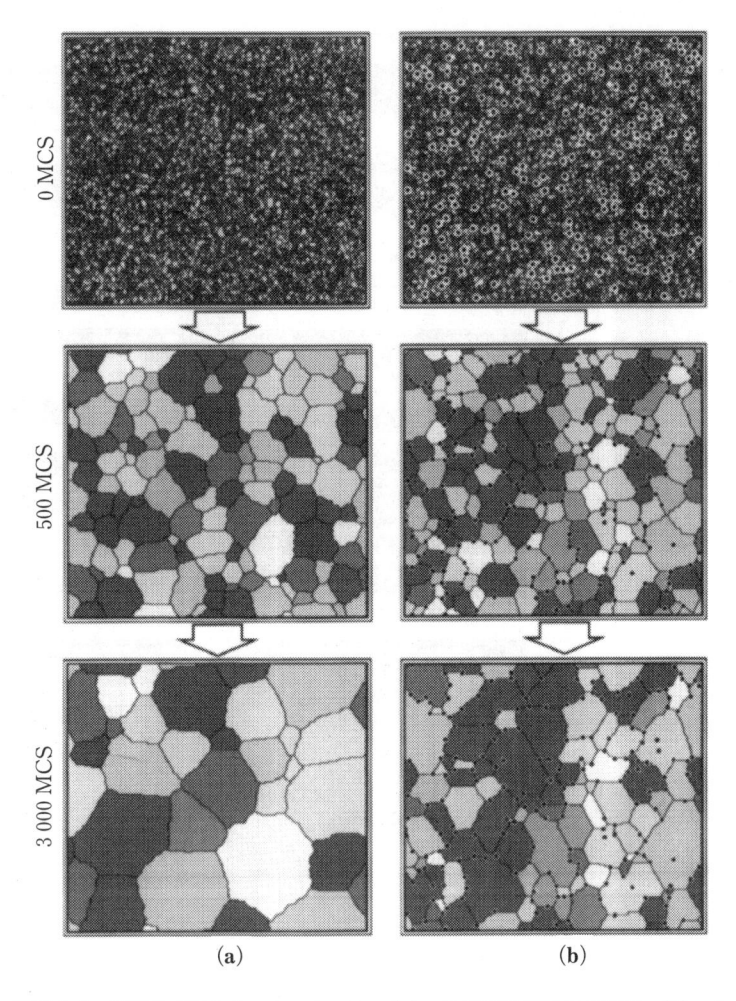

図 6.1-4 固相粒成長シミュレーション．(a) 単相の固相粒子の成長，(b) 分散粒子を含むマトリックス相の粒成長

持った特異な構造を粒成長プロセスによって得られるという，実用的にも興味深いシミュレーション結果である．

以上のように，固相粒成長シミュレーションの研究では，粗大粒配置効果と分散粒子配置効果，さらにはこれらの複合効果といった系統的な粒成長プロセスが，本シミュレーションによって計算設計できることが示されている．

マトリックスと分散粒子からなる固相粒成長シミュレーションにおいて，分散粒子の格子をランダム選択した際，上述のシミュレーションでは何も起こらずに単位ステップを終了させている．これは，安定な分散粒子という物理的意味を持つ．新しいシミュレーションでは，ランダム選択した分散粒子格子が，その最隣接にマトリックス相格子を持つ場合に限って，マトリックス/分散粒子の界面およびマトリックスの粒界を介して移動し，他の分散粒子上に析出するといった移動機構を導入する．このような物質移動は，分散粒子がマトリックスに対しては固溶度がない（あるいは著しく小）場合でも粒界・界面を通して成長できる場合を意味しており，複合セラミックスの組織形成過程においてしばしばみられる重要な現象である．

図 6.1-6 に固相粒成長の分散粒子効果についてのシミュレーション結果を示す．

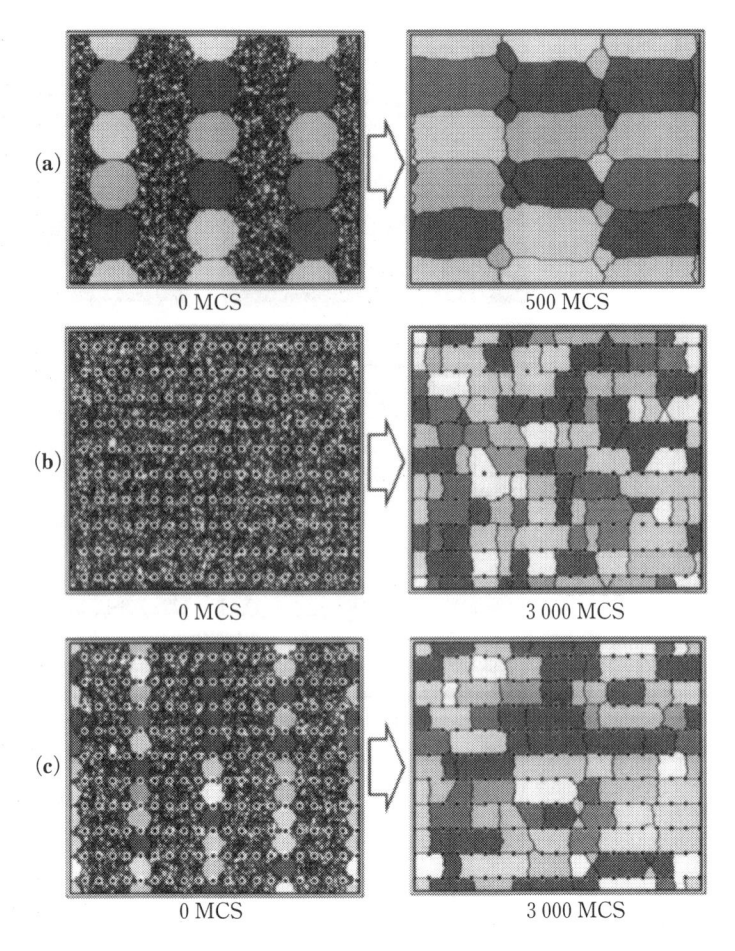

図 6.1-5 規則的な初期配置を用いた固相粒成長シミュレーション．(a) 粗大粒子，(b) 分散粒子，(c) 粗大粒子と分散粒子

(a) は単相 (固相 1) の組織，(b) は成長しない分散粒子 (固相 2) を含む組織，(c) は成長する分散粒子を含む組織の粒成長過程を示す．

図 6.1-7 にそれらシミュレーション組織における平均粒径と計算ステップ (MCS) との関係を示す．これらの結果より，マトリックスの粒成長は分散粒子の存在によって抑えられるが，その効果は分散粒子が成長する場合は成長しない場合よりも小さい (マトリックスが粗粒である) こと，(c) の場合の分散粒子の成長はマトリックスの成長に比べて遅いこと，分散粒子がマトリックス粒内に取り込まれる現象は分散粒子が成長する場合にはほとんどみられないことなど，多くの知見が得られる．

固相系の粒成長シミュレーション研究は，単相多結晶体 (マトリックス相) の粒成長から始められ，分散粒子の粒成長抑制効果，粗粒および分散粒子の配置効果などの設計に適用され，さらにはマトリックス相成長とともに分散粒子の成長も生じる複合過程の設計にも適用できるようになった．これらのシミュレーション設計は，ポアの存在を考慮した固相焼結シミュレーション設計へ展開される．今後の課題として，実用材料への適用研究や速度論的な検討などがあげられる．

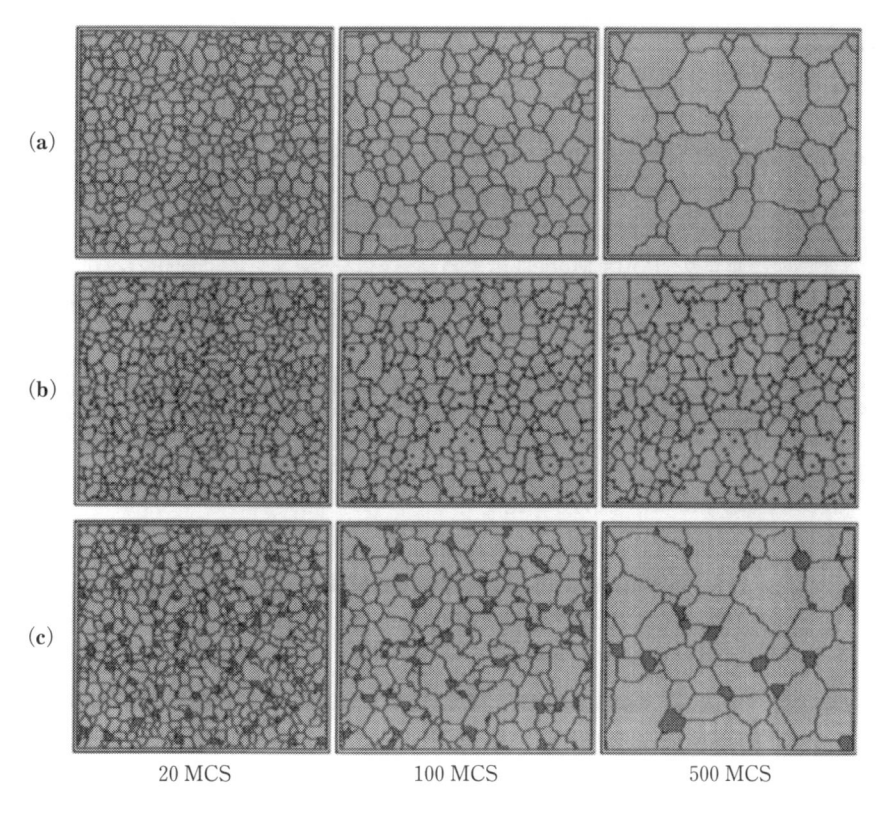

図 6.1-6 固相粒成長のシミュレーション結果．(a) 単相，(b) 固相1＋固相2（分散粒子），固相2は成長しない場合，(c) 固相1＋固相2，固相2は成長する場合．固相2の分率は5％．計算格子サイズは100×100

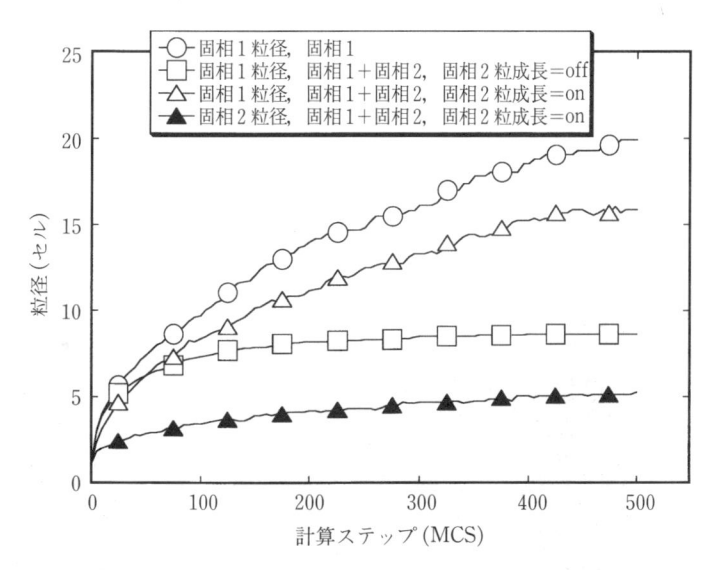

図 6.1-7 固相粒成長シミュレーションの粒径と計算ステップ（MCS）との関係

6.1 ミクロ・ナノレベルのシミュレーション

6.1.3 固液系における等方粒成長

固液系における粒成長挙動は多くのセラミックス材料において観察される現象であり，その微構造組織をシミュレーションにより表現する手法を開発することは，今後の材料設計，材料開発において重要な意味を持つと考えられる．これまでのモンテカルロ法(Potts Model)によるシミュレーションでは固相のみからなる微構造組織の設計に限られていたが[8]，本項ではこの方法をベースにさらに発展させ，液相存在下での固相粒子の等方的な粒成長挙動のシミュレーションについて述べる．またモデル材料としては，その優れた高熱伝導性が特徴で，今後半導体素子搭載用基板などの電子材料分野への応用が期待される窒化アルミニウム(AlN)[9]を選択し，その粒成長挙動とシミュレーションの計算結果と比較することにより，本シミュレーション手法の有用性についても述べる．

(1) 固液系におけるAlNの等方粒成長シミュレーション

モデル実験でのAlNの粒成長挙動については，AlN粉末に緻密化促進および液相量調整を目的としてイットリア粉末およびアルミナ粉末を添加，成形した後窒素中で焼成し，焼成時間を変えることにより粒成長の程度を変化させる．得られた焼結体の微構造を走査型電子顕微鏡(SEM)により観察し，AlN粒子の大きさを測定し比較することによりAlNの粒成長を調べる．また，一度焼成したものをさらに異なる温度で熱処理することによりAlN焼結体の微構造の変化についても調べる．

図6.1-8に，1850℃で20h焼成して得られた液相量が7％および31％のAlN焼結体の微構造組織のSEM写真を示す．黒くみえる部分がAlNであり，白くみえる部分が液相(粒界相)である．AlN粒子は丸い形状を示し，液相に囲まれている様子が観察される．図6.1-9と図6.1-10にはAlN粒子の粒径と液相量との関係および粒径と時間との関係を示す．AlNの粒径は液相量の増加とともに減少する傾向を示し，また粒径の3乗がほぼ焼成時間に比例することがわかる．これらのことから，液相存在下でのAlNの粒成長は溶解・再析出機構で進み，その成長速度は溶解したAlN成分の液相中での拡散により律速されることが示唆される．

粒成長シミュレーションでは200×200格子からなる三方格子モデルを用いて行い，

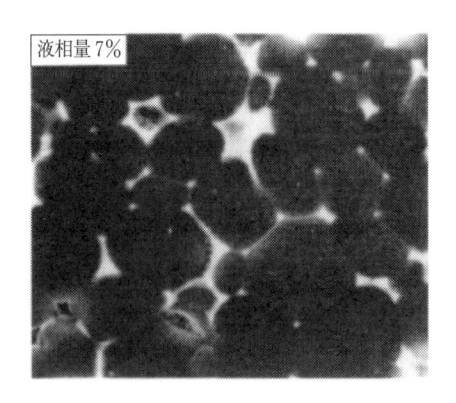

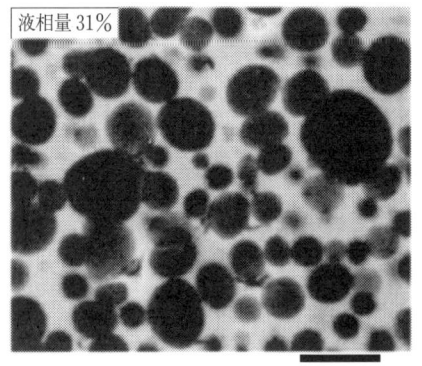

図6.1-8 AlN焼結体の微構造SEM写真(1850℃, 20h)

結晶方位は64種類とし，パラメータとして固相間の粒界エネルギー（γ_{ss}）と固相と液相間の界面エネルギー（γ_{sl}）および液相量（f_L）を考え，これらのパラメータを変えて計算を行う．固相間の格子の移動はPotts Modelのそれに準じて行い[8]，一方，液相中の固相格子の移動については，新たに固相粒子に到達するまでランダムに液相中を移動させる方法により行う[10]．また，異なった液相量でγ_{sl}とγ_{ss}の比の値を変化させて計算を行っている．

図6.1-11には，γ_{sl}/γ_{ss}の値を0.1として計算したときに得られた組織を示す．ここで，黒くみえる部分は固相を，白くみえる部分は液相を表す．この結果は図6.1-8でみられたAlN焼結体の微構造組織によく類似していることがわかる．また，計算で得られたこれらの組織について，固相粒子の粒径と液相量との関係を図6.1-12に示す．それによれば，液相量10％以上では粒径は液相量の増加とともに減少する傾向がみられる．図6.1-13は粒径の3乗とシミュレーションのステップ数との関係を示すが，きれいな比例関係がみられる．そして，図6.1-12および図6.1-13の結果がAlN焼結体で得られた結果と非常によく対応していることから，本シミュレーションがAlNの粒成長の様子をうまく表現できることがわかる．

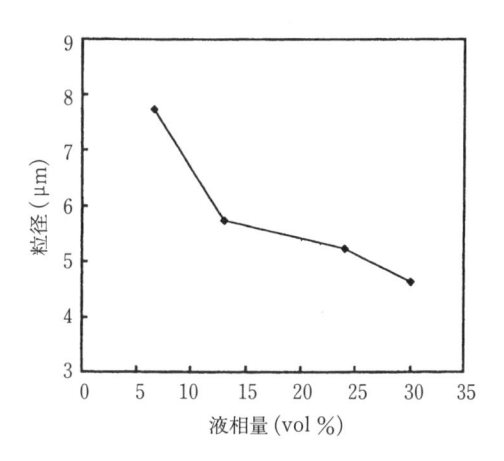

図6.1-9　AlNの粒径と液相量の関係

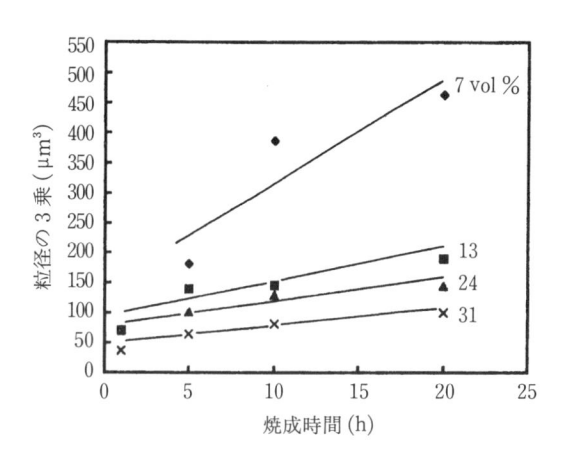

図6.1-10　AlNの粒径と焼成時間の関係

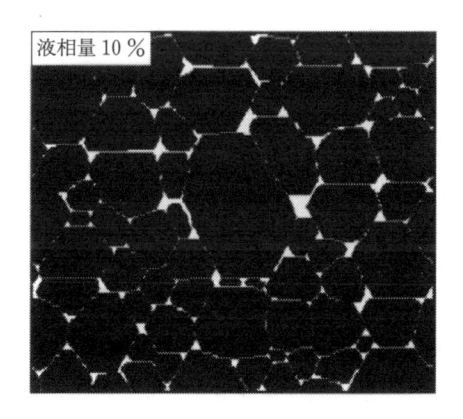

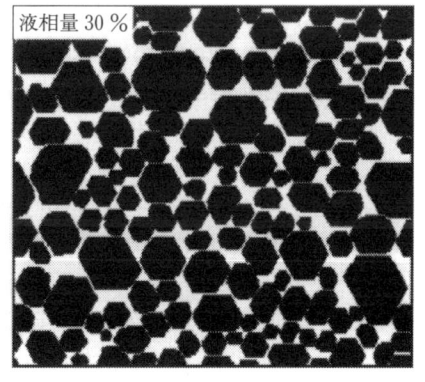

図6.1-11　シミュレーションにより得られた組織

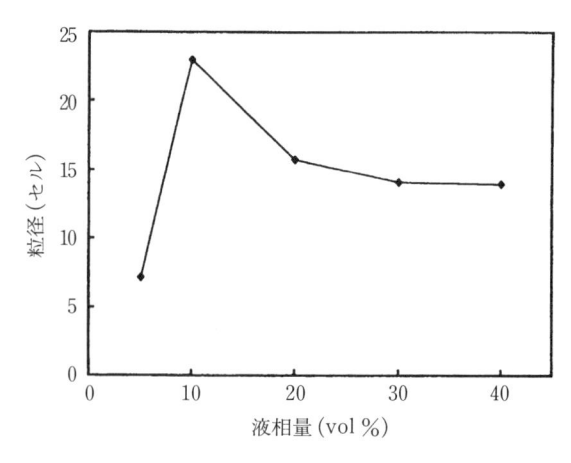

図 6.1-12　シミュレーションでの固相粒径と液相量の関係

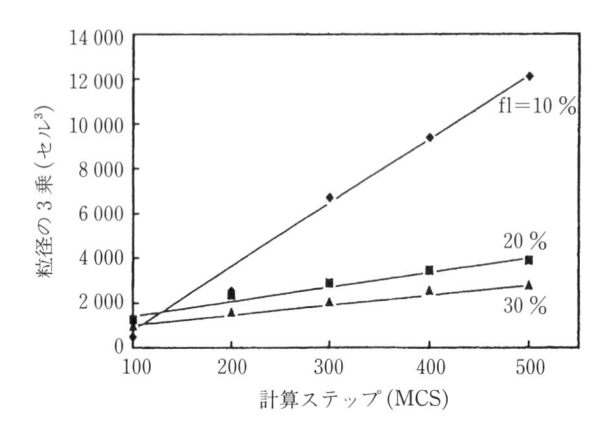

図 6.1-13　シミュレーションでの固相粒径と計算ステップ (MCS) の関係

(2) 熱処理による微構造変化

AlN 焼結体を焼成温度より低い温度で熱処理することにより，その微構造組織が著しく変化し，その結果熱拡散率が大幅に向上する[11]．すなわち，熱処理された焼結体はいずれの液相量においても熱処理前よりも熱拡散率が大きくなっている．熱処理された試料の組織を図 6.1-14 に示す．これらの結果からわかるように，液相量の少ない場合には，熱処理により液相は AlN 粒子の 3 重点に集まり，液相量の多い場合には AlN 粒子同士からなる界面の形成が進み，その結果，鎖状につながった AlN 粒子からなる特異な組織が形成される．熱処理による熱拡散率の向上は，図 6.1-14 の微構造組織からわかるように AlN 粒子同士からなる界面の生成が優先的におき，これを介して熱伝導がより起きやすくなったためであろうと考えられる[11]．

本シミュレーションによる組織設計の検討を行った[12]．熱処理により AlN 粒子間の界面の生成が優先的に起きていることから，シミュレーションでは γ_{sl}/γ_{ss} の値を先の粒成長で設定した 0.1 から大きく変化させて計算を行い，その結果，γ_{sl}/γ_{ss} 値が 0.5 をこえるときは固相間の界面の形成が進むことがわかる．図 6.1-15 に，γ_{sl}/γ_{ss} 値を 1.0 とし液相量の異なる場合での計算により得られた組織を示す．これらの計算においては，その初期組織としては γ_{sl}/γ_{ss} 値を 0.1 としたときに得られた組織を用いた．図 6.1-15 において，液相量の少ない系では液相は固相粒子の 3 重点に局在化

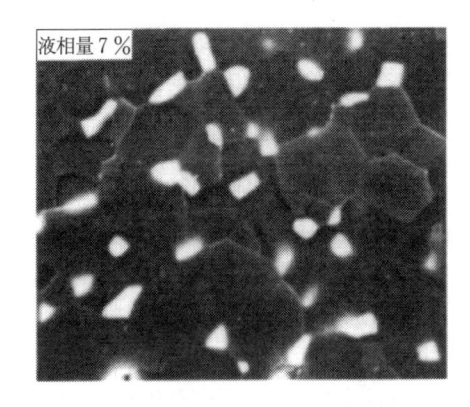

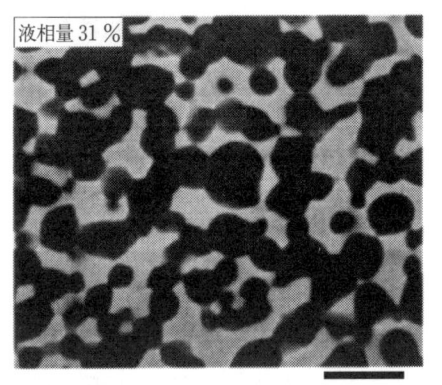

図 6.1-14　熱処理された AlN 焼結体の微構造 SEM 写真

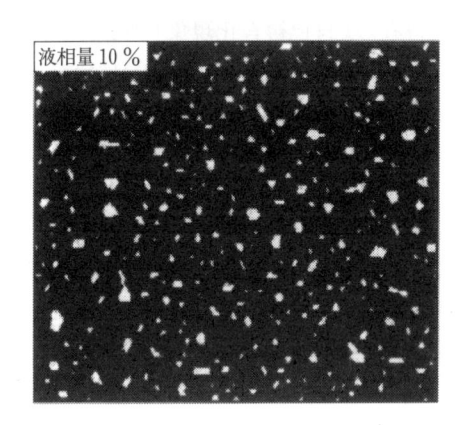

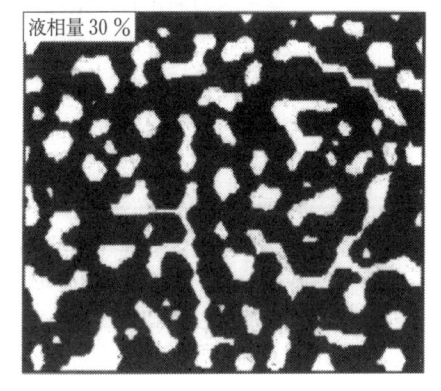

図 6.1-15　シミュレーションにより得られた組織

した組織を示しており，一方，液相の多い系では固相粒子間での界面の形成が進み固相粒子が鎖状につながった組織を形成している．これらの組織は，図 6.1-14 に示した熱処理された AlN 焼結体での微構造組織の特徴に非常によく対応していることがわかる．ここで，計算に用いた 1.0 という γ_{sl}/γ_{ss} 値についての妥当性をみるため，図 6.1-14 の液相量 31 % の試料について液相と AlN 粒子からなる二面角の測定を行い，下記の式から γ_{sl}/γ_{ss} の値を求め，シミュレーションで用いた値と比較検討する．ここで，θ は二面角を表す．

$2\gamma_{sl}\cos(\theta/2) = \gamma_{ss}$

$$\gamma_{sl}/\gamma_{ss} = [2\cos(\theta/2)]^{-1} \tag{6.1-3}$$

その結果，熱処理された AlN 焼結体から求まった二面角は平均 113.4°であり，これから求まる γ_{sl}/γ_{ss} は 0.91 となる[12]．シミュレーションで用いた 1.0 という値は，これにかなり近く，ほぼ妥当な値であると考えられる．以上のように，熱処理による AlN 焼結体の微構造変化についても，本シミュレーションはその組織変化をうまく表現することができると考えられる．

今後は，シミュレーションとモデル材料での結果についてさらに解析を進め，シミュレーションの評価を行っていくことが必要であろう．また，より複雑な粒子分散系での粒成長挙動とそれにともなう微構造組織についてのシミュレーションの可能性

の検討や，実材料組織を初期組織としてシミュレーションに取り込み，より実材料に近い組織でのシミュレーションの検討も今後の課題であると考えられる．

6.1.4 固液系における異方粒成長

　構造用セラミックスとして最も開発研究がなされている窒化ケイ素は，粒成長に強い異方性を有するうえに，粒界にシリカなどを主成分とする第2相が存在し，加えてその粒界相も二粒子粒界/多粒子粒界の二つの形で存在するなど，複雑な条件の下で粒成長が進行する．このため粒成長を解析的な計算のみで解くことは難しく，材料設計において実験・経験に依存する部分はまだ大きい．その意味で，窒化ケイ素をはじめとする複雑な材料系への粒成長シミュレーションの適用は材料設計の効率化に貢献でき，意義の大きいものである．

　ニーズの面からは窒化ケイ素特有の「自己複合化現象」の解析が待たれている．自己複合化とは焼成中に特定の粒子が優先的に成長して粗大な柱状粒子へと発達し，それら柱状粒子が微細なマトリックス中に適度な割合で分散した特有の構造を示す現象である．この現象自体はよく知られており，機械的特性が向上することから実用上も有用であるが，その機構に関してはいくつかの報告[13]~[15]があるのみで結論をみていない．粒成長シミュレーションは，①パラメータを自由にかつ独立に変更可能，②粒成長の過程を連続的に追跡でき必要なら時間をさかのぼっての観察も可能，などの特徴を有することから粒成長機構解明の手段としても有用である．

　Pottsモデル[16]~[18]をベースとした粒成長シミュレーションの報告はこれまでに多くあるが，窒化ケイ素を満足に取り扱えるモデルはまだ知られていない．比較的近い例としては粒子形状に異方性を有する系のシミュレーションがあり，特定の粒子が優先的に成長したとの計算結果も示されている[19],[20]．この種の計算では初期組織で一定割合の粒子を選び，それらに優先的に成長する条件を付与することで異常粒成長を表現しているが，現実の窒化ケイ素の粒成長挙動とはいくつかの合わない点がみられる．

　窒化ケイ素の粒成長のもう一つの特徴である液相の介在であるが，液相がある程度多くまた成長が等方的である系についてはOstwald成長としてすでに解析的に解かれている[21]~[24]．しかしながら，液相量が少なく近接粒子間の相互作用の影響が大きい系はOstwald成長としての取扱いからはずれてくるため注意が必要である．この点でモンテカルロ法のシミュレーションは有利と考えられる．なおPottsモデルによる液相を含む系のシミュレーションは，最近になって米国のTikareらも着手している[25],[26]．

　本項では，窒化ケイ素の粒成長挙動を的確に表現できる粒成長シミュレーション技術および自己複合化現象について述べる．

(1) 固液系における Si_3N_4 の異方粒成長

　窒化ケイ素の粒成長は上述のように複雑な環境の下で進行するため，そのような系の解析に有利なPottsモデルを出発点に選んでいる．Pottsモデルに液相の存在を取り入れることについては6.1.1および6.1.2で述べたとおりで，ここでは，さらに窒化ケイ素の粒成長の特徴である成長の異方性の影響について述べる．計算モデルおよ

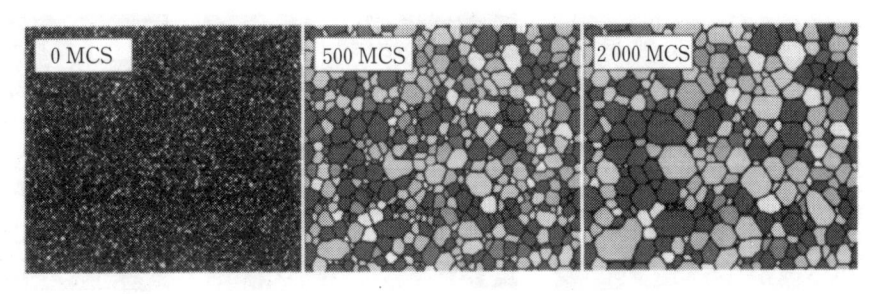

図 6.1-16　粒子が等方的に成長する場合の計算例（液相量は 10%）

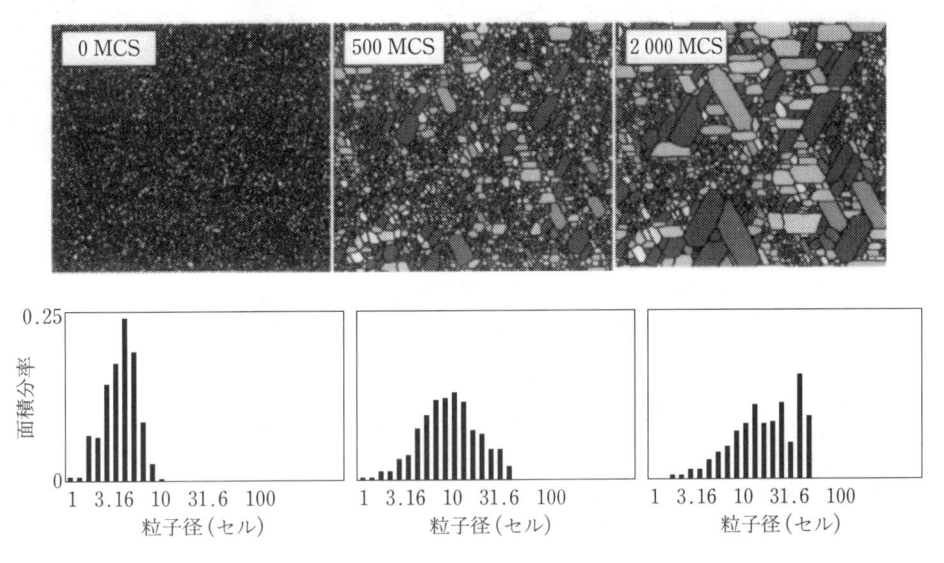

図 6.1-17　成長に異方性を導入した場合の計算結果と粒径分布

びアルゴリズムの詳細については文献[27]を参照されたい．

　図 6.1-16 および図 6.1-17 に粒成長の異方性が組織の発達にどのように影響しているかを示す．異方性を付与すると粒子の形状が等方的から棒状へと変化するのは当然であるが，同時に粒径分布に著しい変化がみられる．成長が等方的である場合は粒径がそろっているのに対し，異方性を導入した場合は粒径分布は広がり，窒化ケイ素の自己複合化組織と似た微細な粒子からなるマトリックス中に柱状の粗大粒子が分散した組織となる．この計算結果は，特定粒子にあらかじめ優先成長の条件を与えなくとも粒径分布の二極分化を表現できた点で重要な意義を有する．

　このように粒成長の異方性が自己複合化に関与していることは明らかである．一方で単に異方性を与えただけでは粒径分布の二極分化は起こらないことが報告されており[19]，液相の存在も重要な役割を果たしていると考えられる．そこで液相の量を細かく変えながら組織の発達の違いを調べ，その結果を図 6.1-18 に示す．液相量が少ない (2.5～5%)，あるいは過剰な場合（およそ 15% 以上）は均一な組織となるが，その中間 (7.5～12.5%) で粒径の二極分化が起こることがわかる．さらに，本シミュレーションの妥当性を検討するため，助剤量および焼成時間を変えたモデル材料を作製し粒径の定量を行った．その結果，助剤量（シミュレーションでは液相量）の多寡に対しても，また焼成時間の長短に対しても，シミュレーション上の粒成長と矛盾な

図 6.1-18 液相量による組織発達の違い(いずれも2 000 MCS時点での組織)

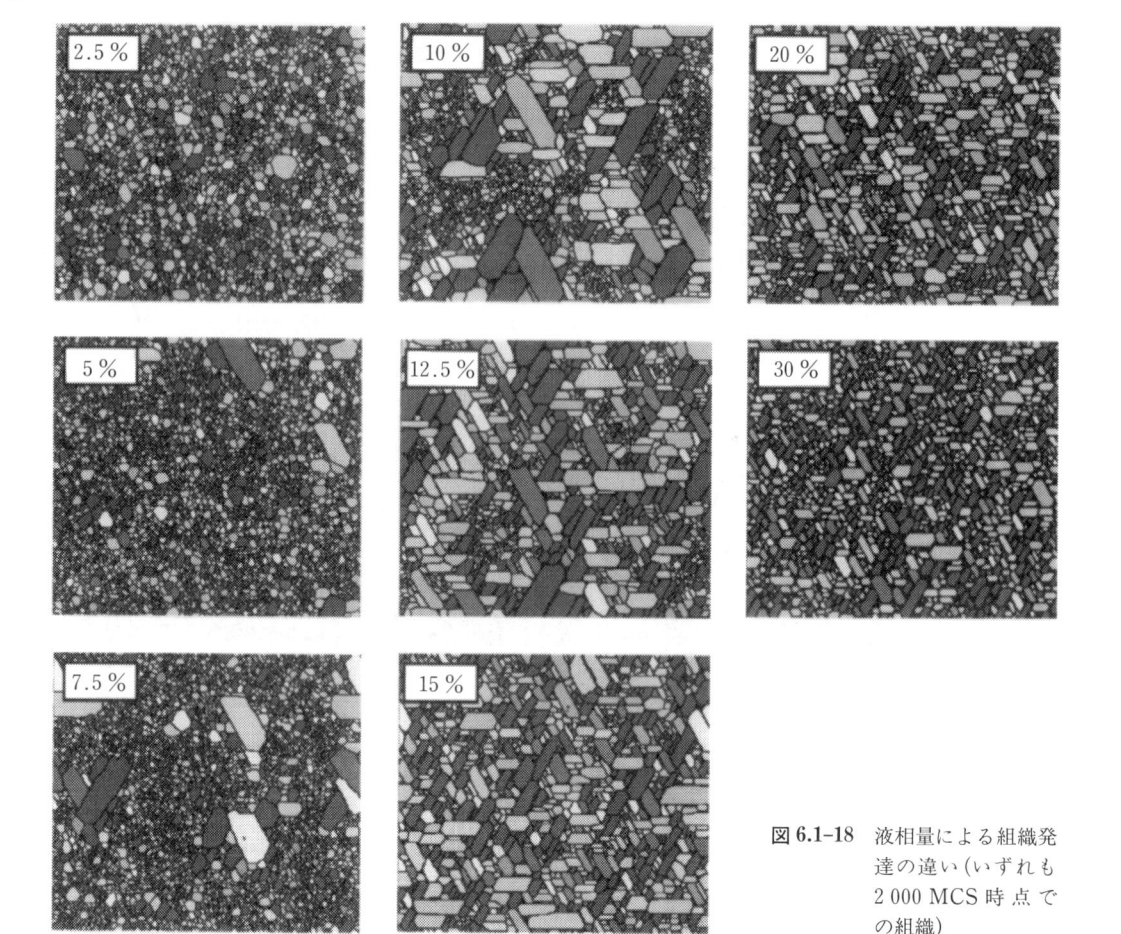

く対応をつけることができた.

シミュレーション/実材料において特定の粒子が優先的に成長する機構については,図 6.1-19 に示すように粒子の成長にともなう液相(粒界相)の集散とそれによる成長の加速/減速を仮説として考えている[27]. 図 6.1-20 には本シミュレーションを新規構造用材料の組織予測に適用した一例を示す. 配向制御材料を例としているが,初期組織に添加した少量の棒状の粒子により最終的に組織全体を制御できていることがわかる. 新しい構造を有する材料のプロセスの予備検討などにおいて本シミュレーションの有用性は特に大きい.

今後の課題としては以下のものがあげられる.
① 計算で用いるパラメータが相対値であるため, 結果を現実の世界に翻訳する過程で任意性が入り込む. 任意性に起因する不確かさをできる限り除去し, シミュレーションを安心して使えるツールに高める取組みが必要である.
② 計算機の能力の関係から組織の表現精度に限界がある. 特に本シミュレーションでは, 粗大な粒子と微細な粒子, 多粒子粒界と二粒子粒界などのサイズの比率の実材料との乖離が生じている. 改良には計算機の能力の進歩を待たねばならない.

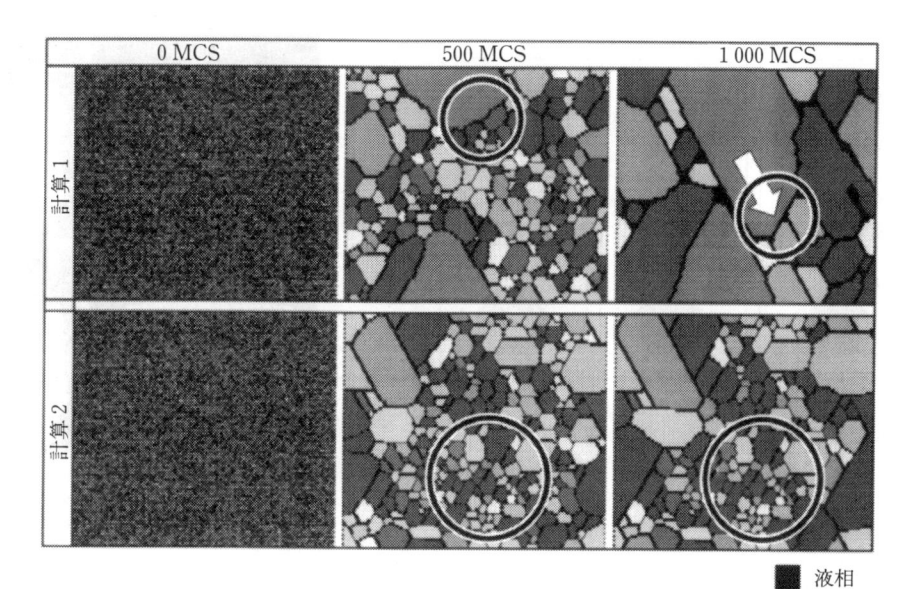

図 6.1-19　特定粒子の優先的成長の端緒

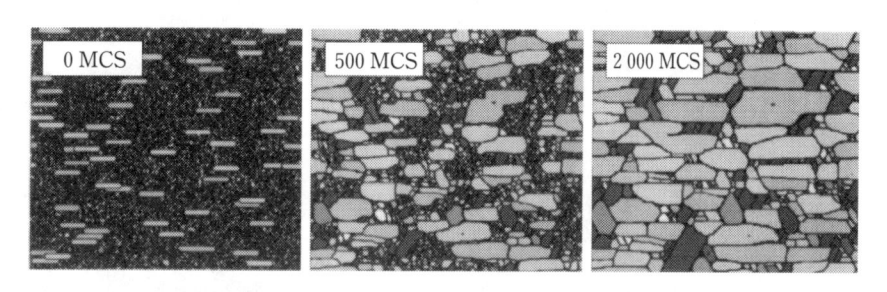

図 6.1-20　配向制御材料の組織発達の計算例

6.1.5　焼結過程

　粉末粒子の焼結現象(過程)は，言うまでもなくセラミックス系材料の最も基本的でかつ広範に実用されている組織形成過程である．焼結過程の駆動力は表面エネルギーの減少であり，固相系の粒成長における粒界エネルギーの減少や固液系の粒成長における界面エネルギーの減少と同様に MC 法の適用が可能である．そして，これまでの焼結の理論研究ではほとんど取り扱うことが不可能であった粒成長過程をともなった焼結過程を MC シミュレーションより設計することができる．本項では，まず固相焼結の基本過程(粒成長をともなう2粒子の焼結)，単相多粒子(多結晶体)の焼結，分散粒子効果(分散粒子も成長)のシミュレーション結果を述べ，次に液相存在下の焼結(いわゆる液相焼結)についての基本過程および固相系の粒成長を伴う液相焼結シミュレーション結果について述べる．

(1)　固相焼結

　図 6.1-21 に2粒子間の焼結シミュレーションの結果を3つの場合について示す[28]~[30]．(a)は2粒子間の大きさが同じでかつ粒界が存在しない(例えばガラスの焼結)，(b)は大きさは同じであるが粒界が存在する場合，(c)は大きさも異なり粒界も

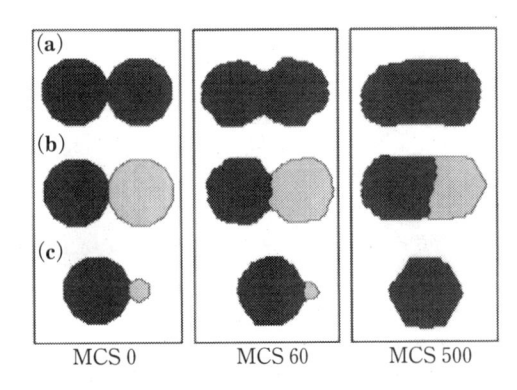

図 6.1-21 2粒子間の固相焼結のシミュレーション．(a) 2粒子間の大きさが同じ，粒界なし，(b) 大きさは同じ，粒界が存在，(c) 大きさが異なり，粒界も存在．

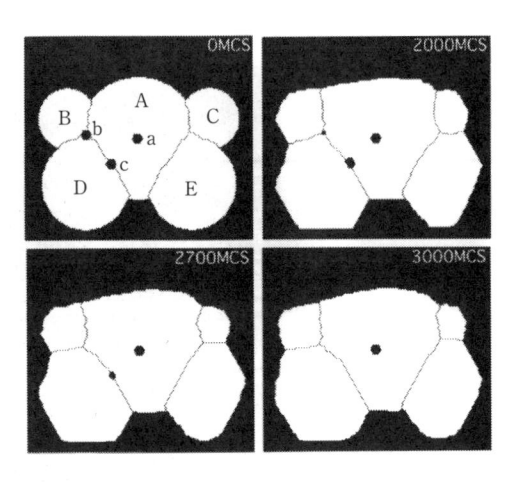

図 6.1-22 焼結後期におけるポアと粒成長との相互作用のシミュレーション結果

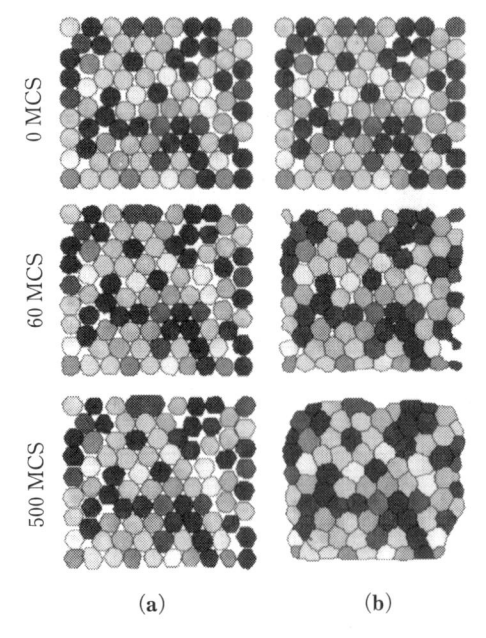

図 6.1-23 多粒子の固相焼結シミュレーション．(a) $\gamma_{sv}/\gamma_{ss}=0.5$, (b) $\gamma_{sv}/\gamma_{ss}=2$

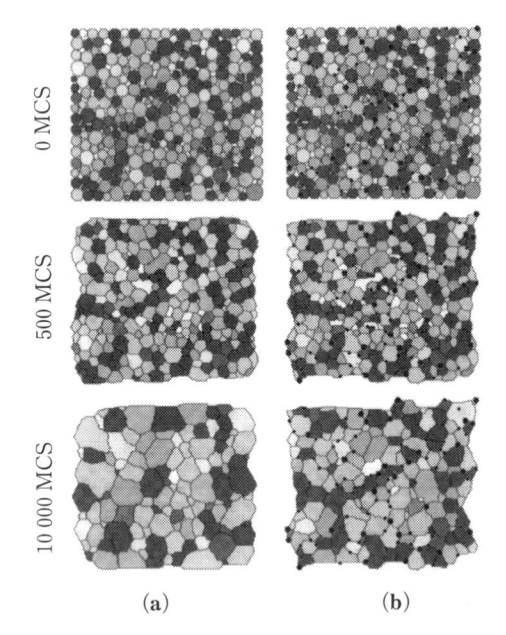

図 6.1-24 粒径分布をもった多粒子のシミュレーション結果．(a) 単相，(b) 分散粒子を含む2相

存在する場合である．いずれの場合も，計算ステップ (MCS) とともにネックの成長と2粒子間の接近 (収縮) による焼結が進行することがわかる．そしてこのシミュレーションでは，(c) に示されるように焼結とともに粒成長が生じる (しかも初期段階から) ことが示されている．

図 6.1-22 に焼結後期において特に重要となるポアと粒成長との相互作用をシミュレーションした結果を示す[28)~30)]．ポアの存在場所として，粒内 (a)，粒界3重点 (b)，粒界 (c) が設定されており，また左側の粒子 (B, D) に対して右側の粒子 (C, E) は粒界上にポアは存在しない形で設定されている．まずポアの収縮についてみると，3重点にあったポアが最初に消滅し，次に粒界上のポアが消滅するが，粒内のポアはほと

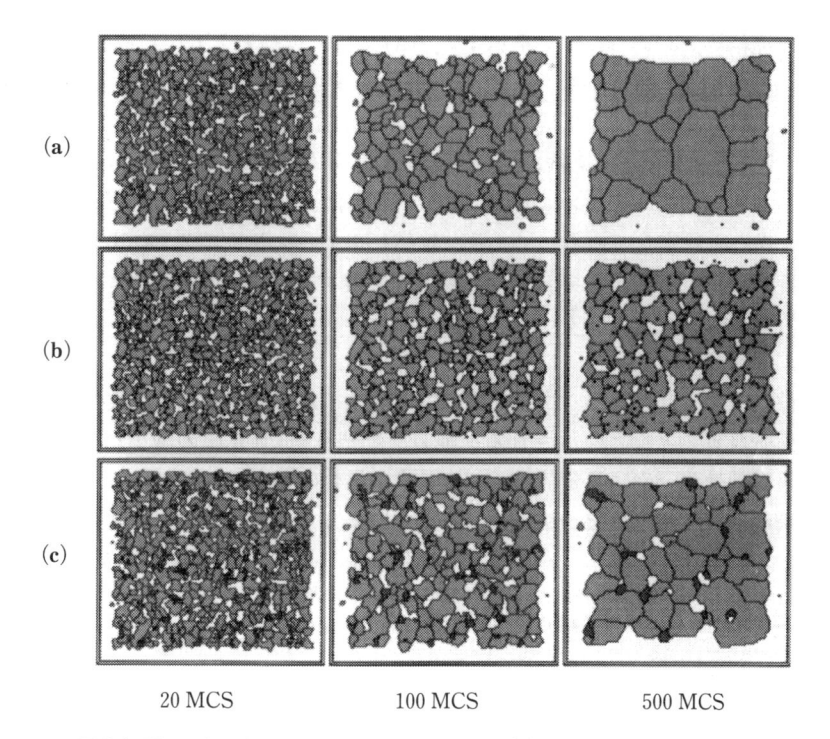

図 6.1-25 固相焼結のシミュレーション結果.（a） 単相，（b） 固相1＋固相2,固相2は成長しない場合，（c） 固相1＋固相2, 固相2は成長する場合.固相2およびポア（初期組織）の分率は4, 25 %. 計算格子サイズは100×100

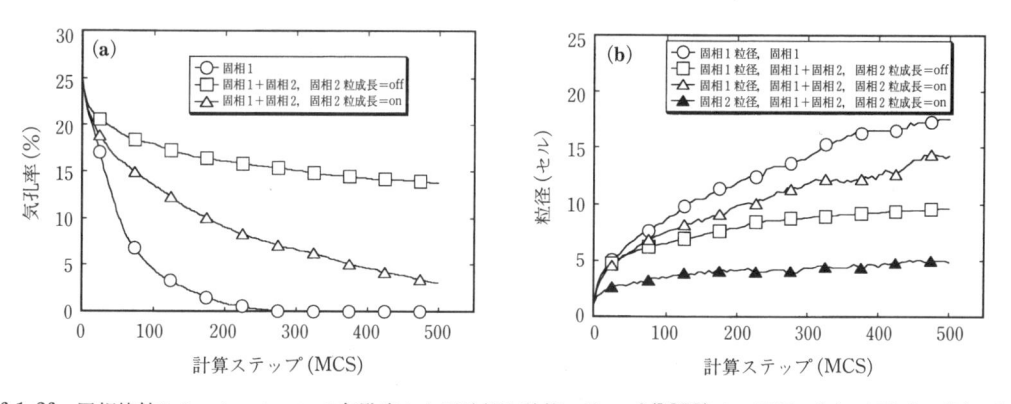

図 6.1-26 固相焼結シミュレーションの気孔率および粒径と計算ステップ(MCS)との関係.（a） 気孔率，（b） 粒径

んど収縮しない．次に左右に配置した粒界の移動に注目すると，ポアの存在しない粒界の方が移動しやすくなっていることがわかる．つまり，このシミュレーションではポア収縮と粒界移動の相互作用が表現されている．

図 6.1-23 に多粒子からなる系についての焼結シミュレーションを示す．表面エネルギーと粒界エネルギーの比 (γ_{SV}/γ_{SS}) を，(a), (b) でそれぞれ 0.5, 2 に設定している．(a) では焼結が生じない（このエネルギー関係は焼結してもエネルギーが減少しない）のに対して，(b) では焼結が生じるが粒成長はあまり生じない（初期粒径が均一なため）などが示されている．

図 6.1-24 に粒径分布を持った初期組織 (a) と，これに分散粒子を含ませた組織 (b)

の焼結シミュレーションを示す[31]．(a) では，焼結とともに粒成長がかなり活発に生じていることがわかる．(b) では，分散粒子の効果によって粒成長が抑えられ微粒組織が得られるほか，焼結(ポアの消滅)も遅滞することなども示されている．

図 6.1-25 に固相焼結における分散粒子効果をシミュレーションした結果を示す．このシミュレーションにおいては，ポアの消滅は固相1では生じるが，固相2では生じないと設定している．つまり，焼結しやすいマトリックスに比べて，焼結しにくい分散粒子を添加した場合の焼結現象を意味する．図 6.1-26 では気孔率および粒径の時間変化を定量化している．

これらの結果より，以下のことがわかる．まず，粒成長の現象はすでに示した固相粒成長の場合と同様の現象，例えば分散粒子効果は分散粒子が成長する場合の方が緩和されることなどが示される．他方，焼結挙動(気孔率の減少)は，分散粒子による阻害効果が，やはり分散粒子が成長する場合の方が緩和されるという結果が得られている．これは分散粒子が成長することによって，分散粒子と隣り合うポア格子が減少し(相対的にマトリックス相と隣り合うポア格子が増加)，その結果として焼結阻害効果が減少したと理解できる．

(2) 液相焼結

図 6.1-27 に，液相が存在する焼結過程のシミュレーションを2固相粒子と液相(中央の粒子)の場合について示す．液相焼結はエネルギー関係や物質移動機構が固相焼結に比べて複雑である．このシミュレーションでは，液相が固相にぬれていく過程と固相粒子が再配列する過程を同時に表現している[28)~30]．

図 6.1-28 に，液相の量を 5，10，20，50％ の4種に変化させた場合のシミュレーション結果を計算ステップ(MCS)を関数にして示す．他の計算条件は以下に示すとおりである．まず初期組織は，固相，液相(最初は粒子状に配置)のいずれも平均粒径(直径)は4セルとし，ポア量(気孔率，外周の空間は含めない)は30％ と一定としている．エネルギー因子としては，固相粒界エネルギー(γ_{SS})=1，固相表面エネルギー(γ_{SV})=2，固相/液相界面エネルギー(γ_{SL})=0.3，液相表面エネルギー(γ_{LV})=1.5

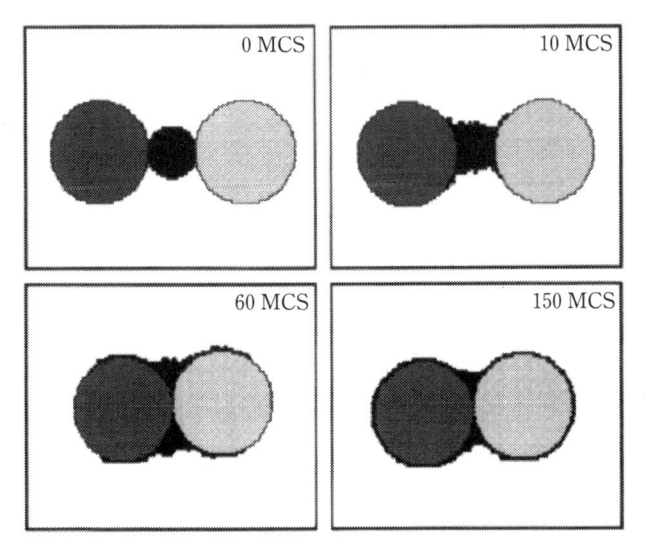

図 6.1-27 液相が存在する焼結過程のシミュレーション

と一定にしている．物質移動因子としては，液相焼結によるポア消滅，ポア移動の頻度因子，Ostwald 成長（拡散律速型，epi-type），マトリックス成長（epi-type）の頻度因子は，それぞれ，0.1, 0.9, 0.2, 0.01 と一定に保ち，また固相に隣接したポア格子は消滅も移動も起こらないように設定している．

シミュレーション結果をみると，いずれの場合にも計算ステップ（MCS）の増加と焼結が進行するとともに，固相が成長することが示される．液相量が多くなるにつれて，同じ MCS で比較すると，ポアが残留しにくくなること，すなわち焼結が促進されることがわかる．さらには，固相粒子の成長は，液相量が 20％ までは多くなるほど活発となるが，50％ になると粒成長は起こりにくくなることがわかる．これは，はじめは液相による焼結促進で Ostwald 成長が起こりやすくなるが，焼結が十分で液相の距離が大きくなると拡散距離の増加によって Ostwald 成長が起こりにくくなるためである．

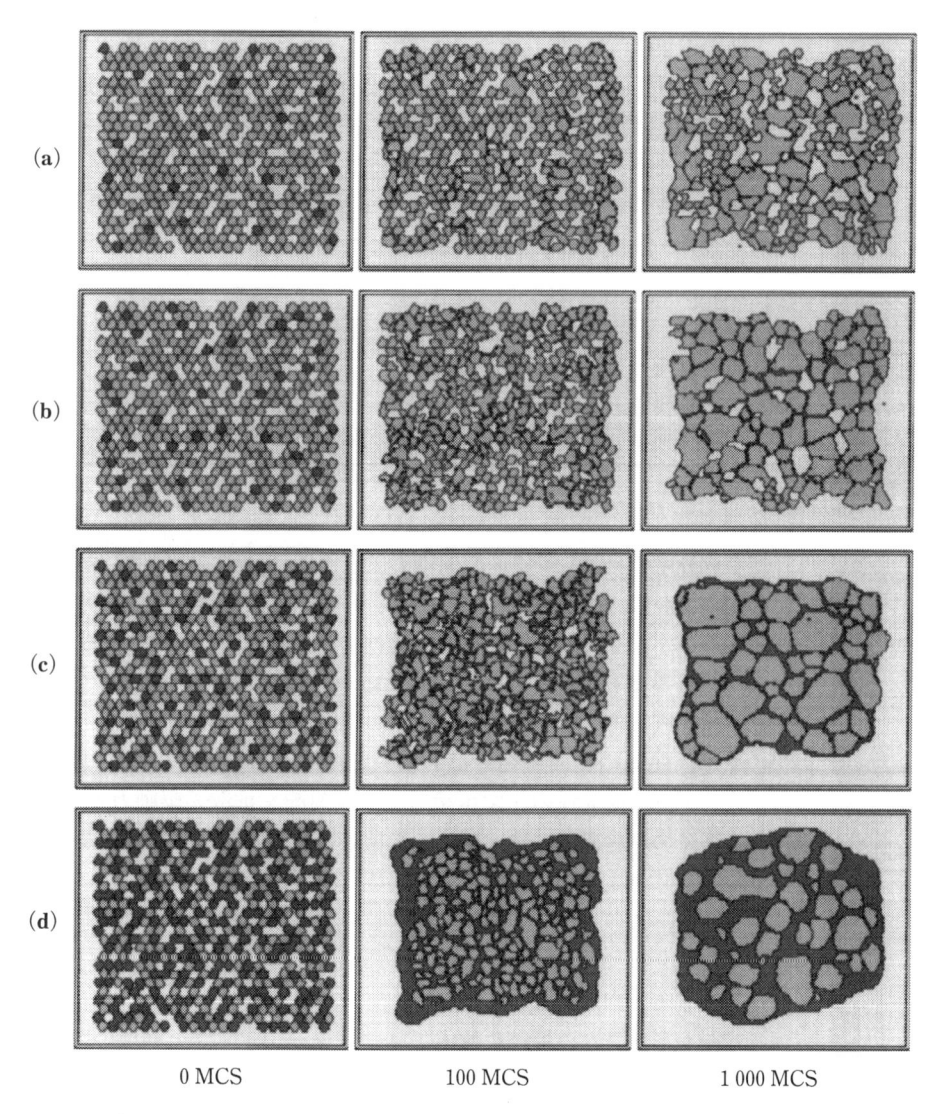

図 6.1-28　液相が存在する固相粒子系の焼結（液相焼結）のシミュレーションの結果．液相の量を (a) 5，(b) 10，(c) 20，(d) 50％ の 4 種に変化

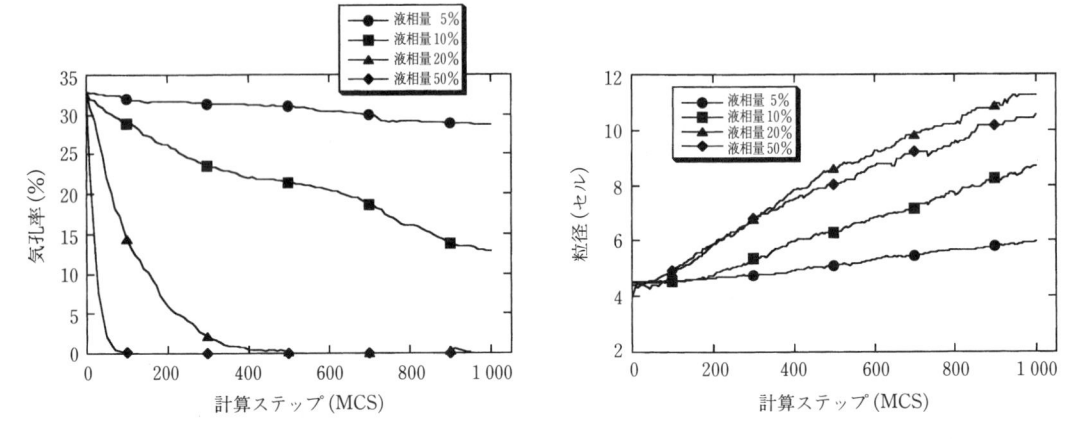

図 6.1-29　液相焼結・粒成長シミュレーションの気孔率と粒径の変化におよぼす液相量の影響

　図 6.1-29 には，気孔率および固相粒子の粒径を計算ステップ (MCS) を関数としてグラフ化した結果を示す．液相量が増加するほど焼結現象が促進されることや，20％液相で粒成長が最も活発となることが定量的に示されている．このような液相焼結・粒成長シミュレーションを用いて，液相を含む系の焼結から粒成長までの複雑な組織形成過程を，初期組織，エネルギー，物質移動などに関する因子との関係から，設計・解析することが可能となったといえる．

　今後は，3次元シミュレーションへの展開や実用材料 (多孔体，粒子接触構造など) の設計技術としての適用が期待され，これと同時に速度論的な考察や実験による検証などが必要である．

6.1.6　化合物形成過程

　多成分系のセラミックスの組織形成過程では，焼結や粒成長といった基本的な物質移動のほかに，異相間の反応による新しい相の生成や成分の不均一性に起因する組成変化等が，相互あるいは連続的に進行する．固体間の反応による相変化のなかで最も単純で重要なものとしては，加成反応 (A＋B＝AB，以後 AB を C とする) があげられる．加成反応の多くは生成物相中の反応物成分の拡散が律速となることが多い．そのため，従来の理論研究ではおおむね単一の拡散機構による取扱いが中心であった[32]．また，拡散種の化学ポテンシャル勾配を拡散の駆動力としてとらえたとしても，多くの理論研究では，最終的な結果として反応の度合いを表す平均値あるいはそれに類似した表現がなされてきた[33),34)]．

　しかし，このような理論研究では粒界や異相界面等を含む複雑な組織における加成反応を取り扱うことは困難である．加成反応は熱力学的には系全体の自由エネルギーが減少する方向に進むことから[33),34)]，異相界面や粒界エネルギーの減少する方向に微細組織が形成される焼結や粒成長シミュレーション[35)]と同様の取扱いが可能であり，加成反応による組織形成過程のシミュレーション手法を開発するのに有用であると考えられる．本項では，加成反応によるミクロレベルの組織形成過程を，エネルギー減少の確率過程に基づいてシミュレーションする手法を提案するとともに，組織形成に

およぼす反応の駆動力や反応物粒子の初期配置効果を解析する[36]．

(1) 計算方法

計算格子には2次元の3角格子(200×200)を用いる．この計算格子上において，各格子に4種のラベル[A，B，C，空隙(ポア)]を割り当てて初期組織を表現する．本シミュレーションでは，生成物相の形成は最初に反応物界面(AB界面)において進行する．生成物相との間に新しく2つの異相界面(A-C，B-C界面)が形成された後は，反応物は生成物相中をランダムウォークし(一定の確率)，もう一方の反応物に到達したときに反応が進行するものと考える．これにより，生成物相を介した反応物成分の相互の体積拡散を表現する．また，生成物形成にともなうエネルギー変化(ΔG)は，バルクのエネルギー変化(Δg_v)と異相界面や粒界におけるエネルギー変化(Δg_i)の和であり，$\Delta G \leq 0$のときのみ上記試行を成立させる．また，反応の駆動力は，異相界面や粒界のエネルギーJ_iとΔg_vの関数により表現し，$D_F = -\Delta g_v / J_i$が大であるほど反応の駆動力が大であることを示す．

(2) 化合物形成過程シミュレーション

多粒子組織における化合物の形成過程を図6.1-30に示す．反応の駆動力が大のときは，すべての反応界面において一斉に化合物が生成するため，計算初期に反応物界面が完全に埋めつくされ，その後は生成物相を介した成長が進行する．一方，反応の駆動力が小のときは反応物の粒界と界面の接点のみ生成物が形成する．図6.1-30に示す形成過程を詳細に観察すると，反応物界面間のなす角度が小さい部分において優先的に生成物粒子が形成され，その後，これらの粒子が反応物界面に沿って成長することがわかる．この計算結果は，反応の駆動力が小さく反応しにくい材料系の場合には，反応物粒子を微細にし粒界・界面の接点数を増大させることで(たとえ反応物界面面積一定でも)反応性を向上させることが可能であることを示している．これらの初期組織を用いて種々の反応の駆動力で計算したときの反応率(α)とステップ数

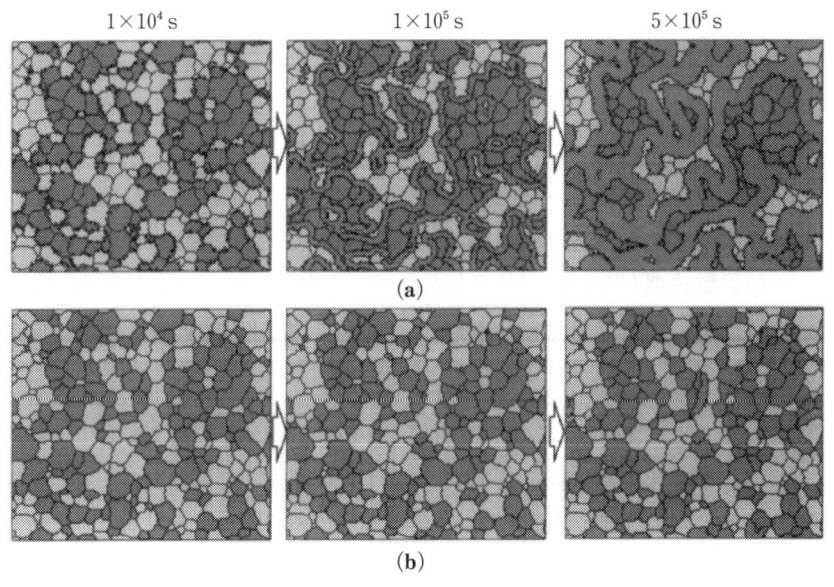

図 6.1-30 化合物形成に及ぼす反応の駆動力の影響．(**a**) 駆動力大 $D_F = 4$，(**b**) 駆動力小 $D_F = 1.7$

(時間に相当)の関係を図6.1-31に示す．反応の駆動力が大であるとき，αはステップ数の増加にともない急激に増大するが，あるステップ数以上になるとその増加率は減少していく．また，αは反応の駆動力の減少にともない急激に低下し，特に計算初期において生成物が形成しない潜伏期間が反応の駆動力低下にともない長くなるのが認められる．核生成と成長を議論するうえで，Johnson, Mehl, Avrami (JMA) により導出された次式[37]は，様々な固相反応の速度論に拡張できる．

$$\alpha = 1 - \exp(-k \cdot t^n) \quad (6.1\text{-}4)$$

図 6.1-31 反応率 α の時間変化

ここで，αは反応率，tは反応時間，kは定数であり核生成の頻度に依存する．すなわち，JMA式の両辺の対数をとり，左辺と$\ln t$をプロットしたものの勾配から求めたnを用いて，固相反応の反応機構を解析することができる．本シミュレーションの計算ステップが実際の反応時間

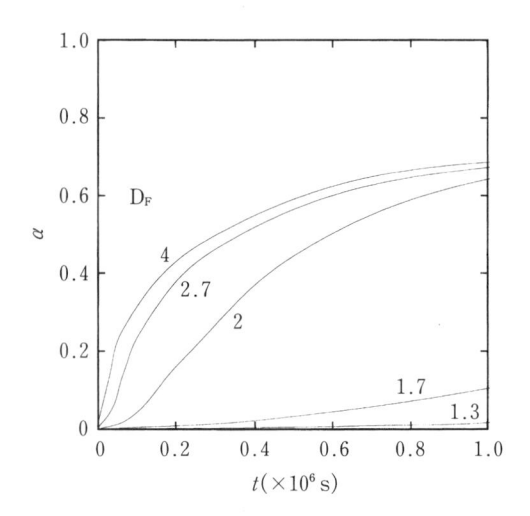

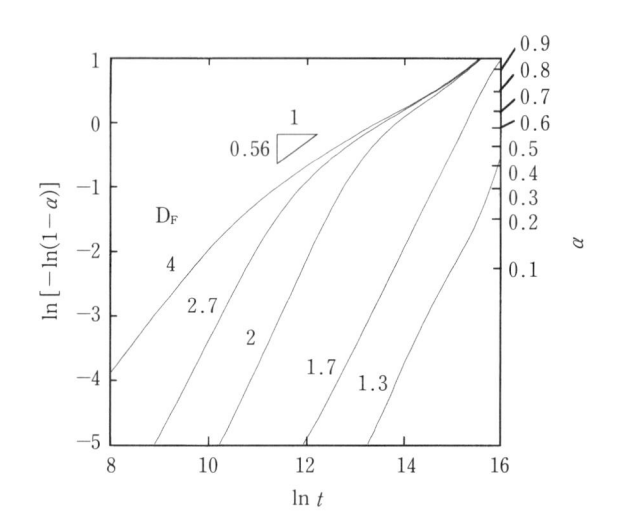

図 6.1-32 $\ln[-\ln(1-\alpha)]$ と $\ln t$ の関係

に対応するものと仮定して，この動力学的解析を図 6.1-31 のデータを用いて行った結果を図 6.1-32 に示す．反応の駆動力が大で高 α の場合，すなわち反応物界面 (A-B界面) が生成物相により完全に覆いつくされ生成物相を介した反応のみが進行している場合，n 値は 0.56 に近づく．このことは，反応が2次元 Jander Type の拡散律速 (界面減少型) にしたがうことを示唆している．また，反応の駆動力が大のとき，時間の経過にともないプロットの傾きが変化するのは，A-B 界面が生成物相により完全に埋めつくされ，反応が上記の拡散律速に移行するからである．

　本シミュレーションでは緻密質の微細組織を対象としたが，固体間の反応は一般に緻密化挙動と同時に進行する．これに焼結・粒成長シミュレーションを組み合わせることで，緻密化をともなう微細組織中の反応をも取り扱うことが可能となり，より複雑な組織形成過程を表現することができるものと期待される．

6.1.7 き裂進展過程

セラミックスのき裂の微視的進展は，結晶粒界，異相界面あるいは結晶内の劈開面等の微細組織に強く依存することが知られている[38]．セラミックスのき裂伝播と微細組織との関係を理論解析した従来研究[39],[40]では，組織を単純化したモデルを用いて，微視的破壊に対する構造因子(粒界/粒内の破面形成エネルギー，結晶粒子サイズ等)の効果等を推定している．しかし，これらの手法では微視的破壊抵抗等の材料特性を効果的に発現するための組織を，その形成過程を反映させて予測することは困難であった．

最近，粒成長のモンテカルロ(MC)シミュレーションで得た組織を用いて単相多結晶体の微視的破壊をシミュレーションした研究が報告された[41]．そこでは，格子点間を弾性バネで結合したモデルを導入することにより，熱膨張異方性によって誘起される微小き裂と組織学的因子との関係を解析することに成功している．このような手法は，単相多結晶体だけでなく，より複雑な組織，例えば分散粒子を含む複相組織等におけるき裂伝播経路の解析に適用することが可能と考えられる．

本項では，粒成長のMCシミュレーションにより設計した組織を用いて，破面形成エネルギーの観点から微視的き裂伝播をモデル化し，き裂伝播経路におよぼす構造因子の効果を解析する[42]．

(1) 計算方法[42]

本シミュレーションは，MC法(2次元3角格子)を用いて設計された組織上においてき裂を伝播させることを特徴とする．計算のアルゴリズムは，初期き裂先端の格子セルに隣接する前方の3格子セルのうち，破面形成エネルギーの最小となる格子上をき裂が進展するように設定する．すなわち，粒子分散組織の場合は，マトリックス粒内(非劈開面，劈開面)，マトリックス粒界，マトリックス/分散粒子界面，分散粒子内，のいずれかをき裂が進展する．

(2) き裂進展過程シミュレーション

単相組織のき裂伝播経路のシミュレーション結果を図6.1-33に示す．ここで，γは単位長さ当りの破面形成エネルギーであり，母相粒子内の劈開面を進むときはγ_m^c，非劈開面のときはγ_m^0，母相粒界のときはγ_{mm}である．粒界の破面形成エネルギーが劈開面のそれに比べて非常に小さい場合($\gamma_{mm}=0.3$)，微細粒子からなる組織では粒界を優先的にき裂が進展するが，結晶粒子径(R)の増加にともない粒内をき裂が伝播する傾向が認められる．また，Rの増加にともないき裂は大きく偏向することがわかる．一方，$\gamma_{mm}=0.6$の場合，き裂は低γ_{mm}のときと同様にRの増加にともない粒内を進展するが，その傾向は低γ_{mm}のときよりも顕著である．

き裂伝播経路におよぼす微細組織の影響を，粒内破壊率，き裂長さ比，有効破壊エネルギーを用いて半定量的に解析した結果を表6.1-1に示す．ここで，粒内破壊率とはき裂長さL_0(現実にはき裂面積に相当)に対する粒子内を伝播したき裂長さL_Tの比を示す．また，き裂長さ比とは伝播したき裂のX軸方向(引張応力に対して垂直方向)の投影長さX_Pに対するL_0の比のことであり，き裂長さ比が1より大である

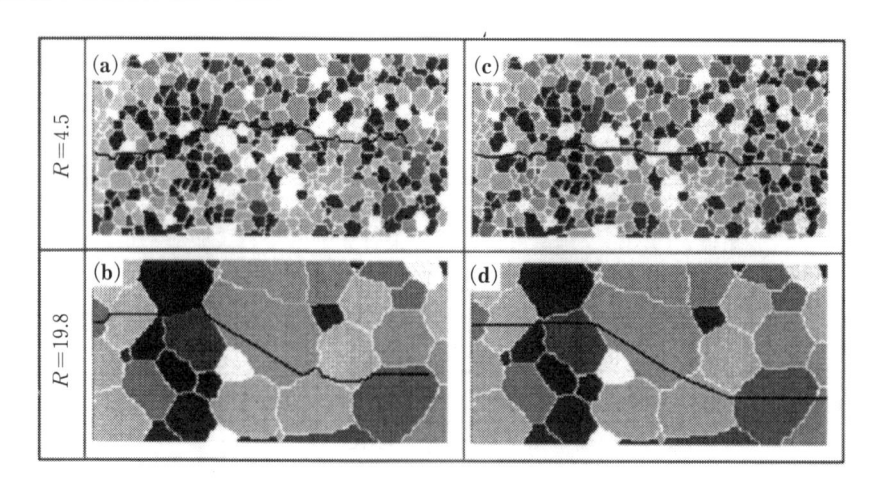

図 6.1-33 単相組織中のき裂伝播経路におよぼす結晶粒子径と破壊エネルギーの影響．(a), (b) は $\gamma_m^0=1$, $\gamma_m^c=0.7$, $\gamma_{mm}=0.3$, (c), (d) は $\gamma_m^0=1$, $\gamma_m^c=0.7$, $\gamma_{mm}=0.6$

表 6.1-1 き裂伝播経路のシミュレーション結果一覧

γ_m^0	γ_m^c	γ_{mm}	γ_{mp}	γ_p^0	平均粒子径 R	粒内破壊率 L_T/L_0	き裂長さ比 L_0/X_P	有効破壊エネルギー g_c
1	0.7	0.3	—	—	4.6	0.28	1.18	0.75
					19.8	0.70	1.12	0.99
1	0.7	0.6	—	—	4.4	0.72	1.04	0.97
					19.8	0.96	1.07	1.05
1	0.7	0.3	0.1	2	4.4	0.29	1.17	0.71
					13.4	0.59	1.15	0.90
1	0.7	0.3	0.65	2	4.4	0.37	1.15	0.81
					13.4	0.69	1.13	1.02

ほど き裂長さも大であることを示す．有効破壊エネルギーとは，き裂がある位置 (X_P) まで到達するのに要する破面形成エネルギーの積算値を X_P で除した値であり，き裂が 1 格子分伝播するのに要する値を示す．低 γ_{mm} の場合，結晶粒子径の増加にともない粒内破壊率が増大するが，き裂長さ比はわずかに減少する．これは，結晶粒子径の増加にともない粒界密度が減少するからであると考えられる．また，結晶粒子径の増加にともない有効破壊エネルギーも増大する．このことは，粒内破壊率の増加にともなう有効破壊エネルギーの増大作用の方が，き裂長さ比のわずかな減少にともなう有効破壊エネルギーの減少作用よりも大であることを示す．一方，高 γ_{mm} の場合，微細粒，粗大粒ともに，低 γ_{mm} のときに比べて粒内破壊率は大となり，逆にき裂長さ比は小になる．有効破壊エネルギーも粒内破壊率が増加するためにさらに大きくなる．

分散粒子を含む組織についてシミュレーションした結果を図 6.1-34 に示す．ここで，母相中のき裂伝播条件は図 6.1-33 の低 γ_{mm} を有する単相組織のときと同じであり，分散粒子の破面形成エネルギー (γ_p^0) は母相の非劈開面のそれ (γ_m^0) よりも大である場合を考える ($\gamma_p^0=2$, $\gamma_m^0=1$)．$\gamma_{mp}<\gamma_{mm}$ の場合 [図 6.1-34 (a), (b)]，母相粒子が小さいときは単相組織のときと同様にき裂は母相粒界あるいは界面を優先的に伝播するが，母相粒子径が大きくなると母相粒子内をき裂が伝播する傾向が認められる．表

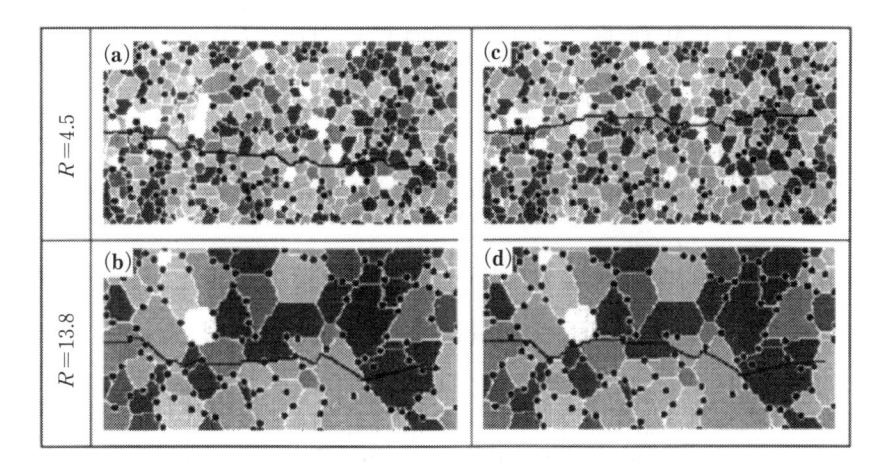

図 6.1-34 粒子分散組織中（分散粒子 5 ％）のき裂伝播経路におよぼす結晶粒子径と破壊エネルギーの影響．(a), (b) は $\gamma_m^0=1$, $\gamma_m^c=0.7$, $\gamma_{mm}=0.3$, $\gamma_{mp}=0.1$, $\gamma_p^0=2$, (c), (d) は $\gamma_m^0=1$, $\gamma_m^c=0.7$, $\gamma_{mm}=0.3$, $\gamma_{mp}=0.65$, $\gamma_p^0=2$

6.1-1 より，母相粒子径が同程度で $\gamma_{mp}<\gamma_{mm}$ のときには，粒内破壊率，き裂長さ比，有効破壊エネルギーは分散粒子の有無にかかわらずほぼ同じであることから，この条件では微視的破壊におよぼす分散粒子の効果は非常に小さいものと考えられる．$\gamma_{mp}>\gamma_{mm}$ の場合［(図 6.1-34 (c), (d)]，母相粒子内の分散粒子によるき裂の偏向は認められなくなり，き裂は直線的に伝播する．また，き裂先端が粒界に存在する分散粒子に到達する場合き裂は母相粒子内に偏向する傾向があり，その結果として，粒内破壊率と有効破壊エネルギーの増加が認められる．

本項では固相の粒成長組織を対象としたが，液相粒成長や焼結シミュレーションによって得られる組織を用いることで，より複雑な組織中のき裂伝播を表現することができるものと期待される．

● 参考文献

1） 松原秀彰，セラミックス，**30** (5), 385-395 (1995).
2） 松原秀彰，SUT Bulletin（東京理科大学出版），**12**, 12-20 (1998).
3） M. P. Anderson, D. J. Srolovitz, G. S. Grest, and P. S. Sahni, *Acta Metall*., **32**, 783-791 (1984).
4） H. Matsubara and R. J. Brook, *Ceramic Transactions*, Amer. Ceram. Soc., **71**, 403-418 (1996).
5） H. Matsubara, S. Kitaoka, and H. Nomura, Proceeding of 6th International Symposium on Ceramic Materials & Components for Engines, 654-657 (1997).
6） H. Matsubara and R. J. Brook, *Ceramic Transactions*, **71**, Amer. Ceram. Soc., 403-418 (1996).
7） H. Matsubara, S. Kitaoka, and H. Nomura, Proceeding of 6th International Symposium on Ceramic Materials & Components for Engines, 654-657 (1997).
8） M. P. Anderson, D. J. Srolovitz, G. S. Grest, and P. S. Sahni, *Acta Metall*., **32**, 783-91 (1984).
9） L. M. Sheppard, *Am. Ceram. Soc. Bull*., **69**, 1801-12 (1990).
10） M. Tajika, H. Matsubara and W. Rafaniello, *J. Ceram. Soc. Japan*, **105**, 928-33 (1997).
11） M. Tajika, H. Matsubara and W. Rafaniello, *J. Am. Ceram. Soc*., 1573-75 (1999).

12) M. Tajika, H. Matsubara and W. Rafaniello, *J. Ceram. Soc. Japan*, 107, 1156-59 (1999).
13) W. Dressler, H.-J. Kleebe, M. J. Hoffmann, M. Ruhle, and G. Petzow, *J. Euro. Ceram. Soc.*, **16** (1), 3-14 (1996).
14) M. Mitomo, M. Tsutsumi, A. Tanaka, S. Uenosono, and F. Saito, *J. Am. Ceram. Soc.*, **73** (8), 2441-45 (1990).
15) 江本, 廣津留, 三友, *J. Ceram. Soc. Japan*, **106** (5), 488-93 (1998).
16) D. J. Srolovitz, M. P. Anderson, G. S. Grest, and P. S. Sahni, *Scripta Metall*, **17** (2), 241-46 (1983).
17) M. P. Anderson, D. J. Srolovitz, G. S. Grest, and P. S. Sahni, *Acta Metall*, **32** (5), 783-91 (1984).
18) D. J. Srolovitz, M. P. Anderson, P. S. Sahni, and G. S. Grest, *Acta Metall*, **32** (5), 793-802 (1984).
19) U. Kunaver and D. Kolar, *Acta metall. mater.*, **41** (8), 2255-63 (1993).
20) U. Kunaver and D. Kolar, *Acta mater.*, **46** (13), 4629-40 (1998).
21) W. Ostwald, in "Analytisch Chemie", Leipzig (1901).
22) G. W. Greenwood, *Acta Metall*. **4** (5), 243-48 (1956).
23) P. W. Voorhees, *J. Stat. Phys.*, **38** (1/2), 231-52 (1985).
24) S. Sarian and H. W. Weart, *J. Appl. Phys.*, **37** (4), 1675-81 (1966).
25) V. Tikare and J. D. Cawley, *J. Am. Ceram. Soc.* **81** (3), 485-91 (1998).
26) V. Tikare and J. D. Cawley, *Acta mater*, **46** (4), 1333-42 (1998).
27) Y. Okamoto, N. Hirosaki and H. Matsubara, *J. Ceram. Soc. Japan*, **107** (2), 109-14 (1999).
28) 松原秀彰, SUT Bulletin (東京理科大学出版), **12**, 12-20 (1998).
29) H. Matsubara and R. J. Brook, *Ceramic Transactions*, **71**, Amer. Ceram. Soc., 403-418 (1996).
30) H. Matsubara and R. J. Brook, Key Engineering Materials Volumes, Euro Ceramics V, Trans Tech Publications, Switzerland, 710-713 (1997).
31) H. Matsubara, S. Kitaoka, and H. Nomura, Proceeding of 6th International Symposium on Ceramic Materials & Components for Engines, 654-657 (1997).
32) D. L. Branson, *J. Am. Ceram. Soc.*, **48**, 591-95 (1990).
33) H. Yokokawa, N. Sakai, T. Kawada, and M. Dokiya, *J. Electrochem. Soc.*, **138**, 2719-27 (1991).
34) K. Kawamura, A. Saiki, T. Maruyama, and K. Nagata, *J. Electrochem. Soc.*, **142**, 3073-77 (1995).
35) H. Matsubara and R. J. Brook, *Ceram. Trans.*, **71**, 403-18 (1996).
36) 北岡諭, 松原秀彰, *J. Ceram. Soc. Japan.*, **106**, 322-26 (1998).
37) M. Avrami, *J. Chem. Phys.*, **7**, 1103-12 (1939); *ibid.* **8**, 212-24 (1940); *ibid.* **9**, 177-84 (1946).
38) R. W. Davidge, "Fracture Mechanics of Ceramics", ed. by R. C. Bradt, D. P. H. Hasselman and F. F. Lange, Plenum Press, New York-London, 2, 447-468 (1972).
39) 塩谷義, 大西秀和, 日本機械学会論文集, **A59**, 2000-4 (1993).
40) 金炳男, 若山修一, 川原正言, 日本機械学会論文集, **A61**, 1241-47 (1995).
41) N. Sridhar, W. Yang, D. J. Srolovitz, and E. R. Fuller, Jr., *J. Am. Ceram. Soc.*, **77**, 1123-38 (1994).
42) 北岡諭, 松原秀彰, 河本洋, *J. Ceram. Soc. Jpn.*, **106**, 422-27 (1998).

6.2 原子レベルのシミュレーション

　分子動力学法に代表される原子レベルシミュレーション手法は，原子・分子レベルの観点から材料微構造さらにはミクロ・マクロな材料特性の計算設計を可能にする手法として期待され，シナジーセラミックスの計算設計においても極めて有効な研究手段の一つと考えられる．シナジーセラミックスの組織・特性制御のための計算設計技術開発には，前節までのミクロレベルのシミュレーションと関連付けた原子レベルシミュレーションによる研究が不可欠であるため，セラミックス材料の複雑組織・微構造への原子レベルシミュレーションの適用研究を行い，かつミクロレベル設計との連携を目指した研究の展開が重要となる．

　本節で述べる原子レベルのシミュレーション研究には分子動力学法（MD法）を用いる．この手法は，原子間のポテンシャル関数と運動方程式に基づき，つまり原子個々の相互作用に立ち返って，材料のバルク構造や粒界・界面などの微構造における原子配列およびそこでのエネルギー状態を計算するものである．この手法の計算原理の詳細については成書[1]を参照されたい．本節では，酸化物セラミックスの粒界形成過程や粒界の機能予測，および非酸化物セラミックスの高温特性に関する研究結果を述べる．

6.2.1　酸化物系の粒界構造

　材料の構造や機能のシミュレーション研究は電子論的手法からマクロな計算手法まで様々に行われており，セラミックスへの適用も進められている[2),3)]．また，セラミックスの表面・粒界および異相界面の構造は物性，機能を考える上で重要であり，電子，原子論的手法による解析は材料構造の厳密な取扱いが可能で，組織形成にも重要な知見となる[4)]．シミュレーションの有効性を高めるには多くの実験結果との比較解析が重要であり，その面で，Al_2O_3 はセラミックスのなかでも研究が活発で工業的な適用例も多く，モデル材料として適している．また，焼結，粒成長におよぼす添加元素および不純物の影響について多くの研究が行われており，特に Mg(MgO)の効果については Coble[5)] 以来多くの研究者によって議論されている[6)]．しかしながら，添加効果のメカニズムについては未解決な点も残されている．

　本項では，原子論的手法を用い，いくつかの表面・粒界のエネルギー計算，構造解析を行い，実験，理論値との比較および有効性について検討した結果[7)]について述べる．また，添加元素として研究意義の大きい Mg および不純物として原料粉末に含まれる Ca, Si の粒界形成におよぼす影響についても，シミュレーションにより検討した結果[8)]を併せて述べていく．

(1)　計算方法

　Al_2O_3 の粒界構造計算の原子論的手法としては Kenway[9)], Mackrodt[10)] らが限定された対象・条件にて粒界の計算を行っている．ここでは彼らの結果をさらに発展させ，分子動力学法を用い各種対象，条件で計算を行う．表6.2-1に対象として用いた表面および粒界を示す．計算にはイオン性原子2体間の距離からエネルギーを表すポ

表 6.2-1　計算に用いた表面と粒界

(a) 表面

	結晶面
(a)	$(\bar{1}101)$
(b)	$(\bar{1}104)$
(c)	$(1\bar{1}02)$
(d)	$(11\bar{2}0)$
(e)	(0001)

(b) 粒界

	粒界面	回転軸/角度	表示
(a)	$(\bar{1}104)//(1\bar{1}02)$	$[\bar{1}1\bar{2}0]/84.2°$	general
(b)	$(1\bar{1}01)//(\bar{1}101)$	$[11\bar{2}0]/35.2°$	near $\Sigma 11$
(c)	$(0001)//(0001)$	$[\bar{1}100]/180°$	basal twin
(d)	$(\bar{1}10\bar{2})//(\bar{1}10\bar{2})$	$[\bar{1}101]/180°$	$\Sigma 7$
(e)	$(11\bar{2}0)//(\bar{2}110)$	$[0001]/60°$	$\Sigma 3$

テンシャル関数を用いる．このポテンシャル関数は，系全体の計算を行うことによって MgO-CaO-Al$_2$O$_3$-SiO$_2$ 系化合物の構造，弾性率などについて再現できるよう求められた関数である[11]．計算は温度，圧力一定の条件下で，温度は 300 から 1 900 K，圧力は大気圧で行った．単結晶の場合と表面もしくは粒界を含む場合の，内部エネルギーの差と表面もしくは粒界の面積から過剰エネルギーを算出し，表面もしくは粒界エネルギーとする．不純物 (ドープ元素；Mg 2 原子，Ca 2 原子，Si 3 原子) は，表 6.2-1 の $\Sigma 11$ 粒界に Al 原子とそれぞれ置換し配置する．$\Sigma 11$ 粒界において初期配置 (2 粒子間の原子レベルでの位置関係) の異なる 3 種 (A，B，C) の粒界について，1 900 K における構造とエネルギー変化について計算を行う．

(2) **分子動力学法によるアルミナの粒界構造シミュレーション**

表 6.2-1 に示した 5 種の表面について計算を行った結果，いずれの表面についても原子構造の乱れが観察され，エネルギーにはそれほどの差がないことがわかる．粒界の計算結果を図 6.2-1 に示す．図 6.2-1 は各種粒界について，1 700 K にて 1.8 から 2.0 ps (10^{-12} 秒) までの原子の軌跡を示したものである．これより (a) の general (整合関係にない) 粒界，(b) の near-$\Sigma 11$ は粒界近傍の原子の動きが激しく，(c) の $\Sigma 7$ 粒界，(d) の $\Sigma 3$ 粒界は粒界原子の動きは結晶内部原子とほとんど同じで構造が安定していることがわかる．

図 6.2-2 には，各種粒界のエネルギーについて，300 および 1 700 K での時間依存

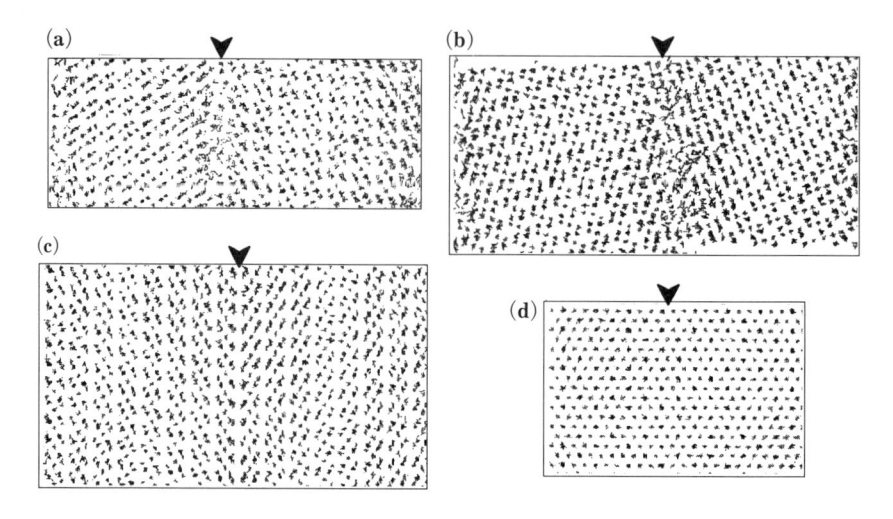

図 6.2-1　各種粒界における 1 700 K 1.8〜2.0 ps での原子の軌跡.
(a) general, (b) near $\Sigma 11$, (c) $\Sigma 7$, (d) $\Sigma 3$

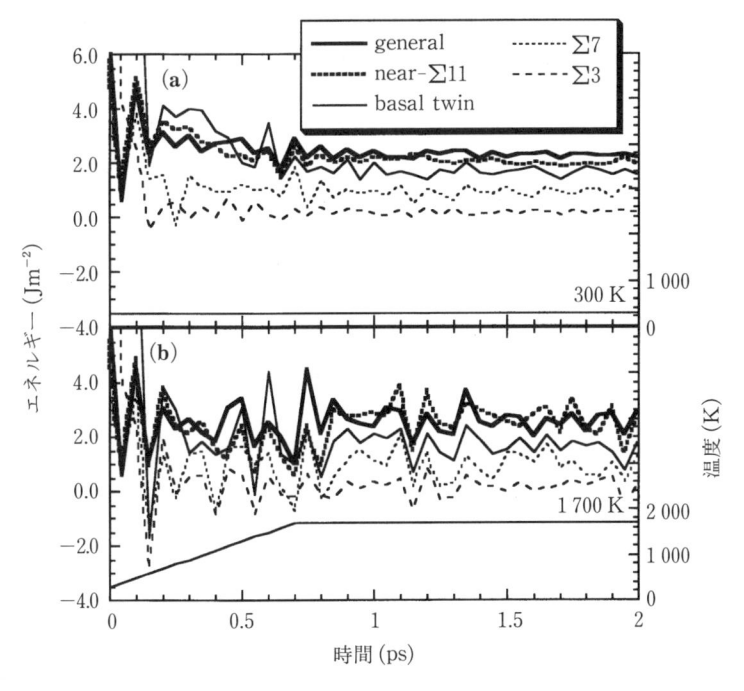

図 6.2-2　粒界エネルギー変化の時間依存性．(a)　300 K，(b)　1 700 K

性を示す．いずれの粒界も 1 ps 以降からはエネルギーの変動幅が減少し，値が安定する傾向にあり，高温ではエネルギー値の変動幅が増大する傾向にある．また，図 6.2-1 に示された原子配置の乱れの大きな粒界ほどエネルギーが高い傾向にあり，いずれの温度においても同じ傾向を示す．

　表面および粒界エネルギーの計算結果と従来報告されている結果(実験および理論値)とは必ずしも一致はしなかった．本計算ではエントロピー項を厳密には考慮していない内部エネルギー差から表面および粒界エネルギーを算出しているため，実験や理論計算手法で得られた自由エネルギー値とは異なった結果を示したといえる．文献からのエントロピー項を外挿することによりおおむね一致した結果を示している．

　表 6.2-2 には，焼結など組織形成を考えるうえで極めて重要となる粒界エネルギー(γ_{gb})と表面エネルギー(γ_{sv})との比(γ_{gb}/γ_{sv})について，本計算結果と実験値を比較した結果を示す．計算値の最大と最小はそれぞれ 1.11 と 0.07 を示し，実験値[12]〜[15]は 1.6 と 0.2 を示している．計算結果の方が最小値が小さいのは，低エネルギー粒界(例えばΣ3)は実験では観察されにくいためと考えられる．エントロピー項を考慮していないので正確性には欠けているが，原子論的計算手法を用いることにより実験より広い範囲での相対的エネルギー関係が求められ，焼結，粒成長に有効な結果が得られるといえる．

　次に，粒界不純物の影響について計算した結果について述べる．図 6.2-3 には 1 900 K にて 71 ps 計算した粒界(B-type)について，Mg, Ca, Si ドープおよび純 Al_2O_3 の原子配置を示す．明確にはわからないが，Mg ドープの場合の粒界構造は他に比べて乱れが少ないようにみえる．また，B-type 粒界の過剰エネルギー，過剰体積については，Mg ドープの場合にはいずれも純 Al_2O_3，他の元素をドープした場合より低下する結果を示しており，原子配置の乱れが少ない粒界構造においてはエネルギーも

表 6.2-2 粒界エネルギー(γ_{gb})/表面エネルギー(γ_{sv})の計算値と実験値

(a) 分子動力学法による計算結果

粒界/表面	温度/K	γ_{gb}/γ_{sv}
general /[($\bar{1}$104)+(1$\bar{1}$02)]/2	300	1.04
	1 500	1.07
	1 700	1.11
neral-Σ11 /($\bar{1}$101)	300	0.837
	1 500	0.875
	1 700	0.973
basal twin /(0001)	300	0.806
	1 500	0.709
	1 700	0.773
Σ7 /(1$\bar{1}$02)	300	0.487
	1 500	0.524
	1 700	0.516
Σ3 /(11$\bar{2}$0)	300	0.091
	1 500	0.073
	1 700	0.083

(b) 表面2面角測定法による平均値

温度/K	γ_{gb}/γ_{sv}	文献
2 123	0.486	11)
1 473	0.712	12)
1 623	0.738	
1 783	0.696	
1 923	0.704	
1 873	1.20 (0.24-1.6)	13)
1 273	0.709 (0.547-0.943)	14)
1 431	0.707 (0.533-0.923)	
1 573	0.702 0.442-0.905	

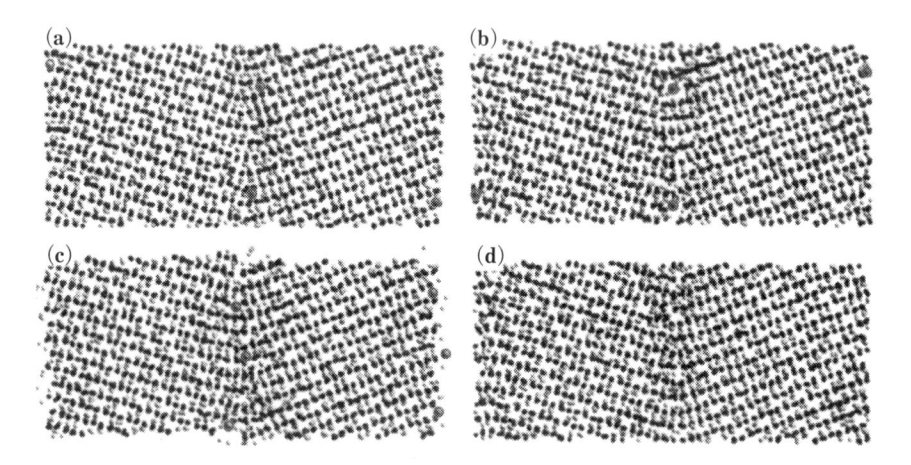

図 6.2-3 1 900 K 71 ps における粒界構造のドープ元素依存性(B-type 粒界) ドープ元素 (a) Mg, (b) Ca, (c) Si, (d) 純 Al_2O_3

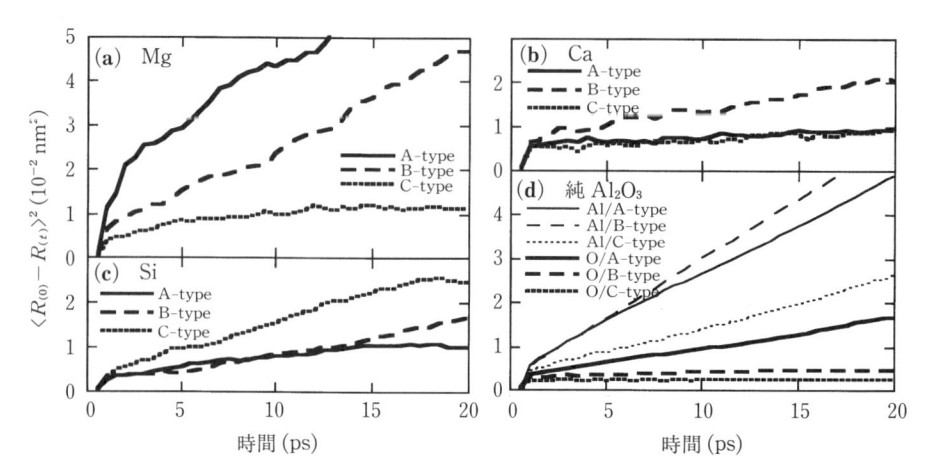

図 6.2-4 各種粒界におけるイオンの平均二乗変位と時間

低く安定であるといえる．初期配置のわずかな違いによって粒界構造，エネルギーは異なるが，B-type 粒界よりエネルギーの高い粒界(A-type)，また低い粒界(C-type)においては，ドープ元素によるエネルギーの差は明確ではないことがわかる．

図 6.2-4 には，粒界(1 nm 幅)における各種原子の平均二乗変位(MSD)と時間(t)の関係を示す．変位量(拡散面積)は各粒界間の関係ではいずれの元素においてもおよそ A＞B＞C の関係にあり，また，各原子間ではいずれのカチオンより酸素(アニオン)が低く，カチオンの中では Mg＞Al＞Ca＞Si の傾向を示している．

以上の原子論的な観点から得られた結果による Mg ドープによって低エネルギー，安定構造を示す傾向は，Handwerker ら[14]が実験より得た Mg ドープによって粒界エネルギーが均質化する結果に対応している．また，Mg の拡散が他のカチオンに比べて速いことも粒界の安定化，酸素拡散の均質化[16]に対応しているといえる．そして，Mg 添加は粒界エネルギー，拡散の均質化により，他の原子より粒成長の抑制に有効であることを説明することが可能といえる．

6.2.2　イオン伝導性材料の粒界現象

イットリア安定化ジルコニア(YSZ)は，高い酸素イオン伝導性や機械的強度，コスト面から，地球環境に優しい発電システムである固体燃料電池(SOFC)の電解質材料として用いられる物質である．しかし，SOFC が従来の発電システムに匹敵するコストや効率性を保ち，より低い温度域(例えば 800〜900 ℃)まで SOFC が有効に作動するようにするには，YSZ のイオン伝導性をさらに高める必要がある．

YSZ におけるイットリウム成分は高温相である立方晶 ZrO_2 構造を安定化させる役割を担っている．それと同時に，Zr^{4+} をイオン価数の小さい Y^{3+} で置換することにより，結晶の電気的中性条件から多くの酸素イオン空孔が導入される．多数の空孔の存在により酸素イオンが結晶中を非常に速く拡散することが可能となる．ZrO_2 のイオン伝導率は Y^{3+} ドーピング量により変化し，Y^{3+} 量が約 15 at % まではイオン伝導率の増加がみられ，さらに Y^{3+} 量が増加すると反対にイオン伝導率は減少する．

近年のジルコニア材料では，純度の向上や粒界第 2 相の低減などの組織制御が行われてきたにもかかわらず，依然として YSZ の粒界領域では YSZ のバルク結晶中に比べて電気抵抗が高くなることがインピーダンス測定からも示されている[17]．つまり，粒界はイオン伝導率を低下させる．よって，より小さな粒径の組織からなる YSZ は，粒界体積比率が増加するため，全体のイオン伝導率が低下してしまう．しかし，粒径が小さい場合には YSZ の高強度が期待できることから，イオン伝導性と強度を最適化するような組織制御が必要となる．そのためには，YSZ の粒界構造についての詳細な情報と，それに基づく組織設計指針を得ることが重要となる．ここで述べる原子レベルシミュレーションは，粒界構造とそこでの物質移動を原子レベルから明らかにすることが可能な手法であり，YSZ の粒界現象を研究する有力な手法であるといえる．本項では，分子動力学法(molecular dynamics, MD)を用いて，8 mol % YSZ の酸素イオン伝導性におよぼす粒界の影響について述べる．

(1) 計算方法

分子動力学法は，ニュートンの運動方程式に基づき物質中の原子の挙動を計算によ

り求める手法である．この手法の中心部分となるのは原子間相互作用を表すポテンシャルであり，これは物質中の原子がどのように振舞うか，つまり，時間とともに系がどのように変化するかを決定するものである．ここでは，次に示すような2体項(Buckingham関数)とクーロン項からなるポテンシャル関数を用いる．

$$V_{ij} = \frac{q_i q_j}{r} + A_{ij} \exp(-\rho_{ij}) - \frac{C_{ij}}{r^6} \tag{6.2-1}$$

ここで，A_{ij}, ρ_{ij}, C_{ij} は粒子 i と j 間の相互作用パラメータであり，q_i と q_j はそれぞれのイオン価数である．A_{ij}, ρ_{ij}, C_{ij} は Lewis と Catlow ら[18]によるものであり，静力学計算から格子定数や誘電率などの実験値をよく再現するものであることがわかっている．

計算における粒界を含む系の構築は，対応格子理論に基づき，pure ZrO_2 または 8 mol % YSZ の2つの単結晶が方位差(θ)を持って結合するようにする．系に含まれる原子数は粒界構造に依存するが，1 900～2 500 原子程度とする．ここでは3つの粒界構造を考慮し，対称傾角粒界として，① Σ5(310)/[001] $\theta=36.9°$, ② Σ13(320)/[001] $\theta=67.4°$, ねじれ粒界として，③ Σ3(111) $\theta=60°$ を取り上げる．これらの粒界構造を 1 273 K 以上の温度で圧力 0 MPa 条件下で 10 000 ステップ間計算する (1ステップの時間間隔は 2 fs)．その後，1 273 K で 60 000 ステップ (120 ps) のシミュレーションを行い，各粒界構造を求める．シミュレーションした系における各原子位置の変位から平均二乗変位 MSD (mean square displacement) が得られる．この MSD の時間変化から拡散係数を求めることができ，イオン伝導率に対応する．上述したシミュレーション方法の詳細については，文献[19]～[21]を参照されたい．

(2) 分子動力学法による安定化ジルコニアの粒界構造シミュレーション
a. 粒界構造とイオン伝導率

シミュレーションにより得られた pure ZrO_2 粒界構造を図 6.2-5 に示す．それぞれの粒界近傍でカチオンおよびアニオンが disorder した領域がある．つまり各粒界は約 1.0 nm 程度の粒界幅を持つことがわかる．8 mol % YSZ について同様の粒界のシミュレーションを行ったところ，8 mol % YSZ ではいくつかの酸素イオン空孔が粒界領域に存在するが，粒界構造は図 6.2-5 に示した pure ZrO_2 のものと基本的に全く同じ結果である．これは，pure ZrO_2 と 8 mol % YSZ の粒界構造が Y^{3+} ドーパントの存在に依存しないことを意味している．また，広い温度範囲で粒界構造を計算し調べたが，熱膨張の影響は別として，粒界構造はほとんど同じものである[19]．図 6.2-5 では，計算で得られた Σ5 傾角粒界構造を，Merkle ら[22]による 13 mol % YSZ のそれについての高分解能透過型電子顕微鏡 (HRTEM) 像と比較しているが，両者によい一致がみられることがわかる．

Pure ZrO_2 の単結晶のシミュレーションを行ったところ，元来，酸素イオン空孔が存在しないために酸素イオン拡散は生じない．しかし，図 6.2-5 に示した pure ZrO_2 の粒界では，わずかながら粒界領域で酸素イオンの拡散が観察される．また，カチオンである Zr^{4+} の拡散は観察されない．これは，カチオン拡散はアニオン拡散に比べ十分遅いという実験結果と一致する．

計算した2種の傾角粒界における酸素イオン拡散は，ねじれ粒界におけるそれよりも十分小さいものである．ねじれ粒界は極めて速い酸素イオン拡散をもたらすが，こ

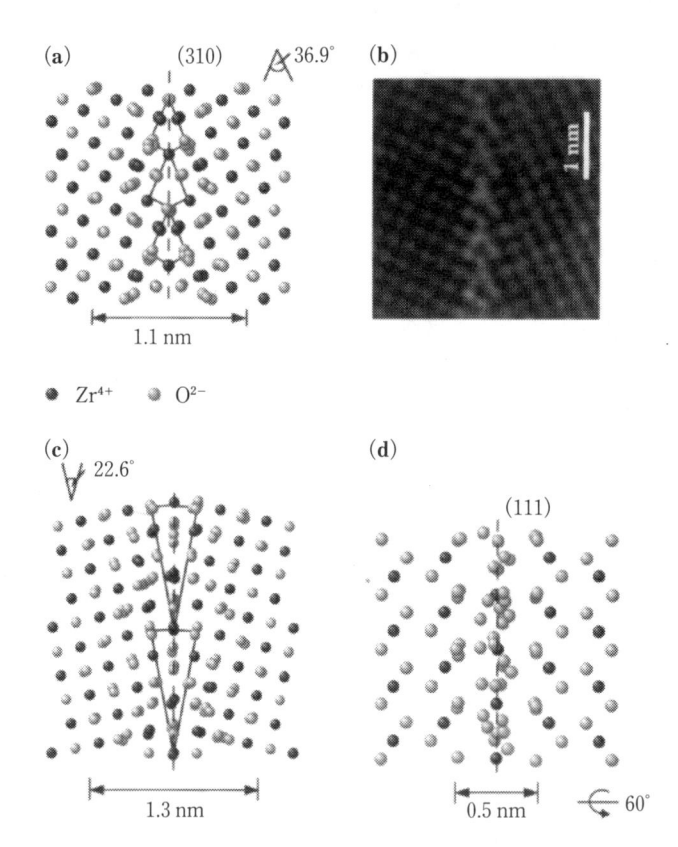

図 6.2-5 MD シミュレーションにより得られた ZrO_2 の粒界構造，(a) 傾角粒界 $\Sigma 5(310)/[001]\theta=36.9°$，(b) 傾角粒界 $\Sigma 5(310)/[001]\theta=36.9°$ の実験 HRTEM 像[22]，(c) 傾角粒界 $\Sigma 13(320)/[001]\theta=67.4°$，(d) ねじれ粒界 $\Sigma 3(111)\theta=60°$

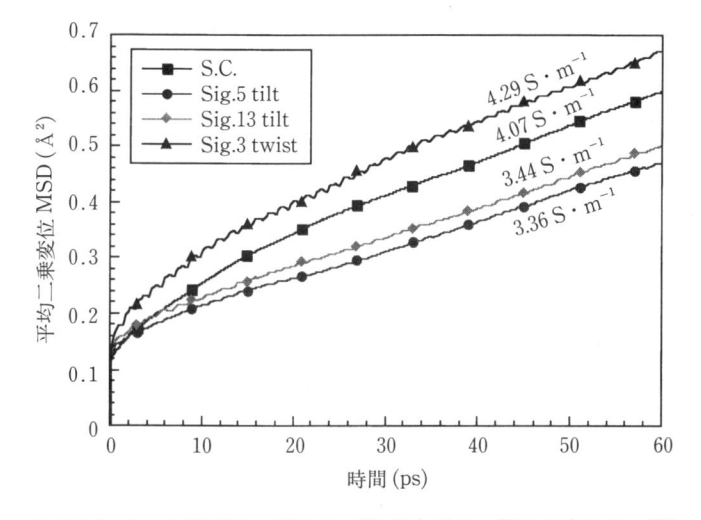

図 6.2-6 8 mol % YSZ の単結晶，$\Sigma 5$ 傾角粒界，$\Sigma 13$ 傾角粒界，$\Sigma 3$ ねじれ粒界における酸素イオンの平均二乗変位 MSD（各状態でのイオン伝導率は，各 MSD 曲線に示す）

れは図 6.2-5 (d) に示す粒界構造から考察できる．ねじれ粒界では，2 つの単結晶のカチオン副格子同志がこの粒界の方位関係（$\theta=60°$）で極めてよい整合性を持つ．しかし一方で，粒界を介して酸素イオン間の距離が近くなり，イオン間の反発から酸素イオンが大きく disorder する．このような酸素イオンの大きく disorder した領域の存在により，極めて速い酸素イオン拡散が可能となる．

8 mol % YSZ のイオン伝導性におよぼす粒界の影響は，粒界を含む系と単結晶についてのシミュレーションを行い，酸素イオンの拡散速度を比較することにより明らかにできる．図 6.2-6 には，1 273 K での 8 mol % YSZ 単結晶および各粒界構造における酸素イオンの MSD を示したものである．傾角粒界は酸素イオン拡散を低下させ，一方，ねじれ粒界は単結晶に比べてわずかながら酸素イオン拡散を向上させることがわかる．本シミュレーションでは，粒界の体積比率が極めて大きい状態の計算になっており，おおよそ，ナノサイズの粒径を持つような 8 mol % YSZ に対応すると考えられる．ランダムな方位の粒界を持つ 8 mol % YSZ 組織はイオン伝導率が低いが，もし $\Sigma 3$ ねじれ粒界が配向したような組織を設計できれば，粒界でイオン伝導率を低下させることなく全体のイオン伝導率を向上させることが期待できる．このようなナノサイズの配向組織を持つ YSZ の作製は，例えば MOCVD などの方法を用いることにより将来的には可能になると予測される．

b. 不純物イオンの偏析の影響

これまでに示した 8 mol % YSZ

のシミュレーションは，ドーパントである Y^{3+} が粒界およびバルクを問わずランダムに分布している場合についてのものである．8 mol % YSZ のイオン伝導性におよぼすドーパント分布の影響を調べるため，8 mol % YSZ の $\Sigma 5$ 傾角粒界について，① すべての Y^{3+} が粒界領域に存在する，② すべての Y^{3+} が粒界から離れたバルク領域に均質な分布で存在する，という 2 つの状態のシミュレーションを行う．上記 ①の場合の粒界における Y^{3+} 原子濃度は，実材料のそれに比べて大きいと考えられるが[17]，イオン伝導率におよぼす Y^{3+} の偏析効果を明らかにするために，本計算では完全に粒界領域に Y^{3+} が偏析した状態を想定している．

まず，すべての Y^{3+} が粒界領域に存在する場合，1 273 K で粒界を含む系の構造を平衡化させた結果，Y^{3+} が偏析している粒界領域に酸素イオン空孔が集まる．このとき，ほとんどすべての酸素イオン空孔が粒界に高濃度で分布する Y^{3+} に囲まれるように存在し，粒界に酸素イオン空孔が高濃度で分布する．この状態で 1 273 K における酸素イオン拡散を計算したところ，酸素イオンの拡散はほとんど生じない．これは，酸素イオン空孔が粒界で高濃度の Y^{3+} により強くトラップされることによる．一方，すべての Y^{3+} が粒界から離れたバルク中に均質分布している場合，多くの酸素イオン空孔はバルク中の各 Y^{3+} ドーパントの近傍に存在するが，同時に粒界領域にも空孔が分布する結果となる．これは，$\Sigma 5$ 傾角粒界自体が Y^{3+} ドーパントと同様に酸素イオン空孔を引き付ける効果を持つことを示している．このときの酸素イオン拡散は Y^{3+} が粒界に偏析している場合より少し大きくなることが明らかとなり，8 mol % YSZ のイオン伝導率が Y^{3+} ドーパントの分布による影響を受けることがわかる．以上の結果から，高いイオン伝導性を有する YSZ 組織を設計するには，Y^{3+} が均質分布し，粒界などに偏析しないように制御することが重要であると考えられる．

6.2.3 非晶質構造の原子配列と結合状態

近年，シリコン基金属有機前駆体を出発原料として用い，非酸化物系セラミックスを合成する研究が盛んに行われ，その微細構造や高温特性が注目されている．前駆体から得られるセラミックス材料の組織は，非晶質状態やナノスケールの微結晶など多岐にわたり，従来の粉末焼結法とは異なる高度に制御されたセラミックス組織を得ることが期待されている．なかでも，これらの材料の非晶質状態は，本来準安定状態であるにもかかわらず，千数百 ℃ の高温まで保持されることが報告されており，非常に優れた高温安定性を示している[23]．また，高温安定な非晶質状態で優れた機械的・化学的性質を示すことも報告されており[24]，セラミックスファイバーやコーティング材としての適用研究も進められている．これらの非晶質状態の高温安定性は，前駆体の化学構造に由来する非晶質構造や化学組成の影響を強く受けるものと考えられることから，非晶質構造に対する原子レベルでの情報が特性を制御するために不可欠であるといえる．

前駆体から合成される代表的な非晶質物質として窒化ケイ素系非晶質があげられる．この物質は，炭素をはじめとする種々の元素添加により，非晶質自体の高温安定性が向上することが知られている．炭素添加した Si-C-N 非晶質セラミックスは，1 400 ℃ 付近まで非晶質状態が保持され，さらに高い温度では結晶化が始まるが，炭素添加しないもの (非晶質 Si-N では 1 000 ℃) に比べ結晶化温度は十分高く，顕著な

非晶質状態の安定化がみられる[23]．この非晶質状態の高温安定化を理解するには，非晶質原子レベル構造と結晶化過程で非晶質中で生じる物質移動機構を解明することが重要である．また，この物質の特性設計という立場から考えると，高温安定性に対する組成的影響などを明らかにする系統的な研究が望まれる．

本項では，非晶質 Si-C-N セラミックスに原子レベルシミュレーション手法を適用した研究結果について紹介する．すなわち，この物質の特徴である共有結合性を考慮した原子間ポテンシャル関数に基づき，Si-C-N 非晶質構造を分子動力学計算により求め，高温での原子自己拡散挙動の観点からの高温安定性機構と，非晶質 Si-C-N 中の炭素量変化による影響を系統的に調べることにより，原子レベルシミュレーション手法の有用性を検討した結果について述べる．

(1) 計算方法

非晶質 Si-C-N の原子レベルシミュレーションには分子動力学法を用いる．直方体セルの中に総原子数 1 120 個の Si，C，N が含まれる非晶質系について，3 次元周期境界条件下，体積・温度一定 (NTV アンサンブル) での計算を行う．系の密度は 2.7 g/cm^3 とし，温度 1 273 K における非晶質構造を求める．原子間ポテンシャルとしては，この物質の共有結合性を考慮した三体ポテンシャル関数 (Tersoff 関数[25]) を用いる．このポテンシャル関数は，Si$_3$N$_4$ や SiC の結晶構造や弾性定数を十分な精度で再現できるものであることが報告されている[25),26]．これら Si$_3$N$_4$ と SiC に適用可能なポテンシャル関数をもとに，Si-C-N 三成分系の非晶質構造を分子動力学シミュレーションにより求め，得られた非晶質構造について，配位数解析による非晶質局所原子配列の検討，および平均二乗変位解析による自己拡散挙動について詳しく検討する．

(2) 分子動力学法による非晶質 Si-C-N の原子構造シミュレーション

図 6.2-7 に分子動力学計算により得られた非晶質 Si-C-N (組成は SiC$_{0.5}$N$_{0.83}$) の原子構造の一部を示す．非晶質物質に特有な原子配列に規則性のない網目構造を有していることが確認できる．この非晶質構造は主として Si-N 結合と Si-C 結合からな

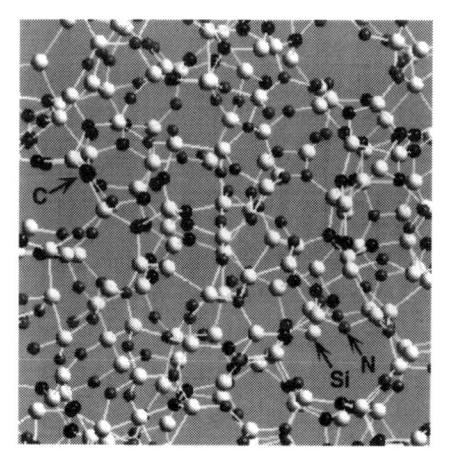

図 6.2-7　分子動力学計算により得られた非晶質 SiC$_{0.5}$ON$_{0.83}$ の原子構造

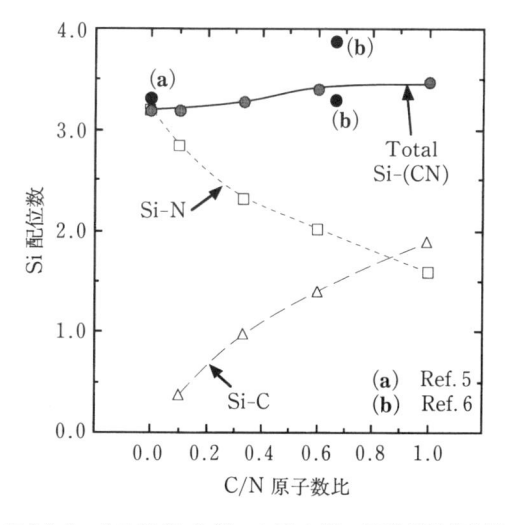

図 6.2-8　非晶質 Si-C-N における Si の配位数計算結果

り，各構成元素は非晶質構造中に均質に分布した状態にある．

　非晶質中の局所的原子配列を詳細に調べるため，Si からみた C と N の配位数を解析した結果を図 6.2-8 に示す．横軸には Si-C-N 中の C/N 原子数比であり，異なる組成を持つ非晶質状態での配位状態を調べている．Si の配位数は，理想的な四面体を形成するときの配位状態（配位数が 4）に比べて小さな値となっている．このような Si の配位数は実験報告値（図 6.2-8 中に実験値をプロットした[27),28)]）とよく一致している．また，Si には C と N の両方が配位した状態になっており，Si の周囲で Si-N 結合と Si-C 結合が分子レベルで混在した状態にある．これと同様な Si の局所構造については，実際 NMR 等による測定でも見出されており，非晶質 Si-C-N の原子構造を本計算がよく再現しているといえる[29)]．

　非晶質 Si-C-N の高温安定性を考えるうえで，非晶質構造を形成する各原子の動的挙動が重要である．結晶化が起こる前の過程では，非晶質中で原子構造再配列が生じると考えられる．非晶質 Si-C-N での炭素添加による各原子の自己拡散挙動の変化が，この物質の高温安定性を理解するためのポイントとなる．MD 計算による原子自己拡散の度合いは，平均二乗変位 MSD (mean square displacement) を調べることにより解析できる．そこで，図 6.2-7 に示すような非晶質 Si-C-N において，(原

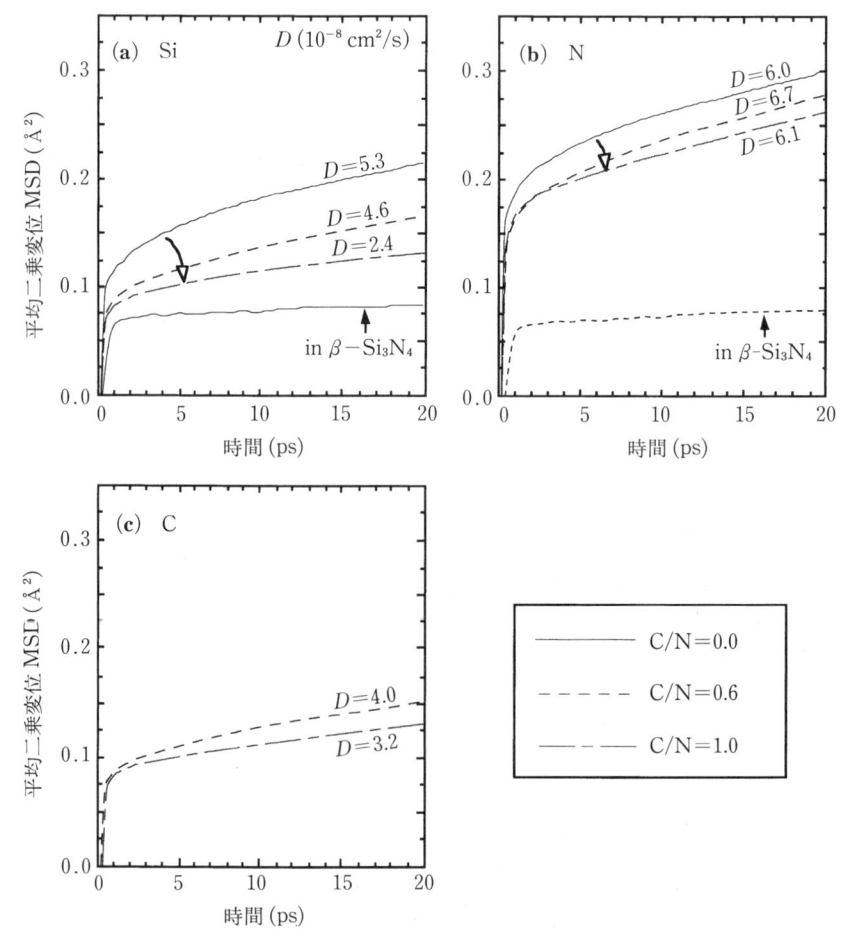

図 6.2-9　1273 K における非晶質 Si-C-N 中での平均二乗変位 MSD 曲線（図中の D は MSD の勾配から計算した自己拡散係数）

子の1273Kにおける平均二乗変位を解析し，時間に対してプロットしたのが図6.2-9である．それぞれ，非晶質中のC/N比が0.0，0.6，1.0の場合を示している．各MSD曲線の時間に対する変化をみてみると，時間にともない上昇する傾向にある．これは原子が熱的に振動するのみでなく，原子位置を変えながら拡散していく挙動を意味するものである．MSD曲線勾配は自己拡散係数に比例する．

Si，N，CのうちNのMSDの勾配が最も大きいことがわかる．これは，N原子が非晶質構造中を非常に動きやすいことを意味している．それに対し，SiやCのMSDは勾配が小さいことがわかる．そのため，拡散能の高いNを拡散能の低いCで置換することにより，非晶質の構造変化が抑制される．これは，炭素添加によるSi-N系非晶質の安定化を示すものである．

またC量の増加にともなう変化に注目すると，SiのMSD勾配が顕著に小さくなっていることがわかる．これは，非晶質構造中により多くのSi-C結合が形成され，それらはSi-N結合よりも共有結合性の強い強固な結合であるため，Cと直接結合しているSiの自己拡散が抑制された結果である．以上のシミュレーション結果は，非晶質Si-C-Nの高温安定性におよぼす炭素添加の効果を説明できるものであり，原子レベル手法の有用性を示している．また，図6.2-9に示すように，組成的影響をシミュレーション上で系統的に検証することが可能であり，高温安定性の設計という観点からも有効な手法である．

● **参考文献**

1) 河村雄行，パソコン分子シミュレーション，海文堂 (1992).
2) 安井至，重里有三，セラミックス，**30**, 469-73 (1995).
3) 三上益弘，セラミックス，**30**, 487-91 (1995).
4) P. W. Tasker, "Advances in Ceramics," Vol. 10, Ed. by W. D. Kingery, Am. Ceram. Soc., Columbus, OH (1984), 176-89.
5) R. L. Coble, *J. Appl. Phys.*, **32**, 793-99 (1961).
6) S. J. Bennison and M. P. Harmer, "Ceramic Transactions", Vol. 7, Ed. by C. A. Handwerker, J. E. Blendell and W. A. Kaysser, Am. Ceram. Soc., Westerville, OH (1990), 13-49.
7) H. Suzuki, H. Matsubara, J. Kishino, T. Kondoh, *J. Ceram. Soc. Japan*, **106** (12), 1215-1222 (1998).
8) H. Suzuki and H. Matsubara, *J. Ceram. Soc. Japan*, **107** (8), 727-732 (1999).
9) P. R. Kenway, *J. Am. Ceram. Soc.*, **77**, 349-55 (1994).
10) W. C. Mackrodt, R. J. Davey, and S. N. Black, *J. Cryst. Growth*, **80**, 441-46 (1987).
11) M. Matsui, *Phys. Chem. Minerals*, **23**, 345-53.
12) W. D. Kingery, *J. Am. Ceram. Soc.*, **37**, 42-45 (1954).
13) P. Nikolopoulos, *J. Mater. Sci.*, **20**, 3993-4000 (1985).
14) C. A. Handwerker, J. M. Dynys, R. M. Cannon, and R. T. Coble, *J. Am. Ceram. Soc.*, **73**, 1371-77 (1990).
15) A. Tsoaga and P. Nikolopoulos, *J. Am. Ceram. Soc.*, **77**, 945-60 (1994).
16) I. Sakaguchi, V. Srikanth, T. Ikegami, and H. Hanada, *J. Am. Ceram. Soc.*, **78**, 2557-59 (1995).
17) M. Aoki, Y.-M. Ching, I. Kosacki, L. J.-R. Lee, H. Tuller and Y. Liu, *J. Am. Ceram. Soc.*, **79**, 1169-80 (1996).
18) G. V. Lewis and C. R. A. Catlow, *J. Phys. C : Sol. State Phys.*, **18**, 1149-61 (1985).
19) C. A. J. Fisher and H. Matsubara, *Comp. Mater. Sci.*, **14**, 177-84 (1999).
20) C. A. J. Fisher and H. Matsubara, *Solid State Ionics*, 113-115, 311-18 (1998).
21) C. A. J. Fisher and H. Matsubara, *J. Euro. Ceram. Soc.*, **19**, 703-7 (1999).

22) K. L. Merkle, G.-R. Bai, Z. Li, C.-Y. Song and L. J. Thompson, *Phys. Stat. Sol.* **A. 166**, 73-89 (1998).
23) R. Riedel and W. Dressler, *Ceramics International*, **22**, 233-39 (1996).
24) L. An, R. Riedel, C. Konetschny, H.-J. Kleebe and R. Raj, *J. Am. Ceram. Soc.*, **81**, 1349-52 (1998).
25) J. Tersoff, *Phys. Rev.* **B. 39**, 5566-68 (1989).
26) P. M. Kroll, PhD thesis, Technische Hochschule Darmstadt (1996).
27) M. M. Guraya, H. Ascolani, G. Zampieri, J. I. Cisneros, J. H. Dias da Silva, and M. P. Cantao, *Phys. Rev.* **B. 42**, 5677-84 (1990).
28) H. Uhlig, M. Frieb, J. Durr, R. Bellissent, P. Lamparter, F. Aldinger, and S. Steeb, *Z. Naturforsch.* **51a**, 1179-84 (1996).
29) J. Seitz, J. Bill, N. Egger and F. Aldinger, *J. Eur. Ceram. Soc.*, **16**, 885-91 (1996).

7. 強化機構
および
破壊挙動の解析と評価

　材料開発を理論的・効率的に進めるには，必要とする材料特性と材料構造の関係を明確にし，特性を最大限発現させるための最適材料構造を知る必要がある．このような特性発現機構の解析に基づく材料設計の考え方はすべての材料分野で成り立つものであろうが，残念ながらセラミックスの分野では特性発現機構が明確になっていないこともあり，まだほとんど行われていない．シナジーセラミックスの開発においても，種々の大きさの階層で材料構造を制御することにより，優れた特性・機能の共存や飛躍的な向上を目指しているが，材料構造と特性・機能の相関が明確にならなければ，材料構造を様々に変化させて特性を測るという半経験的な手法しか取り得ない．したがって，材料開発研究においては特性発現機構の解明とそれに基づく材料設計技術の確立が重要なテーマとなる．

　セラミックスに要求される特性は多種多様であるが，構造材料を前提とした場合，強度や信頼性に深く関係している破壊抵抗特性の向上は非常に重要な課題である．また電子材料などの分野においても，使用環境がますます厳しくなるなか，強度や靭性の要求が高くなってきている．そこで，本章では破壊抵抗特性に焦点を絞り，強化機構の解析とそれを支える評価技術について紹介する．

　セラミックスにみられる多くの破壊抵抗発現機構のなかで，粒子の破面間架橋による応力遮蔽は最も効果的なものである．粒子架橋現象を利用して高靭化を図る場合，架橋が起きやすい棒状粒子を材料中に分散させることが一般的であるが，ナノ粒子分散材でも同様の強化機構が働く．そこで，アルミナ/炭化ケイ素ナノ粒子複合材料を例に，ナノ粒子架橋現象の解析結果と，そこから読み取れる破壊抵抗特性の特徴について述べる．また，窒化ケイ素セラミックスでみられるような棒状粒子の架橋現象を取り上げ，き裂開口変位分布の測定による実験的な解析と架橋現象のモデル化による数値解析の結果，およびそれらから推察される破壊抵抗挙動制御のための材料構造設計指針について述べる．

　粒子架橋現象を利用して高靭化を図ると，き裂の成長にともなって破壊抵抗が増加する上昇型 R 曲線挙動が観察される．R 曲線挙動を部材設計に活かすには，その発現機構の力学モデルを理解する必要がある．そこで，R 曲線挙動解析に適した力学モデルと，損傷許容度による部材の信頼性評価について述べる．

　粒子架橋に代表される破面間相互作用には，微視的なき裂進展経路が強く関係している．また，棒状粒子の架橋では粒子形状の影響が大きい．これらの影響因子を正確に評価することは，架橋現象の解析に不可欠であるばかりでなく，プロセス技術における構造制御の直接的な確認にもつながる．しかし，粒子形状の計測を例にとると，

従来は焼結体表面に現れる粒子の2次元断面形状に基づいて評価しているために精度が非常に悪く，評価手法が確立されているとは言いがたい．このため，セラミックスを構成する微小粒の結晶方位を測定する手法と，その結果を基にした微視的き裂進展経路の評価と，粒子形状の3次元計測手法とその技術を利用したき裂進展経路の3次元解析について述べる．

　材料開発の結果は，目標とした特性値の測定によって確認される．一般に，特性値を簡便に測定するにはある程度の大きさの試料を必要とするが，開発途中にある材料の場合，試料形状や寸法に制限があることが少なくない．したがって，できるだけ小さな試験片で正確に特性値を測定する技術が必要となる．この問題に焦点をあて，微小試験片による破壊過程の評価とそれを利用した破壊抵抗特性の評価方法について述べる．

7.1 ナノ粒子による強化

セラミックスには種々の強化方法があるが，通常，ある一つの特性を強化，向上させるとき，他の特性が損なわれる場合が多い．例えば窒化ケイ素では，クリープ抵抗を向上させるために粒界ガラス相を結晶化させると，粒子架橋が阻害されるために室温での破壊靱性，強度は低下する傾向にあり，また，粒子架橋を効果的に発現させるために粒子を粗大化させると，欠陥寸法が増大し強度は低下する．

しかし，ナノサイズのセラミックス粒子をセラミックスのマトリックスや粒界に分散させた場合，強度，破壊靱性，クリープ特性などの多くの機械的特性が同時に向上することが知られており，これらの材料は，一般にセラミックスナノ複合材料と呼ばれている[1]．例えば，5 vol％の炭化ケイ素のナノ粒子をアルミナに分散させることにより，靱性の向上とともに室温強度が2〜3倍に増大し，さらに，これらの材料は優れたクリープ抵抗特性を有する．

本節では，これらセラミックスナノ複合材料におけるナノ粒子による強化機構について，強度・靱性の発現機構とクリープ抵抗の強化機構とに分けてその解析・評価手法と結果について述べる．

(1) ナノ粒子による強靱化機構

セラミックス粒子は脆性であるため遮蔽領域は限られているが，それら自身の高い強度とマトリックスとの強固な結合による，小さなき裂進展により高い遮蔽応力が期待できる．このことは，小さなき裂進展でも破壊靱性(破壊抵抗)が急激に上昇するが，それ以降はほとんど増加しないということにつながり，結果的に単体の材料と比較して破壊強度が大きく向上することになる．ここでは，まず，アルミナ/炭化ケイ素系ナノ複合材料(以下ナノ複合材料)のき裂進展挙動を透過電子顕微鏡(TEM)で観察することにより，ナノ粒子による架橋状況を精緻に把握し，これらの結果に基づいて，ナノ粒子架橋による遮蔽効果を見積もる．さらに，粒子周辺の残留熱応力による靱性低下の程度を推定し，これと足し併せて全体の靱性向上の程度と特徴を調べ，ナノ複合化による大きな強度上昇の発現機構について検討する．

粒界破壊が主体的であるアルミナ多結晶単体の挙動とは対照的に，ナノ複合材料では粒内き裂が進展する．これは，粒界ナノ粒子がアルミナ-アルミナ粒界を強固に結合していることとともに，冷却過程での粒内拡散と粒界拡散との残留応力緩和効果の相違と，それによる粒内粒子周辺のより高い引張残留応力によるものである．したがって，近傍の粒子を選択的に伝いながら進展することが予想される[2]．

粒内のき裂進展挙動を，アルミナ/5 vol％炭化ケイ素系ナノ複合材料について，ビッカース圧痕から曲げ負荷により安定的に成長させたき裂の先端を透過型電子顕微鏡(TEM)により観察した[2]〜[4]．図7.1-1に，き裂先端領域における粒子との相互作用の例を示す．き裂先端近傍では，き裂は分散粒子を横断貫通するのでもなく，また粒子とマトリックスとの界面を進むのでもないことがわかる．すなわち，き裂前縁後方において分散粒子が架橋していることを示している．観察の結果，この粒子架橋の領域(架橋粒子が粒界破壊もしくは粒子破壊を起こしていない領域)は，き裂先端後方の約200〜300 nmの極めてわずかな領域であることがわかる．

図 7.1-1 アルミナ/5 vol%炭化ケイ素系ナノ複合材料の粒内のき裂の進展挙動

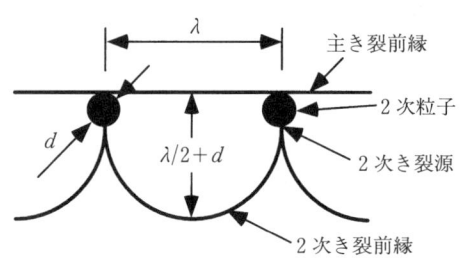

図 7.1-2 き裂の前縁から派生する，分散粒子間の半円状の2次き裂

強固な粒子が分散した系での粒子間のクラック・ボウイングの考え方[5]から，主き裂の前縁が分散粒子に到達した際，図 7.1-2 に示すような半円状の2次き裂が粒子間で形成される．したがって，き裂架橋の長さは少なくとも，この2次き裂の先端から主き裂の先端までの距離である．この場合，粒子架橋領域の長さ l_s は，粒子間隔を λ，粒子径を d とすれば，$l_s = \lambda/2 + d$ で与えられる．粒子の体積分率 f_p が 5%，d が 100 nm の場合，l_s は約 200 nm となり，上記の観察結果とよく一致する．粒子架橋による靱性の向上 ΔK_p は，l_s が初期き裂長さよりはるかに短い場合，$\Delta K_p = \sigma_s(8l_s/\pi)^{1/2}$ で与えられる．ここで，σ_s は架橋応力である．架橋効果は，架橋している粒子が破壊するか，もしくは粒子とマトリックスの界面が破壊するまで続くと考えられるが，通常，粒界の不整合および不純物の偏析等により後者の方が低いので，架橋応力 σ_s は粒界破壊強度によって決まる[2)~4)]．

粒界強度の算出方法として，特に金属材料の領域で最も一般的な方法は，適当な界面き裂を想定してグリフィス基準を適用する方法である．このために，炭化ケイ素粒子とアルミナマトリックスとの間に弧状界面き裂を考えると，弧角が 45°付近でエネルギー解放率は最大値，$0.47 J_0$ を示す[2),6)]．ここで，J_0 は引張応力 σ 下での，マトリックス相中にある，長さ d のグリフィスき裂での臨界エネルギー解放率である．したがって，粒界強度を考える際には，$J = 0.47 J_0$ の場合を考えるだけで十分である．

もし，破壊の過程が平衡状態で行われるのであれば，粒界の臨界エネルギー解放率，J_c は $J_c = \gamma_{ss} + \gamma_{sa} - \gamma_i$ で与えられる．現実の破壊は非平衡状態であり，この J_c およびこれから得られる粒界強度は最小値を見積もることとなる．ここで，γ_{ss}，γ_{sa} はそれぞれ炭化ケイ素，アルミナの表面エネルギーであり，それぞれ 4 J/m^2 および 3 J/m^2 である[7)]．γ_i は界面エネルギーであり，セラミックスの γ_i/γ_s は 0.24 から 1.6 と変化し，平均値は 1.1 であることが知られている[2),7)]．界面エネルギーの高い領域が上記の弧状のき裂となることから，界面エネルギーの高い方から 1/4 の領域は除外することができる．したがって，γ_i は上記の2つの表面エネルギーの平均の 0.85 倍であると考えられ，3 J/m^2 と仮定できる．粒界破壊強度 σ_i が決定できると，粒子架橋による靱性の増加分，ΔK_p は f_p と d の関数として，以下のように与えられる[2)~4)]．

$$\Delta K_p = \frac{\sigma_i \pi^{1/2} d^{1/2}}{4[\pi/6f_p + 2(\pi/6f_p)^{2/3}]^{1/2}} \tag{7.1-1}$$

マトリックス相のアルミナは，分散粒子の炭化ケイ素よりも熱膨張係数が高いた

め，炭化ケイ素粒子周辺に高い引張残留応力 σ_r が発生し，このため破壊靱性は減少する．この引張残留応力 σ_r は，通常，均質平均応力と局所変動応力との和で表され，後者は周囲の粒子からの距離の関数となるが[8]，ここではそれを積分し平均化した値を用いると，それによる靱性の減少分 ΔK_r は以下のように与えられる[2)~4)]．

$$\Delta K_r = \left(\frac{8\lambda}{\pi}\right)^{1/2} \left\{ \frac{2f_p\beta\Delta\alpha\Delta TE_m}{(1-f_p)(\beta+2)(1+\nu_1)+3f_p\beta(1-\nu_1)} \right.$$
$$\left. + \beta\Delta\alpha\Delta TE_m \left[\frac{d/(\lambda-d) - d^3/(2\lambda-d)(\lambda-d)^2}{2(1+\nu_1)(\beta+2)} \right] \right\} \quad (7.1\text{-}2)$$

ここで，$\Delta\alpha$ はアルミナおよび炭化ケイ素の熱膨張係数差，ΔT は温度差，E_m および E_p はそれぞれマトリックス相（アルミナ）および粒子（炭化ケイ素）の弾性係数であり，β は $\beta = (1+\nu_m)E_p/(1-2\nu_p)E_m$ である．λ は，f_p と d の関数であるから，アルミナおよび炭化ケイ素の熱膨張係数差および弾性係数が決まれば，σ_r も f_p と d の関数となる．すなわち，残留応力による靱性の減少分 ΔK_r も式 (7.1-2) により，f_p と d の関数として得られる．

これまでに得られた粒子架橋による靱性の増加分 ΔK_p と，残留熱応力による減少分 ΔK_r の両方を考えた全体の靱性の変化を考える．$\Delta\alpha$，ΔT，E_m，E_p をそれぞれ，1 400℃，3.8×10^{-6}/℃，380 GPa，90 GPa とすると，$d=100$ nm とした場合の，粒子の体積分率の増加による，粒子架橋による靱性の向上，残留熱応力の靱性の減少，および全体の靱性の変化を図 7.1-3 に示す．ΔK_p は，5 vol％ まで急激に上昇するが，それ以上は緩やかに増加する．一方，ΔK_r は d の増加にしたがい単調に減少するため，全体の靱性は $f_p=5$ vol％ 付近までは急激に増加するが，それ以上はほとんど増加しない．このことは，アルミナ/炭化ケイ素ナノ複合材料において，5 vol％ のわずかな分散量で強度特性が大きく改善されることと合致する．次に，$f_p=5$ vol％ とした場合の，分散粒子径，d による変化を図 7.1-4 に示す．同様に，100 nm までの領域で急激に立ち上がる一方，ΔK_r は d の増加にしたがい単調に減少するため，全体の靱性は $d=100$ nm 付近で最大となる．すなわち，ナノメーター程度の微少な粒子の分散で，十分に機械的特性が改善されることが説明できる．

ナノ粒子分散による靱性向上の効果は大きくはないが，アルミナ多結晶単体と比較して特徴的なのは，極めて短い亀裂進展で靱性が急激に上昇することである[2)~4)]．いま，アルミナ多結晶体の粒径を $2\,\mu$m，単結晶の破壊靱性を 3 MPa・m$^{1/2}$ とすると，

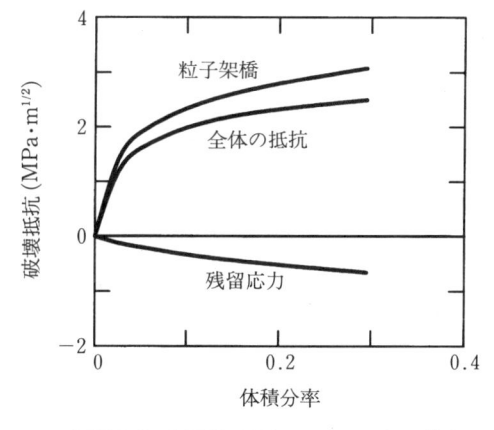

図 7.1-3 分散粒子径を 100 nm とした場合の粒子の体積分率による靱性の変化

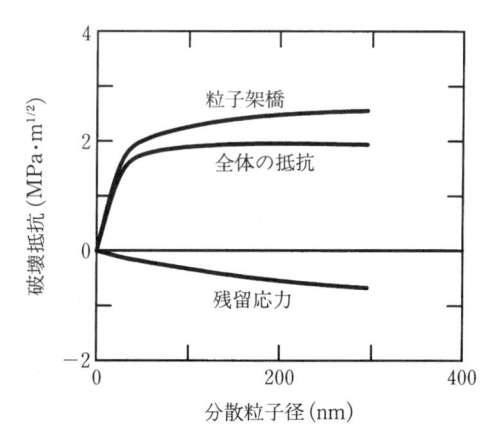

図 7.1-4 体積分率を 5 vol％ とした場合の分散粒子径による靱性の変化

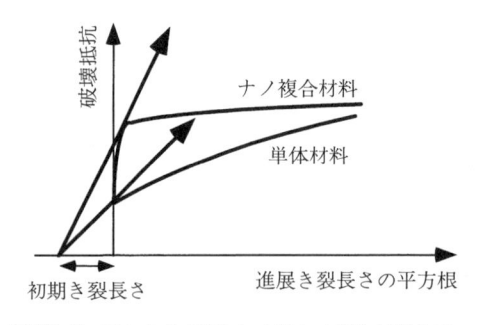

図 7.1-5 アルミナ/炭化ケイ素ナノ複合材料とアルミナ多結晶単体の破壊抵抗曲線の比較

Bennison-Lawn の解析[9]によれば，図 7.1-5 に示すように靱性はき裂進展開始時で 2.3 MPa・m$^{1/2}$ であり，き裂の偏向や粒子の引抜きにより，約 300 μm のき裂進展後に 3.5 MPa・m$^{1/2}$ の飽和値を得る．この靱性の上昇は，数 μm オーダーの潜在欠陥で支配される破壊強度にはほとんど寄与しない．一方，ナノ複合材料では，この 1/1 000 の 200～300 nm のき裂進展で，2.6 MPa・m$^{1/2}$ から約 4 MPa・m$^{1/2}$ まで上昇することになる．すなわち，破壊靱性の飽和値 (通常の破壊靱性測定手法で得られる靱性値) では，多結晶単体と複合材料では大きな差異はない．しかし，上述したような微少な潜在欠陥で支配される破壊強度は，ナノ複合材料の場合大きく向上することになる．

(2) ナノ粒子によるクリープ抵抗強化機構

セラミックスナノ粒子をセラミックスマトリックス粒子や粒界に分散させるとクリープ抵抗が飛躍的に向上することが知られている．ここでは，アルミナ/17 vol % 炭化ケイ素ナノ複合材料 (以下，ナノ複合材料) の引張クリープ特性，クリープ寿命，クリープ抵抗の向上の機構，クリープにおけるしきい応力などについて，約 2 μm の同じ粒子径をもつアルミナ単体と比較しながら検討する．ナノ複合材料では，粒界には添加した分散粒子全体の約 30 vol % に相当する炭化ケイ素ナノ粒子が存在し，その平均粒径は約 100 nm であった．

ナノ複合材料とアルミナの 1 200 ℃，50 MPa の条件における引張クリープ曲線を図 7.1-6 に示す[10]．アルミナのクリープ曲線は，遷移クリープ領域，定常クリープ領域，加速クリープ領域から成り立ち，クリープ寿命は約 150 時間で，破壊時のクリープひずみは約 4 % であった．これに対し，ナノ複合材料のクリープ寿命は約 1 400 時間でありアルミナと比較して約 10 倍長く，また破壊時のクリープひずみは 0.5 % であり，アルミナの約 1/8 である．さらに，ナノ複合材料では加速クリープはほとんどみられない．

このようにナノ複合材料が優れたクリープ抵抗を示す機構を明らかにするために，クリープ変形し破壊した試験片について TEM 観察を行った[10]．クリープ変形中の微細構造の最も特徴的な変化は，図 7.1-7 に示すように粒界滑りにともなう粒界における炭化ケイ素ナノ粒子の回転とそれらの粒子周辺のキャビティの発生や，炭化ケイ素ナノ粒子の角の顕著なひずみのコントラストである．これらのことから，以下のようなクリープ抑制機構が推定できる．アル

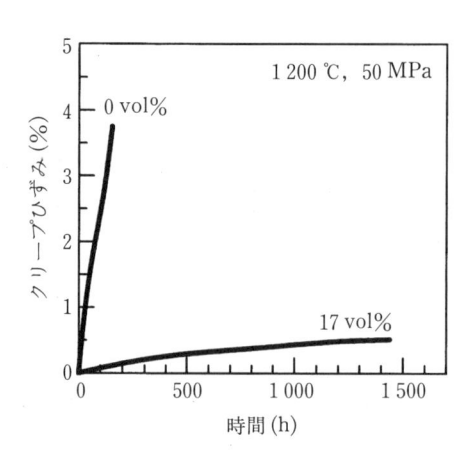

図 7.1-6 アルミナ/炭化ケイ素ナノ複合材料とアルミナの 1 200 ℃，50 MPa の条件下での引張クリープ曲線

ミナ/アルミナ界面に存在していた炭化ケイ素ナノ粒子は，粒界滑りとともに，炭化ケイ素ナノ粒子が反時計回りに回転し，下方のアルミナ粒子に突き刺さるように入っていく．それと同時に炭化ケイ素ナノ粒子の周辺に，ひずみのコントラストの渦が形成され，また小さなキャビティが発生する．すなわち，このような粒界の炭化ケイ素ナノ粒子が粒界滑りのピン止め効果をもたらしているのである．

1 200 ℃ でのアルミナの主たるクリープ変形機構は粒界拡散であるが，ナノ複合材料におけるクリープ抵抗の増大は，粒界の炭化ケイ素ナノ粒子とアルミナとの界面が

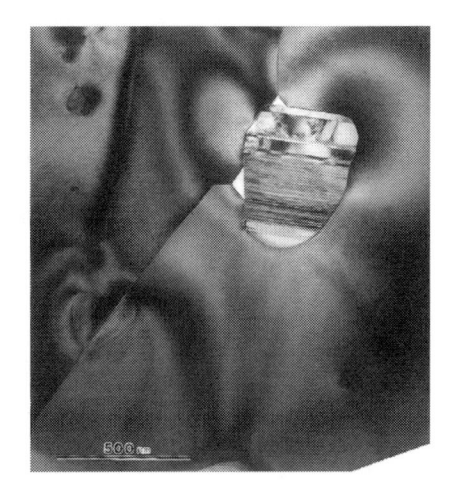

図 7.1-7 クリープ試験後のアルミナ/炭化ケイ素ナノ複合材料の微細構造

アルミナ/アルミナの界面に比べて拡散能力が著しく劣っている，換言すれば前者の界面が後者の界面に比べ結合が強固であることを示唆している[10),11)]．

アルミナ/アルミナ界面に比べて粒界の炭化ケイ素ナノ粒子がアルミナマトリックスと強固に結合していることは，以下の二つの方法で確認されている[12)]．一つは高分解能 TEM による界面の直接観察であり，他の一つは，焼結および冷却中でのアルミナ-炭化ケイ素の粒界に働く力の釣合による平衡厚みの計算である．このような力には立体障害力，ファンデルワールス力(長範囲ファンデルワールス力)，界面張力，外部圧縮応力(ホットプレス等)，内部熱応力等があり，通常，立体障害力は斥力，ファンデルワールス力は引力として作用する[13)]．通常のアルミナの粒界ではファンデルワールス力が弱く，また界面張力，内部熱応力は無視できるほど小さいので，一般的に界面厚さが 1 nm の平衡厚み以下の範囲で斥力が優勢となりガラス相が残存するが，ナノ複合材料の粒界の炭化ケイ素ナノ粒子とアルミナマトリックスの界面では，ファンデルワールス力が高くなるとともに大きな界面張力，内部熱応力の引力によりほとんどの界面でガラス相は残存しなくなる[12)]．

図 7.1-8 にナノ複合材料とアルミナの 1 200 ℃ での引張クリープ試験での最小クリープひずみ速度の応力依存性を示す[10),14)]．50〜150 MPa では，ナノ複合材料のクリープひずみ速度はアルミナのそれと比べて約 3 桁低い．アルミナのクリープひずみ速度はクリープ指数 $n=2.2$ の直線によくしたがっているが，ナノ複合材料では 35 および 40 MPa の最小クリープひずみ速度は，50 MPa 以上の応力範囲での結果から得られる $n=3.0$ の直線から著しく離れて

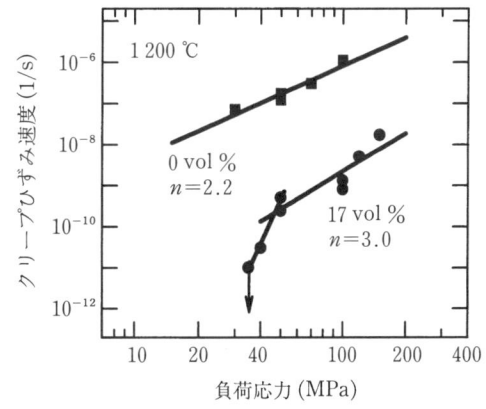

図 7.1-8 アルミナ/炭化ケイ素ナノ複合材料の 1 200 ℃ での最小クリープひずみ速度の応力依存性．矢印はより低い最小クリープひずみ速度の可能性を示す．n はクリープ指数

7.1 ナノ粒子による強化

いる．35 MPa での 10^{-11}/s は測定結果の下限界であり，実際はさらに低いクリープひずみ速度である可能性がある．ナノ複合材料とアルミナのクリープ寿命を負荷応力の関数として図 7.1-9 に示す[14]．アルミナのクリープ寿命は，疲労指数 $N=3.0$ の直線によくしたがっているのに対し，ナノ複合材料では，35 および 40 MPa の 10 000 時間以上のクリープ寿命は 50 MPa 以上の応力範囲で得られる $N=3.0$ の直線から著しく離れている．金属のクリープの分野では，高融点の粒子が粒界に存在する場合拡散クリープを抑制し，それ以下ではクリープが起こらないしきい応力 (threshold stress) が存在することが知られている[15]．上述した結果はナノ複合材料のクリープにおいても，このようなしきい応力が存在することを示唆しており，それは 20 から 35 MPa の応力範囲に存在すると推定できる．

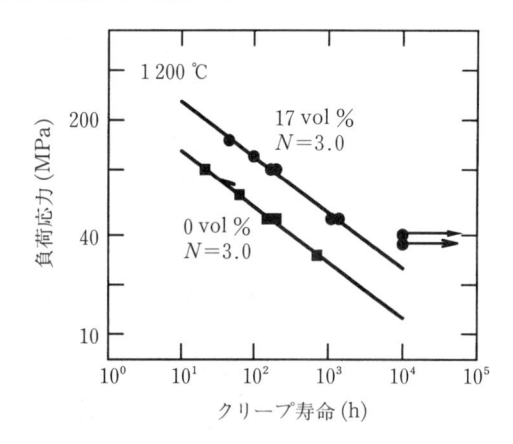

図 7.1-9 アルミナ/炭化ケイ素ナノ複合材料の 1 200 ℃ でのクリープ寿命の応力依存性．矢印は試験の中断を示す．N は疲労指数

Ashby[16] は，粒界の硬い粒子が粒界転位の移動を阻止するという考え方により，このしきい応力を理論的に予測している．このモデルでは，空孔が粒界の粒界転位の edge のみで生成消滅すると仮定しているので，空孔が常に供給されるためには粒界転位が移動しなくてはならない．粒界転位が粒界粒子とマトリックスとの界面を移動すると，弾性率，化学組成，格子定数などがマトリックスと異なる粒子と相互作用を起こす．この相互作用が転位のピン止め効果を引き起こし，以下のしきい応力 σ_{tr} が発生する[32]．

$$\sigma_{tr} = \frac{C_A G b_B}{(4\pi r^3 / f_{pi} D)^{1/2}} \tag{7.1-3}$$

ここで，C_A は定数，G は剛性率，r および f_{pi} は粒界ナノ粒子の半径と体積分率，D はマトリックスの粒径，b_B は粒界転位の Burgers ベクトルであり，$b_B = 1.6 \times 10^{-10}$ m と見積もられる．C_A は Orowan によるピン止め効果の考えでは 0.8 となるが，高温においては転位の上昇運動が活発となることから，C_A は粒子とマトリックスとの界面における局所的な原子の再配列の可能性に応じて，0.3 から 0.8 まで変動すると考えられる[15]．したがって，$G=1.3\times10^5$ MPa，$f_{pi}=0.05$，$r=100$ nm，$D=2$ μm の場合，式 (7.1-3) で予測されるしきい応力は 18～47 MPa と推定される．これは，実験から予測されるナノ複合材料の 1 200 ℃ でのしきい応力の範囲 20～35 MPa とよく一致している[14]．式 (7.1-3) は，同じ体積分率ではしきい応力は粒子径が小さくなればなるほど増大することを表している．すなわち，より微細な分散粒子は拡散クリープの抑制により効果があることになり，このことは，ナノ複合材料の特長の一つである．

セラミックスにおいても微細な第 2 次粒子の分散により，強度，破壊靱性，耐熱性などの種々の機械的特性が向上することが知られつつある．しかし，このような材料

の機械的特性は極めて多くの因子に影響される．それらの影響を理論的，定量的に把握理解することにより新たな材料の設計指針の確立とともに，さらなる特性の向上が期待できる．

● 参考文献
1) K. Niihara, *J. Ceram. Soc. Jpn.*, **99**, 974-82 (1991).
2) T. Ohji, Y.-K. Jeong, Y.-H. Choa, and K. Niihara, *J. Am. Ceram. Sci.*, **81**, 1453-60 (1998).
3) T. Ohji, Y.-H. Choa, and K. Niihara, *Ceram. Eng. Sci. Proc.*, **18**, 187-194 (1997).
4) T. Ohji, *CSJ Series-Publication of Ceram. Soc. Jpn.*, **2**, 161-63 (1999).
5) A. G. Evans, *Philos. Mag.*, **26**, 1327-44 (1972).
6) M. Toya, *J. Mech. Phys. Solids*, **22**, 325-48 (1974).
7) C. A. Handwerker, J. M. Dynys, R. M. Cannon, and R. L. Coble, *J. Am. Ceram. Soc.*, **73**, 1371-77 (1990).
8) T. Mori and K. Tanaka, *Acta. Metall.*, **21**, 571-74 (1973).
9) S. J. Bennison and B. R. Lawn, *J. Mater. Sci.*, **24**, 3169-75 (1989).
10) T. Ohji, A. Nakahira, T. Hirano, and K. Niihara, *J. Am. Ceram. Soc.*, **77**, 3259-62 (1994).
11) R. Raj and M. F. Ashby, *Metall. Trans.*, **2**, 1113-27 (1971).
12) T. Ohji, T. Hirano, A. Nakahira, and K. Niihara, *J. Am. Ceram. Soc.*, **79**, 33-45 (1996).
13) D. R. Clarke, *J. Am. Ceram. Soc.*, **70**, 15-22 (1987).
14) T. Ohji, T. Kusunose, and K. Niihara, *J. Am. Ceram. Soc.*, **81**, 2713-16 (1998).
15) E. Arzt, M. F. Ashby, and R. A. Verrall, *Acta Metall.*, **31**, 1977-89 (1983).
16) M. F. Ashby, *Scripta Metall.*, **3**, 837-42 (1969).

7.2 異方性ミクロ粒子による強化機構

破面間架橋現象を利用して高靭化を図る場合,板状,棒状といった異方性粒子を架橋体として作用させることが効果的である.実際,窒化ケイ素セラミックスなどでは棒状粒子を発達させることによって高い破壊抵抗値を得ている.ただ,破面間架橋現象はき裂進展にしたがって破壊抵抗値が変化する R 曲線挙動をともなう.材料を使う立場から破壊抵抗特性を考えると,単純に破壊抵抗値が高いだけが重要とは限らず,使用条件や環境によって必要とする R 曲線の形も異なる.例えば,き裂が大きく成長することを許しても高い破壊抵抗値が必要な場合もあれば,き裂が十分成長した後の最大破壊抵抗値よりもむしろ短いき裂成長で急激に破壊抵抗値が大きくなることを重要視する場合もある.したがって,破面間架橋現象を利用した高靭化を考える場合には,R 曲線挙動の制御も見据えた材料構造設計が必要となる.

破面間架橋を利用した高靭化に関する解析研究では,長繊維やウィスカ強化材料についての応力解析やモデル化が数多く報告されている[1]~[11].高靭化機構を数式モデル化するにあたっては,実際にどのような現象がどのような形で起こっているかを正確に知る必要があり,破壊のその場観察や実験的な解析が重要な役目を担う[11].しかし,現在までに報告されている解析モデルでは,特に破壊のその場観察技術が確立されていないこともあり,モデルの前提となる仮定や条件の妥当性が必ずしも検証されておらず,その情報をもとに材料設計を行うまでには至っていない.また,一般に材料開発研究においては破壊抵抗の最大値を材料評価の指針としており,R 曲線形状や破壊挙動を考慮して材料設計を行うことはほとんどない.

本節では,異方性ミクロ粒子の破面間架橋(粒子架橋)による高靭化機構に対象を絞り,き裂開口変位分布の精密測定とその解析結果,および架橋応力の数値解析結果から得られた破壊抵抗挙動制御のための材料構造設計指針について述べる.

(1) き裂開口変位分布の解析

粒子架橋に基づく高靭化機構の解析では,個々のミクロな現象を積み重ねて破壊抵抗に結び付ける方法と,マクロに測定される特性から種々の情報を引き出す方法がある.個々の架橋粒子の応力状態を解析的に求め,それを重ね合わせて R 曲線挙動などを予測するのが前者の例であり,破壊力学実験による R 曲線挙動の解析などは後者の例である.セラミックスのような不均質な材料を取り扱う場合,ミクロレベルでの個々の現象の解析では全体を見失う恐れがある.一方,個々の現象の平均化や特徴的な現象の取り出しが可能な破壊力学実験では詳細なデータは失われる恐れがあるものの,結果が現実のマクロ特性と乖離する心配は少ない.粒子架橋現象を解析の対象とする場合,その影響が顕著に現れるマクロ特性の一つにき裂開口変位分布がある[11].架橋粒子はき裂の開口を妨げる働きをするために,架橋粒子が存在する場合と存在しない場合とで,き裂開口変位分布が異なる.その差を正確に読み取ることにより,架橋応力分布などの解析が可能となる.

一般に,き裂開口変位は数 μm 程度であるため,き裂に沿ってその分布を正確に測定するためには,サブミクロン以下の分解能が必要である.そこで,走査型電子顕微鏡の内部に負荷装置を設置し,曲げ負荷を加えた状態でき裂を観察できる装置を作

製した．作製した装置では数万倍での観察が可能であり，これによりき裂開口変位分布を 0.1 μm 以下の分解能で測定できる．この装置を用い，負荷途中にある既存の自己複合化窒化ケイ素セラミックス[12),13)]と 2 種類の新規開発材料[14),15)]のき裂開口変位分布を評価・解析した．試料に用いた材料はすべて結晶粒子を長柱状に発達させ，その架橋効果により破壊靭性値を改善したものであるが，自己複合化セラミックスが結晶粒をランダムに成長させているのに対して，新規開発材は β 相の種結晶を添加し，テープ成形あるいは押出成形により棒状結晶粒の大きさとその分布，成長方向を制御している．

実際に粒子架橋が生じる材料の解析に先立ち，粒子架橋現象がほとんど観測されないアルミナセラミックスのき裂開口変位分布を測定し，結果が弾性体を仮定した曲げ応力による理論き裂開口変位分布[16)]とよく一致することを確認している．

図 7.2-1 は，市販の自己複合化窒化ケイ素セラミックスおよび開発した窒化ケイ素セラミックスの微構造である．自己複合化セラミックス [図 7.2-1 (A)] では棒状粒子の大きさが非常にばらついており，極端に大きな粒子が存在するうえに，その成長方向も一定ではない．これに対して β 相の種結晶を添加したテープ成形材 [図 7.2-1 (B)] では，棒状粒子の大きさがそろっている．また，その成長方向もテープ面内ではランダムであるものの，テープ方向にはほぼそろっている．種結晶を添加した押出成形材 [図 7.2-1 (C)] は，テープ成形材に比べて小さな種結晶を添加したために棒状粒子の大きさも小さくなっているうえに，成長方向が押出方向にそろった一軸配向となっている．それぞれの室温 4 点曲げ強度と SEPB (Single Edge Pre-cracked Beam) 法で測定した室温破壊靭性値は，600 MPa と 10 MPa·m$^{1/2}$（自己複合化セラミックス），1.1 GPa と 10 MPa·m$^{1/2}$（テープ成形材），1.2 GPa と 11 MPa·m$^{1/2}$（押出成形材）である．また，これらの材料では R 曲線挙動も大きく異なり，自己複合化セラミックスではき裂の進展にともなう破壊抵抗の立ち上がり方が緩やかで，破壊抵抗が 6 MPa·m$^{1/2}$ から 10 MPa·m$^{1/2}$ に増加するのに約 700 μm のき裂進展を要する．一方，新規開発材ではテープ成形材，押出成形材ともに R 曲線の立ち上がりが急峻であり，最大破壊抵抗値に至るまでに要するき裂成長量は 100 μm 以下である．

き裂開口変位分布の観察は，幅 3 mm，厚さ 4 mm，長さ 40 mm の形状に加工した試料の中央部に，幅方向に貫通した 2 mm 程度のき裂を導入し，SEM 内で破壊応力の 80〜90 % の 3 点曲げ負荷を加えて行われる．図 7.2-2

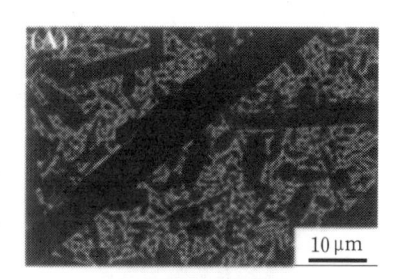

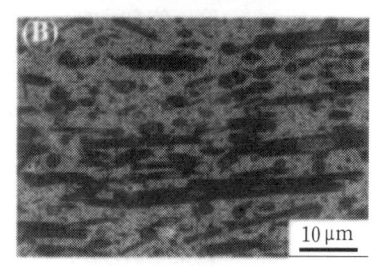

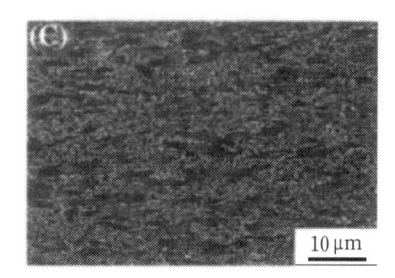

図 7.2-1 き裂開口変位分布の測定に用いた試料の微構造．(A) は市販の自己複合化窒化ケイ素セラミックス，(B) と (C) は新規開発材で，それぞれ種結晶を添加し，テープ成形・積層および押出成形後に焼結した窒化ケイ素セラミックス

(a)は自己複合化セラミックスの実測開口変位分布,粒子架橋のない場合の理論開口変位分布,および両者の差から解析的に求めた架橋応力分布である.この材料の場合,架橋応力の最大値は高々100 MPaであるが,架橋応力が発生していると考えられる領域,すなわち粒子架橋が発生している領域はき裂先端から約700 μm後方まで続いている.これに対して図7.2-2(b)はテープ成形材の結果であるが,この材料の特徴は,実測変位と理論変位の差がき裂先端から後方のわずかな領域で大きく変化していることであり,推定した架橋応力分布もき裂先端付近で約400 MPaという高い値を示す.しかし,架橋応力領域は自己複合化セラミックスに比べて短く,き裂先端から100 μm程度と見積もられる.図7.2-2(c)は同じく押出成形材の結果であるが,最大架橋応力はテープ成形材よりもさらに高く,架橋領域はさらに短くなっている.

以上のき裂開口変位分布の観察とその解析結果は,両試料が示すR曲線挙動をよく説明している.すなわち,架橋応力レベルが低く領域が長い自己複合化セラミックスではR曲線の上昇も緩やかで長く続くが,架橋応力レベルが高く領域が短い新規開発材では,短いき裂進展で急激に破壊抵抗が増大する.その傾向は棒状粒子の寸法が小さく配向性が高い押出成形材で最も顕著である.このようなR曲線挙動の違いは,結晶粒子の配向度の向上による架橋に寄与する粒子数の増加,種結晶添加による結晶性の向上や寸法の小型化による架橋粒子強度の改善と架橋領域の減少,などに起因していると考えられる.

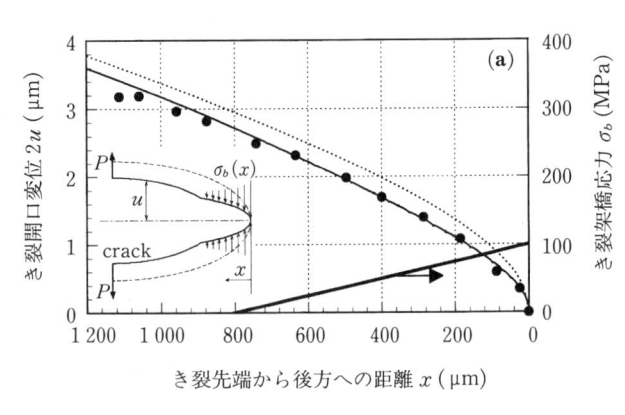

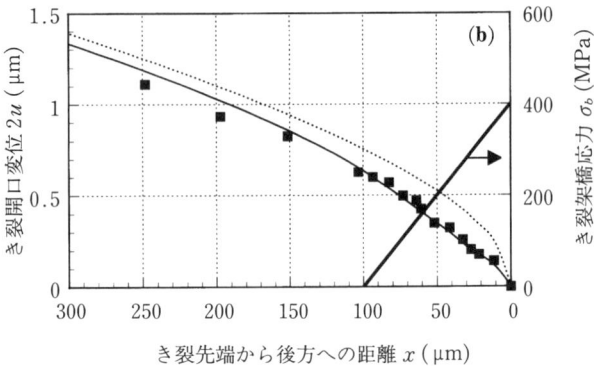

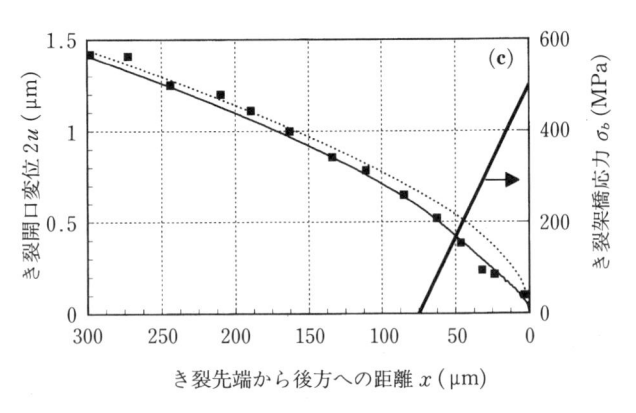

図7.2-2 き裂開口変位分布の測定結果とそこから解析的に求めた架橋応力分布.(a)は市販の自己複合化窒化ケイ素セラミックス,(b)と(c)は新規開発材で,それぞれ種結晶を添加し,テープ成形・積層および押出成形後に焼結した窒化ケイ素セラミックス

(2) 架橋応力の数値解析

材料特性を向上させるために材料構造と特性との関係を解析的に求め，それを材料構造制御指針として用いることは非常に効率的な方法である．しかし，実際には解析モデルが現実の現象を的確に表現しているとは限らず，多くの仮定のもとに成り立っていることがほとんどである．粒子架橋現象を取り扱う場合においても，比較的容易に結果が得られる解析モデルでは，現象を単純化しているために仮定が多く，適用範囲の制約も多い．逆に一般的な現象を取り扱おうとすると，非常に複雑な計算が必要となり，結果が簡単に得られないだけではなく，場合によっては解析の精度も計算方法や手段に左右されかねない．そこで，一般的な解析モデルを構築することが難しい現時点では，必要とする情報や対象としている材料の条件に合わせて適用するモデルを変えることも効果的な方法である．異方性ミクロ粒子の架橋現象を解析するモデルとしては，引抜きモデル[17]やShear-lagモデル[8]など，いくつかのものが存在するが，本項では有限要素モデルにより粒子配向性が架橋応力やR曲線挙動におよぼす影響を解析した結果について述べる．

図7.2-3は，き裂先端よりも後方で発生した引抜き状態にある粒子を概略的に示したものである．この架橋粒子により発生する架橋応力と引抜き長さの関係は，有限要素法を用いた通常の接触問題の解として求められる．引抜き状態にあり，かつ引抜き痕との間にかみ合いが生じている図7.2-3のような粒子は，変形限界までは非線形な弾性ばねとみなせる．したがって，き裂法線方向に対して傾斜している粒子の引抜き状態は弾性架橋問題と同じ取扱いが可能である．このようなモデルを考えると，き裂法線方向に架橋粒子を完全に配向させ，引抜き摩擦だけで架橋応力を発生している場合よりも，ある程度傾斜して配置されている粒子の方が架橋応力は高くなる．また，架橋応力分布を決定するには，臨界き裂開口量u_{cr}に加えて架橋応力とき裂開口量の比である「引抜き剛性率」C_pが重要なパラメータとなる．このモデルを用いると，き裂開口量が小さい範囲における架橋応力FはC_pとき裂開口量uを用いて(7.2-1)式のように線形ばねとして記述できる．

$$F = \kappa C_p u \quad (u < u_{cr})$$
$$ 0 \quad (u \geq u_{cr}) \tag{7.2-1}$$

ただし，κはF_0を規格化定数，lを最大引抜き長さ(架橋粒子の長さの1/2)として，

$$\kappa = 2F_0/l \tag{7.2-2}$$

で表される定数である．したがって，C_pもしくはu_{cr}が増加すれば破壊抵抗も大きくなる．C_pとu_{cr}は架橋粒子の形状や配向性などの材料構造因子や物性値と関係しており，C_pとu_{cr}のR曲線挙動に対する寄与を調べることにより，材料構造因子の影響も知ることができる．

図7.2-4はき裂法線方向と架橋粒子の傾きを5°と仮定して，き裂面の湾曲が生じ

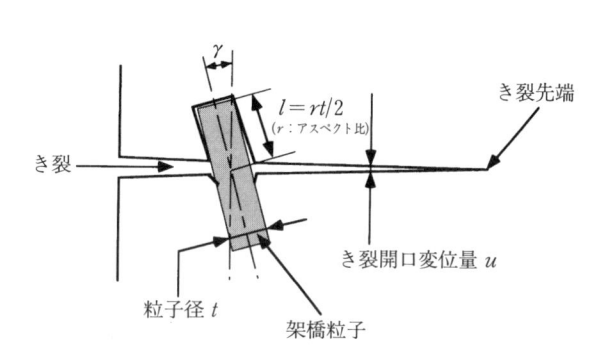

図7.2-3 2次元有限要素モデルの概念図

ない引張モデルと湾曲が生じる曲げモデルの場合のき裂開口量と架橋応力の関係を比較したものである．この図から，粒子の傾きが5°の場合にはき裂面の湾曲の効果は無視できる程度に小さいことがわかる．窒化ケイ素やアルミナのように剛性の高いセラミックスでは，き裂先端近傍でのき裂開口量は非常に小さいために，き裂開口量が数 μm 程度までの領域が検討の対象となる．これらのことから，本解析においても架橋粒子の傾きが5°の場合には単純な引張モデルが有効と考えられる．

図 7.2-5 は，臨界き裂開口量，引抜き剛性率と架橋粒子の傾き γ の関係を架橋粒子および母材強度を変えて調べたものである．臨界き裂開口量は架橋粒子の傾きが大きくなるほど，あるいは粒子や母材の強度が低いほど小さくなるのに対し，引抜き剛性率は粒子の傾きが大きくなるにしたがい増加する．次に，粒子形状を表すパラメータ t と r が，u_{cr} と C_p におよぼす影響を図 7.2-6 に示す．粒子が大きくなると C_p，u_{cr} ともに増加するが，その影響は C_p よりも u_{cr} に強く現れる．一方，粒子アスペクト比を大きくすると，u_{cr} は

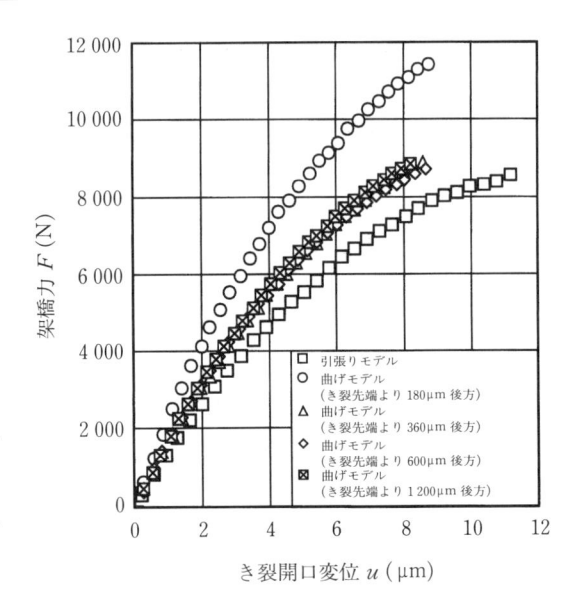

図 7.2-4 架橋粒子を含む SEPB 試験片に引張り応力を加えた場合とスパン 16 mm の 3 点曲げ応力を加えた場合のき裂開口変位と架橋力の関係．SEPB 試験片の高さは 4 mm であり，中央に 2 mm のき裂が存在すると仮定．解析条件は架橋粒子の径 20 μm，アスペクト比 3，き裂面法線方向となす角度 5°

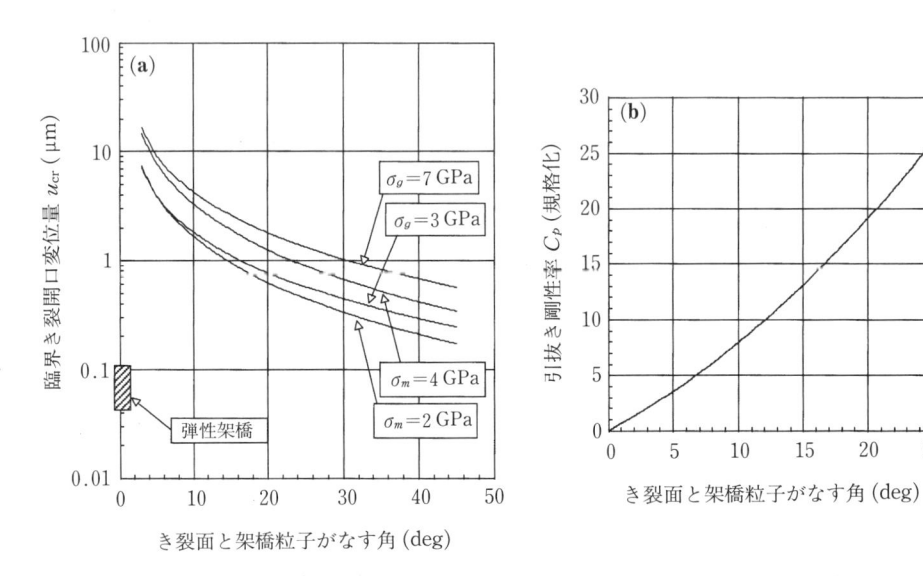

図 7.2-5 き裂面法線方向と架橋粒子がなす角と，(a) 臨界き裂開口変位量および (b) 引抜き剛性率との関係．解析条件は弾性率 300 GPa，架橋粒子と母材の引抜き摩擦係数 0.5，架橋粒子径 20 μm，アスペクト比 3．(a) の σ_g および σ_m はそれぞれ架橋粒子と母材の強度

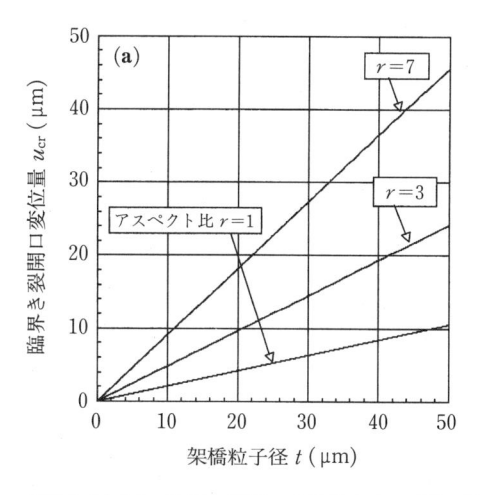

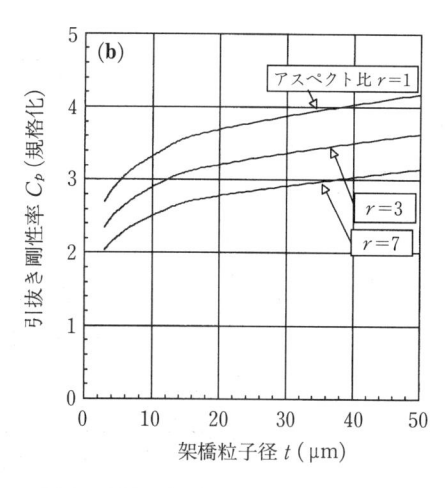

図 7.2-6 (a) 臨界き裂開口変位量および (b) 引抜き剛性率に対する架橋粒子形状の影響．解析条件は弾性率 300 GPa, き裂面法線方向と架橋粒子のなす角 5°, 架橋粒子と母材との間の摩擦係数 0.5

増加するが，C_p は逆に減少する．以上の結果をもとに C_p と u_{cr} を定式化すると，

$$C_p = 0.75\, E(1+11.2\,\mu)(\gamma + 0.025\,\gamma^2) f(r)(1+0.25\,ln\,t) \quad (7.2\text{-}3)$$

$$u_{cr} = \sigma_f tr^{0.566}/[0.124\,E(1+0.624\,\mu)(\gamma + 0.024\,\gamma^2)]^{-1} \quad (7.2\text{-}4)$$

の関係が得られる．ここで，

$$f(r) = \begin{cases} 1.3(1-0.115\,r) & (r<2) \\ 1 & (2<r<4) \\ 1.17(1-0.037\,r) & (4<r) \end{cases} \quad (7.2\text{-}5)$$

であり，γ (deg) は架橋粒子のき裂法線方向に対する傾き，r は粒子アスペクト比，t (μm) は粒子径，σ_f (GPa) は架橋粒子の強度，μ は架橋粒子と引抜き痕の間の摩擦係数，E (GPa) は弾性率である．

物性パラメータの影響については (7.2-3) 式，(7.2-4) 式が示すように，摩擦係数 μ や弾性率 E を大きくすると，C_p は増加するが u_{cr} は減少する．このことは，単一のパラメータを変化させるだけでは C_p と u_{cr} の両者を同時に大きくできないことを示している．

架橋応力分布から R 曲線挙動を求めることができるので，種々の条件下で架橋応力を解析することにより，架橋粒子の形状や配向性が破壊抵抗特性におよぼす影響を見積もることができる．図 7.2-7 は，(7.3-1)~(7.3-5) 式をもとに，窒化ケイ素 SEPB 試験片に 3 点曲げ負荷を加えた場合の R 曲線挙動を，架橋粒子の形状と配向性をパラメータとして予測した結果である．図 (a) は架橋粒子の厚さとアスペクト比を変えた場合の R 曲線であるが，他の条件を変えずにアスペクト比だけを大きくしても（条件 S1 と S2），R 曲線の立ち上がり方に大きな差は生じない．しかし，破壊抵抗の最大値はアスペクト比の大きい方が高い．また，架橋粒子の径だけを変化させると（条件 S2 と S3），径が小さい方が R 曲線の立ち上がりが鋭く，最大値も大きい．一方，図 (b) は架橋粒子の配向性だけを変化させたものであるが（条件 S3~S6），き裂法線方向に架橋粒子をそろえるほど破壊抵抗の最大値は大きくなるものの，R 曲線の立ち上がりは緩やかになる．

次に，2 次元モデルよりもさらに実際の条件に近い 3 次元での架橋応力解析結果を

解析条件	架橋粒子				母材強度 (GPa)
	径 (μm)	アスペクト比	体積分率	き裂面となす角度の分布	
S1	5	3	0.5	0～30°	7
S2	5	7	0.5	0～30°	7
S3	2	7	0.5	0～30°	7
S4	2	7	0.5	0～15°	7
S5	2	7	0.5	0～ 6°	7
S6	2	7	0.5	12～30°	7

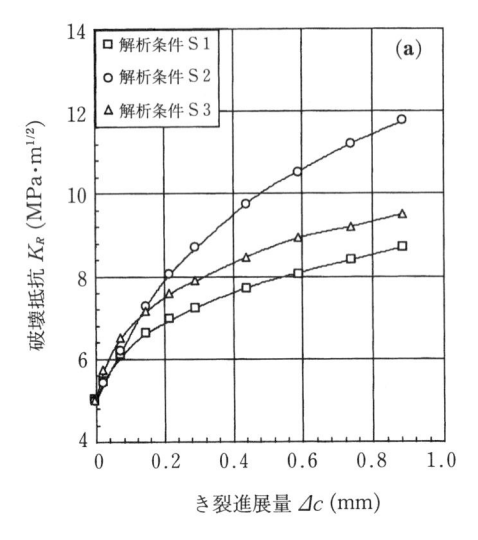

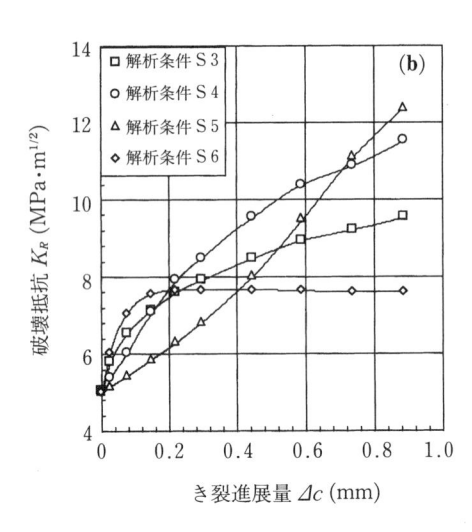

図 7.2-7　R 曲線挙動に対する (a) 架橋粒子形状・寸法と (b) 配向性の影響

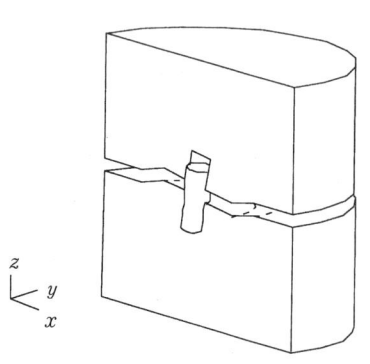

図 7.2-8　3次元解析モデルの概念図

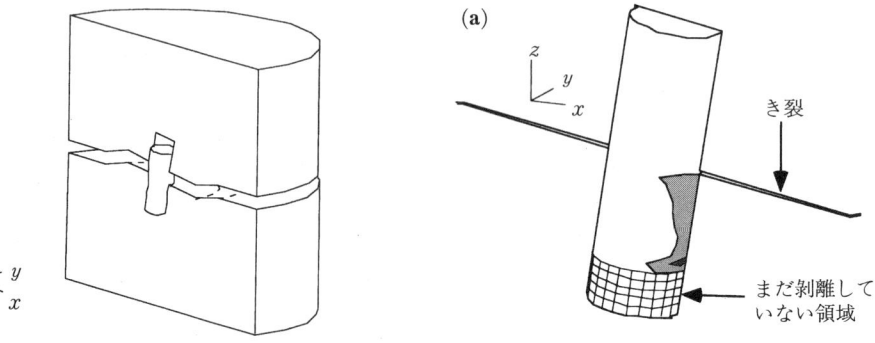

図 7.2-9　引抜き初期段階で (a) 架橋粒子および (b) 母材に発生する主応力の分布．解析条件は架橋粒子のアスペクト比3，き裂面法線方向と架橋粒子のなす角5°

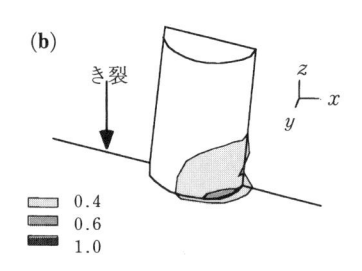

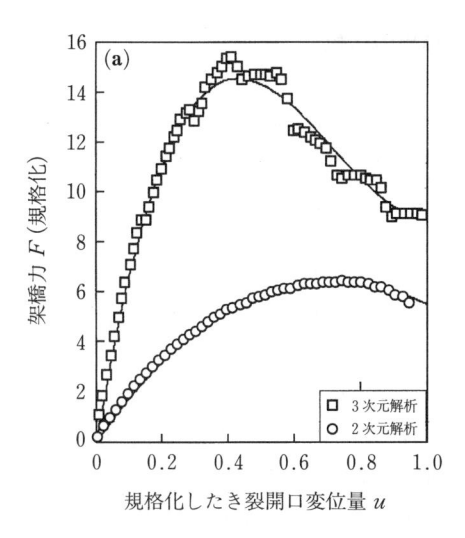

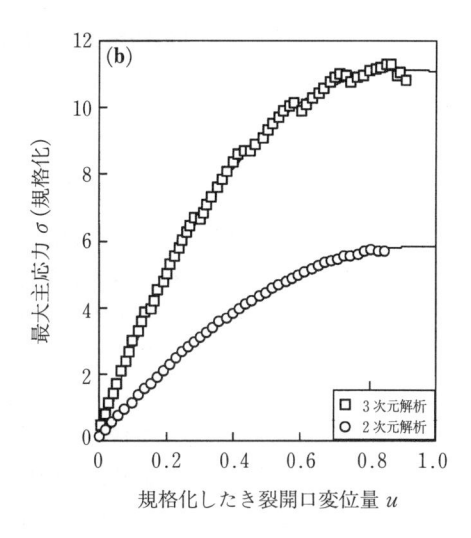

図7.2-10 2次元モデルの解析結果と3次元モデルの解析結果の違い．(**a**) き裂開口変位量と架橋力の関係，(**b**) き裂開口変位量と粒子に加わる最大主応力の関係．(**a**)において，曲線の$u=0$近傍での傾きが引抜き剛性率C_pを表す

示す．モデルの基礎は前述の有限要素法による接触問題の解である．図7.2-8が3次元モデルの概念図であり，モデルの前提条件として架橋粒子の物性は母材と同じとしている．また，架橋応力の発生に対する寄与は粒子のき裂法線方向に対する傾きγのみであり，き裂の湾曲の寄与はないものとする．シミュレーションの結果を図7.2-9と図7.2-10に示す．図7.2-9(b)に示すように，上部引抜き痕における応力集中はき裂面近傍に発生しており，この部分で母材の欠け落ちが生じる可能性がある．この欠け落ちが直ちに架橋の破壊につながることはないが，図7.2-10からわかるように，引抜き剛性率は2次元の平面応力モデルで予測した値に比べて3倍程度高くなっている．また，最大主応力も2次元モデルに比べて2倍程度高い．この結果から，2次元モデルでは引抜き剛性を不当に低く，逆に臨界き裂開口量を大きく見積もってしまうと結論付けられる．したがって，より精度の高いと考えられる3次元モデルでは，2次元モデルに比べてき裂進展量が大きな範囲では破壊抵抗値が小さくなり，逆にき裂進展量が小さな範囲では大きくなるという結果が予想される．

以上のシミュレーション実験から得られる高靱化のための構造制御指針をまとめると，次のようになる．

① 高度に長柱状粒子を配向させることは，き裂を大きく進ませてから高靱化を達成するには有効であるが，強度に対しては最適な条件ではない．逆に，き裂法線方向に対して適度に傾けて長柱状粒子を配置すると，破壊抵抗の最大値は低いものの，R曲線の立ち上がりが鋭くなり，強度は向上する．

② 粒子を大きくすると臨界き裂開口量は大きくなるが，引抜き剛性率には大きく影響しないために，R曲線の立ち上がり方に大きな変化はない．その結果，粒子の大きさはき裂進展量が大きくなった状態での高靱化には寄与するが，進展量が小さい領域ではあまり寄与しない．逆に，き裂進展量が小さな領域で破壊抵抗を改善する（立ち上がりの鋭いR曲線）には，細い粒子を用いた方がよい．

(3) 実験的解析結果と数値解析結果の比較

本節のなかで，R 曲線挙動を制御するための構造制御指針を示したき裂開口変位分布の解析結果と，有限要素法による架橋応力の解析結果には若干差異があるようにみえる．すなわち，き裂開口変位分布の解析結果では R 曲線を鋭く立ち上げるためには架橋粒子の配向性を高める方がよく，逆に有限要素法による数値解析結果ではき裂法線方向に対して架橋粒子をある程度傾けた方がよい．このような差が生じた原因は，数値解析における条件設定および両者で考察している架橋粒子の傾きの範囲の違いにある．すなわち，有限要素法による解析では母材の局所強度を 7 GPa と設定したが，これが妥当かどうかの検証は行っていない．シミュレーションの結果では，架橋粒子をき裂法線方向から傾けて配置した方が架橋応力が高くなることを示しているが，架橋粒子や母材に発生する応力も高くなる．したがって，粒子を大きく傾けて配置すると，架橋状態を形成する前に粒子や母材が破壊する．これは，有効な架橋状態をつくるには，架橋粒子や母材の強度によって架橋粒子に許される傾きに限度があることを意味する．

一方，実験的な解析においては，すべての粒子を完全にそろえた材料を作製することは不可能である．押出成形法で作製した一軸配向試料においても，長柱状粒子のき裂面法線方向に対する傾きにはある程度の分布があると考えた方が現実的であり，実験の条件は架橋粒子を完全に配向させた場合ではなく，数値解析で仮定したような適度な傾きを持つ場合と考えられる．

また，数値解析においては架橋粒子の傾きを 0～30°程度の範囲で考えているのに対し，実験的な解析ではモデル材が限定されていることから，完全ランダム配置，面内ランダム配置，一軸配向の3種類の比較であり，しかも一軸配向試料においても完全に粒子の向きがそろっているものではない．このような対象としている粒子配向の範囲や配向性の差も考慮する必要がある．

以上の考察から，両者の結果は矛盾するものではないが，数値解析においては設定条件の妥当性を検証しつつ最適条件を探す必要があると考える．

材料構造と破壊抵抗特性との関連付けは材料開発において破壊抵抗設計のための，あるいは他の特性と破壊抵抗特性を共存させるための構造制御指針となり得るものである．しかし，ここで得られた結果はまだ多くの仮定のもとで成り立つものであり，実際に材料開発に応用するためには，現実の現象のより詳細な観察とその結果のモデルへの反映，より一般的なモデルの構築に加えて，界面強度や残留応力など解析に必要な局所物性等の測定とそれらの製造プロセスとの関係把握などが必要である．また，破壊抵抗特性だけを考えても影響を与える現象は粒子架橋だけではなく，実際には多くの現象が関与している．それらを総合的に含んだ解析を行わなければ，実際には肝心な部分を落としてしまっている可能性が残る．このように，材料構造設計のための特性解析はまだ緒についたばかりであり，まだまだ不十分なものであるが，本章の他の節で述べられているような解析研究や評価研究と連携して特性解析を進めることにより，より理論的かつ効率的な材料開発が可能となるものと考える．

● 参考文献

1) D. B. Marshall, B. N. Cox, and A. G. Evans, "The Mechanics of Matrix Cracking in Brittle-matrix Fiber Composites", *Acta Metallurgica*, **33**, 2013-2021 (1985).
2) R. M. L. Foote, Y. W. Mai and B. Cotterell, "Crack Growth Resistance Curve in Strain-Softening Materials", *Journal of the Mechanics and Physics of Solids*, **34**, 593-607 (1986).
3) A. G. Evans and R. M. McMeeking, "On the Toughening of Ceramics by Strong Reinforcements", *Acta Metallurgica*, **34**, 2435-2441 (1986).
4) B. Budanisky, J. C. Amazigo and A. G. Evans, "Small-Scale Crack Bridging and the Fracture Toughness of Particulate-reinforced Ceramics", *Journal of the Mechanics and Physics of Solids*, **36**, 167-188 (1988).
5) S. J. Bennison and B. R. Lawn, "Role of Interfacial Grain-bridging Sliding Friction in the Crack Resistance and Strength Properties of Nontransforming Ceramics", *Acta Metallurgica*, **37**, 2659-2672 (1989).
6) M. Y. He and J. W. Hutchinson, "Kinking of a Crackout of an Interface", *J. Appl. Mech.*, **56**, 270-278 (1989).
7) P. G. Charalambides and A. G. Evans, "Debonding Properties of Residually Stressed Brittle Matrix Composites", *Journal of the American Ceramic Society*, **72**, 746-753 (1989).
8) C. H. Hsueh, "Interfacial Debonding and Fiber Pull-out Stresses of Fiber-reinforced Composites", *Material Science and Engineering*, **A123**, 1-11 (1990).
9) R. F. Cook, E. G. Liniger, R. W. Steinbrech and F. Denerler, "Sigmoidal Indentation-strength Characteristics of Polycrystalline Alumina", *Journal of the American Ceramic Society*, **77**, 303-314 (1994).
10) T. Suzuki and M. Sakai, "A Model for Crack-face Bridging", *International Journal of Fracture*, **65**, 329-344 (1994).
11) T. Fett, D. Munz, J. Seidel, M. Stech and J. Rodel, "Correlation between Long and Short Crack R-curves in Alumina using the Crack Opening Displacement and Fracture Mechanical Weight Function Approach", *Journal of the American Ceramic Society*, **79**, 1189-1196 (1996).
12) 宮島達也, 山内幸彦, 大司達樹, 兼松渉, 伊藤正治, "構造用セラミックスの非線形破壊挙動(第1報)―室温における亀裂進展抵抗の評価―", 名工研報告, **43**, 364-377 (1994).
13) T. Miyajima, Y. Yamauchi, and T. Ohji, "High Temperature R-Curve Behavior and Failure Mechanisms of In-situ Toughened Compsites", *Ceramic Transactions*, **57**, 425-430 (1995).
14) T. Ohji, K. Hirao, and S. Kanzaki, "Fracture Resistance Behavior of Highly Anisotropic Silicon Nitride", *Journal of the American Ceramic Society*, **78**, 3125-3128 (1995).
15) T. Ohji, Y. Shigegaki, T. Miyajima, and S. Kanzaki, "Fracture Resistance Behavior of Multilayered Silicon Nitride", *Journal of the American Ceramic Society*, **80**, 991-994 (1997).
16) T. W. Orange, "Crack Shapes and Stress Intensity Factors for Edge-cracked Specimens", ASTM STP513, 71-78 (1972).
17) D. B. Marshall and A. G. Evans, "The Tensile Strength of Uniaxially Reinforced Ceramic Fiber Composites", *Fracture Mechanics of Ceramics*, **7**, 1-16 (1986).

7.3 非線形破壊挙動を考慮した信頼性評価手法

　破壊靭性値が大きい材料は脆性破壊が生じにくいという意味で，金属材料は靭性が大きいといえるが，セラミックスでは，破壊靭性値が大きくても脆性破壊する．さらに，上昇型 R 曲線挙動特性を持つ材料の破壊靭性値は，その R 曲線挙動が発達した後の限界応力拡大係数の値であり，これを実際の機器設計にどのように適用するかが課題である．

　このような課題の解決のためには，構造要素の最終破壊に対する抵抗および信頼性を，そのままの形で評価することが必要になる．そのとき一つのヒントになるのは，損傷許容性の考え方である．損傷許容性とは，微視的あるいは局所的な損傷がそのまま全体破壊とならない性質である．図 7.3-1 は繊維とマトリックスの界面構造を種々に変えた CFCC (Continuous Fiber Ceramic Composite) の荷重・変位曲線の例[1] であり，損傷許容性とは定性的には図 7.3-1 中の荷重・変位曲線で D-type のような強度特性であると考えてもよい．

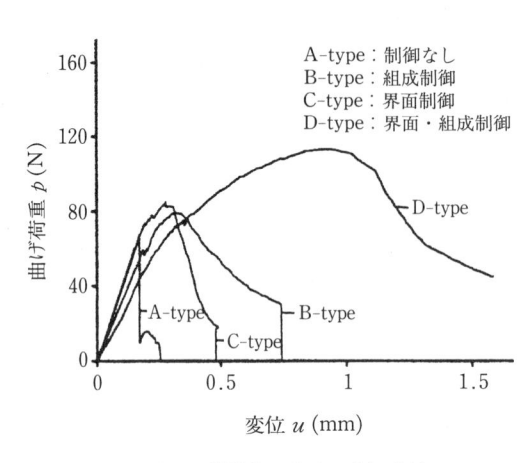

図 7.3-1 CFCC の荷重・変位曲線

　セラミックス，特にモノリシックセラミックスは典型的な脆性材料であり，損傷許容性はないものと考えられているが，インデンテーション試験におけるくぼみの発生，破壊靭性試験における R 曲線挙動など，わずかであるが損傷許容性は存在する．

　セラミックスガスタービン開発研究など，セラミックス部品の適用研究が進展し，実用化の見通しが得られたことはよく理解されるが，不測の突発的負荷に対する安全性・信頼性の低さが，実部品への適用拡大を阻んでいる．この点を克服するためには，セラミックスの損傷許容性を考慮に入れ，このような不測の負荷に対する部品としての実力を，良くも悪くも，正しく評価することが必要である．強度と靭性の両立とは，強度と信頼性の両立であり，本節ではこの観点から非線形挙動の解析と損傷許容性評価について述べる．

(1) R 曲線挙動の解析
a. R 曲線挙動発現の力学モデル

　脆性材料であるセラミックスの破壊靭性値を上げるためには，上昇型 R 曲線挙動を発現させる必要がある．セラミックスの R 曲線挙動はき裂先端近傍のプロセスゾーンの作用により発現する．

　プロセスゾーンの力学効果は，その効果を K_R 値として評価する方法のほかに，破面間に働く結合力によってモデル化する方法がある．破面間結合力によりモデル化する方法にも，想定されたき裂の先端に，応力の特異性を考慮する方法としない方法の 2 種類がある．これらを図 7.3-2 に示す．セラミックスのプロセスゾーンのモデル化

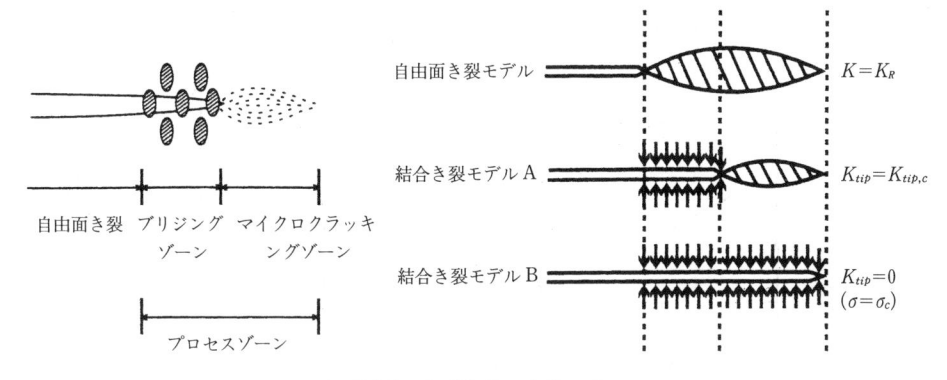

図 7.3-2 き裂先端の力学モデル

として，どのモデルが適切かについて数値シミュレーションにより検討した結果，図 7.3-2 に示したモデルの中では，結合き裂モデル A として示したモデルが適切であることがわかった[2]．このモデルは，プロセスゾーンの効果のうち，その一部をブリッジングなどの効果を表す破面間結合力で，残りの部分をブラックボックスとして，き裂先端の応力拡大係数 K_{tip} がその限界値 $K_{tip,c}$ に等しくなったときき裂進展が生じるとしたモデルである．一方，結合き裂モデル B はプロセスゾーンの効果をすべて破面間結合力で表そうとするモデルであり，この場合，き裂先端に応力特異性は生じない．モデル B では，破壊のプロセスにブラックボックスを導入せず，すべて破面間結合力によりモデル化しようとしているが，モデルがあまりに簡単すぎるため，実際の破壊現象を記述することができないものと考えられる．なお，数値シミュレーションにおいては，モデルの適切性は，モデルの中の材料定数が実験結果を記述するように決定できるかどうかで判定する．

また，セラミックスの破壊に対して，$K=K_{IC}$ などを破壊条件とする通常の破壊力学が不十分であることの理由は，セラミックスでは，破壊において問題となるき裂の大きさが非常に小さく，プロセスゾーンの大きさがき裂寸法に対して相対的に小さいとはいえず，小規模降伏の取扱いができないからである．

b. シナジーセラミックス模擬材の R 曲線挙動の解析

シナジーセラミックス模擬材として花崗岩を用いた破壊靭性試験結果とその解析結果について述べる[3),4)]．花崗岩は一種のセラミックスであり，その微細組織が通常のモノリシックセラミックスに比べて大きく，非線形変形・破壊挙動と微視構造の関係を考察するのに都合がよいことと，非線形挙動が顕著に現れるため，実験においてそれを測定することがやさしいことから対象材料として選んだ．

図 7.3-3 に，測定された開口変位と有限要素法による弾性解析結果との比較を示す．実験結果は弾性解析結果より小さく，き裂面に結合力が働いていることがわかる．前述の結合き裂モデル A を用いて破面間結合力をモデル化し，図 7.3-3 に示すように，破面間結合力の分布形態を，それを用いて計算した開口変位が実験値と合うように，試行錯誤により求める．次に，このようにして求めた破面間結合力分布を用いて，R 曲線挙動を計算する．計算から求めた R 曲線挙動は，図 7.3-4 に示すように，実験値とよく一致する．このことから，結合き裂モデル A を用いて，セラミックスの R 曲線挙動を解析可能なことがわかる．

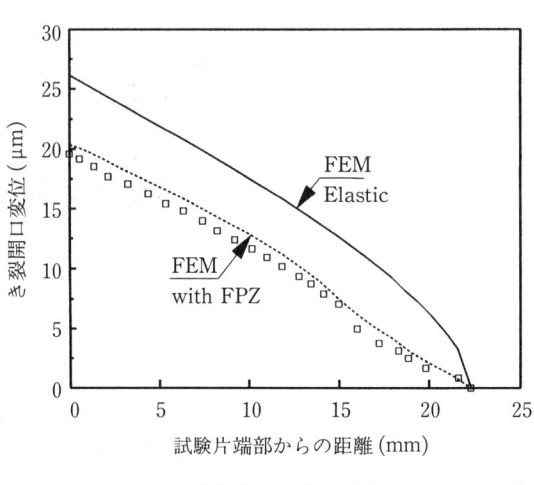

図 7.3-3　き裂開口変位分布

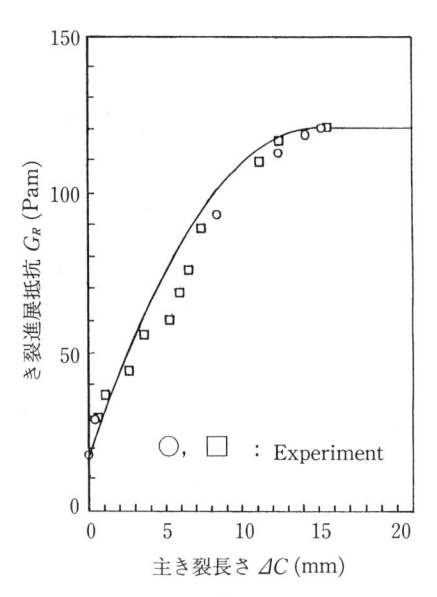

図 7.3-4　き裂進展抵抗の実験値と解析値との比較

(2) セラミックスの損傷許容性評価

a. 損傷許容性の定量化，脆性度 B の導入

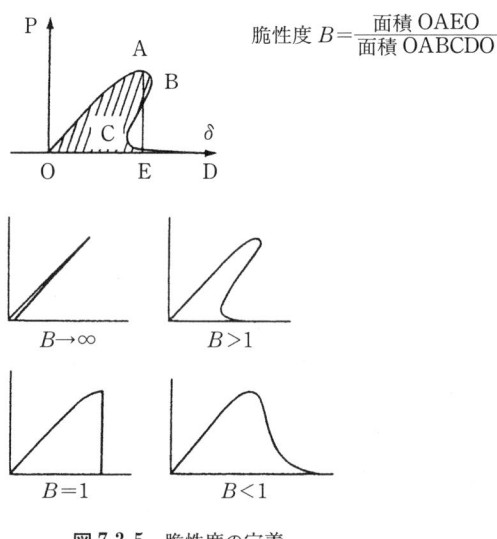

$$\text{脆性度 } B = \frac{\text{面積 OAEO}}{\text{面積 OABCDO}}$$

図 7.3-5　脆性度の定義

損傷許容性を定量的に評価するためのパラメータとして，それと逆の関係にある「脆性度」B を導入する[5]．脆性度 B は，図 7.3-5 に示すように，材料が破壊するまでに消費するエネルギーを最大荷重時に蓄えられるひずみエネルギーで基準化したものの逆数で，この値が大きいほど脆性度が大きい，すなわち，損傷許容性が小さいことを表す．文献[1]では，損傷許容性を定量的に評価するためのパラメータとして「損傷度」を定義しているが，これらパラメータ間の関係および利便性の比較は今後の課題である．

b. 脆性度 B の測定

損傷許容性の概念を用いたセラミックスの強度・信頼性評価が成立するためには，損傷許容性を定量化するために導入した脆性度 B が，実験的に定められる量であることを示す必要がある．その目的のためにセラミックスの安定破壊実験を行い，脆性度 B を具体的に求めることを試みた．材料は，非弾性変形挙動が顕著に生じ，安定破壊が比較的実現しやすい多孔質セラミックス（コージエライト多孔体）を用いた．

図 7.3-6 に，スタビライザを用いた引張の安定破壊実験から得られた応力・ひずみ

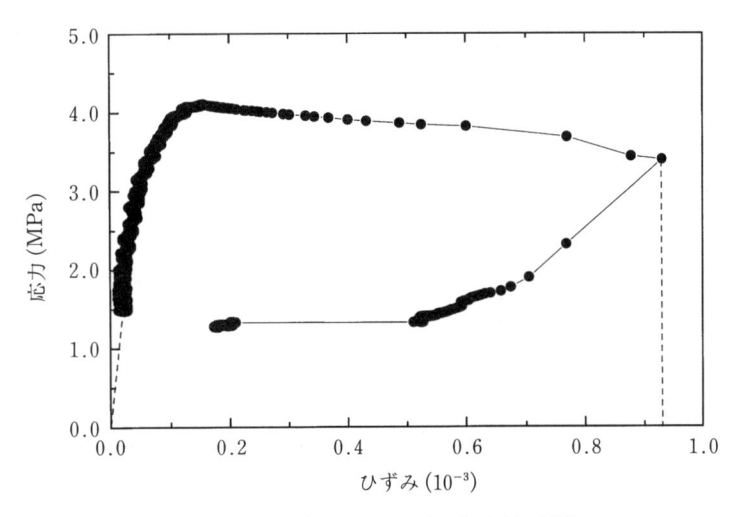

図 7.3-6　応力・ひずみ曲線（実験値）

曲線を示す[6]．ひずみは試験片表面に貼付したひずみゲージで測定し，応力は荷重を断面積で除して求めた．応力・ひずみ曲線の除荷部分は，ゲージ位置以外の部分においてき裂が発生し，除荷が生じたために生じたものであり，ゲージ部の材料の破壊を示すものではない．したがって，この部分を無視し，破線で示す応力・ひずみ曲線に対し，前項 **a.** の定義にしたがって脆性度 B を求めてみると，B は 0.14 となる．脆性度 B の数値自体はともかく，脆性度 B の値が実験により具体的に求められることが証明され，したがって，損傷許容性の概念によりセラミックスの強度・信頼性評価を行うことの成立性が証明される．

c. セラミックスの非弾性変形解析のためのモデル

図 7.3-6 に示したように，多孔質セラミックスは本質的に脆性材料であるにもかかわらず，非線形変形挙動を示す．他のセラミックスでも，程度の差はあれ，非線形挙動が認められる．このようなセラミックスの見かけ上の非弾性挙動解析に対し，延性材料の転位の運動を基礎とした塑性理論をそのまま適用できるかどうかは明らかでない．ここでは，セラミックスの非弾性挙動解析のための一つのモデルを示す．

セラミックスを内部に多数の微視き裂を含む脆性弾性体でモデル化する．き裂の形状をペニーシェイプとし，大きさがすべて等しいとすれば，引張応力 σ とひずみ ε の関係は，

$$\varepsilon = \frac{\sigma}{E} + \frac{16}{3} q \frac{\sigma}{E'} a^3$$

で表される[5),6)]．ここで，q はき裂密度，a はき裂半径を表す．き裂の成長に対し R 曲線挙動特性を仮定すれば，材料定数を適当に選ぶことにより，図 7.3-7 に示すような非線形応力・ひずみ曲線を計算で求めることができる．図 7.3-6 と図 7.3-7 の比較から明らかなように，実際の材料挙動をよくシミュレートできているのがわかる．図 7.3-7 中の除荷曲線は，全体の材料特性が一様であるとした計算では得られず，材料のマクロ的不均質性を導入することによって得られる．このようなモデルは，材料の微視特性とマクロ特性の相関，または/および，材料強度と部品強度の相関を調べるための有力な武器となるものと考えられる．

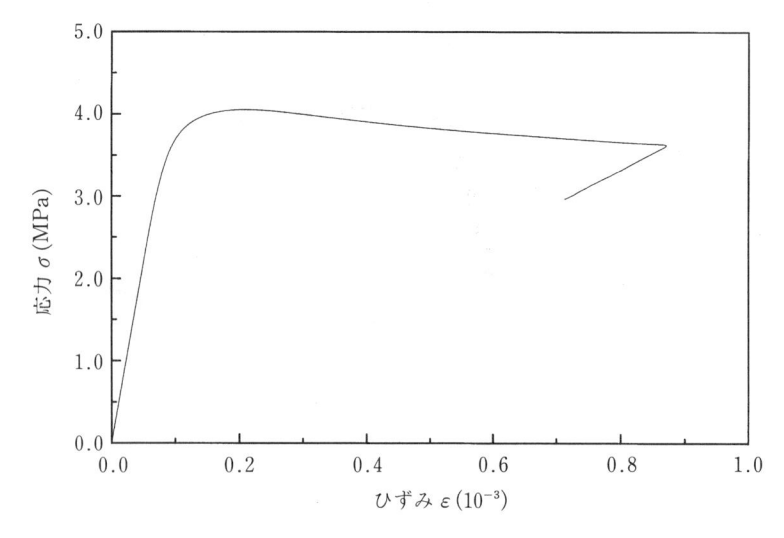

図 7.3-7　応力・ひずみ曲線（シミュレーション）

d. 損傷許容性と信頼性の関係

　損傷許容性の大きい材料が材料としての信頼性が高いことは定性的に理解できる．ここでは，それを材料モデルの破壊のシミュレーション計算により，もう少し具体的に示す[7]．

　計算に用いたモデルを図 7.3-8 に示す．マクロ材料の変形・破壊挙動は脆性棒のネットワークの挙動でモデル化され，それぞれの脆性棒は結晶粒などの材料の微視組織に対応するものとみなされる．それぞれの棒要素の強度は異なり，その強度分布はワイブル分布にしたがうものとする．

　この脆性棒ネットワークを上下方向に引張ると，それぞれの棒要素には最初は等しい応力が発生するが，最も弱い棒要素が破壊条件を満足するときこの要素が破壊する．そのとき，この要素に蓄えられたひずみエネルギーは解放されるが，損傷許容性の大きい場合は，要素内でエネルギーが消費され，解放エネルギーはそれに応じて小さくなる．解放エネルギーは一定の法則にしたがって，まわりの要素に分配され，そのエネルギーを受け取った要素の応力を増加させる．このようにして応力の再分配が生じることにより次に破壊する要素が決定され，破壊のシミュレーションが行われ

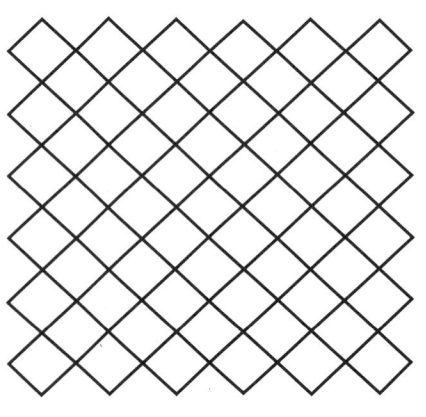

図 7.3-8　脆性棒ネットワーク 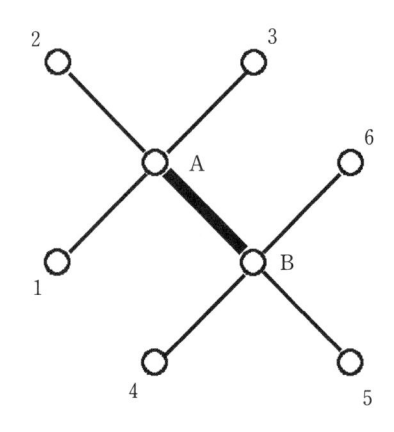　　　　図 7.3-9　ネットワークの要素

る．解放エネルギーの分配は，本来，応力の釣合とコンパティビリティの条件を満足するように行われるのであるが，ここでは簡単のため，図 7.3-9 の局所構造に応じて直近の要素に分配されるものと考え，エネルギー分配の局所ルールをアプリオリに設定して計算を行う．

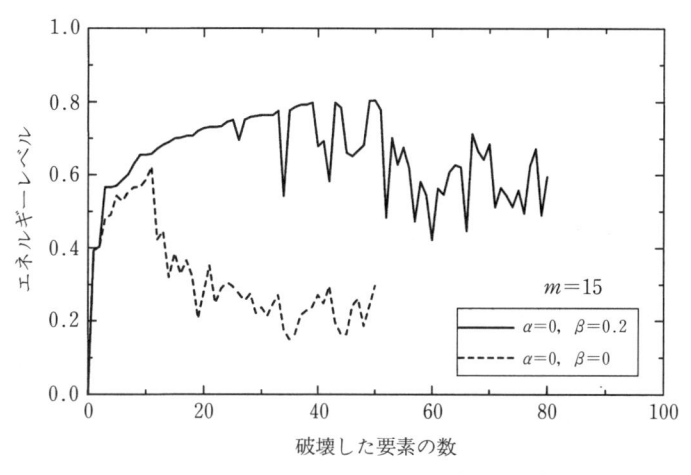

図 7.3-10 荷重・変位曲線（一様引張）

計算結果を図 7.3-10 に示す．計算は 72×72 のネットワークについて行っている．要素に損傷許容性がある場合のネットワークの挙動が実線で，ない場合の結果が破線で示されている．縦軸および横軸は，それぞれ，荷重と非弾性変形に対応する量である．この図から，微視要素の破壊に損傷許容性がある場合には，材料としての信頼性が上がることがわかる．

図 7.3-10 の結果は，微視組織の破壊挙動を反映したマクロな材料の破壊挙動を表しているとみることもできるし，材料の破壊挙動を反映した部品の破壊挙動を表しているとも考えることもできる．後者のように考えれば，この図は，損傷許容性の大きい材料を用いれば，部品の信頼性が上がることを示していると考えることもできる．

機械工学的には，材料試験で求められる材料の損傷許容性（あるいは脆性度）が，部品の強度・信頼性にどのようにかかわるかということが，最も興味あることであるが，脆性材料の損傷許容性の原子・分子論的意味を考察することは，技術全体のバックグラウンドとして意味のあることと考えられる．この考察に対する一つの試みとして，マイクロインデンテーションによるくぼみ発生の実験と，その分子動力学による解析がある．発生したくぼみの実験的な解析は，マイクロインデンテーション装置に備え付けられている AFM (Atomic Force Microscope) により行われており[8]，脆性材料の損傷許容性に関する今後の研究が期待される．

● 参考文献
1) 岡部永年セラミックス，**34** (4), 253-258 (1999).
2) 鈴木章彦，林誠二郎，日本機械学会論文集 A，64-618, 319-326 (1998).
3) 林誠二郎，鈴木章彦，日本機械学会第 71 期通常総会講演会講演論文集，No. 940-10, 869-871 (1998).
4) H. Baba, S. Hayashi, and A. Suzuki, *Ceramic Engineering & Science Proceedings*, **18**, Issue 3, Am. Cera. Soc., 253-260 (1997).
5) 鈴木章彦，林誠二郎，材料学会第 46 期学術講演会講演論文集，73-74 (1997).
6) 鈴木章彦，馬場秀成，林誠二郎，材料学会第 48 期学術講演会講演論文集，285-286 (1999).
7) 鈴木章彦，林誠二郎，馬場秀成，日本機械学会材料力学部門講演会講演論文集，**98** (5), 131-132 (1998).
8) 馬場秀成，鈴木章彦，日本機械学会材料力学部門講演会講演論文集，**98** (5), 141-142 (1998).

7.4 ミクロ破壊挙動

シナジーセラミックスでは，微構造を極限まで制御し，シナジー効果の発現を狙っている．したがって，新規なシナジーセラミックスの破壊特性を正確に評価し，その開発を促進するには，従来の均質材料を想定した線形破壊力学的評価の枠をこえて，材料の微視組織を直接パラメータとした新しい評価手法を開発することが不可欠である．これには，結晶粒や粒子間界面などの微視組織が破壊におよぼす影響や効果を直接評価できる評価法の確立と，微視的な領域の材料特性を観察評価できる実験手法の開発が必要である．本節では，① 微視組織を有限要素法上に取り込み，微視き裂進展挙動をシミュレーションする技術と，② 後方散乱電子線回折法によるき裂まわりの結晶方位解析手法の開発結果について述べる．

(1) き裂進展挙動シミュレーション評価手法[1]

セラミックスではき裂先端での転位の移動が起きにくく，破壊は粒界面や劈開面の脆性破壊から始まるため，破壊の開始点の破壊抵抗やき裂進展経路と微構造の関係を十分考慮する必要がある．しかし，組織の不均質性や機械的性質の異方性を考慮した微視破壊の評価手法はいまだ確立されていない．そこで，多結晶セラミックスの微構造を結晶方位の異なる結晶粒子と粒界相からなる不均質体でモデル化し，その微視破壊を有限要素法によりシミュレーションする方法について，多結晶アルミナを例に述べる．

セラミックスの微構造は，大別すると結晶粒子と粒界相に分けられる．研究手法として，多結晶アルミナの顕微鏡写真から一辺が数百 μm の任意領域を切り出し，その領域内の微構造を結晶粒子と粒界相に分けて有限要素法上で要素分割する．微構造をモデル化した一例を図 7.4-1 に示す．なお，各結晶粒子には次項 (2) に示す EBSD 法で求めた結晶方位と単結晶アルミナの弾性定数[2]と熱膨張係数[3]を与える．なお，窒化ケイ素のように粒界相が存在する場合は，粒界相の機械的・熱的性質を入力すれば，シミュレーション可能[4],[5]であるが，ここでは粒界相なしの場合を述べる．

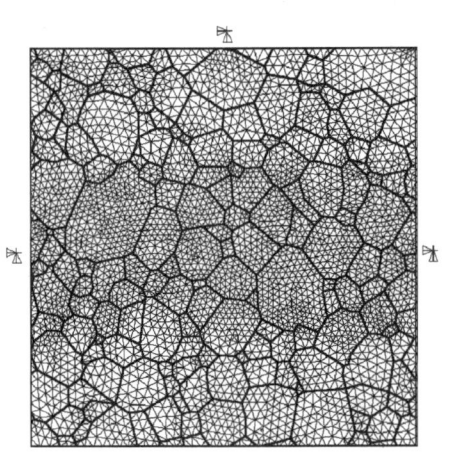

図 7.4-1 微視組織の要素分割例

解析対象は，片側き裂を有する一定の厚さの3次元平板とし，上下方向に強制変位を与える．解析は，焼結残留応力を計算した後，上下方向に強制変位を与えて破壊の可能性のある方向に仮想的に微視き裂を進展させたときのエネルギー解放率を求め，き裂の進展経路を決定する．微視破壊は，仮想き裂のエネルギー解放率が3つの劈開面 (1-102), (11-20), (1-100)[6],[7]，または粒界[8]の破壊エネルギーに達すると起こると考える．ただし，(0001) とその他の格子面の破壊エネルギーは 40 J/m² 以上と定義

し，有限要素法による計算には市販のソフト（ANSYS）を用いた．

図7.4-2は，焼結残留応力を考慮して微視き裂進展経路をシミュレーションした結果を示す．微視破壊のほとんどは粒界を進展したが，局所的な残留応力の影響を受けて微視き裂の進展方向が$-y$方向にわずかに偏向している．また，劈開面を進展した微視き裂は粒子内の残留応力場の影響を受けてステップ状に劈開破壊する現象を再現している．一方，図7.4-3は焼結残留応力を考慮しない場合のシミュレーション結果を示す．焼結残留応力の影響がないと微視き裂は粒界のみを進展することがわかる．また，図7.4-2と比較すると，微視き裂はほぼx軸に平行に進展するモードⅠ型のき裂進展であることがわかる．

以上のように，多結晶セラミックスの微視組織を不均質体として有限要素法上に取り込み，粒界や粒内の破壊エネルギーを与えることにより，セラミックスの微視破壊をシミュレーションできることがわかる．つまり，多結晶セラミックスの破壊挙動は，粒内の劈開面と粒界相の破壊エネルギー差だけでなく，結晶粒子間の結晶方位差に起因する焼結残留応力にも大きく影響される．すなわち，き裂が局所的な残留応力値と負荷応力による応力場により偏向することは明らかである．

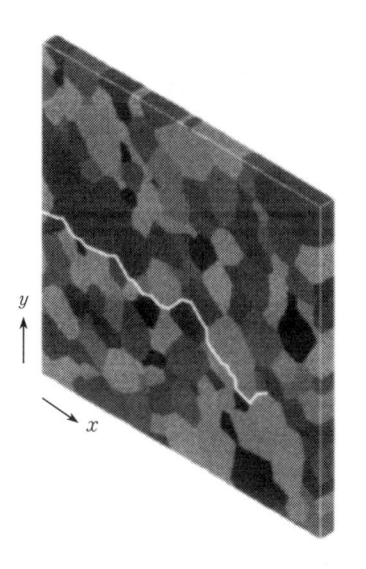

図7.4-2　焼結残留応力ありの場合の解析結果　　図7.4-3　焼結残留応力なしの場合の解析結果

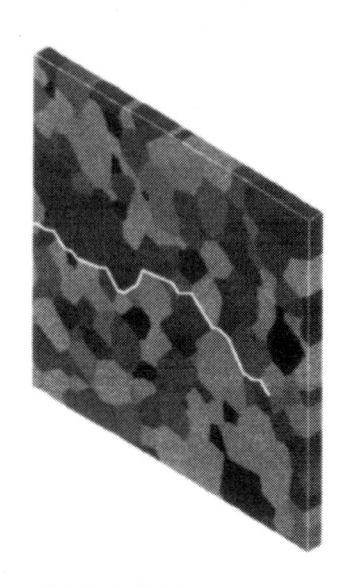

(2) 後方散乱電子線回折（EBSD）法による結晶粒子の方位解析手法

一般に，セラミックスの粒界構造を解析する手法として透過型電子顕微鏡（TEM）が用いられるが，原子レベルの観察が可能であるがゆえに限られた特定の粒界しか解析評価できない．そこで，セラミックス焼結体に対して個々の結晶粒間の方位解析を行うための粒界構造解析手法の開発が必要である．ここでは，走査型電子顕微鏡（SEM）を用いた後方散乱電子線回折（EBSD：Electron Back Scattered Diffraction）法[9]の開発と，それを用いて得られたき裂まわりの結晶粒子の方位関係や窒化ケイ素における柱状粒子の方位関係などの知見について述べる．

図7.4-4に界面構造評価装置の概略図および外観を示す．本装置は，フィールドエミッション走査型電子顕微鏡（日本電子製FE-SEM）とEBSDパターンを検出・解析

する結晶方位解析装置(TSL製)からなる．また，元素分析(NORAN製)による結晶粒子の構成元素の同定や，3次元形状解析装置(サンユー電子製)による粒界およびき裂の傾斜角度が測定可能である．試料は電子線照射に対して70度傾斜してFE-SEMチャンバ内に設置する．試料表面の結晶粒子に電子線を照射した時に発生する後方散乱電子線回折を蛍光板で検出し，得られたEBSDパターンを高感度カメラで読み取る．

図7.4-5にEBSDパターンの一例(β-窒化ケイ素のHexagonal構造)を示す．平行線は結晶面，平行線の間隔は格子面間隔，交差点は結晶の方向(晶対軸)である．このパターンからオイラー角が求まり，結晶粒子の方位が計算で求められる．このEBSDパターンは，試料表面の状態に大きく影響するため，試料表面状態および電子線照射の最適化が，セラミックスを評価するうえでの重要なポイントである．本解析手法の妥当性は，結晶構造および方位の明確な各種単結晶を用いて確認している．

セラミックスのき裂進展挙動は材質だけでなくき裂まわりの結晶構造に大きく影響される．そこで，スタビライザ法で導入した微視き裂まわりの結晶粒の方位解析を

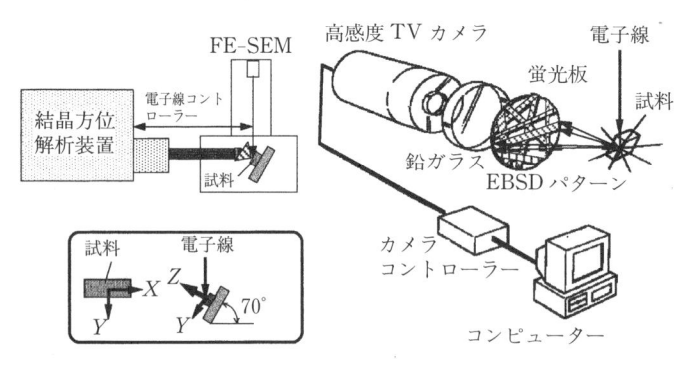

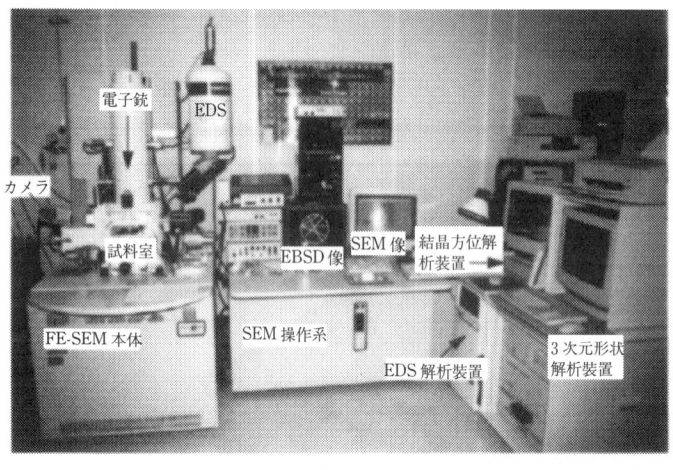

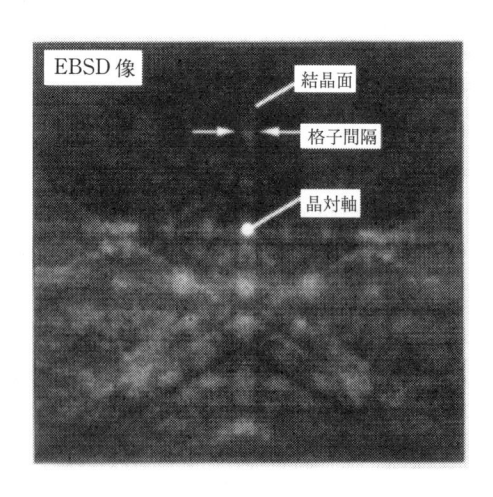

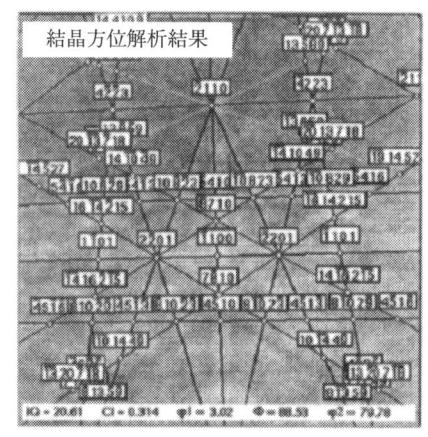

図7.4-4　界面構造評価装置

$\phi 1$, Φ $\phi 2 = 3.02$, 88.53, 79.78

図7.4-5　窒化ケイ素のEBSD像と結晶方位解析結果

EBSD法により行う．図7.4-6に多結晶マグネシアにおける安定破壊領域のき裂面の結晶方位解析結果を示す[10]．き裂は，安定破壊領域ではほとんどが粒界を，また，不安定破壊領域では粒内の劈開面を進展することがわかる．なお，き裂面の結晶方位は，き裂の角度を3次元形状解析装置で求めることにより正確に解析できる．アルミナやジルコニアにおいてもき裂まわりの結晶方位解析に成功しており，き裂進展シミュレーションの基礎データに利用することができる．

EBSD法による結晶方位解析は，き裂まわりの微構造解析だけでなく，材料開発のプロセス改善等のための解析手段として有効である．例えば，高熱伝導化や高靱性化を目的に粒子配向させた窒化ケイ素の方位解析にEBSD法の適用が可能である[11]．電子線スポット領域は約$0.1~\mu m$，$100~\mu m \times 200~\mu m$の領域を$1~\mu m$間隔で電子線をスキャンすることにより領域内における窒化ケイ素粒子の結晶方位の同定を行う．図7.4-7は，結晶方位分布を表す逆極点図である．X軸方向は柱状β-窒化ケイ素粒子の種結晶を配向させたc軸方向[0001]であるが，配向にばらつきがあることがわかる．このほか，粒成長過程の結晶方位関係や基板と膜との整合性など，製造プロセスにフィードバックできる焼結体特性情報を得られることから，EBSD法は新材料開発の有効な解析手法になると考えられる．

なお，EBSD法のほかに，顕微ラマン分光法を用いて結晶粒子の方位解析を行う

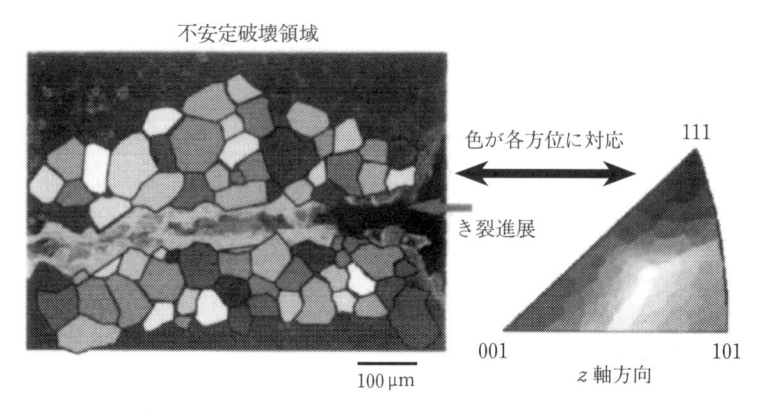

図7.4-6 マグネシアの不安点き裂周りの結晶方位解析結果

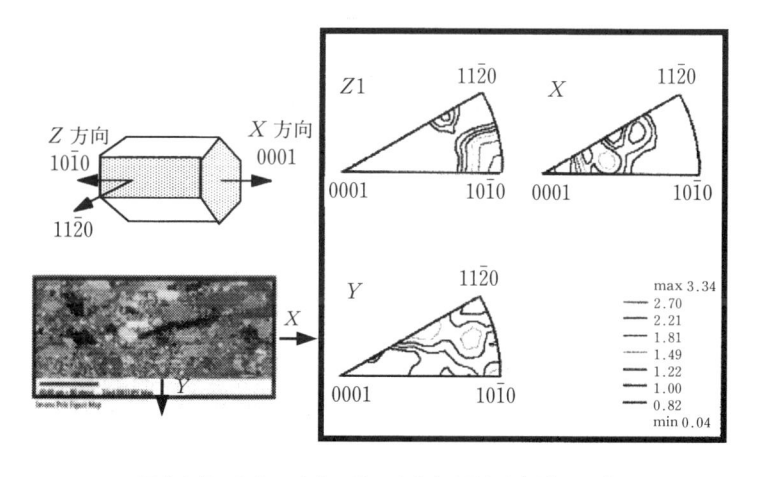

図7.4-7 窒化ケイ素の結晶方位解析結果（逆極点図）

こともできる．その詳細については文献[12]を参照されたい．

● 参考文献
1) 坂井田喜久，安富義幸，瀧川順庸，田中啓介，機講論 No. 993-1, 23-24 (1999).
2) J. B. Wachtman, W. E. Tefft, D. G. Lam, and R. P. Stinchfield, *J. Res. Natl. Bur. Std*, **64A**, 213-228 (1960).
3) C. A. Swenson, R. B. Roberts, and G. K. White, Thermophysical Properties of Some Key Solids, CODATA Bulletin, Pergamon Press (1985).
4) Y. Sakaida, A. Okada, K. Tanaka, Y. Yasutomi and H. Kawamoto, 22nd Annual Conference on Composites, Advanced Ceramics, Material, and Structures, B, 169-176 (1998).
5) Y. Sakaida, A. Okada, K. Tanaka and Y. Yasutomi in Proceedings of the 9th CIMTEC, Symposium I-Computational Modeling and Simulation of Materials, 347-354 (1999).
6) S. M. Wiederhorn, *J. Am. Ceram. Soc.*, **52**-9, 485-491 (1969).
7) 岩佐美喜男，上野力，Bradt, R. C.，材料，**30** (337), 1001-1004 (1981).
8) N. Claussen, B. Mussler and M. V. Swain, *J. Am. Ceram. Soc.*, **65** (1), C14-16 (1982).
9) D. J. Dingray and V. Randle, *J. Mater. Sci.*, **27**, 4545-66 (1992).
10) Y. Yasutomi, Y. Sakaida, Y. Ikuhara, and T. Yamamoto, in Proceedings of the 9th CIMTEC, Ceramics Getting into the 2000's Part A, 233-240 (1999).
11) Y. Yasutomi, Y. Sakaida, N. Hirosaki, and Y. Ikuhara, *Journal of the Ceramics Society of Japan*, **106** (10), 980-83 (1998).
12) Y. Takeda, N. Shibata, Y. Sakaida, and A. Okada, 22nd Annual Conference on Composites, Advanced Ceramics, Materials, and Structures, A. 493-500 (1998).

7.5 微視破壊過程評価手法

巨視的な破壊は，微視的な領域での挙動に支配されることが知られている．そのため，例えばシナジーセラミックスのような微構造を制御した材料の高靱化のためには，微視破壊挙動の評価，さらにはその場観察などを用いた微視破壊過程の評価が必要となる．また，シナジー材料などの先端材料開発において要求される微小試験片の評価支援技術として，あるいはセラミック部品からの切出し試験片の評価技術として，破壊靱性値などの特性を微小試験片を用いて的確に評価する技術を開発することが必要となる．本節では，(1) き裂進展その場観察法による破壊過程評価，および(2) 微小試験片における破壊過程評価について述べる．

(1) き裂進展その場観察法による破壊過程評価

一般に，セラミックスの破壊は脆性的に起こることが知られている．このような材料において，破壊は破壊靱性値（K_{IC}）というパラメータによって支配される．近年，この破壊靱性値と同等のパラメータである破壊抵抗値（K_R）が，き裂の進展にともない上昇するという現象が報告されている[1)~3)]．このようなき裂進展長さと破壊抵抗値関係は R 曲線挙動と呼ばれるものであり，破壊靱性値が低いセラミックスにおける上昇型の R 曲線挙動に基づく靱性増分には，高靱化の観点から非常に興味が持たれるところである．き裂進展長さと破壊抵抗値の関係を求める方法としては，様々な方法が提案されている[4),5)]．このうち，き裂長さの間接的評価法あるいは半直接評価法は，計算式に仮定を多く含む，特殊な形状の試験片を用いるため加工が困難，多数の試験片が必要などの問題点を有している．ここでは，安定成長したき裂をその場観察することによりき裂長さを直接評価する，曲げ試験による R 曲線評価について述べる[6),7)]．

その場観察法により破壊抵抗値を求めるためには，き裂を安定成長させる必要がある．このための方法として，クラックスタビライザを設けた試験治具によって，鋭いノッチを導入した SENB (Single Edge Notched Beam) 試験片を用いる試験方法を採用する[2),8)]．本測定でのノッチ先端の曲率半径は約 5 μm である．このような装置

図 7.5-1 き裂進展その場観察法による破壊抵抗値評価装置

を用いた試験におけるき裂進展挙動に対して，観察距離14 mmの高倍率光学顕微鏡を用いてその場観察を行う．観察倍率は250～2500倍である．開発した試験装置を図7.5-1に示す．観察画像は光学顕微鏡に取り付けたCCDカメラを通してビデオテープに記録される．

図7.5-2は窒化ケイ素セラミックスのき裂進展その場観察結果の一例を示したものである．このような各き裂長さとその時の荷重値から，破壊抵抗値を算出することができる．図7.5-3に窒化ケイ素セラミックスのき裂進展長さに対する破壊抵抗値変化を求めた結果を示す．3本の試験片に対する測定においてデータのばらつきはほとんどみられず，R曲線挙動の非常に精度の高い測定を可能としている．

従来，微小き裂のR曲線挙動はインデンテーション法により評価され，巨視的き裂はSEPB法などにより評価されてきたが，図7.5-2と図7.5-3で示すように，その場観察法により高倍率でき裂進展挙動を観察することが可能になり，微小き裂領域も評価することが可能となっている．本評価手法は，通常き裂形状に仮定を用いる必要がなく，非線形材料であってもき裂の長さは測定できる特徴を有しており，例えばシナジー材料として研究されている積層構造材料や，配向制御構造材料などの不均質な材料のき裂進展挙動評価手法として用いることが可能である．図7.5-4にシナジー開発材である粗大柱状粒子が一方向に配向した窒化ケイ素セラミックスのR曲線の一例を示す[9],[10]．シナジー材においてもき裂進展挙動評価が可能であることがわかる．同様に，サイアロン-窒化ケイ素積層体についても評価を行っている．これらの成果については文献[10]～[12]を参考にさ

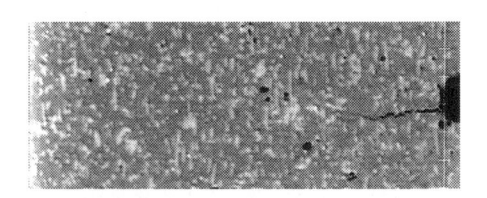

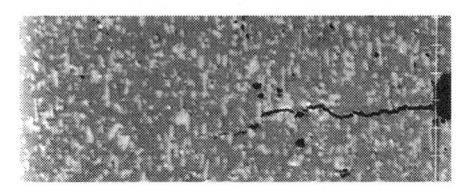

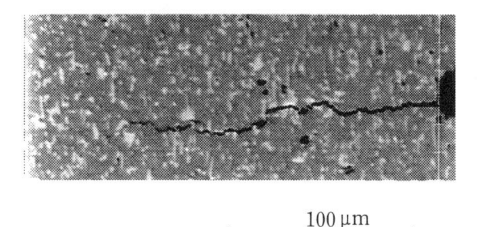

図7.5-2 窒化ケイ素セラミックスのき裂進展その場観察結果の一例

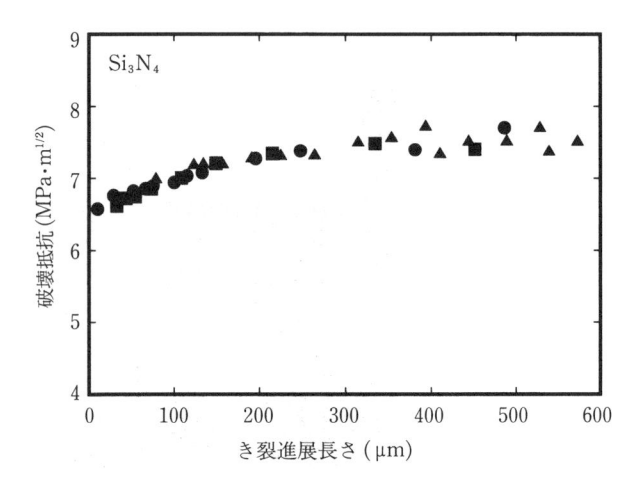

図7.5-3 窒化ケイ素セラミックスのき裂進展長さに対する破壊抵抗値変化

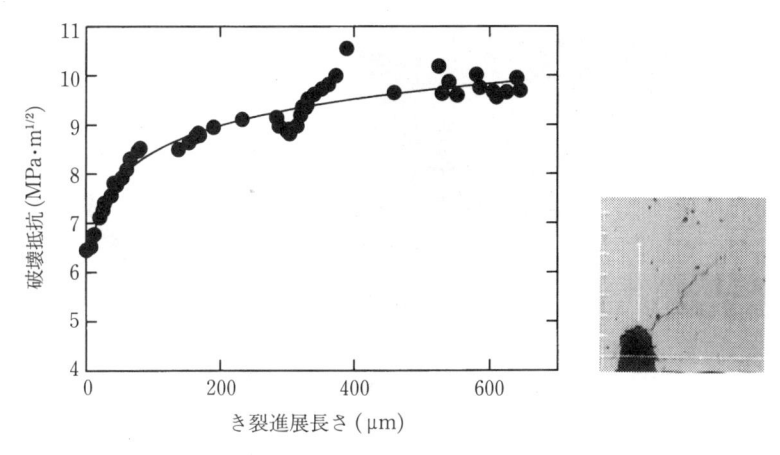

図 7.5-4　粗大柱状粒子配向窒化ケイ素セラミックスの R 曲線挙動

(2) 微小試験片における破壊過程評価

　実際に使用されているセラミックス部品は非常に小型なものが多く，これらの部品から切出した微小試験片を用いて，破壊強度や前述した R 曲線挙動などの特性を的確に評価する技術を開発することが必要となる．また，シナジー材料などの先端材料開発においても，微小試験片の評価技術は非常に有用なものである．ここでは 2 種類の微小試験片を用いた評価手法の開発について述べる．一つは前述したクラックスタビライザ付きの曲げ試験におけるき裂進展その場観察を微小試験片について行う方法であり[13]，もう一つはインデンテーション 2 軸曲げ試験片のき裂その場観察法である．

　図 7.5-5 にインデンテーション 2 軸曲げ試験治具の模式図を示す．本試験法はビッカース圧痕を導入した円盤状試験片の圧痕側に引張応力が働くピストンオンリング方式であり，き裂の進展は試験治具下側に設置した光学顕微鏡によりその場観察されビデオに記録される．

　従来法であるインデンテーション法 (ISB 法) による R 曲線評価手法は，き裂の進展は観察せず初期のき裂長さから負荷応力による不安定破壊開始時のき裂長さを推定し，き裂の進展抵抗を評価する手法である．しかし，その場観察評価手法では，初期き裂から不安定破壊するまでの間，安定成長するき裂進展量を観察できるようになり，き裂形状変化の影響に関して補正を行うことが可能となる．これにより信頼性の高いき裂進展抵抗 (R 曲線) が評価できるようになる．したがって，本評価手法は，

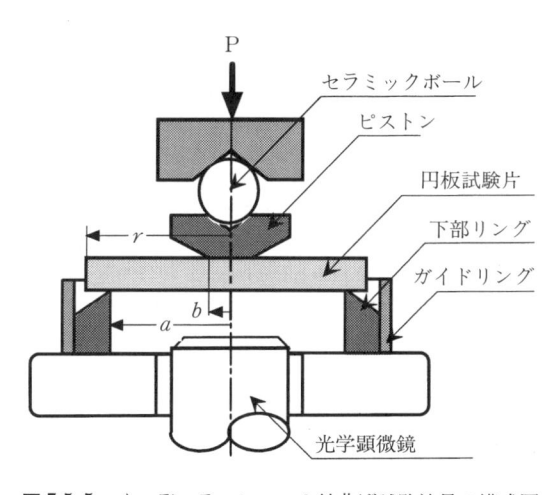

図 7.5-5　インデンテーション 2 軸曲げ試験治具の模式図

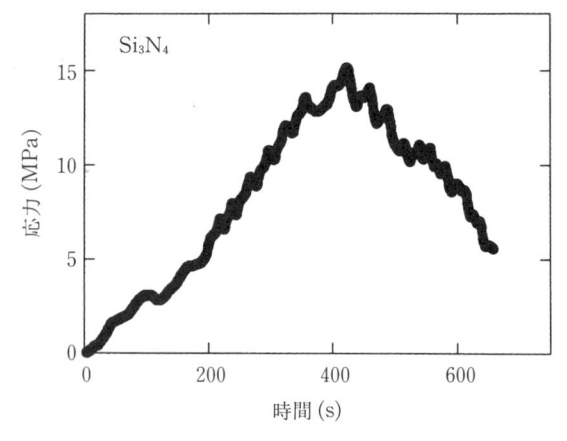

図7.5-6　R曲線評価に用いる微小試験片

図7.5-7　微小試験片のクラックスタビライザ付き曲げ試験による荷重-時間曲線

微小試験片への応用に優れる手法であると言える．

　図7.5-6に上述した2種類の評価手法で用いる微小試験片を示す．曲げ試験では幅1 mm，厚さ1 mm，長さ1 mmの試験片，インデンテーション2軸曲げ試験では直径3 mm，厚さ0.4 mmの非常に微小な試験片のR曲線挙動評価が可能となる．図7.5-7に微小試験片におけるクラックスタビライザ付き曲げ試験により得られた荷重-時間線図を示す．微小試験片においても安定破壊が実現していることがわかる．この結果とき裂進展その場観察の結果から，微小試験片においてもR曲線挙動を評価することが可能である．これらの手法は，先端材料開発，設計のため支援技術として，あるいはセラミック部品からの切出し試験片の評価技術として非常に有用であると考えられる．

● 参考文献

1) H. G. Tattersall and G. Tappon, *J. Mater. Sci.*, **1**, 296 (1966).
2) T. Nishida, Y. Hanaki, T. Nojima, and G. Pezzotti, *J. Am. Ceram. Soc.*, **78**, 3113 (1995).
3) 赤津隆，田辺端博，安田栄一，日本セラミックス協会学術論文誌, **106**, 390 (1998).
4) D. Munz, R. T. Bubsey and J. L. Shannon, *Jr, J. Am. Ceram. Soc.*, **63**, 300 (1980).
5) R. F. Crause, Jr., *J. Am. Ceram. Soc.*, **71**, 338 (1988).
6) A. Okada, K. Hiramatsu and H. Usami, in Proceedings of 6th International Symposium on Ceramic Materials and Components for Engines, p. 41 (1997).
7) K. Hiramatsu, A. Okada, and H. Usami, in Ceramic Engineering and Science Proceedings, **19** (4), 335 (1998).
8) 野島武敏，中井治，材料, **42**, 412 (1993).
9) K. Hirao, M. Ohashi, M. E. Brito and S. Kanzaki, *J. Am. Ceram. Soc.*, **78** (6), 1687-90 (1995).
10) Y. Takigawa, K. Hiramatsu, and H. Kawamoto, in Ceramic Engineering and Science Proceedings, **20**, 373 (1999).
11) A. Okada, K. Sakuma, K. Hiramatsu, S. Ogawa, and H. Kawamoto, in Ceramics : Getting into the 2000's, Part C, p. 839 (1999).
12) K. Sakuma, S. Ogawa, K. Hiramatsu, H. Kawamoto and A. Okada, in Proceedings of the 15th International Korea-Japan Seminar on Ceramics, 印刷中．
13) 平松恭二，小川秋水，特願平11-31717号．

7.6 微構造とき裂進展経路の3次元解析

一般にセラミックスの微構造とその機械的特性には密接な関係がある．例えば，マトリックス中に棒状，円板状，球状といった形態の異種粒子を分散させた場合，相対破壊靭性値は第2相粒子の形態・量により大きく影響される（図7.6-1）[1]．

材料中の粒子の大きさを定量的に扱う学問として計量形態学（Quantitative Microscopy）[2]がある．計量形態学では2次元の情報から微構造，つまり材料の構造要素の形態を定量的に扱うことができる．しかし，この学問は主に異方性の粒子をあまり扱わない金属組織学のなかで発展してきたので，異方性粒子を計測することには限界がある．図7.6-2に示すように，例えば棒状の粒子の2次元断面を観察した場合，短径は真値と一致するが，長径は一致しない．

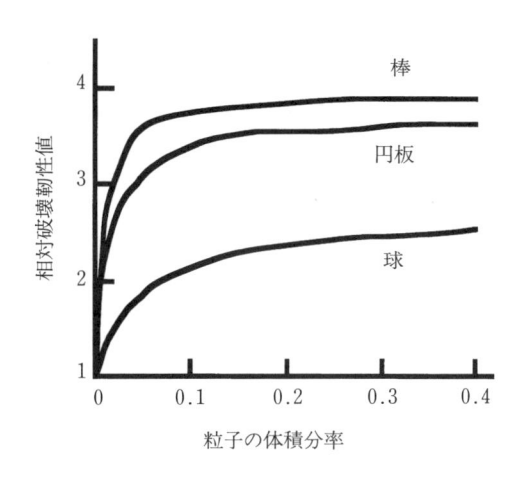

図7.6-1 第2相の複合体積率と相対破壊靭性値

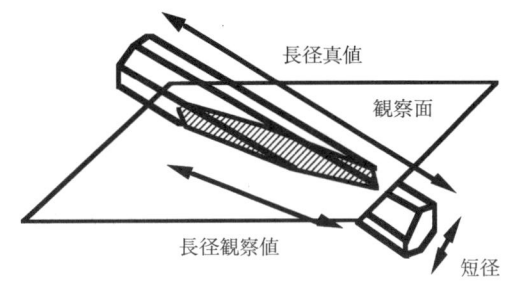

図7.6-2 柱状晶の長径と短径

シナジーセラミックス材料を創製するプロセスとして，材料構造を多階層にわたって高度に制御するために，成形中に粒子を配向させたり，第2相を積層させたり，また焼結中に種々の形態をもつ粒子を自生させる方法が検討されている．材料中の粒子形態，体積分率等を計測することにより微構造を定量化し，その特性との関係を考察することは材料創製のうえで必須である．

このためには，焼結体中の微視から巨視の階層の粒子形態を定量的に把握可能な粒子形態3次元解析手法の開発が必要である．また実際の破壊において，き裂は「線」ではなく「面」として進展するので，開発した解析手法を粒子と相対するき裂進展経路の3次元形態解析にまで拡張させ，その有用性を検討することが新手法の評価として重要である．本節では，粒子形態が関与する従来の機械的特性発現機構を精緻化し，新しい特性発現機構を探索するための破壊挙動の3次元解析について述べる．

(1) 粒子形態3次元解析手法

開発した粒子形態3次元解析手法を図7.6-3に示す．解析手法を，(1)その場加工・観察，(2)2次元像の画像処理，(3)3次元解析の三つの項目に分けて述べる．

a. 集束イオンビームによるその場加工・観察

集束イオンビーム（Focused Ion Beam, FIB）加工観察装置を用いてその場加工・観

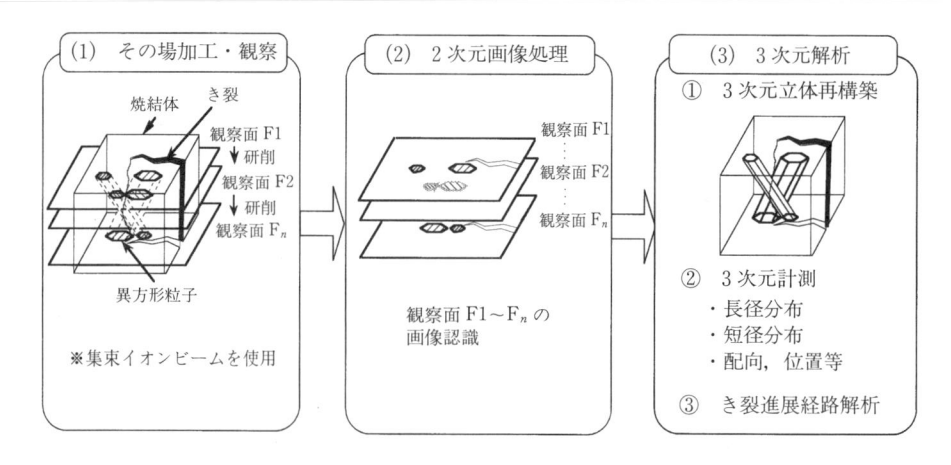

図 7.6-3　粒子形態 3 次元解析手法

察を実施することにより，図 7.6-3 の模式図に示したような焼結体の複数の 2 次元観察面 (図の観察面 $F_1, F_2, \cdots, F_n$) が容易に短時間で得られる．図 7.6-4 に FIB の光学系とイオン源の構造を示す．タングステン製のエミッタの先端部は溶融したイオン源であるガリウム金属で濡れている．引出し電極に加速電圧を印加することにより，ガリウム金属の原子がイオンとなって放出される．イオンは電子と比較すると質量が大きいので，固体試料に照射された際，試料原子をはじきとばす効果(スパッタリング効果)があり，この効果をその場加工に適用している．また，電子を照射したときと同様に，イオンを試料に照射すると 2 次電子が放出される．この 2 次電子を補足することにより SEM 像と同様の像を得ることができる．この走査イオン顕微鏡(Scanning Ion Microscope, SIM) 像を観察像として用いる．

図 7.6-5 にモデル試料のセリア安定化ジルコニア多結晶体中にランタン・β-アルミナ結晶 (LBA) が分散している LBA/ZrO_2 焼結体のその場加工・観察した SIM 像の一部を示す[3]．黒い粒子が LBA で，白～灰色の種々の階調で観察される粒子が ZrO_2 である．ZrO_2 粒子が種々の階調に観察できるのは，結晶方位の差によりイオンビームの進入深さが異なり 2 次電子の発生量が異なることによるものである．このため，エッチングを施すことなく個々の粒子を識別することが可能である．それぞれの像の

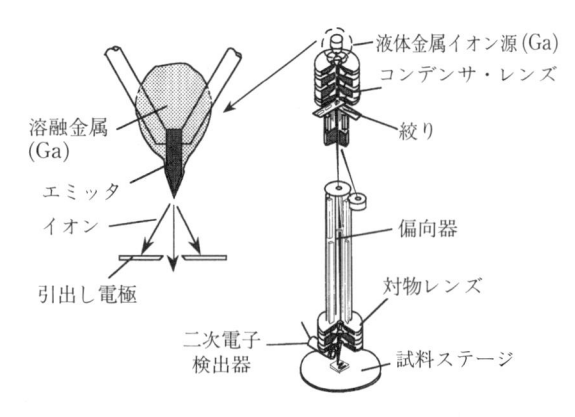

図 7.6-4　集束イオンビーム加工観察装置の光学系とイオン源の構造

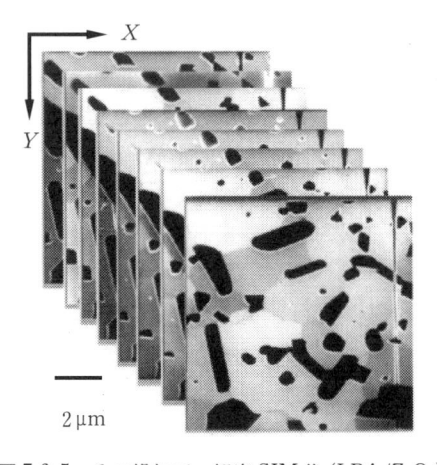

図 7.6-5　その場加工・観察 SIM 像 (LBA/ZrO_2)

右上に示すマーカは3次元画像構築の際に位置合せができるように，あらかじめイオンビームをラインスキャンさせて試料に導入された位置マーカである．

b．2次元像の画像処理

複数の連続したその場加工・観察像をコンピュータに読み込み，画像データを市販の2次元の画像処理ソフトウェアを用いて二値化し，粒子の輪郭情報のみをコンピュータに認識させる．

c．3次元解析

複数の連続した2次元の粒子の輪郭データをもとに，図7.6-6に示す新しく開発したサーフェースモデル表示ソフトウェアを用いることにより，パーソナルコンピュータ上に3次元立体像が再構築される．サーフェースモデル表示方式は，例えばF_1の2次元データとF_2の2次元データの輪郭線を細分化した面($S_1, S_2, \cdots, S_n$)でつなげ，その面の集合で立体を表示する方式である．図7.6-7に，モデル試料のLAB/ZrO_2焼結体のLBA粒子の3次元再立体構築像を示す[4]．LBA粒子が3次元的に観察できるようになり，また2次元像では短冊状にしか観察できなかったLBA粒子が円板状であることが認識可能になっている．

図7.6-7の矢印をつけた長径(D_l: 3.5 μm)，厚さ(D_s: 1.0 μm)の粒子1個に着目し，その粒子の3次元立体構築に使用した2次元輪郭データ23枚から，2次元において長径(d_l)を測定した結果を図7.6-8に示す[5]．2次元での平均値の長径(d_l)は2.6 μmと3次元計測値より小さい値を示した．このことより，異方性のある粒子の長径を精度よく測定するには3次元での計測が有効であることがわかる．

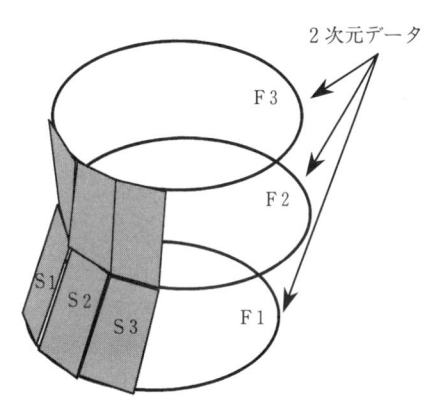

図7.6-6 3次元構築方法(サーフェスモデル方式)

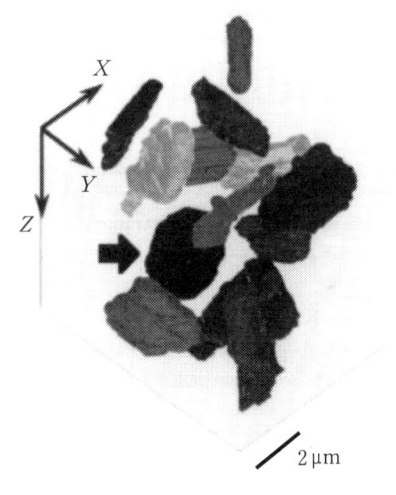

図7.6-7 LBAの3次元立体構築像

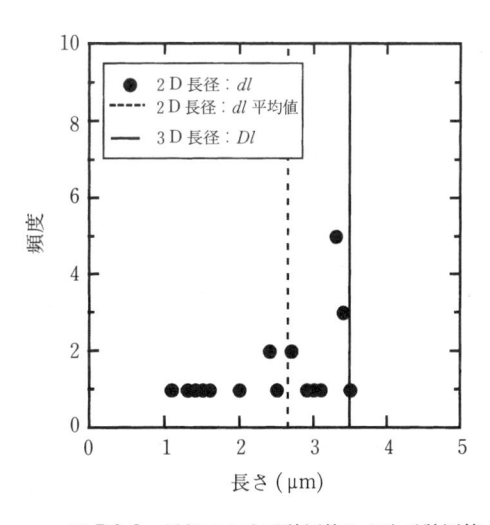

図7.6-8 長径の2次元計測値と3次元計測値

(2) 粒子および粒子に相対するき裂進展経路の3次元立体構築

粒子配向制御された窒化ケイ素セラミックス[6]にビッカース圧子を圧入し,圧痕の隅部からき裂を進展させ,配向 Si_3N_4 試料中に進展したき裂に相対する粗大粒子の3次元構築像を図7.6-9に示す[7]. き裂は図の矢印の方向から進展し,3次元的なうねりを持った面として観察される. き裂は Y 方向に進展しながら粒子 A を破壊し,次に粒子 B 部で X 方向に分岐して迂回した後 Y 方向に進展し,最後に粒子 C 部で

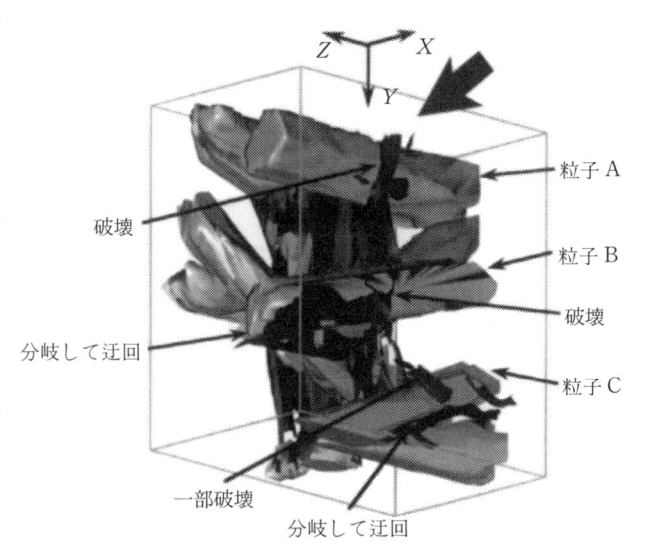

図7.6-9 配向 Si_3N_4 のき裂進展形態

X 方向に迂回していることがわかる. 粒子 A,B は完全に破壊しており,粒子 B は一部破壊している. き裂先端での応力遮蔽機構は粗大粒子によるき裂の3次元的なブリッジング機構によるものと思われる. このように開発した3次元解析手法により,粒子のみならず,それに相対するき裂進展経路の3次元観察が可能である.

コンピュータグラフィックスや画像処理が発達してきた現在,物体を3次元で可視化する試みは様々な分野で行われている. そのなかで連続切片から3次元像を再構築する方法は切片試料の製作しやすい生物系試料(例えば神経細胞等)ではすでに研究のツールとして使用されている[8]. しかし,切片試料の製作しにくい金属,セラミックス等の材料分野では構想は紹介されているが[9],実際にやり遂げた例ははじめてである. ここで紹介した FIB を用いた3次元解析手法は,今後,ミクロレベルでの材料の微構造解析に有用な方法になるものと思われる.

● 参考文献

1) K. T. Faber and A. G. Evans, *Acta. Metall.*, **31**, 565-576 (1983).
2) 牧島邦夫訳,計量形態学,内田老鶴圃新社.
3) 野田克敏,神谷純生,日本セラミックス協会年会予稿集,167 (1997).
4) 野田克敏,神谷純生,日本セラミックス協会第10回秋季シンポジウム予稿集,255 (1997).
5) 野田克敏,大竹和実,神谷純生,日本セラミックス協会年会予稿集,156 (1998).
6) K. Hirao, M. Ohashi, M. E. Brito, and S. Kanzaki, *J. Am. Ceram. Soc.*, **78**, 1687-90 (1995).
7) 大竹和実,野田克敏,神谷純生,日本セラミックス協会年会予稿集,578 (1999).
8) N. Baba, Image Analysis in Biology, 251-270, Boca Raton Ann Arbor London (1991).
9) 渡辺龍三,金属,**67**, 217-222 (1997).

索　引

あ

アサーマル性 …… 74
圧電材料の性能指数 …… 187
圧電性 …… 81
圧電特性 …… 90, 107
圧電ナノ複合体 …… 93
圧電発振子 …… 186
アパタイト …… 175
アモルファス相 …… 10
アルミナ …… 78, 91, 100, 110, 229
　——の粒界構造シミュレーション …… 230
アルミナ/YAG 複合繊維 …… 111
アルミナ系長繊維 …… 110
安定化ジルコニアの粒界構造シミュレーション …… 234
イオン伝導率 …… 234
イオン電場強度 …… 171
異相界面設計 …… 182
1 次元貫通気孔 …… 19
一方向貫通孔多孔体 …… 196
イットリア安定化ジルコニア …… 233
異方性オストワルド成長モデル …… 126
異方粒成長 …… 214
インターコネクタ材料 …… 50
インデンテーション 2 軸曲げ試験治具 …… 273
ウィスカ添加 …… 160
液相焼結 …… 220
エリンガム図 …… 104
円筒状貫通気孔 …… 196
応力検知 …… 139
応力センシング機能 …… 81
押出成形法 …… 133, 154
オストワルド成長 …… 214
温度変化検知 …… 139

か

界面相制御 …… 190
界面組成傾斜 …… 84
界面ナノ構造制御 …… 96
化学溶液法 …… 52
架橋応力 …… 244, 252
　——の数値解析 …… 253
架橋効果 …… 244
核生成速度制御 …… 171
確率関数 …… 205
花崗岩 …… 261

化合物形成過程シミュレーション …… 223
加水分解−重合 …… 52
ガス感応性 …… 23
加成反応 …… 222
過飽和度 …… 105
含浸構造 …… 48
気相析出含浸法 …… 47
希土類シリケート …… 183
機能性ナノ粒子分散 …… 80
逆磁歪効果 …… 83
境界潤滑域 …… 168
共晶分解法 …… 21
共振周波数 …… 186
強度と耐酸化性 …… 184
き裂開口変位分布 …… 250
き裂進展課程シミュレーション …… 225
き裂進展挙動シミュレーション …… 266
き裂進展経路の 3 次元立体構築 …… 278
き裂進展その場観察法 …… 271
き裂進展長さ …… 272, 273
き裂先端領域 …… 243
金属/セラミックス多層膜 …… 187
金属 Al 成形体 …… 40
金属テンプレート法 …… 20
金属ナノ粒子分散 …… 92
金属分散酸化物薄膜 …… 23
金属有機ポリマー …… 9
クリープ指数 …… 247
クリープ寿命 …… 248
クリープひずみ速度 …… 247
クリープ抑制機構 …… 246
繰返し疲労試験 …… 93
計算原理 …… 204
結晶配向制御 …… 138
結晶粒子の方位解析手法 …… 267
高アスペクト比 …… 101
高強度アルミナ …… 101
高強度ナノ複合体 …… 84
交互積層体の強度 …… 159
高次構造制御 …… 2
構成元素含有前駆体の設計 …… 9
構造欠陥 …… 136
構造要素 …… 1
高熱伝導性窒化ケイ素 …… 135
高配向性薄膜 …… 139
後方散乱電子線回折法 …… 267
黒鉛 …… 59

黒鉛界面相 …… 154
固相気相反応 …… 106
固相焼結 …… 217
固相反応の速度論 …… 224
固相粒成長シミュレーション …… 207
固体潤滑相 …… 168
固溶析出反応 …… 100
固溶体 …… 72
コラーゲン繊維 …… 177
混合潤滑域 …… 167
コンピュータシミュレーション …… 204

さ

サーフェースモデル表示 …… 277
サイアロンセラミックス …… 162
材料構造の分類 …… 1
三角格子 …… 205
酸化鉄 …… 168
三酸化モリブデン …… 168
3次元再立体構築像 …… 277
酸窒化ケイ素 …… 170
残留応力 …… 85
　　—による靭性の減少分 …… 245
しきい応力 …… 248
自己バインダ …… 13
自己複合化現象 …… 214
シナジーセラミックス …… 1
自発分極配向 …… 97
遮蔽応力 …… 243
重合–加水分解 …… 52
収縮率 …… 159
集束イオンビームによるその場加工・観察 …… 275
摺動特性 …… 168
衝撃圧縮凍結法 …… 59
衝撃圧縮法 …… 57
衝撃焼結 …… 57
焼結残留応力 …… 266
焦電係数 …… 97
焦電体 …… 138
シリカ …… 20
ジルコニア …… 117
新規セラミックス材料開発 …… 72
水硬性無機バインダ …… 15
水酸化バリウム …… 16
水熱合成 …… 175
ストライベック係数 …… 168
スピネル …… 170
正極材料 …… 34
脆性度 …… 262
正方晶ひずみ …… 92
積層構造制御 …… 157
積層膜の抗磁力および透磁率 …… 188
セラミックスの熱伝導 …… 162

セラミックスの非弾性変形解析 …… 263
セルシアン …… 198
センサ特性 …… 25
選択粒成長制御 …… 134
層間化合物 …… 34
層状複合体 …… 107
相転移 …… 73
相平衡図 …… 103
塑性加工 …… 170
粗大粒子配置効果 …… 207
ゾル・ゲル法 …… 43
損傷許容性 …… 262

た

耐酸化性 …… 182
耐酸化層被覆 …… 183
対称傾角粒界 …… 234
ダイヤモンド …… 59
多結晶配向膜 …… 37
多孔体組織 …… 197
多孔体の気孔率 …… 198
脱水縮合反応 …… 43
種結晶添加 …… 130
炭化ケイ素 …… 13, 183
炭素還元窒化反応 …… 62
炭素還元窒化法 …… 62
単分域化 …… 95
チタニア …… 24
チタン酸鉛 …… 53
チタン酸鉛前駆体 …… 53
チタン酸ジルコン酸鉛 …… 81, 90, 92
窒化アルミニウム …… 39, 62, 138, 210
窒化ケイ素 …… 103, 121, 130, 136, 154, 166, 214, 278
窒化ケイ素系積層材料 …… 158
窒化チタン …… 103
窒化反応促進剤 …… 63
窒化反応速度 …… 63
柱状粒子 …… 130
長繊維複合体 …… 114
超塑性変形 …… 172
低温加圧窒化プロセス …… 40
低熱伝導性サイアロン …… 163
低摩擦セラミックス …… 166
テープ成形・積層法 …… 132
鉄かんらん石 …… 20
電気泳動法 …… 196
電気化学蒸着 …… 47
電気化学特性 …… 35
電子セラミックス系ナノ複合体 …… 90
等方粒成長シミュレーション …… 210
ドクターブレード法 …… 132

な

内部摩擦 …… 86
ナノ・ミクロ機能調和 …… 114
ナノ構造酸化物 …… 117
　——の塑性変形 …… 119
ナノ構造制御強誘電体薄膜 …… 96
ナノ構造窒化ケイ素 …… 121
　——の塑性変形 …… 123
ナノ構造窒化ケイ素セラミックスの熱伝導率 …… 123
ナノ複合体 …… 80
ナノ粒子強化 …… 100
ナノ粒子による強靱化機構 …… 243
ナノ粒子によるクリープ抵抗強化機構 …… 246
ナノ粒子分散強化 …… 78
ナノ粒子分散焼結体 …… 78
ニアネットシェイプ AlN 焼結体 …… 41
2次元の3角格子 …… 223
2相系コンポジット …… 12
2組成領域共存構造セラミックス …… 186
ニッケル繊維 …… 197
　——の磁場中配向 …… 196
二面角 …… 213
2粒子間の焼結シミュレーション …… 217
ねじれ粒界 …… 235

は

ハード型 PZT …… 91
バイオクリスタリゼーション …… 175
バイオミネラリゼーション …… 175
バイオミメティックプロセス …… 179
ハイブリッドの誘電率 …… 56
ハイブリッド膜 …… 45, 55
破壊検知機能 …… 107, 115
破壊抵抗 …… 255, 272, 273
白金 …… 93
薄膜の微細組織 …… 24
バリウムアルミネート …… 15
パルス通電焼結法 …… 118
反応の駆動力 …… 223
光アシストパターニング …… 30
光導波路 …… 45
光反応前駆体 …… 30
引抜き剛性率 …… 253
微細パターニング …… 31
微視破壊 …… 266
非晶質ダイヤモンド …… 60
非晶質中の局所的原子配列 …… 238
非晶質の原子構造シミュレーション …… 237
ヒステリシス曲線 …… 107
引張残留応力 …… 245
非熱活性 …… 74
疲労指数 …… 248
フォノン散乱 …… 163
複合析出反応 …… 103
複合粒子 …… 67
　——の焼結特性 …… 68
物質移動経路 …… 203
フラーレン …… 60
プリズマチック構造制御 …… 152
プロセスゾーン …… 260
分散相配置制御 …… 166
分散粒子効果 …… 220
分散粒子配置効果 …… 207
分子動力学法 …… 204, 230
平均二乗変位 …… 238
ヘマタイト …… 21
ヘリコンスパッタリング法 …… 138
ポルーサイト …… 198

ま

マグネシア …… 37, 81, 91, 107
マグネタイト …… 20
マクロ配向制御 …… 152
摩擦係数 …… 167
摩擦損失 …… 166
マルテンサイト型相転移 …… 73
ミクロ/ナノ階層組織 …… 100
ミクロ配向制御 …… 126
無機・有機ハイブリッド …… 43, 52
メカノケミカルグライディグ …… 121
メソポーラス膜 …… 19
モンテカルロ法 …… 204

や

有限要素法 …… 266
有限要素モデル …… 253
有効破壊エネルギー …… 226

ら

ランダムウォーク …… 223
ランタンクロマイト …… 50
ランタンマンガナイト …… 50
粒界強度 …… 244
粒界滑りのピン止め効果 …… 247
粒界の臨界エネルギー解放率 …… 244
粒界分散型 …… 78
粒子架橋による高靱化機構 …… 250
粒子架橋による靱性の増加分 …… 244
粒子架橋の領域 …… 243
粒子形態3次元解析手法 …… 275
粒子形態配置配向制御 …… 136
粒子配向制御 …… 130
粒成長シミュレーション …… 127, 206
粒成長制御 …… 126

流動層化学気相析出法 …… 67
流動層 CVD 法 …… 67
粒内破壊率 …… 225
粒内分散型 …… 78
臨界き裂開口量 …… 253

A–Z

Al_2O_3 …… 78, 91, 100, 110, 229
Al_2O_3/Ni …… 83
Al_2O_3–C–CaF_2 …… 65
AlN …… 39, 62, 138, 210
AlN 薄膜 …… 139

$Ba(OH)_2 \cdot 8H_2O$ …… 16
$BaAl_2O_4$ …… 15
$BaTiO_3$ …… 81, 107
h–BN …… 69

C_{60} …… 57
$Ca_2Y_2Si_2O_9$ …… 73
CaF_2 …… 63
$CaHPO_4 \cdot 2H_2O$ …… 176
$CaO \cdot 2Al_2O_3$ …… 65
$CaO \cdot 6Al_2O_3$ …… 65
Co–SiO_2 …… 20

EBSD 法 …… 267
Er_2SiO_5 …… 184
Eshelby の等価介在物法 …… 85
EVD …… 47

Fe/Fe–O …… 187
Fe_2O_3 …… 21
Fe_2SiO_4 …… 20
Fe_3O_4 …… 20, 168

HAp …… 175

$LaCrO_3$ …… 50
$LaMnO_3$ …… 50
$LaPO_4$ …… 114
LBA/ZrO_2 …… 276
$LiMn_2O_4$ …… 35

MCG …… 121
MCG プロセス …… 121
MD 法 …… 204
$MgAl_2O_4$ …… 100, 170

MgO …… 37, 81, 91, 107
$M_{m/3}Si_{12-(m+n)}Al_{m+n}O_nN_{16-n}$ …… 162
MoO_3 …… 168
$MoSi_2$ …… 139
MSD …… 238

Ostwald 成長 …… 214

$(PbLa)TiO_3$(PLT) …… 96
$Pb(Zr, Ti)O_3$ …… 32, 81, 90, 92
$PbTiO_3$ …… 53
Potts Model …… 204
Pt …… 93
PZT …… 32, 81, 90, 92
PZT/Pt …… 93

RE_2SiO_5 …… 183
R 曲線挙動 …… 253

Si–C–N …… 237
Si–Ti–C–N–O …… 103
Si_2N_2O …… 170
Si_3N_4 …… 103, 121, 130, 136, 154, 166, 214, 278
Si_3N_4/Al_2O_3 …… 84
Si_3N_4–SiC–Y_2O_3 …… 9
Si_3N_4–TiN–Y_2O_3 …… 12
$Si_{6-z}Al_zO_zN_{8-z}$ …… 158, 162
SiC …… 13, 183
SiC–BN …… 67
SiO_2 …… 20

TiN …… 103
TiO_2 …… 24

WOF …… 155

$Y_2Al_5O_{12}$ …… 78
Y_2O_3 …… 78
Y_2SiO_5 …… 183
$Y_3Al_5O_{12}$ …… 110
$Y_4Al_2O_9$ …… 73
$Y_5(SiO_4)_3N$ …… 11
YAG …… 78
$YAlO_3$ …… 111
YAP …… 111
YSZ …… 233

ZrO_2 …… 117

シナジーセラミックス
―機能共生の指針と材料創成―

定価はカバーに表示してあります

2000年3月31日　1版1刷発行　　　　ISBN 4-7655-0131-0 C3043

編　者　シナジーセラミックス研究体
　　　　ファインセラミックス技術研究組合

発行者　長　　　　祥　　　　隆

発行所　技 報 堂 出 版 株 式 会 社
　　　　〒102-0075　東京都千代田区三番町8-7
　　　　　　　　　　　　　（第25興和ビル）

日本書籍出版協会会員
自然科学書協会会員　　　　　電　話　営業　（03）(5215)3165
工学書協会会員　　　　　　　　　　　編集　（03）(5215)3161
土木・建築書協会会員　　　　FAX　　　　　（03）(5215)3233
Printed in Japan　　　　　　振替口座　　　00140-4-10

© Fine Ceramics Research Association, 2000　装幀 海保 透　印刷 エイトシステム　製本 鈴木製本
落丁・乱丁はお取替えいたします

Ⓡ〈日本複写権センター委託出版物・特別扱い〉

本書の無断複写は、著作権法上での例外を除き、禁じられています．
本書は、日本複写権センターへの特別委託出版物です．本書を複写される場合は、そのつど
日本複写権センター（03-3401-2382）を通して当社の許諾を得てください．

●小社刊行図書のご案内●

化学用語辞典（第三版）	編集委員会編	A5・1060頁
ファインセラミックス事典	編集委員会編	A5・960頁
水熱科学ハンドブック	編集委員会編	A5・770頁
ハンドブック次世代技術と熱	日本機械学会編	A5・340頁
セラミック工学ハンドブック	日本セラミックス協会編	A5・2520頁
セメント・セッコウ・石灰ハンドブック	無機マテリアル学会編	A5・756頁
粘土ハンドブック（第二版）	日本粘土学会編	A5・1300頁
セラミックスの科学（第二版）	柳田博明・永井正幸編著	A5・270頁
モダンセラミックサイエンス［セラミックサイエンスシリーズ 1］	山口喬・柳田博明編	A5・198頁
ニューカーボン材料 ―構造の構築と機能の発現	稲垣道夫・菱山幸宥著	A5・210頁
機能性セラミックスフィルム	永井正幸・山下仁大著	A5・174頁
光学セラミックスと光ファイバー	戸田晴彦・諸岡成治著	A5・300頁
ガラス繊維と光ファイバー	清水紀夫著	A5・156頁
エンジニアリングセラミックス［セラミックサイエンスシリーズ 5］	山口喬・柳田博明編	A5・238頁
演習セラミックサイエンス ―解答と解説	柳田博明編	A5・232頁
人の五感とセラミックセンサ	宮山勝著	B6・182頁
固体物性の基礎 ―半導体デバイスへのアプローチ	M. N. Ruddenほか著／綱川資成訳	A5・306頁
分子・固体の結合と構造	D. Pettifor著／青木正人ほか訳	A5・306頁
固体の電子構造と化学	P. A. Cox著／魚崎浩平ほか訳	A5・270頁
数値解析のはなし ―これだけは知っておきたい	脇田英治著	B6・200頁

技報堂出版　TEL 編集03(5215)3161 営業03(5215)3165　FAX 03(5215)3233